岗位实用手册·技能全图解丛书

美发师

人力资源和社会保障部教材办公室 组织编写

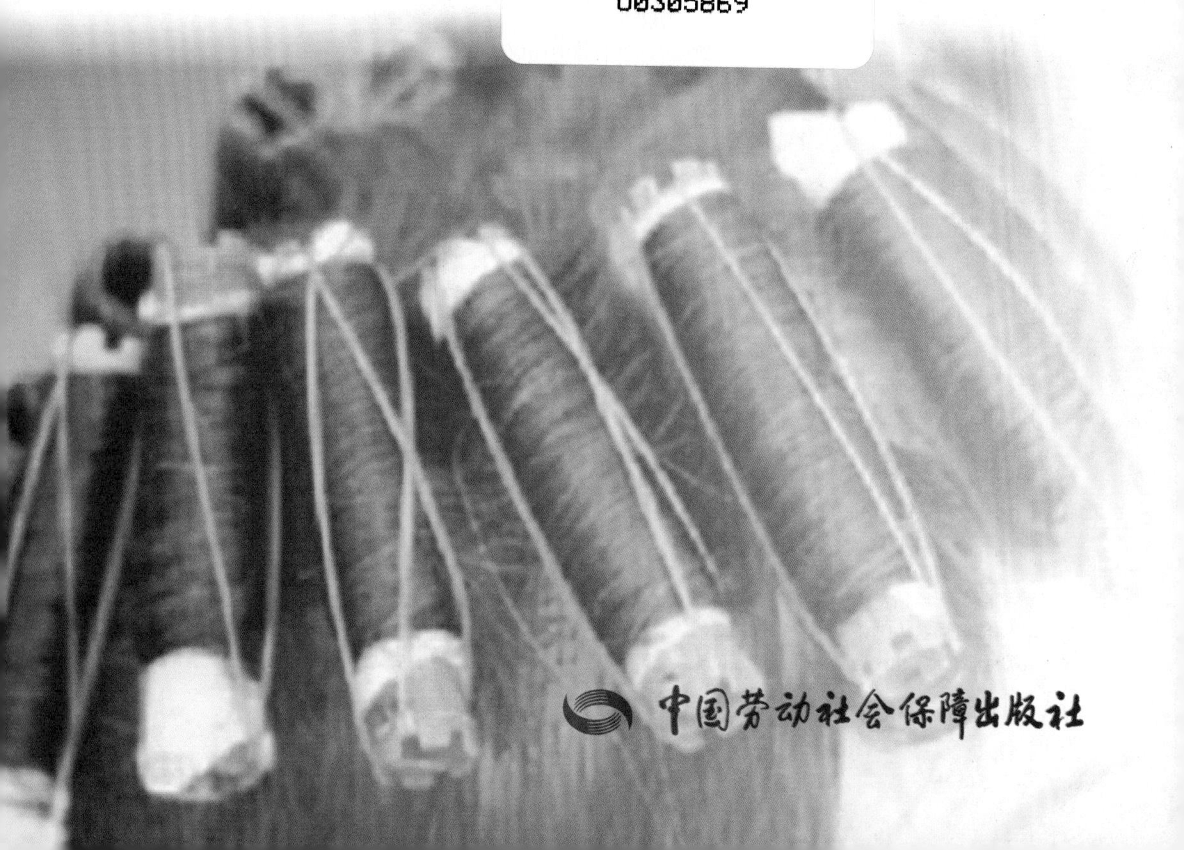

中国劳动社会保障出版社

图书在版编目（CIP）数据

美发师／人力资源和社会保障部教材办公室组织编写. —北京：中国劳动社会保障出版社，2016

（岗位实用手册技能全图解丛书）

ISBN 978-7-5167-2397-5

Ⅰ.①美…　Ⅱ.①人…　Ⅲ.①理发-岗位培训-教材　Ⅳ.①TS974.2

中国版本图书馆 CIP 数据核字（2016）第065489号

出版发行　中国劳动社会保障出版社
地　　址　北京市惠新东街 1 号
邮政编码　100029
印刷装订　北京北苑印刷有限责任公司
经　　销　新华书店

开　　本　787 毫米 × 1092 毫米　16 开本
印　　张　19.75
字　　数　265千字
版　　次　2016 年 4 月第 1 版
印　　次　2016 年 4 月第 1 次印刷
定　　价　45.00 元

读者服务部电话：（010）64929211/64921644/84626437
营销部电话：（010）64961894
出版社网址：http://www.class.com.cn

策划编辑　徐　硕
责任编辑　陈子今
责任校对　张　苏
责任设计　邱雅卓

ISBN 978-7-5167-2397-5
9 787516 723975 >

编审委员会

袁晓烈　陈　里　孙立宏

编写人员

主　　编　袁晓烈

执行主编　陈　里

编　　者　赵全梅　陈　里　阎晓霞　姚小风

张天骄　徐　滕　姜　娣　王　琴

张　心　刘　阳　刘　剑　韩　斌

徐全忠　张　博　王一强　王佳锐

王淑敏

内容简介

本书是关于美发师岗位技能培训的指导手册，是美发师进行自我培训、提升服务技能的指导用书。

本书根据《国家职业技能标准·美发师》对初、中、高三个级别美发师均需掌握的知识与技能要求进行了总结，梳理了美发师的工作内容，列明了各工作事项所需掌握的知识要点和技能要点，理论性与实操性兼具，能有效帮助美发师提升岗位技能。

岗位实用手册包括20项岗位内容、68个知识点，其主要内容包括：经营管理规划、技术管理规划、美发服务环境准备、美发服务工具准备、迎宾服务、咨询服务、洗发服务、按摩服务、发型审形、发型构思、发型绘图定型、发型修剪、烫发、染发、接发、造型、修剃胡须用具准备、剃须实施、妆容搭配、服饰搭配等。

本书适合美发一线从业人员、管理人员使用，也可作为美发师岗位培训教材。

前言

《国务院关于加强职业培训促进就业的意见》（国发〔2010〕36号）明确提出当前和今后一个时期，职业培训工作的主要任务是：坚持技能为本、终身培训的原则，大规模开展就业技能培训和岗位技能培训。长期以来，在岗职业人作为一个非常大的群体却受到了忽视，他们不只是要参加鉴定考试培训，在日常的工作中也需要对岗位知识进行查询和掌握，需要对现阶段的工作技能进行梳理和规范。因此，人力资源和社会保障部教材办公室组织相关职业专家及一线优秀工作人员开发了一套服务于不同职业在岗人员知识和技能“双查询”的职业工具书，即《岗位实用手册·技能全图解丛书》，以供在岗职业人在实际工作中进行查询、翻找、规范、整理、总结职业核心知识和技能之用。

本着在岗职业人在实际工作中能够实现对知识和技能“双查询”的功能的目的，本套丛书采用了创新的图书编排形式，将整本书分为“岗位实用手册”和“技能全图解”两大部分，同时两部分分别从封面和封底各独立成一本书，从封面阅读是岗位实用手册，从封底阅读是技能全图解。

本套丛书具有以下三大特点。

1. 围绕“职业技能提升”核心，将工作岗位与工作事项紧密结合

丛书围绕“职业技能提升”这一核心，将各个职业与其工作事项紧密结合，从职业人的每个工作大项出发，细化为多个工作小项，直击职业人的工作执行重点，是读者进行自我充电、提升职业技能的指导用书。

2. “一书两用”，从封面阅读，帮您快速获得业务基础知识与操作规范

丛书从封面阅读的部分，针对上述每个工作小项，从工作步骤、基础知识、操作要点、规范要求、执行方法、服务技巧、实践范例等方面进行详细讲解，以方便读者针对每个工作事项、每个操作问题对号入座，不仅让读者知道自己要干什么，还让读者知道怎么干，从而全面打造自身的细节执行力。

3. “一书两用”，从封底阅读，助您拆解关键任务、快速掌握职业技能

丛书从封底阅读的部分，主要针对职业人的日常工作事项，运用“图解+图说”的方式，拆解每一项技能的操作步骤、明确每一个步骤的执行规格、陈述每一种规格的落实结果，使得本书就像一本细化易查、简单易用的技能字典一样，以便读者随时查阅、参考、运用，大大节省职业技能提升的自我培训时间，从而提高自身的工作效能。

人力资源和社会保障部教材办公室

目录

Contents

目录
Contents

美发师

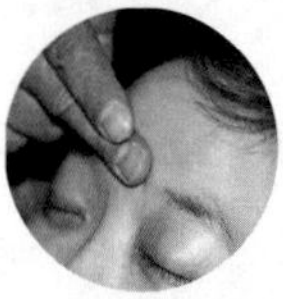

美发师

目录
Contents

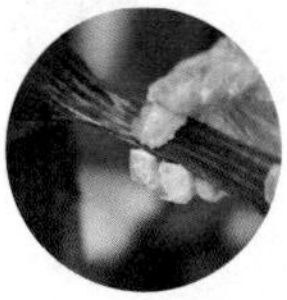

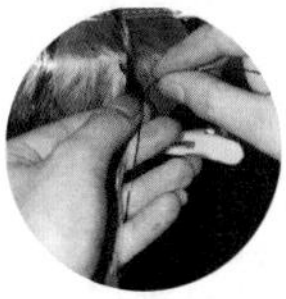

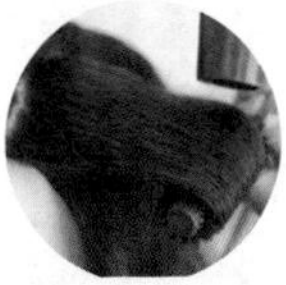

目录
Contents

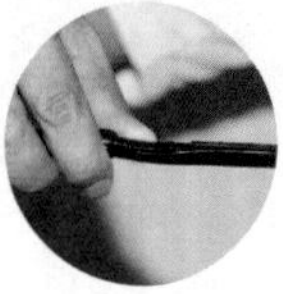

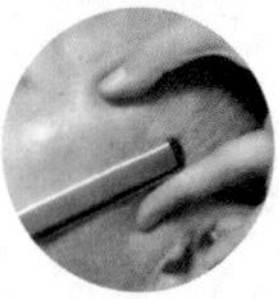

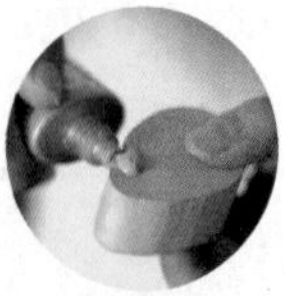

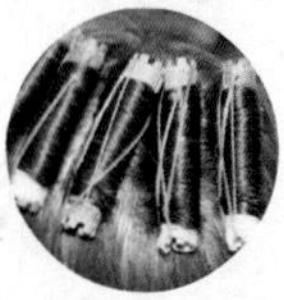

岗位内容一　经营管理规划

知识 1 选择店面位置

由于美发店店面位置对美发店经营管理有着重要的作用，因此，在进行美发店经营管理规划时，美发师首先需要完成的工作就是选择合适的店面位置。美发师可按以下程序逐步完成店面位置的选择工作。

1. 确定区域

在进行店面位置规划时，美发师首先需根据美发行业的市场趋势及自身的实际条件，确定美发店所在的区域。一般情况下，美发店多选择在如下区域内，具体见表 1—1。

表 1—1　　美发店店面区域选择

区域类别	区域特点	适宜类型
商业区	◎ 客流较大且稳定 ◎ 费用较高	◎ 规模较大的美发店 ◎ 风格特色鲜明的美发店 ◎ 服务以造型设计为主的美发店

续表

区域类别	区域特点	适宜类型
交通要道或交通枢纽区	◎ 客流较大，交通便利 ◎ 客流不稳定，费用较高	◎ 中小规模的美发店 ◎ 服务以日常修剪为主的美发店
写字楼集中地区	◎ 上班族的聚集区，客流较稳定 ◎ 交通较便利 ◎ 对美发店风格特色及技术质量要求较高	◎ 风格特色鲜明的美发店
住宅区	◎ 主要针对住宅区的居民，客流稳定 ◎ 客流潜力固定	◎ 中小规模的美发店 ◎ 服务以日常修剪为主的美发店
大学城附近	◎ 主要针对学生，顾客消费频率高 ◎ 顾客消费水平较低 ◎ 寒暑假会出现消费淡季	◎ 中小规模的美发店 ◎ 服务以日常修剪为主的美发店 ◎ 优惠活动较多且消费较低的美发店
市郊	◎ 费用低 ◎ 客流较小，但发展潜力较大	◎ 小规模的美发店 ◎ 风格特色鲜明的美发店

2. 筛选位置

确定店面所在区域后，美发师可综合考虑店面的租金、交通情况、客流情况及同行竞争情况等因素，进行位置筛选，以确定最终的店面位置，具体内容如图 1—1 所示。

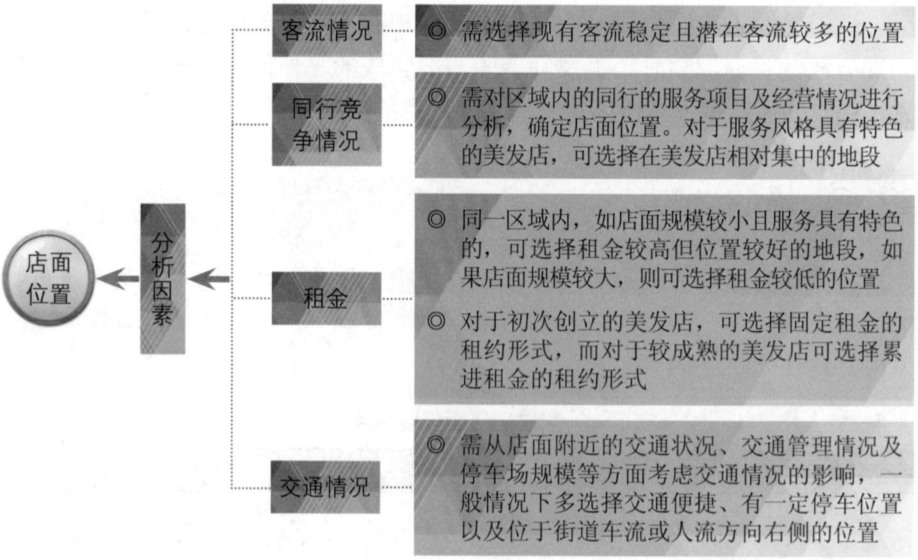

图 1—1　店面具体位置筛选分析因素

知识 2 店内装修设计

确定店面位置后，美发师需进行店内的装修设计工作。美发店的店内装修需以安全、方便、舒适为原则，且需突出理发店的理念。在店内各功能区划分方面，一般情况下，美发店店内主要由前台、顾客等候区、操作区三部分构成；若美发店规模较大，还可配置卫生间、后勤区等。具体的设计要求见表 1—2。

表 1—2　　店内装修设计要求

店内区域	装修设计要求
前台	◎ 前台需设置在醒目、可统观整个美发店，同时不妨碍美发师工作的位置，一般为正门附近，或单独成间正对正门 ◎ 前台装修的风格需与美发店整体风格相符合 ◎ 前台高度一般在 1.2 ~ 1.5 m 之间，宽度可根据前台区域的实际大小确定
顾客等候区	◎ 顾客等候区一般需设置在美发区附近，可直接同美发区相通，也可同美发区隔开 ◎ 顾客等候区大小需适宜，一般不超过美发店面积的 1/5 ◎ 顾客等候区内需放置舒适的座椅，但座椅数量需适当，既能够满足顾客休息的需要，但又不能过多使空间显得拥挤 ◎ 顾客等候区内需放置当下比较流行的杂志供顾客翻阅，同时需配备茶水、零食供顾客在等候时品尝
操作区	◎ 操作区根据功能不同，可分为洗发区、烫染区、剪发区三部分，其面积约为美发店整体面积的 3/4 ◎ 洗发区需设置在操作区内靠里的位置，烫染区需设置在光线充足、通风良好的区域，一般需要与洗发区相连，而剪发区则需设置在光线良好的开放区域 ◎ 洗发区内需配有上下水设施及防水装置，烫染区需配备通风装置 ◎ 美发师需根据美发店风格选择合适形状的洗头床、座椅，同时依操作区大小，摆放适当数量的洗头床与座椅 ◎ 操作区内需放置产品陈列柜，用以摆放美发用品 ◎ 操作区内可放置储物柜，用以存放宾客物品 ◎ 操作区内需留出适当宽度的过道，以方便顾客及员工行走 ◎ 洗发区内灯光需柔和，而烫染区、剪发区灯光需明亮 ◎ 烫染区和剪发区内需安装理发镜台，其风格需与美发店整体风格相符 ◎ 手推车内的美发工具需摆放整齐，且手推车需整齐摆放在操作区内的固定位置 ◎ 操作区内各类物品摆放需整洁不杂乱
其他	◎ 卫生间需设置在隐蔽且通风良好的区域，且卫生间内需干净卫生 ◎ 后勤区设置在隐蔽的位置即可，一般分为产品仓库、员工休息区等

知识 3 设计组织架构

美发师需根据美发店自身的实际情况设计组织架构。一般情况下，美发店的员工多由管理人员、技术人员及后勤人员构成，其基本架构如图 1—2 所示。同时，美发师也可根据其美发店的实际情况，对基本组织架构进行补充。

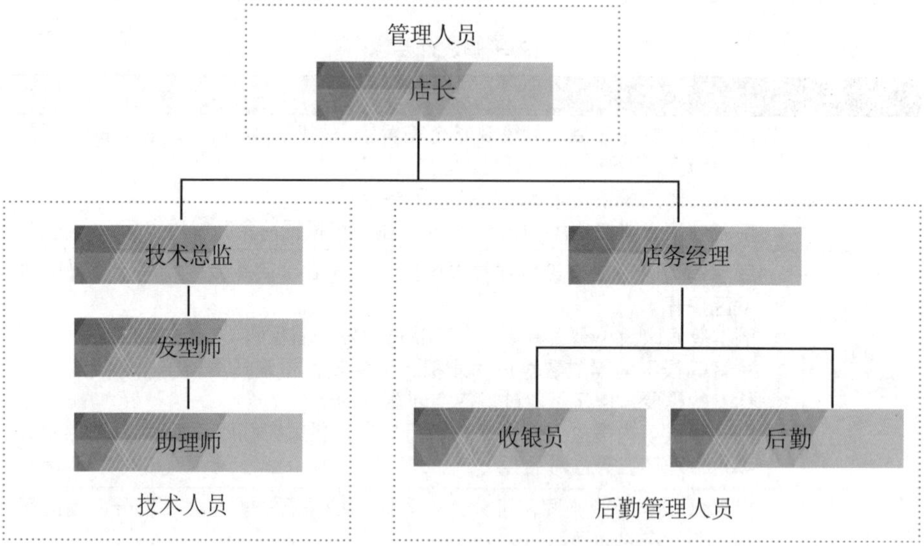

图 1—2　美发店基本组织架构

在上述组织架构中，各岗位的工作职责见表 1—3。

表 1—3　美发店各岗位工作职责概述

岗位类别	岗位名称	工作职责概述
管理人员	店长	全面负责美发店的运营管理工作
技术人员	技术总监	负责美发技术管理工作，并对造型师及助理师进行监督指导
	发型师	负责直接为顾客美发服务，并对助理师进行监督与指导
	助理师	负责协助发型师为宾客提供美发服务
后勤管理人员	店务经理	负责美发店后勤管理工作及美发店服务规范性的培训与监督工作
	收银员	负责前台收银工作
	后勤	负责美发用品用具的采购与保管以及美发环境的维持工作

知识4 管理活动规划

美发师需根据美发店的发展需要及实际情况进行美发店日常经营的各项管理活动规划。管理活动规划主要包括对人、财、物三项管理活动的规划。

1. 人的管理规划

人的管理规划即对美发店内员工的各项管理活动进行规划，其规划内容主要分为工作定额、劳动定员及人事管理三项内容，具体说明见表1—4。

表1—4　人的管理活动规划内容

规划内容	说　明
工作定额	◎ 工作定额即各岗位任职者在既定时期内的工作量指标，其主要分为数量指标和责任指标，其中数量指标适用于工作量易于量化的岗位任职者工作定额的确定，而责任指标适用于工作量难以量化的岗位任职者 ◎ 工作定额的制定依据为美发店的理念工作指标、美发店当前的实际情况以及美发店工作的工作规律等 ◎ 美发店常用的工作定额设计方法有统计分析法、经验估计法、技术测定法以及类推比较法等
劳动定员	◎ 劳动定员即各岗位任职者的数量标准 ◎ 美发店劳动定员的制定依据为美发店经营目标、经营规模以及美发店各岗位的工作定额情况等 ◎ 美发店常用的有按劳动效率定员法、按岗位数量定员法以及按结构比例定员法等
人事管理	◎ 人事管理包括美发店员工招聘、配置、培训、绩效考核、薪酬管理、员工激励、员工关系管理以及员工日常行为规范管理等各项工作

2. 财的管理规划

财的管理规划是对美发店收支情况以及利润情况的管理规划，其具体规划内容见表1—5。

表 1—5　　财的管理活动规划内容

规划内容	说　明
盈亏平衡情况	◎ 即美发店不亏损时的经营情况，一般用盈亏平衡点衡量，其计算公式： $$盈亏平衡点=\frac{固定成本}{1-(变动成本/销售收入)}$$ ◎ 当营业额超过盈亏平衡点时，美发店赢利；当营业额低于盈亏平衡点时，美发店亏损
资产收益情况	◎ 即投入资金后的收益回报情况，一般可用总资产报酬率、投资收益率以及设备投资回收期等指标进行衡量 ◎ 总资产报酬率用于衡量美发店的获利能力，一般其值越高，则美发店的获利能力越强，其计算公式： $$总资产报酬率=\frac{税前利润+利息支出}{平均资产总额}\times 100\%$$ ◎ 投资收益率用以衡量美发店投资项目的收益能力，其计算公式： $$投资收益率=\frac{平均利润额}{投资总额}\times 100\%$$ ◎ 设备投资回收期用于衡量设备投入使用经济效果，其值越高，则表明设备的利润率越高，其计算公式： $$设备投资回收期=\frac{设备投资费用额}{年利润+年折旧额}\times 100\%$$
存货情况	◎ 即各类美发用品的库存情况，用以反映美发店的销售能力及存货管理水平，一般通过存货周转率进行衡量，其计算公式： $$存货周转率=\frac{营业成本}{平均存货余额}\times 100\%$$
账目情况	◎ 即美发店各类账目的全面性、客观性及相关原始凭据的完整性，一般情况下，美发店在日常经营活动中，需配备流水账、现金账、存货账、应付应收明细账以及总账等账目

3. 物的管理活动规划

物的管理活动规划即对美发服务中所涉及的物资管理工作进行规划，其具体内容见表 1—6。

表 1—6　　物的管理活动规划内容

规划内容	说　明
物资采购与验收	◎ 需根据当期美发服务的实际需求，确定采购物资种类 ◎ 需选择正规厂家的美发用品用具，以确保物资质量，保证使用安全 ◎ 需根据美发店的实际情况及美发用品用具市场情况，确定采购批次以及每批次的采购数量，同时根据美发店业务需求情况及供应商的准时供货情况，确定采购订货时间，确保供货及时，同时确保采购经济效益最优 ◎ 采购的物资到货后，后勤主管协同技术总监需根据物资相关凭证的完整性、物资数量、物资质量等信息进行审查验收，并在验收通过后做好入库及相关登记工作
物资保管	◎ 需设立专门区域进行物资保管，确保物资质量 ◎ 物资保管区域需干燥、通风、卫生，并需具备防火、防盗等安全防护措施，确保物资安全 ◎ 需建立库存保管检查盘点机制，定期检查盘点物资库存情况，确保物账相符
物资领取与使用	◎ 需根据美发店业务消耗实际情况，制定科学合理的物资使用定额，并要求员工按定额要求领取、使用物资，以避免浪费，有效控制成本 ◎ 需对物资领取工作进行规范，明确物资领取程序及相关凭证领取、审核要求 ◎ 需根据美发店的实际情况及相关业务情况，制定物资使用规范，并要求员工按照规范的内容使用物资，以充分利用物资，提高物资的利用率
物资报废处理	◎ 对于美发设施设备及非一次性美发用具等物资，需明确相关物资报废标准、报废程序等内容，以规范其报废处理工作

知识 5　营销活动规划

美发师需根据美发店的风格特点及实际情况，策划合理有效的营销活动。在规划过程中，美发师需对美发店提供的美发服务项目类别、美发服务项目价格以及相关促销活动等内容进行规划，具体说明见表 1—7。

表 1—7　营销活动规划内容

规划内容	说　明
美发服务项目类别	◎ 美发师需根据美发店的发展需要及实际情况，确定美发服务项目。美发店常见的服务项目包括洗发服务、按摩服务、发型设计服务、剪发服务、烫发服务、染发服务、接发服务、造型服务、剃须修面、形象搭配等
美发服务项目价格	◎ 美发师需综合考虑美发店的经营成本、利润目标、服务档次等因素，确定适当的美发服务项目价格，不能过高，也不能过低
促销活动	◎ 美发师需根据美发店的风格特征及消费市场发展趋势，确定促销活动类别、促销活动组织时间、活动持续时间等 ◎ 美发店常见的促销活动有会员折扣、赠送美发相关产品、免费提供美发相关配套服务等 ◎ 美发店进行促销活动的时间一般为重大节假日（如春节、妇女节、圣诞节等）、美发店相关纪念日（如店庆日、获得重大嘉奖纪念日等）及经营淡季等 ◎ 对于特殊节日或纪念日，活动持续时间可仅为节日或纪念日当天，也可为节日或纪念日前后连续多天，但需注意促销活动持续时间不得过长

岗位内容二　技术管理规划

知识 6 技艺挖掘与开发

技术管理规划阶段，美发店技术管理人员需要完成美发技艺挖掘与开发工作，其具体工作要求如图 2—1 所示。

1　◎ 美发师需对传统美发技艺与新的美发技艺进行分析，总结传统美发技艺的精华部分并合理运用到美发店的实际工作中，以优化美发店的服务工作

2　◎ 美发师还需注意收集各类美发技术的相关信息，并结合美发店发展需求及顾客的消费需求，开发新技术，以增强竞争力，同时促进美发技术的革新

图 2—1　美发技艺挖掘与开发工作要求

知识 7 制定技术管理规范

在美发店技术管理工作中，美发店技术管理人员需根据美发店生产经营发展需求及实际的情况，制定合理、科学的技术管理规范，以规范技术管理工作，提高技术管理水平。在一般情况下，技术管理规范主要包括图 2—2 所示的三项内容。

技术信息管理	技术开发管理	技术应用管理
包括技术信息收集、分析、整理以及建档保管等管理事项的工作规范	包括技术开发程序、技术开发进度控制、技术开发成本控制等管理事项的工作要求	包括技术可行性分析、技术培训、技术应用成果分析等管理事项的工作规范

图 2—2　技术管理规范内容

知识 8 技术人员培训

美发店技术管理人员需对技术人员培训进行规划，并定期组织技术人员培训，以提高技术人员的美发技术。

1. 确定培训内容

美发店技术管理人员需根据美发行业的发展趋势、美发店美发服务的实际情况以及美发店技术人员的能力水平，确定具有针对性的培训内容，以切实满足技术人员的培训需求，不断提高其技术水平。一般情况下，技术人员培训内容主要包括表 2—1 所列两类。

表 2—1　培训内容说明

培训内容类别	培训内容细分
现有技术相关内容	◆ 现有技术相关理论知识及操作技巧强化 ◆ 现有技术在实际运用中的问题处理
新技术相关内容	◆ 新技术相关理论知识认知 ◆ 新技术相关应用程序及操作技巧认知 ◆ 新技术应用注意事项认知

2. 确定培训程序

美发店技术管理人员需确定合理的培训程序，以规范培训实施工作，确保培训工作的顺利实施。一般情况下，美发技术人员的培训程序可参考图 2—3 所示内容。

理论培训
◎ 美发店技术管理人员首先需进行理论培训，使受训人员初步了解培训内容及相关要求

示范
◎ 美发店技术管理人员需就理论培训的相关内容进行示范，边示范边讲解，以加强受训人员对培训内容的理解

安排练习
◎ 美发店技术管理人员需安排受训人员就培训内容进行练习，并在练习过程中对受训人员进行指导，及时纠正存在的错误

考评
◎ 美发店技术管理人员需在培训结束后安排考核测试，并结合受训人员练习成果，确定受训人员考评结果

图 2—3　美发技术人员培训程序

3. 评估培训效果

培训结束后，美发店技术管理人员需对培训效果进行评估，其评估依据如图 2—4 所示。

依据 1

◎ 培训后技术人员的技术理论水平变化情况

依据 2

◎ 培训后技术人员的技术能力水平变化情况

图 2—4　美发技术人员培训效果评估依据

评估工作完成后，美发店技术管理人员需将培训评估结果应用于图 2—5 所示工作事项。

事项 1

◎ 对评估结果不理想的员工，可安排其继续接受培训，以使其技术能力水平达到要求

事项 2

◎ 依据评估结果，对培训过程进行梳理，确定不合理之处并加以改进，以不断优化技术人员培训工作

图 2—5　培训结果应用

岗位内容三
美发服务工作准备：环境准备

知识 9 室内环境准备

美发店的室内环境主要包括美发店内部经营活动场所的温度、湿度、空气质量、照明及卫生等。在进行对顾客美发服务前，美发师需进行室内环境准备工作，以确保室内环境能够满足对顾客美发服务的要求。在室内环境准备阶段，美发师需完成图 3—1 所示的工作事项。

室内温度管控

◎ 美发师需根据室外温度，通过相关制冷或制热设备对室内温度进行调节，确保室内温度适宜舒适。一般情况下，室内温度基数为 22℃，调节范围需在 18～26℃之间，不得过高或过低

室内湿度管控

◎ 美发师需根据室外湿度情况，采取相关措施对室内湿度进行调节，确保室内湿度适宜舒适，不会过干或过湿。一般情况下，室内湿度基数为 50%，调节范围可控制在 30%～70% 之间

室内空气质量控制	◎ 美发师需及时通风或定期使用相关室内空气净化设备净化室内空气，确保室内无异味、无粉尘
室内照明调节	◎ 美发师需根据室内外光线情况，通过调整光源照射角度或调节灯具亮度，及时、合理调节照明，确保光线柔和，不得刺眼或过暗
室内卫生清洁	◎ 美发师需及时对室内地面、座椅、理发台、储物架及相关设施设备等进行清理打扫，确保其干净整洁、无杂物

图 3—1　室内环境准备工作事项

知识 10 室外环境准备

美发店的室外环境主要是对在美发店外部但与其经营活动相关的环境的统称，其最先展现在顾客面前，是给顾客带来良好第一印象的关键因素。因此，在对客美发服务前，美发师不仅需要对室内环境进行准备，还需对室外的环境进行必要的准备工作，具体如下：

1. 室外物品摆放整理

美发店的室外物品主要包括在室外摆放的灯箱、音箱、广告牌等与经营活动相关的物品以及其他物品。美发师需定期对摆放在室外的各类物品进行整理，使其摆放整齐、不杂乱，从而给顾客留下整洁的良好印象。同时，在整理过程中，美发师还需注意相关物品的摆放需安全，不得存在安全隐患，以确保美发店及相关人员的安全。

2. 室外卫生清洁

在室外环境准备阶段，美发师还需定期清洁室外卫生，确保室外环境干净。对于美发店而言，室外卫生的清洁工作主要涉及室外物品、室外配套设施及室外公共区域的清洁，具体如图 3—2 所示。

室外物品清洁

◎ 室外物品主要包括美发店摆放在室外的灯箱、音箱、广告牌等物品

◎ 美发师需定期对室外物品进行擦拭清洁，清除附着的杂物，确保干净整洁

室外配套设施清洁

◎ 室外配套设施主要包括招牌、门面、台阶、橱窗等

◎ 美发师需定期对室外相关配套设计进行清洁，确保招牌、门面、橱窗等干净无尘，台阶无垃圾、无污迹

室外公共区域清洁

◎ 室外区域主要包括店铺外与店铺相对的路面、绿化带等相关公共区域

◎ 对于室外公共区域，除专业清洁人员清洁外，美发师如发现相关公共区域的卫生出现问题时，需及时进行清洁，确保室外公共区域的干净，从而既能有效维护社会公德，还能够塑造良好服务环境，使顾客愉悦地享受服务

图 3—2　室外卫生清洁工作事项

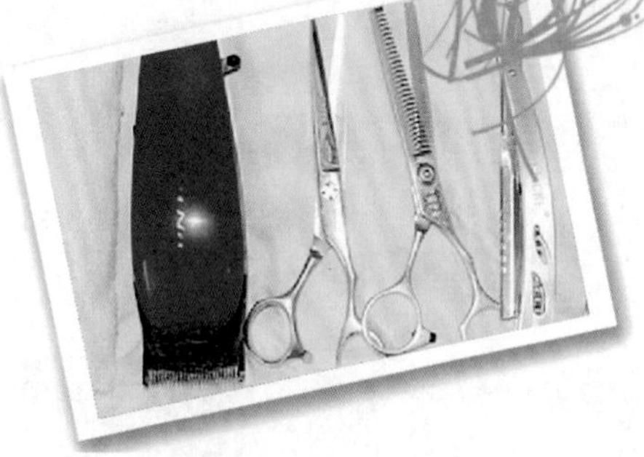

岗位内容四
美发服务工作准备：工具准备

知识 11 选择美发工具

美发工具是美发师在为顾客提供美发服务时所用到的各类工具。根据应用的美发服务项目的不同，可分为洗发工具、修剪工具、烫发工具、染发工具、接发工具、造型工具、剃须工具、化妆工具等。在提供对客美发服务前，美发师需根据提供的美发服务项目实际需要，选择合适的相关工具，以便在服务中使用。

1. 洗发工具

在美发服务中，常用的洗发工具包括洗发围布、干毛巾、发刷、篦子、掸刷等，具体如图 4—1 所示。

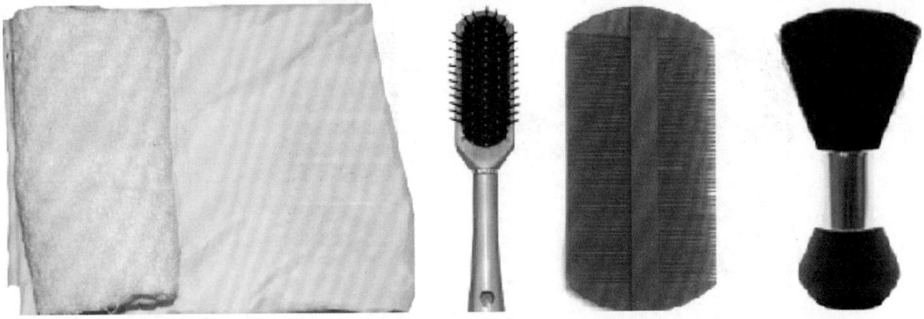

图 4—1　洗发工具

2. 修剪工具

在发型修剪过程中，美发师常用的修剪工具包括剪发工具、发梳类工具及辅助工具三类，具体如图 4—2 所示。

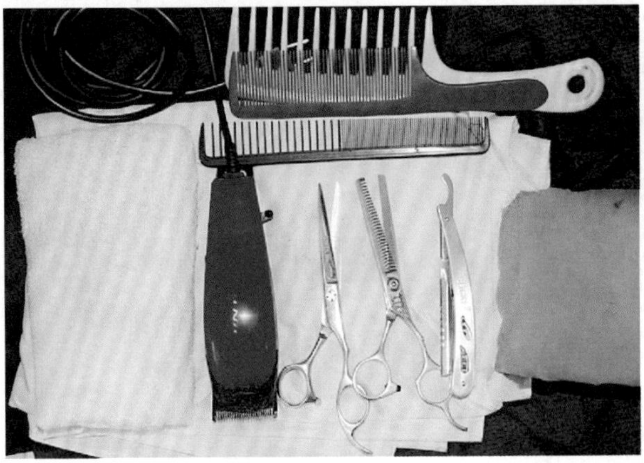

图 4—2　修剪工具

3. 烫发工具

在烫发服务中，美发师常用烫发工具包括烫发围布、烫发毛巾、尖尾梳、烫发卷杠、烫发衬纸、肩托、烫发剂发刷、保鲜膜（或塑料发帽、纱帽等）、定位夹、烫发工具车、离子烫发器、烫发机等，具体如图 4—3 所示。

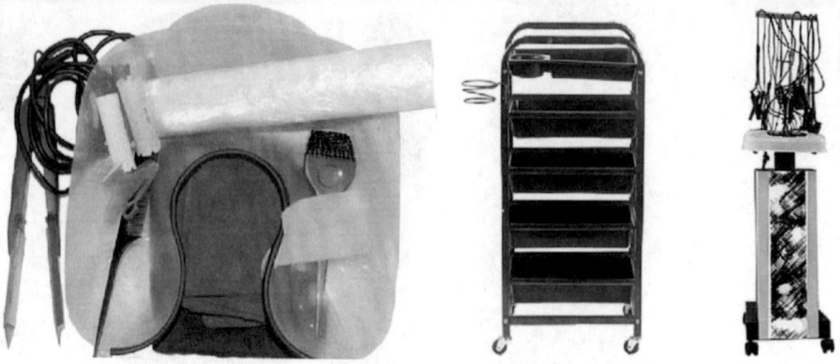

图 4—3　烫发工具

4. 染发工具

在染发服务中，美发师常用的染发工具有染发围布、染发毛巾、染发手套、护耳套、染发刷、调色碗、计时工具、称量工具、发夹、锡纸、染发工具车、加热器等，具体如图 4—4 所示。

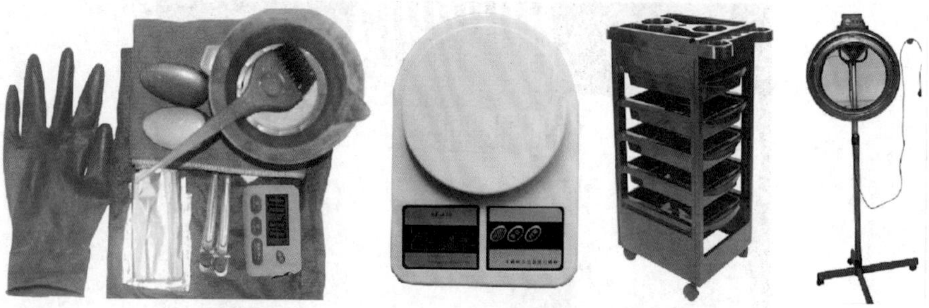

图 4—4　染发工具

5. 接发工具

在接发服务中，由于接发方式的不同，美发师常用的接发工具也不同，具体见表 4—1。

表 4—1　　接发工具说明

<table>
<tr><th>接发方式</th><th>接 发 工 具</th></tr>
<tr><td rowspan="3">胶粘接发</td><td>指甲发片、接发器、驳发片、发夹、去胶水、尖尾梳</td></tr>
<tr><td>棒棒发片、胶枪与接发胶棒或接发熔炉与接发胶、驳发片、发夹、去胶水、尖尾梳</td></tr>
<tr><td>胶带发片、驳发片、发夹、去胶水、尖尾梳</td></tr>
</table>

续表

接发方式	接发工具
扣合接发	夹子发片、发夹、尖尾梳
	棒棒发片、接发环、接发钳子、驳发片、发夹、钩针、尖尾梳
编织接发	鱼线发片、接发线、驳发片、发夹、钩针、尖尾梳

6. 造型工具

在造型服务中，美发师常用的造型工具包括加热塑形工具、梳发工具及发型固定工具三类，具体说明见表 4—2。

表 4—2　　　　　　　　　　造型工具说明

工具类别	工具名称	工具图示
加热塑形工具	吹风机	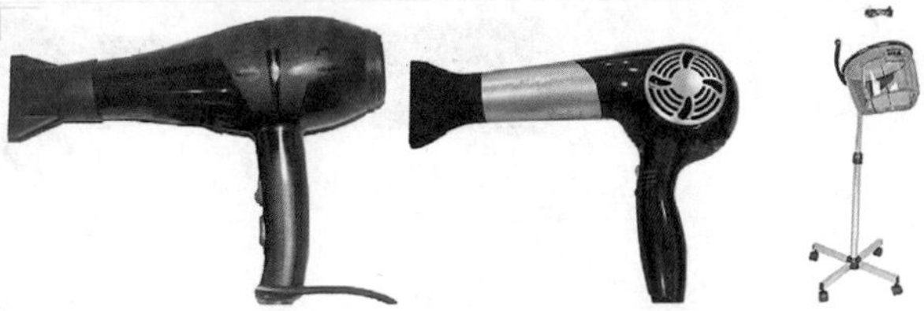
	卷发棒	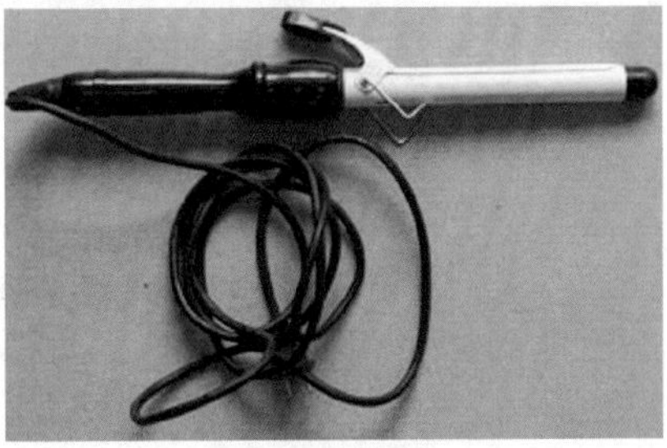
	直发器	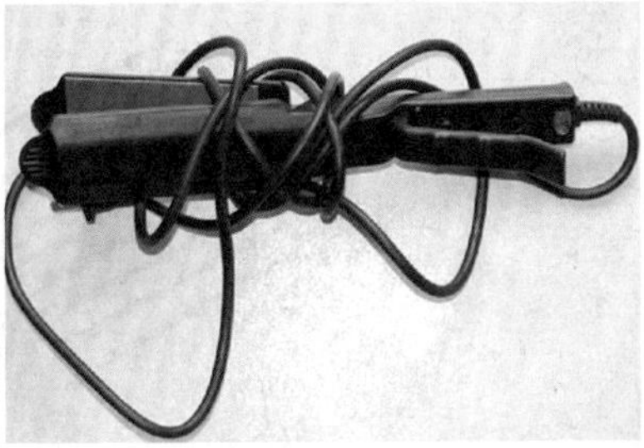

续表

工具类别	工具名称	工 具 图 示
梳发工具	排骨梳	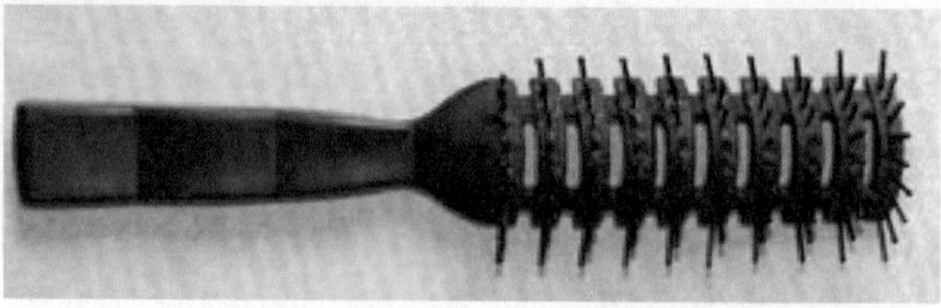
	滚梳	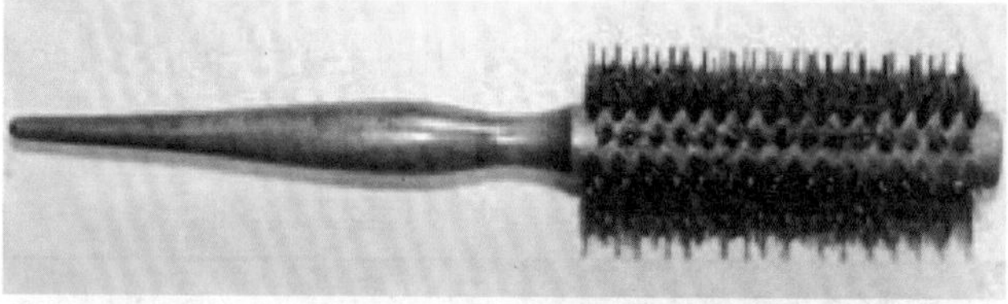
	九行梳	
	发刷	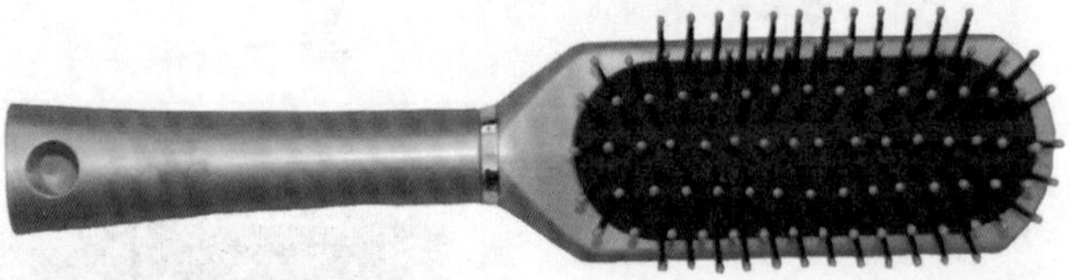
	尖尾梳	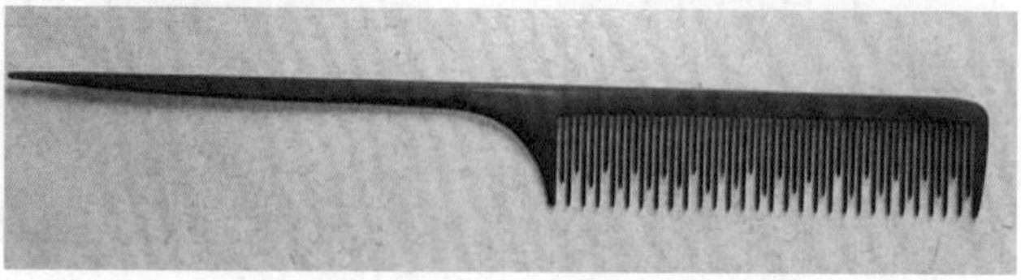
发型固定工具	发夹	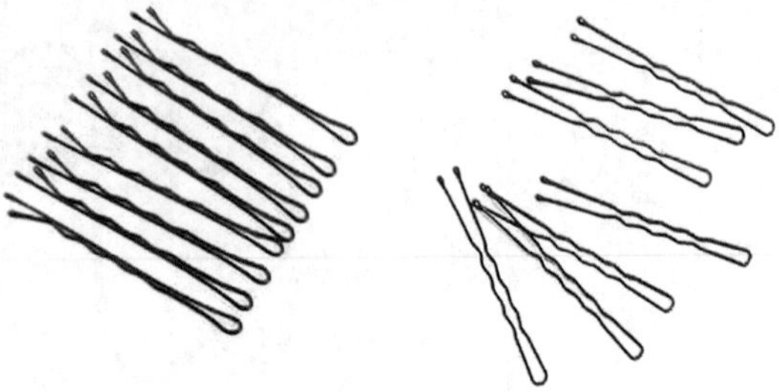

续表

工具类别	工具名称	工具图示
发型固定工具	发圈	
	造型用品	

7. 剃须工具

在剃须服务中，美发师常用到的工具主要包括修剃工具、研磨工具及护理用具三类，具体说明见表 4—3。

表 4—3　　剃须工具说明

工具类别	工具说明
修剃工具	剪刀、手动剃须刀或电动剃须刀
研磨工具	磨刀石、研磨润滑剂、荡刀布
护理用具	洁面用具、毛发软化用具、须后护理用具

8. 化妆工具

在美发妆容搭配中，美发师使用的化妆工具根据用途不同，可分为底妆工具、眼妆工具和唇妆工具等，其具体说明见表 4—4。

表 4—4 化妆工具说明

工具类别	工具说明
底妆工具	主要用于面部底妆，包括化妆海绵、化妆棉及各类粉刷等
眼妆工具	主要用于眼妆，可分为眉毛修饰工具、眼影眼线涂抹工具以及眼睫毛修饰工具等
唇妆工具	主要用于唇妆，常见的有唇刷等

知识 12 美发工具消毒

在准备好美发服务相关工具后，美发师需对相关工具进行消毒，以确保美发工具干净卫生。在美发店中，美发师常用的工具消毒方法见表 4—5。

表 4—5 美发工具消毒方法

工具类别	消毒方法
金属材质工具	◎ 溶液浸泡法：采用浓度为 3% 的来苏尔溶液、浓度为 0.1% 的新洁尔灭溶液、浓度为 2% 的戊二醛溶液浸泡，或使用浓度为 75% 的酒精等消毒溶液浸泡工具，并用清水冲洗。但需注意，对于电推剪等电动类工具不得使用此方法进行消毒
	◎ 电磁波消毒法：将美发工具放置在紫外线消毒箱或红外线烘烤箱中进行消毒
	◎ 溶液擦拭法：使用浓度为 75% 的酒精擦拭工具进行消毒
塑料材质工具	◎ 电磁波消毒法：将美发工具放置在紫外线消毒箱或红外线消毒箱中进行消毒
	◎ 溶液擦拭法：使用浓度为 75% 的酒精擦拭工具进行消毒
棉织材质工具	◎ 煮沸消毒法：将相关工具先用清水清洗干净，然后放入 100℃的沸水中煮 15 ~ 20 min，并需经常翻动工具，使沸水充分漫过工具表面
	◎ 烘烤消毒法：将相关工具先用清水清洗干净，拧至七八成干，然后将工具放在红外线烘烤箱内消毒 10 min
	◎ 蒸汽消毒法：将相关工具先用清水清洗干净，拧至七八成干，然后将工具放在蒸汽消毒箱内消毒 10 min

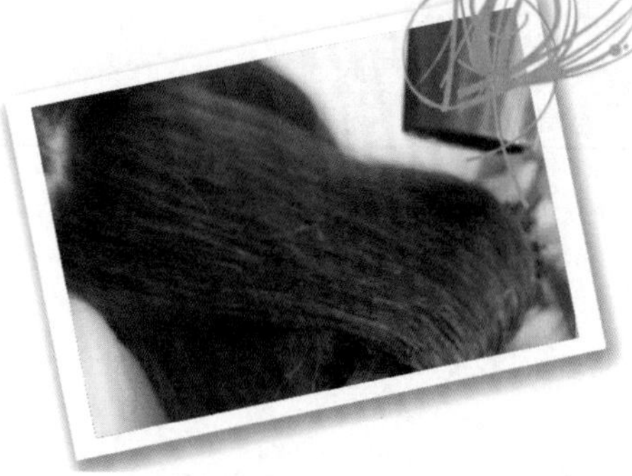

岗位内容五 接待服务：迎宾服务

知识 13 接待准备

在进行迎宾接待前，美发师需做好接待准备工作。美发服务接待的准备工作主要包括仪表准备与仪态准备两部分内容。

1. 服务接待仪表准备

美发师进行的服务接待仪表准备工作主要包括个人形象准备与个人卫生准备两部分内容，具体说明见表 5—1。

表 5—1　　服务接待仪表准备要求

准备事项	准 备 要 求
个人形象准备	◎ 美发师的发型需体现出美发店的服务特征 ◎ 美发师的妆容需得体 ◎ 在工作期间，美发师需统一穿着工作服 ◎ 在工作期间，美发师可根据实际需要穿着轻便、舒适、得体的鞋

续表

准备事项	准备要求
个人卫生准备	◎ 美发师头发需干净，无异味、无头屑 ◎ 美发师面颈部需干净，无污垢 ◎ 美发师口腔需干净，无异味、无食物残留物 ◎ 美发师着装需干净、整齐，无褶皱、无异味 ◎ 美发师手部需干净，指甲不得过长且不得涂抹颜色艳丽的指甲油

2. 服务接待仪态准备

美发师的服务接待仪态准备主要包括面部表情准备和迎宾姿态准备两项内容。

（1）面部表情准备。在迎宾接待时，美发师的面部表情需体现出热情亲切，而最能够体现热情亲切态度的则是自然得体的微笑，用以表现出对顾客的真诚欢迎之情，从而打动顾客。因此，在迎宾接待前，美发师需进行必要的微笑训练，做好面部表情准备，具体要求如图 5—1 所示。

1 ◎ 美发师在微笑前需放松面部肌肉，尤其是嘴唇周围的肌肉，以防止微笑过于僵硬

2 ◎ 美发师需对镜练习收缩伸张嘴角，以增加嘴唇肌肉的弹性，使笑容更加自然

3 ◎ 美发师可用门牙轻咬木筷，上翘嘴角，使嘴角连线与木筷平行，以确定微笑幅度

4 ◎ 美发师需拉紧唇部周围肌肉，使其紧张的同时微张双唇，露出 6~8 颗牙齿，以确定双唇张开幅度

5 ◎ 美发师在确定最佳微笑状态后，需维持此状态至少 10 s 以上

6 ◎ 美发师在展开与收回微笑时，需注意动作的缓慢性，尤其不得突然停止微笑

图 5—1 面部表情准备要求

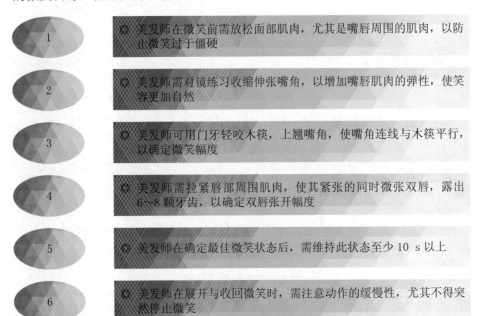

（2）迎宾姿态准备。迎宾姿态准备主要包括迎宾时的站姿准备与走姿准

备两项准备工作，其具体要求见表 5—2。

表 5—2　　迎宾姿态准备要求

准备事项	姿态准备要求
站姿准备	◎ 腹前握手式站姿要求：美发师上身挺直，头部端正，双目平视，面带微笑，双肩水平，收腹挺胸，双手握于腹前。其中，男性美发师需将右手握在左手的手背部位，同时可将双脚分开平行站立，但两脚距离不得超过肩宽；而女性美发师则需将右手握在左手的手指部位，双手的交叉点需在衣扣的垂直线上，同时一脚放前，将脚后跟靠在另一只脚脚弓的部位，形成“丁”字步 ◎ 双臂后背式站姿要求：双臂后背式站姿是男性美发师的常见站姿，其要求美发师上身挺直，双肩收平，收腹挺胸，双手在身后相握，右手握住左手的手腕，置于髋骨处，两臂的肘关节自然收敛，脚尖打开 60° 或双脚分开约 20 cm
走姿准备	◎ 美发师在行走时要求挺胸抬头，双目平视前方。男性美发师行进时，两脚跟需交替前进，脚尖需稍向外展，步幅约为自己的一脚之长；而女性美发师行进时，双脚需踏在一条直线上，步幅为本人的一脚的长度

知识 14　迎宾问询

在接待准备完毕后，美发师需进行正式的迎宾问询工作，具体工作要求如图 5—2 所示。

1. ◎ 美发师需在顾客距离 1～2 m 远时，面带微笑迎上前，向客人行 45° 鞠躬礼，并向宾客致欢迎词，如“下午好，女士，欢迎光临”
2. ◎ 美发师致欢迎词后，需主动询问顾客的美发需求及是否有预约。此时，美发师的语气需和蔼，态度需谦逊
3. ◎ 美发师在询问顾客需求时，需使用普通话，同时需使用敬语
4. ◎ 美发师在询问顾客时，可采用开放式问题或封闭式问题，在获得顾客需求信息的同时，能够恰当地引导宾客，如“请问您需要什么服务”或“请问您是烫发还是染发”

图 5—2　迎宾问询要求

知识 15 顾客引领

美发师需根据顾客的美发需求及美发店的客流情况，将宾客引领至恰当位置，以便于顾客接受恰当的服务，其具体要求如下：

1. 引领至服务区域

可立即为顾客提供服务时，美发师需将顾客引领至相应的服务区域，具体要求如图 5—3 所示。

要求 1	◎ 美发师需根据顾客美发需求将顾客正确引领至相应的服务区域
要求 2	◎ 在引领顾客时，美发师右手手臂需伸直，手指自然并拢，掌心向上，向行进的方向做出“请”的手势，并对宾客说“先生/女士，这边请”
要求 3	◎ 美发师需走在宾客的右前方，距离宾客三步远，且行走速度需适中，并需随时回头观察宾客是否跟上，如未跟上，需耐心等待宾客
要求 4	◎ 美发师将顾客引领至相应服务区域后，需同服务区域内的美发服务人员做好交接，准确告知顾客的服务需求，向顾客示意后方可退出服务区域

图 5—3　顾客引领要求——至服务区域

2. 引领至等待区域

当店内顾客较多而难以立即为顾客提供服务时，美发师需根据店内客流情况，预估顾客等待时间，并告知顾客。如顾客愿意等待，美发师需将顾客引领至等待区域，并安排顾客入座，同时为顾客准备茶水、杂志等，然后向顾客示意后离开等待区域；如顾客不愿意等待，美发师需向顾客表示歉意，并耐心送顾客离开。

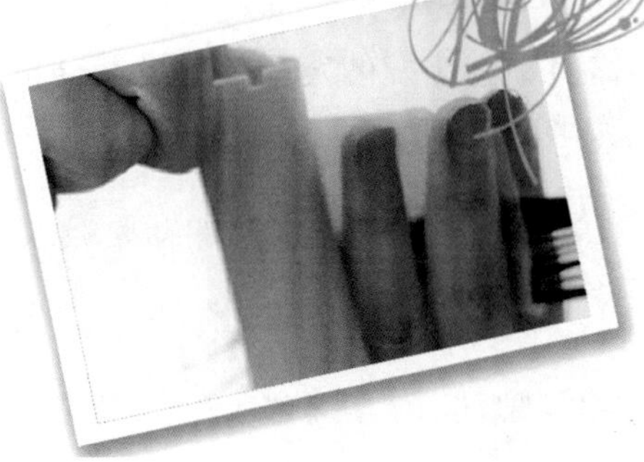

岗位内容六
接待服务：咨询服务

知识 16
美发需求询问

在进行美发操作时，美发师首先需询问顾客的美发需求。在询问顾客需求时，美发师需向顾客询问图 6—1 所示的两项内容，以充分了解顾客的美发需求。

1　◎ 美发师需询问顾客所需的美发服务类别，一般情况下，美发店提供的美发服务包括洗发、剪发、烫发、染发、接发、造型、胡须修剪、形象搭配等

2　◎ 确定美发项目后，美发师还需进一步了解顾客的造型需求，如发长、发卷类型、发色、胡须长短、胡须形状等

图 6—1　美发需求询问内容

知识17 发质发况分析

确定顾客的美发需求后，美发师还需对顾客头发的发质发况进行分析，了解顾客的发质发况实际情况，具体要求如图 6—2 所示。

1
◎ 美发师需通过眼观、手抚等方式，确定顾客头发的柔软度、光泽度、卷曲情况、发量及发质受损情况等

2
◎ 美发师需询问、了解顾客的过敏史，并了解过敏源，从而为选择合适的美发用品提供依据

图 6—2 顾客发质发况分析工作要求

知识18 提供美发建议

美发师需根据顾客美发需求及发质发况分析结果，同时结合美发店提供的美发服务项目特点，向顾客提供合适的美发建议，其具体工作要求如图 6—3 所示。

要求 1
◎ 美发师需从专业的角度为顾客提供美发建议，表述语言既能够体现出专业性，又易于顾客理解

要求 2
◎ 美发师需详细阐述提供此建议相关原因，且其阐述的内容需符合客观实际，不得欺骗顾客，如顾客存在疑惑，美发师需对顾客疑惑的内容进行详细解答

要求 3
◎ 美发师需要注意表达方式的得体性，特别是在说明顾客发质发况存在的问题时，需注意语言的委婉性

要求 4	◎ 在顾客接受美发建议后，美发师需根据店内提供的美发服务项目，向顾客介绍适合的多个服务项目供其选择
要求 5	◎ 在介绍美发服务项目时，美发师的语言需简练明确，但介绍的内容需全面，包括各个服务项目的特点、价格等内容
要求 6	◎ 美发师需尊重顾客的意见，不得勉强顾客接受美发建议或选择美发服务项目

图 6—3　提供美发建议工作要求

岗位内容七
洗发按摩服务：洗发服务

知识 19 洗发准备

在洗发前，美发师需进行准备洗发用具、选择洗发用品等洗发准备工作。

1. 准备洗发用具

在洗发准备工作中，美发师首先需进行洗发用具的准备工作，具体需完成如图 7—1 所示的各项工作。

工作事项 1	◎ 美发师需擦拭洗发座椅并清洗洗发盆，以确保洗发座椅干净无尘、洗发盆内无碎发
工作事项 2	◎ 美发师需检查洗发用水的水温情况并及时进行调试，确保洗发用水温度适宜，不得过热或过凉
工作事项 3	◎ 美发师需准备好洗发围布、干毛巾、发刷、篦子、掸刷等工具，并排列整齐放好

图 7—1　洗发用具准备工作事项

2. 选择洗发用品

美发师需根据顾客的发质情况选择合适的洗发用品，具体说明见表 7—1。

表 7—1　　洗发用品选择

发质类型	发质特征	洗发用品选择要求
油性发质	头皮分泌油脂过多，头发油腻、易黏结	适宜选择 pH 值偏高的强碱性的洗护用品
中性发质	头发柔顺，不油腻、不干燥，且具有光泽	适宜选择中性的洗护用品
干性发质	头发油脂与水分较少，头发干燥无光泽	适宜选择酸性的洗护用品，并可选择适当的焗油用品定期进行焗油
受损发质	由于烫染、强光日照及吹风机高温长时间吹梳等原因，导致头发干燥、枯黄、开叉、易折断	适宜选择弱碱性或酸性的洗发用品及酸性较强的护发用品

知识 20 洗发实施

洗发准备工作完成后，美发师需按图 7—2 所示的程序进行洗发实施操作。

围围布、毛巾

◎ 美发师需为顾客围好围布和毛巾，防止在洗发过程中弄脏、弄湿顾客衣服

梳发

◎ 美发师需用发梳按从前至后顺序将头发梳通顺，并检查头皮健康情况

刷发

◎ 美发师需用发刷依次沿四周的发际线向头顶部刷发，以初步去除头屑及其他头发中混杂的杂物

篦发

◎ 美发师需用篦子按从前向后及从两边向中间的顺序篦发，以进一步去除头发中混杂的较为细小的杂物，同时可起到提神的功效

抖发

◎ 美发师需将双手十指张开插入头发根部，从头顶部抖动头发，将头屑及头发中混杂的杂物抖落

掸发

◎ 美发师需用掸刷按“头部—脸部—颈部”的顺序掸扫落下的头皮屑及其他杂物

抖净围布、毛巾

◎ 美发师需将毛巾、围布撤下，并背向顾客将围布、毛巾抖净，然后重新为顾客围好

清洗头发

◎ 美发师需根据店内的实际情况及顾客需求，选择合适的洗发方式为顾客清洗头发，其基本过程可分为润湿头发、涂抹洗发用品、冲洗、涂抹护发用品、冲洗、擦干六步

图 7—2 洗发实施程序

在洗发实施过程中，美发师需注意图 7—3 所示的注意事项。

1 ◎ 美发师不得用指甲猛抓顾客头皮，防止将顾客头皮抓红或抓破

2 ◎ 美发师需注意控制洗发时间，一般控制在 10 min 左右，不得过久，防止洗发用品在头发上停留过久损伤头发

3 ◎ 美发师需注意洗发用水的水温不得过高，一般需控制在 39～42℃之间，防止水温过烫损伤头发

4 ◎ 美发师需将洗护用品清洗干净，防止洗护用品残留在头发上损伤头发

5 ◎ 美发师需询问顾客的身体健康情况，询问其是否有气喘、高血压等疾病，从而选择合适的洗发方式

图 7—3　洗发服务注意事项

知识 21 分析洗发效果

美发师需在洗发后对洗发效果进行分析，如出现表 7—2 所列的问题，需及时进行处理。

表 7—2　　**洗发问题分析与处理**

洗发问题描述	问题产生原因	处理措施
头发不蓬松	◎ 洗发液量不足，或抓擦不到位，导致头发未洗干净 ◎ 洗发液质量有问题	◎ 重新清洗，适当增加洗发液的量并抓擦到位 ◎ 更换洗发液重新清洗
头发湿滑、起泡	◎ 洗护用品未清洗干净，残留在头发上	◎ 使用发梳从发根向发尾梳理头发，然后使用清水冲洗头发

续表

洗发问题描述	问题产生原因	处理措施
头发上有灰色的膜	◎ 洗发液质量存在问题 ◎ 洗发时间过长，导致头发毛鳞片受损 ◎ 过度抓擦头发导致产生静电，从而吸附灰尘	◎ 更换洗发液重新清洗 ◎ 选择适当的修复产品进行头发修护 ◎ 涂抹少量白醋
发丝缠绕，不易梳理	◎ 洗发前未梳理头发 ◎ 未使用护发用品	◎ 重新清洗，使用护发用品
仍然存在头皮屑	◎ 清洗不彻底 ◎ 洗发液选择不当	◎ 重新清洗 ◎ 更换适合顾客发质特征的洗发液

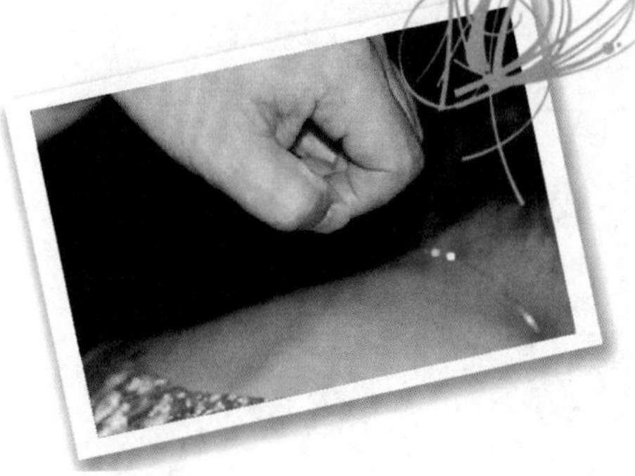

岗位内容八
洗发按摩服务：按摩服务

知识 22 按摩线路

在美发服务中，美发师可根据顾客的需要，使用手指对顾客的头部、面部、肩部、颈部等部位进行按摩。在各部位按摩服务中，常见的按摩线路如下：

1. 头部按摩

在头部按摩中，常见的按摩经络有督脉经、足太阳膀胱经、足少阳胆经，分为 4 条按摩线路，包括 17 个穴位。美发师将按摩经络作为按摩线路即可，具体说明如图 8—1 所示。

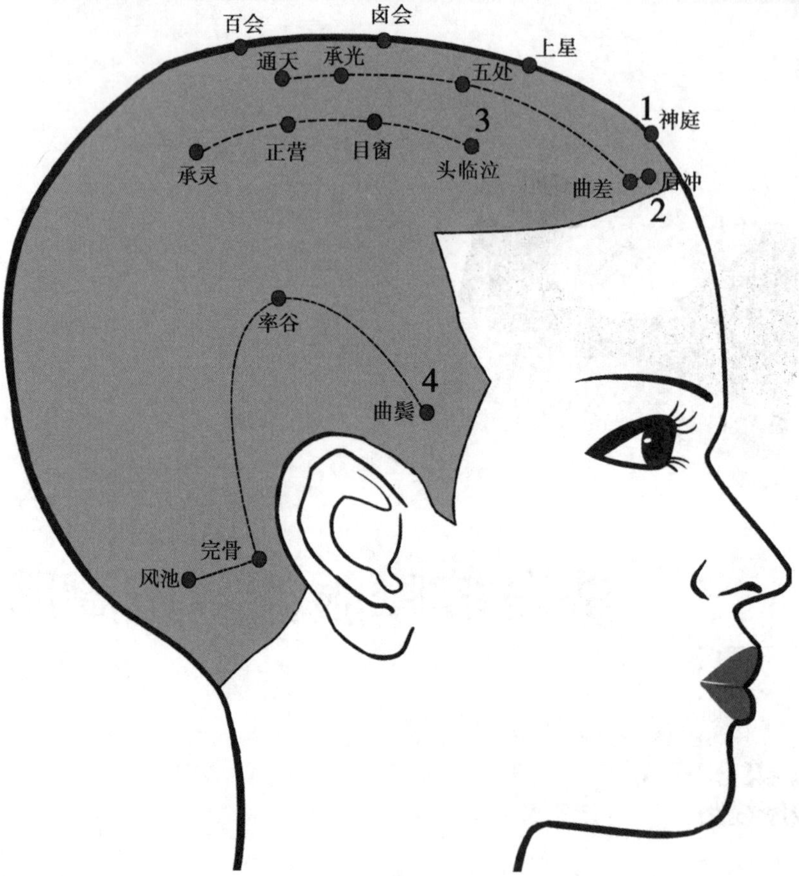

图 8—1　头部按摩线路

1—督脉经穴位：神庭穴、上星穴、卤会穴、百会穴等

2—足太阳膀胱经穴位：眉冲穴、曲差穴、五处穴、承光穴、通天穴等

3—足少阳胆经穴位：头临泣穴、目窗穴、正营穴、承灵穴等　4—足少阳胆经穴位：曲鬓穴、率谷穴、完骨穴、风池穴等

2. 头面部按摩

头面部的按摩经络有 8 条，共有 39 个穴位，可分为 5 条线路进行按摩，具体如图 8—2 所示。

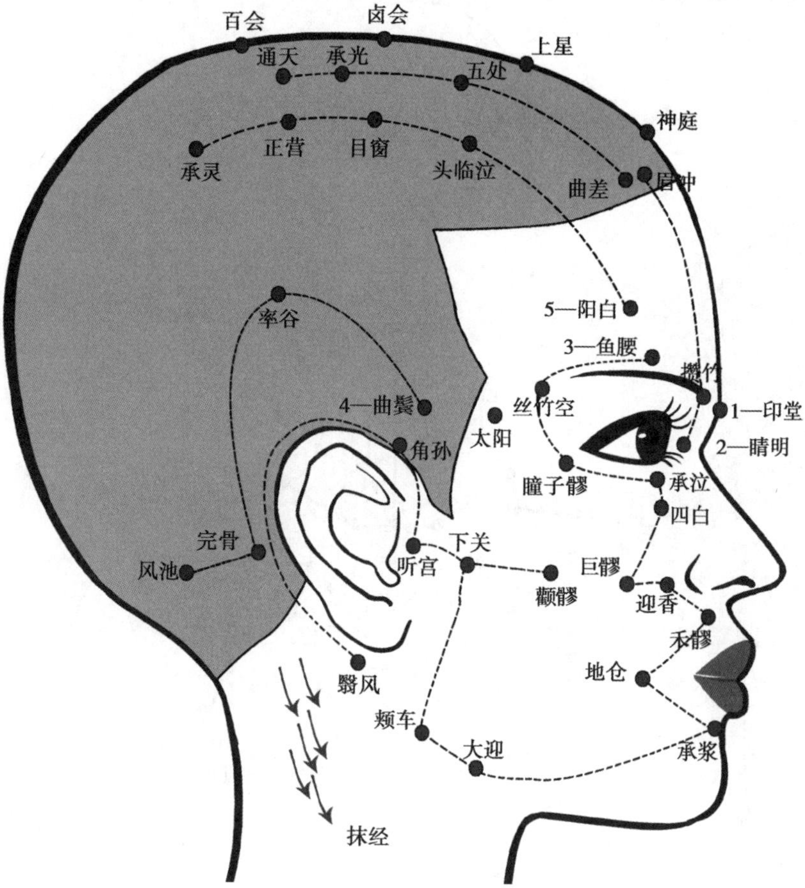

图 8—2　头面部按摩线路

1—督脉经穴位：印堂穴、神庭穴、上星穴、囟会穴、百会穴等
2—足太阳膀胱经穴位：睛明穴、攒竹穴、眉冲穴、曲差穴、五处穴、承光穴、通天穴等
3—手少阳三焦经、手太阳小肠经、手阳明大肠经、足阳明胃经、任脉经等穴位及经外奇穴：鱼腰穴、丝竹空穴、瞳子髎穴、承泣穴、四白穴、巨髎穴、迎香穴、禾髎穴、地仓穴、承浆穴、大迎穴、颊车穴、下关穴、颧髎穴、听宫穴、角孙穴、翳风穴等　4—足少阳胆经穴位：曲鬓穴、率谷穴、完骨穴、风池穴等　5—足少阳胆经穴位：阳白穴、头临泣穴、目窗穴、正营穴、承灵穴等

3. 肩颈部按摩

肩颈部按摩的常见穴位共有 14 个，其可分为 2 条按摩线路，具体如图 8—3 所示。

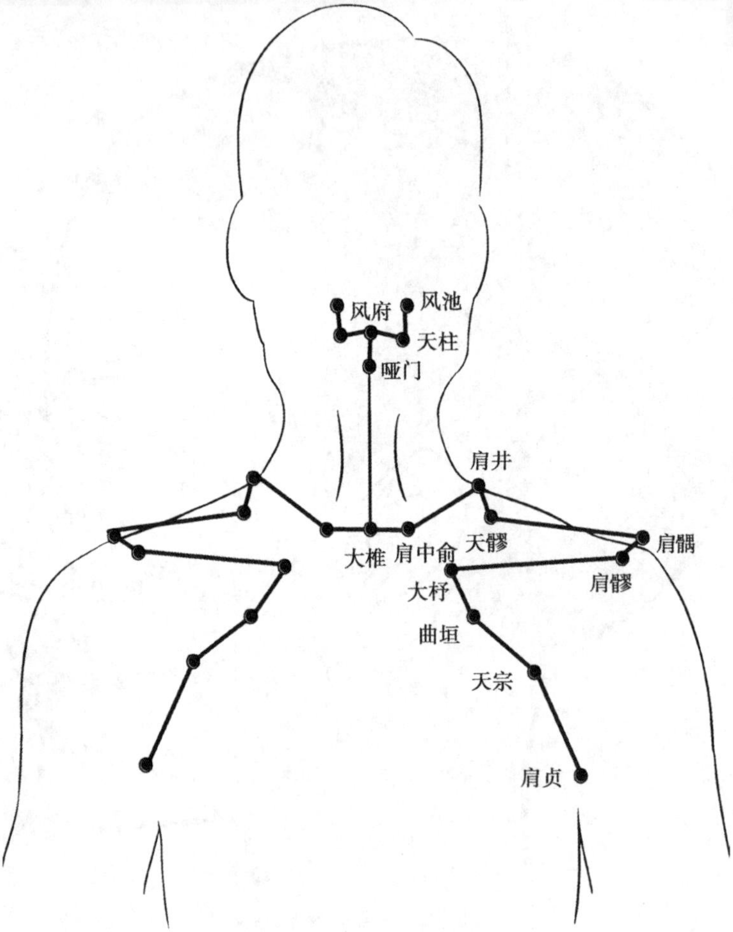

图 8—3　肩颈部按摩线路

1—颈部按摩穴位：风池穴、天柱穴、风府穴、哑门穴、大椎穴等

2—肩部按摩穴位：肩中俞穴、肩井穴、天髎穴、肩髃穴、肩髎穴、大杼穴、曲垣穴、天宗穴、肩贞穴等

知识 23 按摩手法

美发师可根据按摩需要选择合适的按摩手法。美发师常用的按摩手法见表 8—1。

表 8—1　　美发按摩手法说明

按摩手法名称	按摩手法说明	按摩手法图解
点	用拇指、中指或食指的指端对某一穴位从上至下轻轻用力，此手法作用面积小，但力量较大	指点 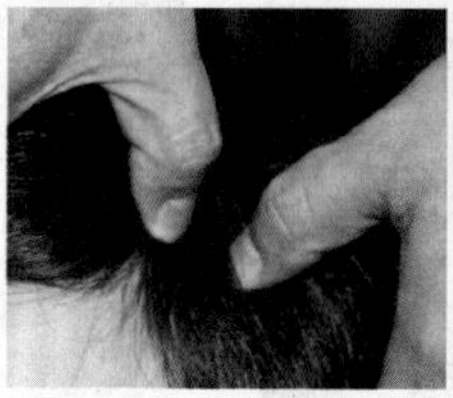 屈拇指点 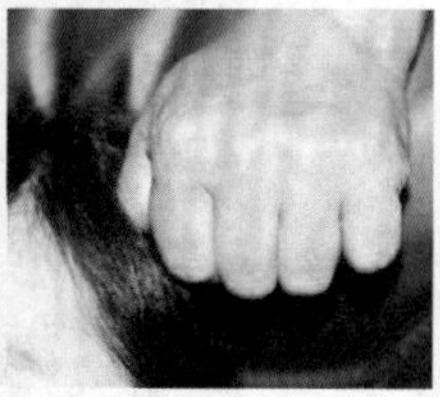 屈食指点 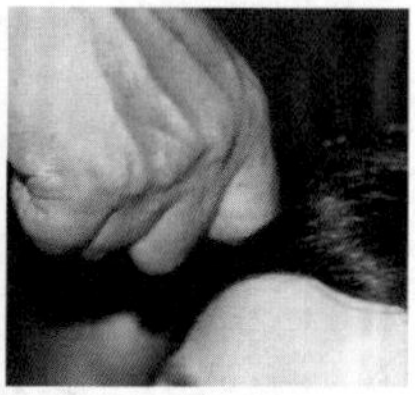
按	手掌或拇指、中指、食指的指端对穴位由上往下按压，稍用力，用力由轻到重，且按压时手指不要移位	掌按法 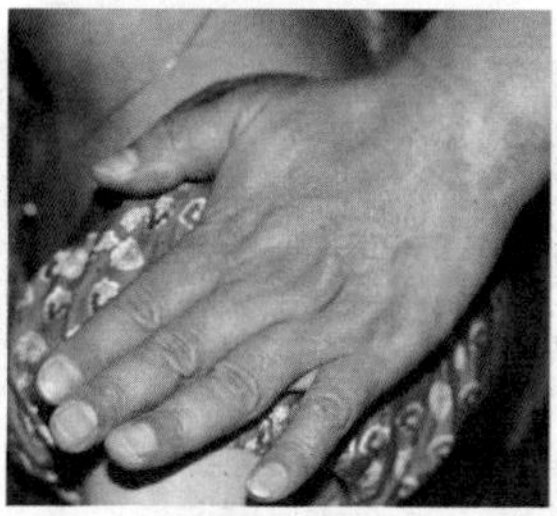 指按法 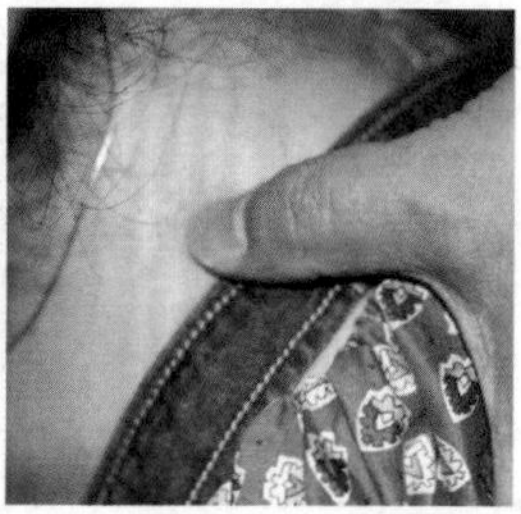
压	拇指、中指或食指指端对穴位由上往下按压，手法与“按”相似，但压的力量较重，且强调静止的状态	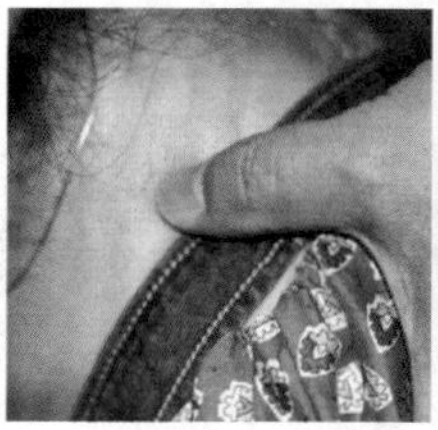 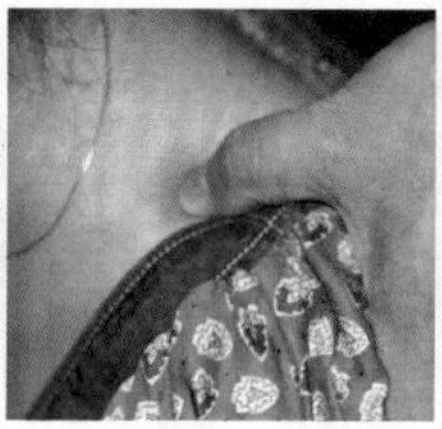 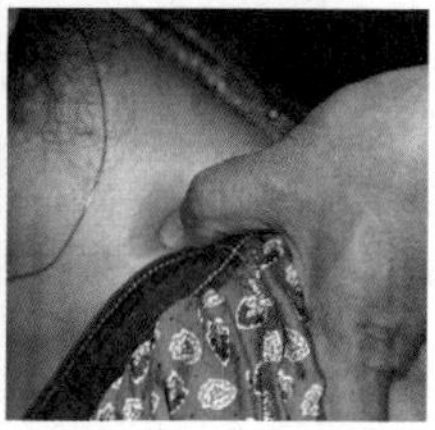
揉	用手掌或拇指、中指、食指的指腹轻按某一穴位，并做小幅度的环旋揉动	掌揉法 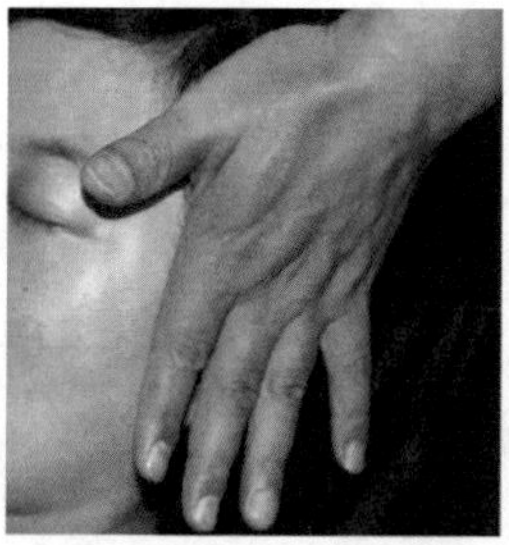 指揉法 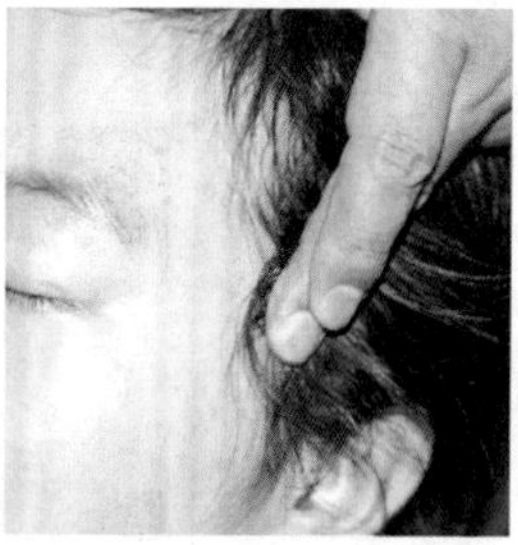

续表

按摩手法名称	按摩手法说明	按摩手法图解
摩	将掌面或拇指、中指和食指的指腹吸附于相关穴位上，做环形而有节奏的抚摩	掌摩法 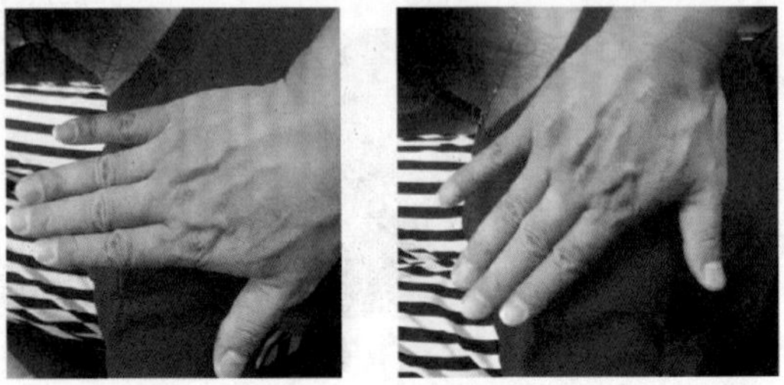 指摩法 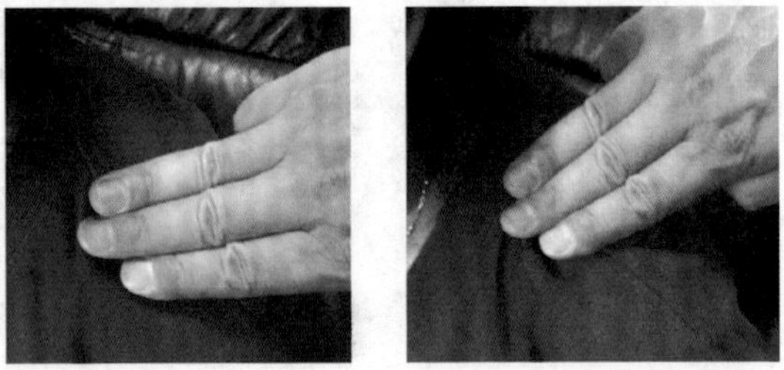
抚	手指指腹轻放在穴位上进行缓慢而轻柔的直线往复或环旋抚摩，此手法操作时动作需平稳，且多数情况下与其他手法配合使用	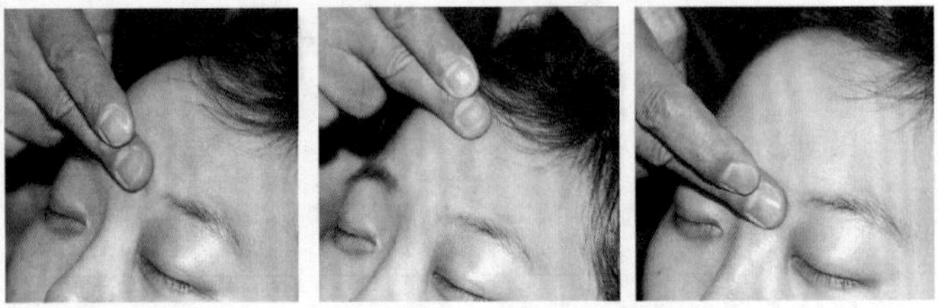
推	拇指指腹用力，按照经络巡行方向单方向推进，并可在相应穴位上进行缓和的按揉动作	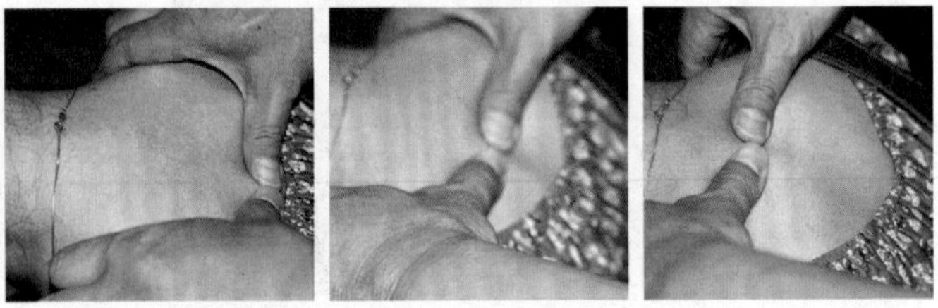

续表

按摩手法名称	按摩手法说明	按摩手法图解
抹	用拇指指腹紧挨头面部皮肤沿各个方向往返推动，用力需均匀，力度需较重于“推”	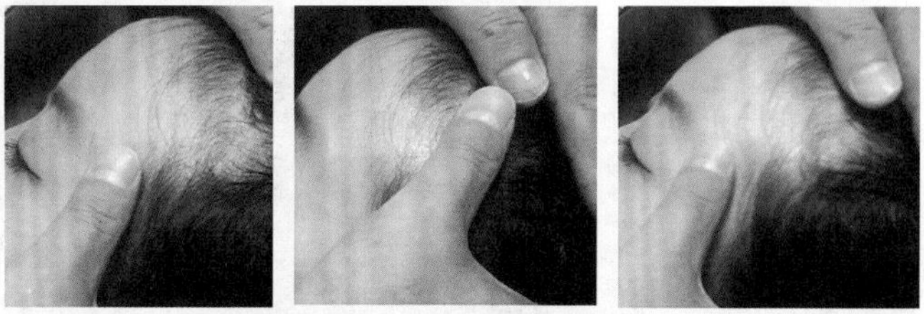
滚	微握拳，用手背指根位置接触相关部位，活动腕关节带动手背来回滚动	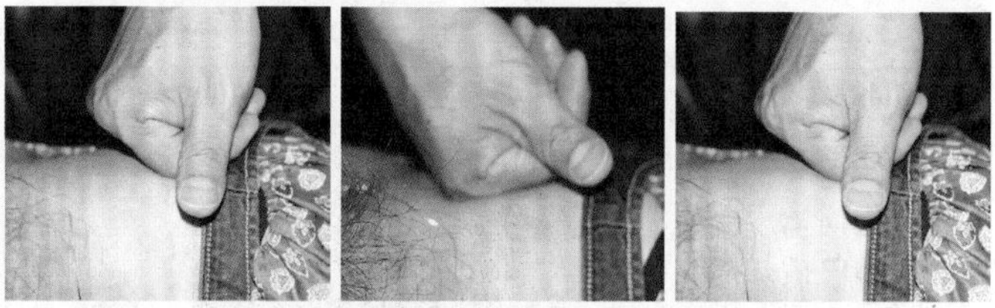
拍	手指自然并拢，指关节微弯，平稳拍打按摩部位	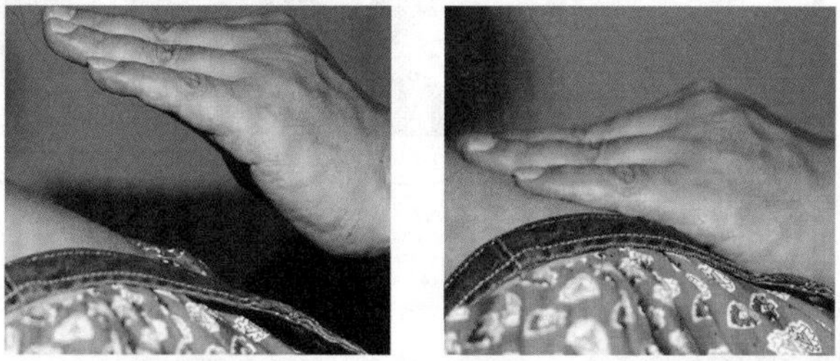
叩	双手半握拳，屈伸腕部带动手部，双手交替叩击相关部位	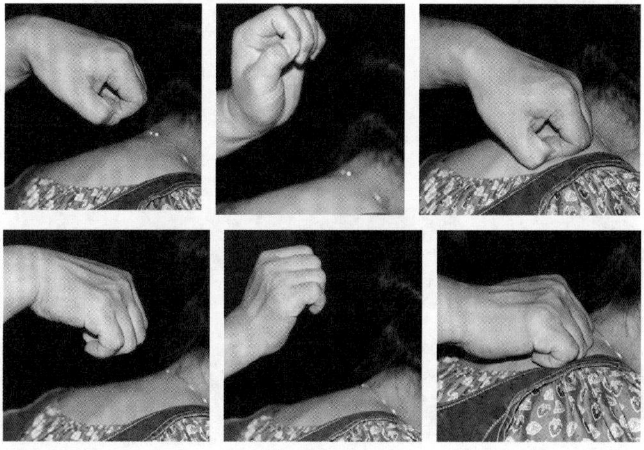

续表

按摩手法名称	按摩手法说明	按摩手法图解
拿	拇指、食指和中指三指或全部五指用力，在相关部位进行有节奏的提拉	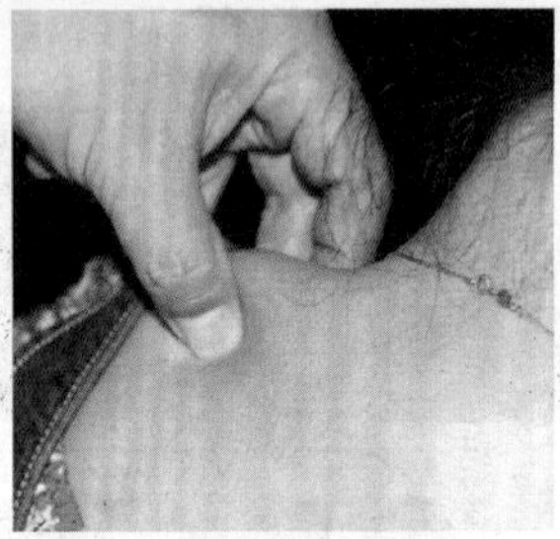 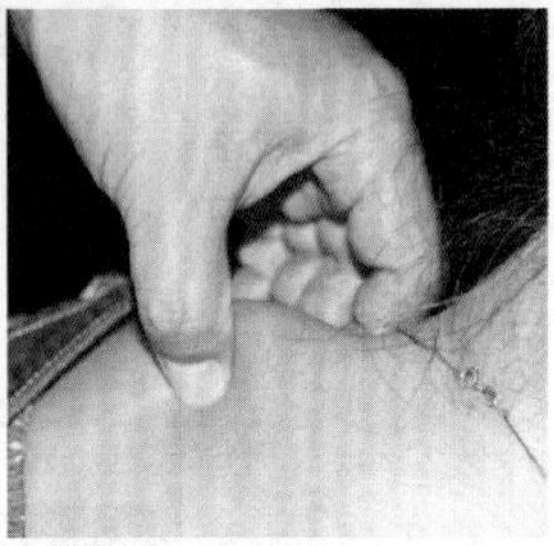
捏	用拇指、食指和中指三指或用全部五指夹住相关部位，用力挤压	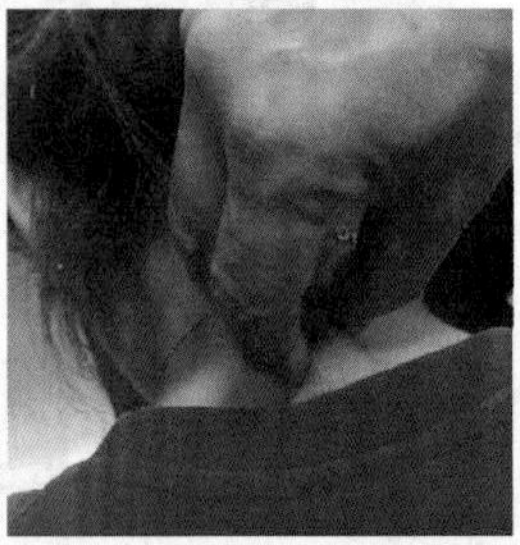 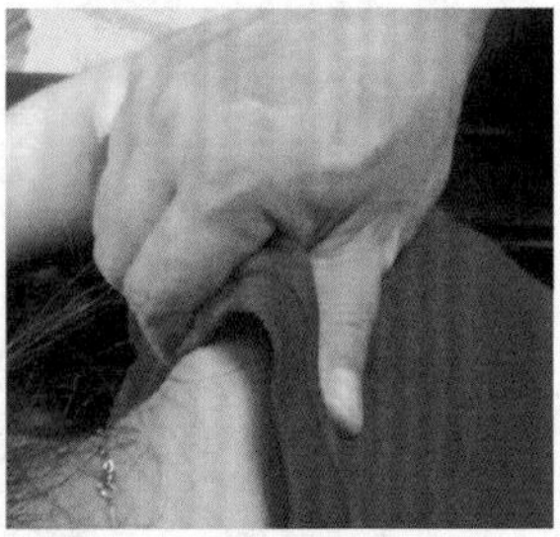

知识 24 按摩实施

美发师需根据顾客的需要及顾客身体素质的实际情况，确定按摩部位，并选择合适的按摩手法进行按摩。在按摩实施过程中，美发师需遵守图 8—4 所示的要求。

要求 1

◎ 美发师按摩的动作需具有连续性，要保持动作与力量的连贯性，不得间断

要求 2

◎ 美发师需根据按摩对象、按摩部位及按摩手法合理控制按摩力度

要求 3

◎ 美发师在按摩时动作需轻柔且具有稳定性

要求 4

◎ 在进行按摩穴位更换时，美发师需压着经络从一个穴位移动到另一个穴位，不得使手指离开头皮或皮肤而换到另一个穴位

要求 5

◎ 当顾客患有传染性疾病、严重器官疾病、出血性疾病等或出现酒醉、情绪不稳定、高烧发热等情况时，美发师不得为其提供按摩服务

图 8—4　按摩实施要求

岗位内容九 发型设计：审形

知识 25 顾客需求分析

顾客的美发需求是美发师进行发型设计的基础依据，因此，在进行发型设计时，美发师首先需对顾客的需求进行分析，以准确了解顾客的美发需求。美发师的分析内容主要包括图 9—1 所示的四项内容。

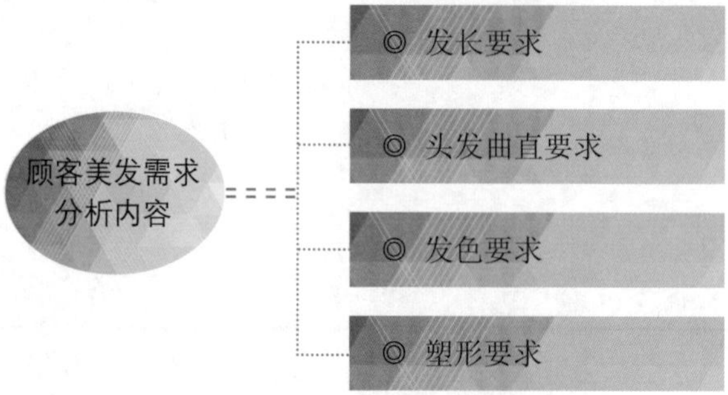

图 9—1　顾客美发需求分析内容

知识 26 顾客特征分析

美发师需对顾客的整体形象特征进行分析，并需结合顾客需求分析结果，初步确定顾客发型设计基本框架。顾客特征分析内容主要有脸形分析、头形分析及体形分析三项。

1. 脸形分析

脸形是人脸部的轮廓形状，其与发型的关系是脸形决定发型选择，而发型修饰脸形不足。因此，在进行发型设计时，美发师需首先考虑脸形对发型的影响。而对于脸形，根据观察角度的不同、脸形的特征分类不同，其对发型设计的要求亦不同，具体如下：

（1）正面脸形。正面脸形，即从脸部正面角度观察所确定的脸形，一般分为椭圆形脸、圆形脸、长方形脸、正方形脸、三角形脸、倒三角形脸及菱形脸七种。

① 椭圆形脸。又称鹅蛋脸，是标准的脸形，其特征说明及发型设计要求见表 9—1。

表 9—1　　椭圆形脸脸形特征与发型设计要求

脸形特征	◎ 脸部外轮廓呈圆滑的曲线 ◎ 脸宽约为脸长的 1/2，额头略宽于下巴 ◎ 发际线至眉毛的水平距离 = 眉毛至鼻尖的水平距离 = 鼻尖至下巴的水平距离 = 脸长的 1/3	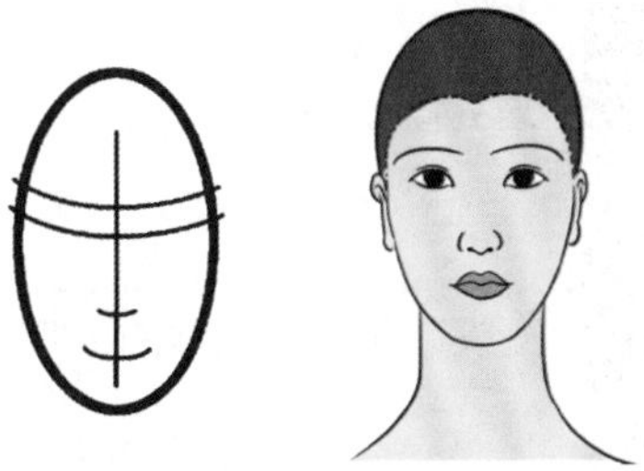
发型设计要求	◎ 适宜多种发型，其设计原则为缩小额宽，增加脸下部宽度 ◎ 女式发型要求： ⊕ 发长以中长发或垂肩长发为宜 ⊕ 顶部头发不宜蓬松，靠近面颊部的头发及发梢需蓬松 ⊕ 整头染色即可，但脸部两旁头发需染为较深颜色 ◎ 男式发型修剪各类发型均适宜，但吹风造型线条需粗犷	

② 圆形脸。又称娃娃脸，其特征说明及发型设计要求见表 9—2。

表 9—2　　圆形脸脸形特征与发型设计要求

脸形特征	◎ 脸部外轮廓呈圆滑的曲线 ◎ 脸宽近似于脸长 ◎ 下巴较圆	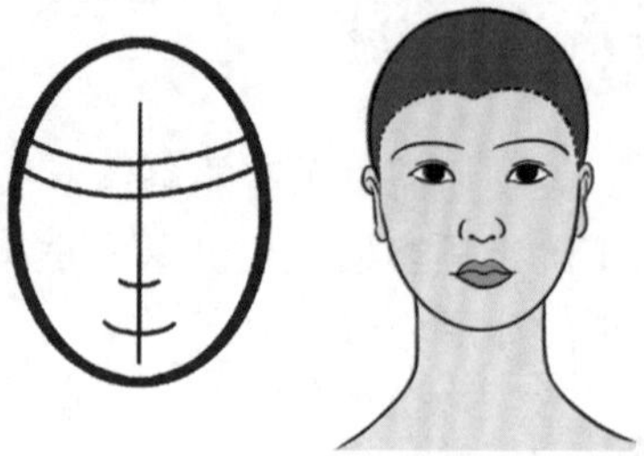
发型设计要求	◎ 设计原则为缩小脸部宽度，增加脸部长度 ◎ 女式发型要求： ⊕ 长发可偏分留侧刘海，同时可侧分头缝，将头发分两边，且两侧不得蓬松隆起；短发则可留较短且线条为倾斜的刘海，头部增加发量，两侧露出两耳 ⊕ 束发时需向上提拉梳起 ⊕ 头发不得烫成外弯弧形，可选择蓬松自然的大波纹卷度的造型 ⊕ 染色范围需集中在前额与头顶位置 ◎ 男式发型可选择两侧较短、顶部稍长的侧分发型，吹风造型时需将顶部头发吹蓬松，且需将两侧头发收拢	

③ 长方形脸。又称“目”字脸，其特征说明及发型设计要求见表 9—3。

表 9—3　　长方形脸脸形特征与发型设计要求

脸形特征	◎ 脸部两侧轮廓线较直 ◎ 脸部较长且窄 ◎ 发际线较高 ◎ 五官比例不均匀	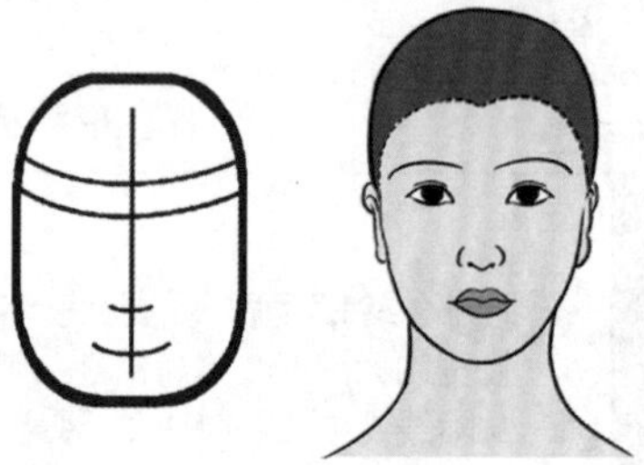
发型设计要求	◎ 设计原则为缩小脸部长度，增加脸部宽度 ◎ 女式发型要求： ⊕ 发长不得过短，以中长发式为宜，不得留超短发型 ⊕ 层次不得过高，顶部头发需服帖，两颊头发需蓬松且发量需留多 ⊕ 刘海需宽且厚，长度盖住眉毛即可 ⊕ 烫发可选择卷曲波浪式发型 ⊕ 两侧头发的颜色需较明亮，头顶部颜色需较深 ◎ 男式发型可选择两侧较长、顶部稍短的发型，鬓角需留长，避免将头部及面部显露过多	

④ 正方形脸。又称“国”字脸，其特征说明及发型设计要求见表 9—4。

表 9—4　　正方形脸脸形特征与发型设计要求

脸形特征	◎ 脸部轮廓棱角分明，线条生硬，缺少柔和感 ◎ 脸部较短且宽 ◎ 额头、下巴呈方形	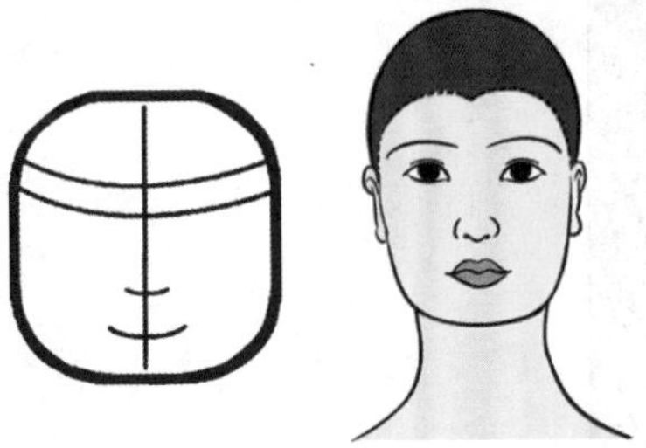
发型设计要求	◎ 设计原则为缓和面部线条，缩小脸部宽度，增加脸部长度 ◎ 女式发型要求： ⊕ 发长不得过短，不宜留直发或中分发型 ⊕ 顶部头发需蓬松，两颊头发需蓬松且发量需留多 ⊕ 需留刘海，且刘海需窄、长、碎，可侧分，但不得留齐刘海 ⊕ 烫发可全发烫成大波浪发型 ⊕ 可围绕脸部四周从头发中段进行染色，且需选择较明亮的颜色 ◎ 男式发型可选择轮廓呈圆形的发型，且吹风造型的线条需细柔，顶部头发需蓬松	

⑤ 三角形脸。又称“由”字脸，其特征说明及发型设计要求见表 9—5。

表 9—5　　三角形脸脸形特征与发型设计要求

脸形特征	◎ 额头与颊骨较窄 ◎ 下巴轮廓较宽	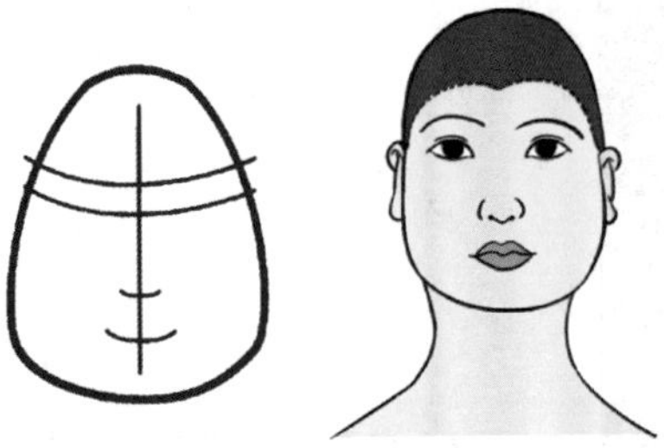
发型设计要求	◎ 设计原则为缩小脸部下部宽度，增加额宽 ◎ 女式发型要求： ⊕ 发长不得过短，需超过下巴，不得留短发型，适宜烫卷发 ⊕ 可增加头发的高度及两侧上部头发的蓬松度，而两侧下部头发需逐步收缩 ⊕ 刘海需宽，且需偏分 ⊕ 刘海处需集中染色，脸颊两侧的头发需采用上轻下重的颜色染色，而发尾可用暗色挑染处理 ◎ 男式发型需选择发长较长的发型	

⑥ 倒三角形脸。又称“甲”字脸，其特征说明及发型设计要求见表 9—6。

表 9—6　　倒三角形脸脸形特征与发型设计要求

脸形特征	◎ 前额较宽 ◎ 下巴尖窄	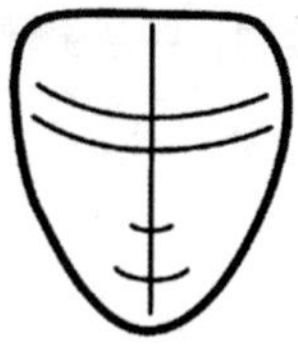 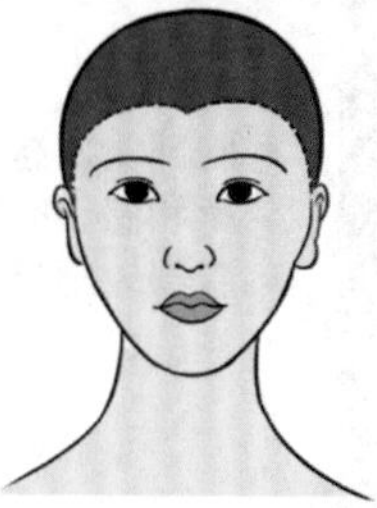
发型设计要求	◎ 设计原则为缩小前额宽度 ◎ 女式发型要求： ⊕ 发型以低层次结构为宜，发长为中长发或垂肩长发 ⊕ 顶部及两侧上部的头发需服帖，两侧中、下部头发需蓬松 ⊕ 刘海可短些，需剪出参差不齐的碎发感觉，且可中分 ⊕ 靠近下巴位置的头发可烫成大波浪，以增加下巴宽度 ⊕ 耳部以上需染深色 ◎ 男式发型可选择短发类的发型	

⑦ 菱形脸。又称“申”字脸，其特征说明及发型设计要求见表 9—7。

表 9—7　　菱形脸脸形特征与发型设计要求

脸形特征	◎ 面部线条结构清晰 ◎ 前额与下巴较窄 ◎ 两颊较宽	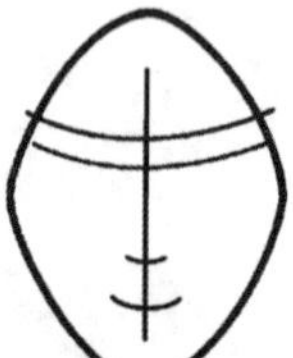 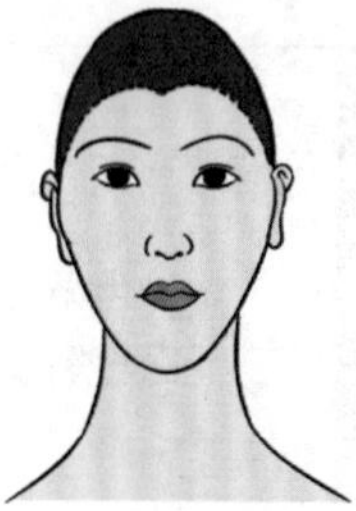
发型设计要求	◎ 设计原则为缩小两颊宽度，增加前额与下巴宽度 ◎ 女式发型要求： ⊕ 发型以低层次结构为宜，发长为中长发或垂肩长发 ⊕ 顶部及下部头发需蓬松，两颊两侧头发需紧贴 ⊕ 刘海需尽量剪短，且需呈参差不齐的效果，可选用柔和的颜色进行挑染 ⊕ 靠近脸颊处的头发需做前倾波浪造型，以掩盖较宽的颧骨 ◎ 男式发型可选择发长较长的发型	

（2）侧面脸形。侧面脸形，即从脸部侧面角度观察所确定的脸形，一般分为凸侧脸、平侧脸及凹侧脸三种，其特征说明及发型设计要求见表 9—8。

表 9—8　　侧面脸形特征与发型设计要求

侧面脸形类别	侧面脸形特征		发型设计要求
凸侧脸	额头小，鼻子挺拔，下巴微缩	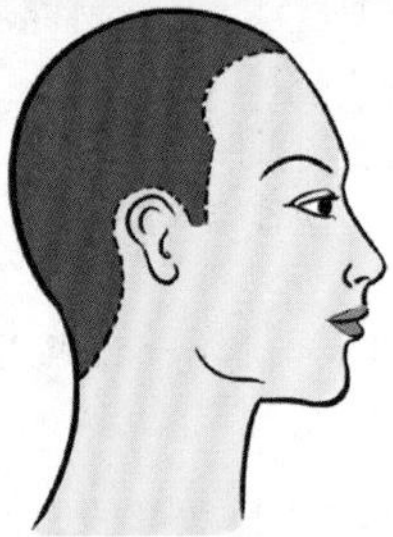	◎ 前额发量需厚重 ◎ 可搭配直发或微卷的发型
平侧脸	额头、鼻尖、下巴近似在一条直线上，侧面线条过于平直	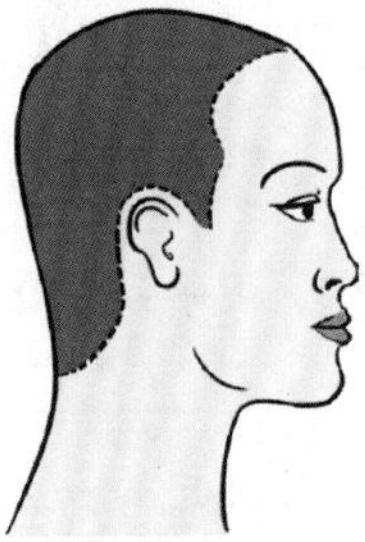	◎ 可搭配卷发，发卷需大且零乱
凹侧脸	额头较大，鼻子线条内凹，下巴外伸凸出	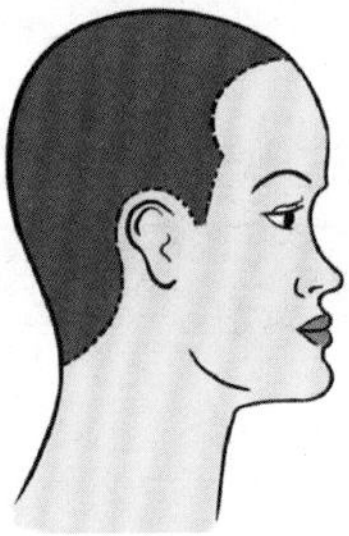	◎ 前额发量不得过多 ◎ 脑后头发需蓬松 ◎ 需留中长或长发发型

2. 头形分析

头形即头部的大小与形状。美发师在为顾客设计发型时，需对顾客头部的大小与形状进行分析，了解顾客头形特点，并根据顾客的头形特点为顾客设计合适发型。

（1）头部大小分析。美发师对顾客头部大小进行分析，可从头身比例和头肩比例两个方面入手，确定顾客头部大小，然后据此设计适合的发型，具体说明见表 9—9。

表 9—9　　头形大小分析与发型设计要求

分析内容	分析说明	发型设计要求
头身比例	◎ 头身比例即身高与头长的比例，用于衡量头部与身高协调性 ◎ 一般情况下，标准头身比例约为 7~8 ◎ 头身比例小于 7，说明头部较大，属于大头形 ◎ 头身比例大于 8.5，说明头部较小，属于小头形	◎ 大头形的发型设计要求 ⊕ 不宜烫发，适宜直发 ⊕ 刘海不得过短，需遮住部分前额 ⊕ 头发长度以中长发或长发适宜 ⊕ 染色需以部分挑染为主，且挑染区域需窄长 ◎ 小头形的发型设计要求 ⊕ 可选择烫发，烫出蓬松的大卷 ⊕ 发长不得过长 ⊕ 染色需以整体的染发为主
头肩比例	◎ 头肩比例即肩宽与头部宽度的比例，用于衡量头部与肩部的协调性 ◎ 一般情况下，标准的头肩比例为 2~2.5 ◎ 头肩比例小于 2，说明头部较大，属于大头形 ◎ 头肩比例大于 2.5，说明头部较小，属于小头形	

（2）头部形状分析。美发师在进行头形设计时，除对头部大小进行分析外，还需对顾客头部的形状进行分析，并需根据头部形状特征设计出合适的发型，具体说明见表 9—10。

表 9—10　　头部形状分析与发型设计要求

形状类型	形状说明	发型设计要求
椭圆形	头部的前顶点、中顶点及枕骨点的连线呈椭圆形，此头形为标准头形	◎ 造型选择范围较广，适宜多种发型
长形	头长较长，头宽较窄	◎ 两侧头发需蓬松，以适度增加宽度 ◎ 头顶部头发不得过高 ◎ 染色需以圆弧状挑染区域染发
短圆形	头长较短，头宽较宽，且外轮廓较圆	◎ 两侧头发需收紧 ◎ 顶部头发需堆积一定高度 ◎ 染发时浅色区域需在顶部
尖形	头上部窄、下部宽	◎ 不适宜剪短发或整体烫卷发 ◎ 发型顶部需压平些，两侧头发蓬松 ◎ 染发的深色区域需在顶部

续表

形状类型	形状说明	发型设计要求
扁形	枕骨扁平或略向内凹陷	◎ 后脑处堆积一定量头发或通过烫卷使后脑部饱满 ◎ 染发需选择较浅的颜色染色
凸形	枕骨凸起较高，使头形横向加长	◎ 后脑凸起附近的头发进行蓬松处理，以调整头部整体形状 ◎ 染发时在凸起部位需选择较深的颜色，以调整其厚度

3. 体形分析

体形即对人体高矮胖瘦的基本描述。美发师在设计发型时，需综合考虑顾客的体形特征，使设计出的发型能够充分体现顾客的体形优势。在进行发型设计前，美发师需对顾客的体形进行分析，以了解顾客的体形特征，其具体说明见表 9—11。

表 9—11　　体形分析与发型设计要求

体形类别	体形特征	发型设计要求
高瘦型	身材细长单薄，头部略显小	◎ 发型需饱满，但需避免过分蓬松或过于紧贴头皮 ◎ 适合留中长发、长发，底边线可修饰为 V 形线，发量需适中，避免修剪过薄 ◎ 染发颜色需以浅色为主，以增加肩膀宽度
高大型	身材高大强壮	◎ 适合直发或大波浪的卷发，但头发不得过薄或过于蓬松 ◎ 头发底线形状可修饰为水平线 ◎ 染发颜色需以深色为主，以修饰肩膀宽度
矮小型	身材矮小纤细	◎ 适宜直发或卷较小的卷发，避免头发过于蓬松 ◎ 适宜短发，不适宜长发 ◎ 染发颜色需以冷色调颜色为主
矮胖型	身材矮小丰满	◎ 不适宜过肩长发，可选择短发或中长发 ◎ 烫发可选择大卷，增加蓬松度 ◎ 整体发型不得过宽

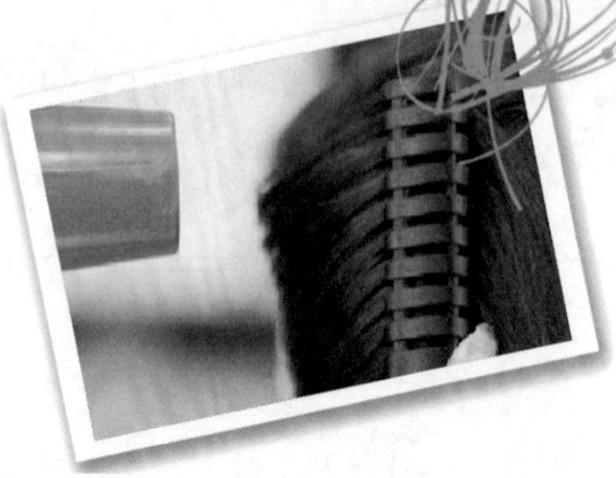

岗位内容十 发型设计：构思

知识 27 设计发型外形

发型的外形设计包括发型外形轮廓设计与发型外形底线设计两项工作，具体设计要求如下：

1. 外形轮廓设计

外形轮廓是指发型的外延形状，其大小需与由脸形构成的内轮廓的大小相适合，从而满足“发型适合脸形”这一发型设计的基本要求。一般情况下，发型的外形轮廓需在外形轮廓最大范围和最小范围之间。外形轮廓的最大范围与最小范围的确定方法见表 10—1。

表 10—1　　外形轮廓范围确定方法

外形轮廓类型 / 范围类别	正面外形轮廓	侧面外形轮廓	备注
最大范围	以两侧眉毛连线中点为圆心，以此点到下巴尖端的距离为半径形成的圆 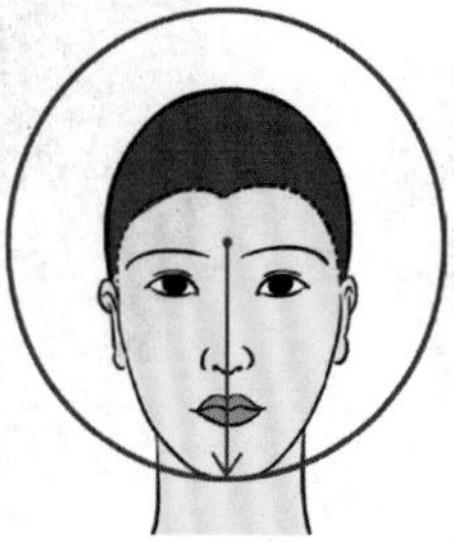	以下巴尖端到头顶直线与过两侧眉毛连线中点引出水平线的交点为圆心，以此点到下巴尖端的距离为半径形成的圆 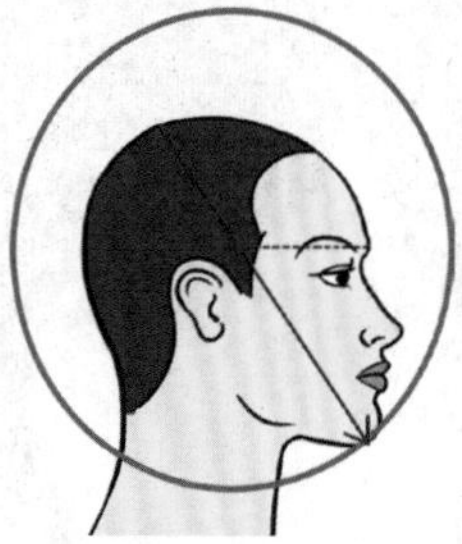	发型轮廓超过此范围，则说明发型过于蓬松，与脸形不搭配
最小范围	以两侧眉毛连线中点为圆心，以此点到下唇的距离为半径形成的圆 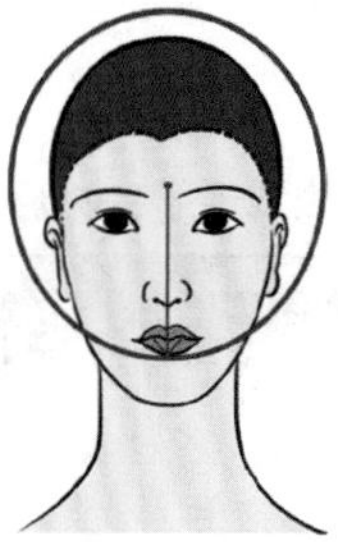	以下巴尖端到头顶直线与过两侧眉毛连线中点引出水平线的交点为圆心，以此点到外唇角的距离为半径形成的圆 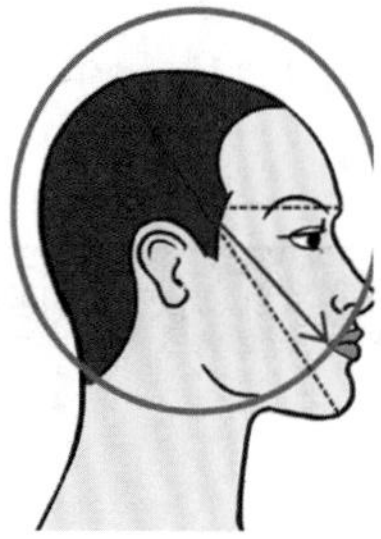	发型轮廓小于此范围，则说明发型过于拘谨，与脸形不搭配

2. 外形底线设计

外形底线一般是由发际边缘自然下落的头发组成，其设计主要是针对其形状进行的。

（1）底线线条确定。发型外形底线的线条根据虚实不同可分虚线和实线两类，其中，虚线可通过大量去除发量或高层次修剪获得，能够起到消除发型外形重量与缩短发长的视觉感受以及虚化外形轮廓的作用，而实线则需要通过直接的硬线切取或低层次的修剪获得，其作用与虚线相反，具体示例如图 10—1 所示。

虚线线条　　　　实线线条

图 10—1　底线线条示例——虚实

除确定底线线条虚实外，美发师还需确定线条的形状。在发型设计中，美发师常用的发型线条形状有水平线、垂直线、凸线、凹线、前斜线与后斜线六种，具体说明见表 10—2。

表 10—2　　外形底线线条形状说明

线条类别	线条使用说明	线条示例
水平线	◎ 用以增加宽度的视觉感受，从而使较窄脸形变宽 ◎ 任何部位均可使用	

续表

线条类别	线条使用说明	线条示例
垂直线	◎ 可起到拉长脸形或颈长、脸宽变窄的作用 ◎ 在耳前或耳后部位适宜使用垂直线	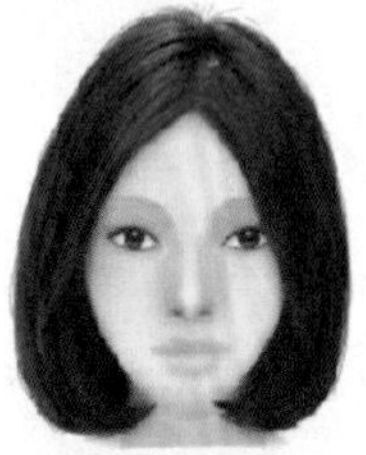
凸线	◎ 可形成分散中间头发重量及拉长两侧的视觉感受 ◎ 任何部位均可使用 ◎ 适用于颈部较短或体形较胖者	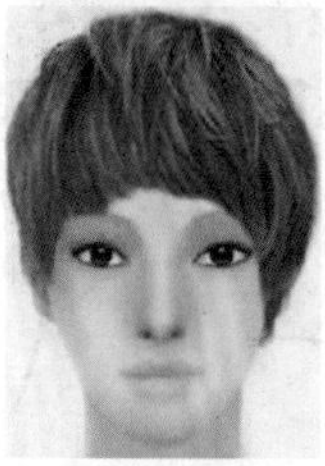
凹线	◎ 可形成向中间集中重量及下坠的视觉感受 ◎ 任何部位均可使用 ◎ 适用于脸形或颈部较长者	
前斜线	◎ 可形成向上向后收，但重量向后向前集中的平衡视觉感受 ◎ 适合脸形较长、较大者	
后斜线	◎ 可形成向上向前冲，但重量向后集中的平衡视觉感受 ◎ 适宜各类脸形，但需注意脸形较小者，后斜线的前端需短于嘴角，而脸形较大者，后斜线的前端需长于嘴角	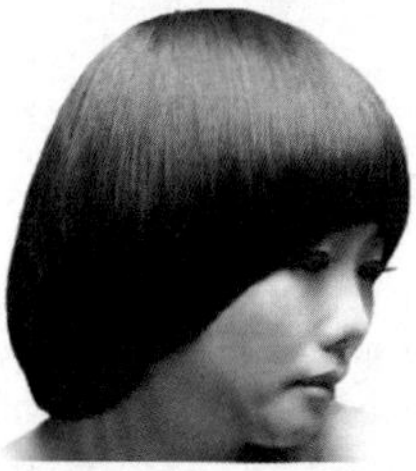

（2）底线设计方法。美发师常用的外形底线设计方法为五区九线法，具体实施程序如下：

① 分区。美发师需将顾客头部划分为头顶区、前左侧区、前右侧区、后左侧区及后右侧区五部分，具体如图 10—2 所示。

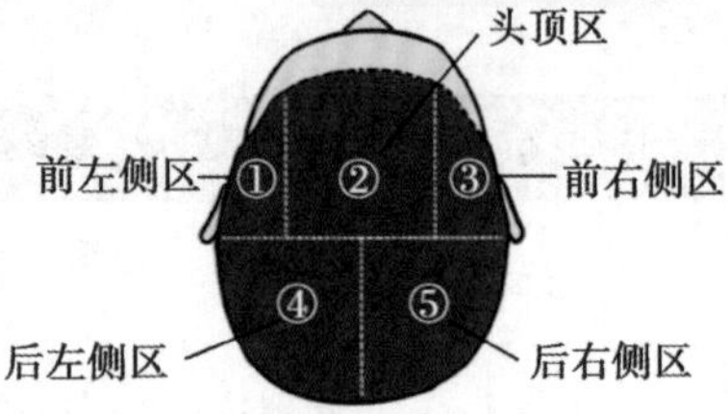

图 10—2　头部分区

② 画线。美发师需将五个区域的边沿线划分为九条线，具体如图 10—3 所示。

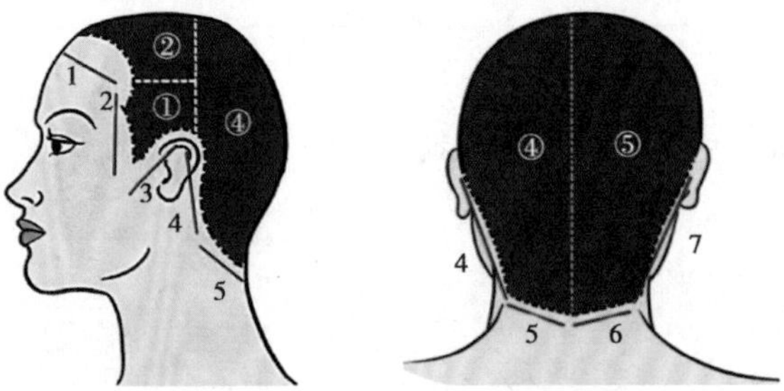

图 10—3　头部区域画线

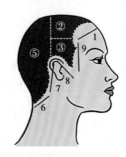

③ 线条设计。美发师需根据审形结果，确定底线线条的虚实及形状。美发师在进行外形底线线条设计时，可进行单线设计，也可将多条单线连接进行设计，具体设计示例如图 10—4 所示。

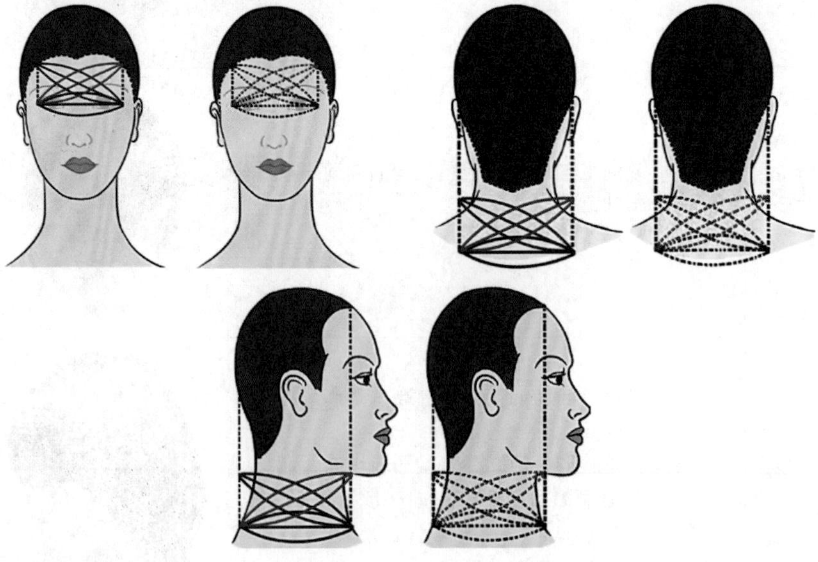
图 10—4　外形底线设计

知识 28 设计发型内形

发型的内形主要由头顶区域的头发与四周裸露在外且在外形底线以上区域的头发组成，美发师对发型内形进行设计，主要是对修剪完成后头发自然下落所形成的形状，即内形的形状进行设计。

1. 确定内形形状

美发师需根据顾客的需求及形象特征，确定合适的内形形状。在发型设计中，较为常见的内形形状有直线方形、正三角锥形、倒三角锥形、凸线内弧球形、凹线外弧球形等，具体见表 10—3。

表 10—3　内形形状说明

内形形状类型	内形形状特征	内形形状示例
直线方形	◎ 具有明显或消融的重量线或重量区呈方形 ◎ 具有拉宽设计区域及制造视觉重量的作用	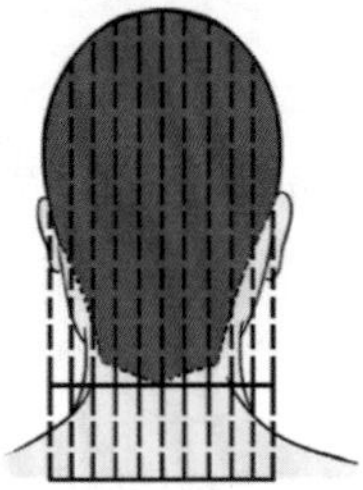
正三角锥形	◎ 具有明显或消融的重量线或重量区呈倒“V”形 ◎ 具有外斜向下分散量感的作用	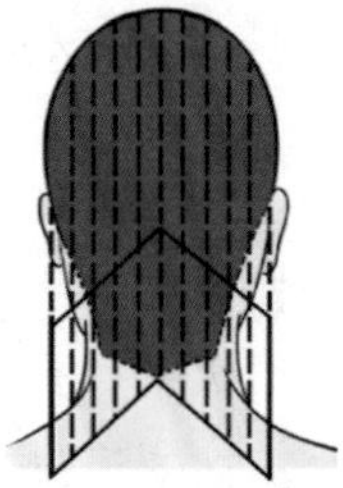

续表

内形形状类型	内形形状特征	内形形状示例
倒三角锥形	◎ 具有明显或消融的重量线或重量区呈“V”形 ◎ 具有向下集中量感的作用	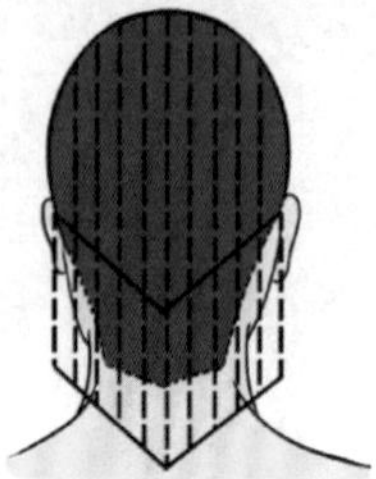
凸线内弧球形	◎ 具有明显或消融的重量线或重量区呈内弧球形 ◎ 具有向两侧分散量感的作用	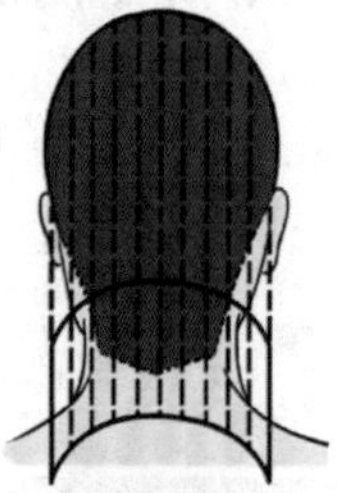
凹线外弧球形	◎ 具有明显或消融的重量线或重量区呈外弧球形 ◎ 具有使量感下垂的作用	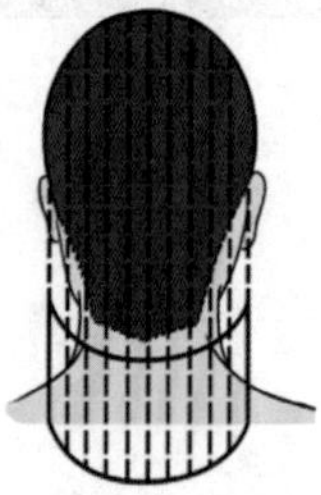

2. 划分区域

确定发型内形形状后，美发师还需根据顾客头形特点、发流方向及发量的分布情况，将头部划分为不同发区，以便进行合理组合，从而设计出既定的内形形状。

一般情况下，在进行发型设计时，美发师可将头部划分为顶部区域和周边区域两部分，其中，顶部区域为内形设计的主要区域，集中体现出发型的纹理，并承担着发型动态调整的作用，其又可划分为动感区与膨胀区两部分，是内形设计的重点；而周边区域则是外形设计的主要区域，集中体现出发型的量感，并承担着轮廓调整的作用，其可分为量感区与量感体现区两部分。具体如图 10—5 所示。

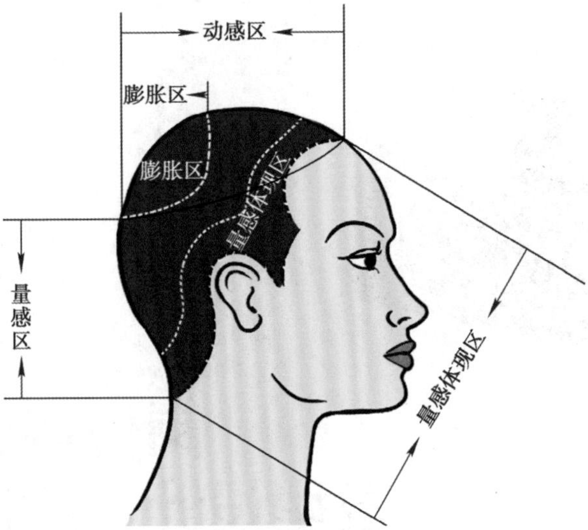

图 10—5　区域划分

3. 设计内形形状线条

美发师需根据发型内形设计要求设计内形形状的线条，以准确呈现出所需的内形形状。根据内形形状线条与外形形状底线的关系，发型内形形状线条的设计方法可分为四类，具体说明见表 10—4。

表 10—4　　内形形状线条设计方法

方法实施依据	方法类别	方法说明
与外形底线形状是否相同	与外形底线同形	◎ 内形形状线条与外形底线的形状相同，且在外形底线上进行提升或堆积
	与外形底线异形	◎ 内形形状线条与外形底线的形状不同，但在外形底线上进行提升或堆积
与外形底线是否相连接	与外形底线相连接	◎ 内形形状线条与外形底线相连，两者在同一直线上
	与外形底线不相连接	◎ 内形形状线条不与外形底线相连，两者不在同一条直线上

岗位内容十一
发型设计：绘图定型

知识 29 绘制发型设计图

在完成审形与发型构思后，美发师需绘制发型设计图，将构思而成的发型清晰、具体地展示出来，将发型构思具象化，同时便于与顾客进行沟通。在绘制发型设计图时，美发师需绘制发型结构图与发型素描图，具体要求如下：

1. 绘制发型结构图

发型结构图是发型结构的展示图，主要用于将美发师的构思具象化。在绘制发型结构图时，美发师需先根据顾客的实际特征绘制头部结构图，然后根据发型构思，在头部结构图的基础上绘制发型基本结构，从而完成发型结构图的绘制。

（1）绘制头部结构图

美发师在绘制头部结构图时，首先需根据顾客的实际特征绘制头部轮廓，然后需根据顾客面部特征，按比例绘制五官，从而最终确定顾客的头部结构图。

（2）绘制发型基本结构

在头部结构图绘制完成后，美发师需根据构思绘制出发型的基本结构，从而将构思具象化，便于构思的发型得到进一步确认。在发型设计中，基本的发型结构主要有固体结构、均等结构、边沿结构及渐增结构四种。美发师在绘制时，可根据发型设计的实际情况，选择单一的基本结构或选择多种基本结构进行组合，以构造出不同的效果。

2. 绘制发型素描图

在绘制完发型结构图后，美发师还需根据发型结构图绘制发型素描图，将发型的设计成果更为具体地展示给顾客，使顾客能够直观了解发型的基本情况。美发师在绘制发型素描图时，需注意图 11—1 所示的四项要求。

要求 1
◎ 在绘制发型轮廓时，需注意发型要体现出头部的形体特征，要将发型与头部自然地结合为一体，同时还需根据发式的特点，选择适当的素描手法展开不同的轮廓变化

要求 2
◎ 在绘制发型明暗结构时，需注意明暗部分界及色调的协调，防止出现“白斑”或灰白头

要求 3
◎ 在绘制发型与头部、面部衔接部分时，需注意发型与头部的衔接方式，确保衔接自然

要求 4
◎ 需从多个角度绘制发型素描图，以便更为清晰、具体地展现设计的发型情况，让顾客更为直观地了解发型

图 11—1　发型素描图绘制要求

知识 30 沟通定型

在发型设计图绘制完毕后，美发师需与顾客就发型设计图进行沟通，并

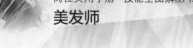

根据双方达成一致的发型设计确定最终发型。在沟通过程中，美发师需注意图 11—2 所示的关键事项，以确保沟通工作的顺利展开。

事项 1

◎ 美发师需比照设计图，将发型设计依据及发型特征等内容详细地向顾客说明，说明过程中如涉及顾客脸形或头形缺陷时，需使用委婉的语言进行说明，不得过于直接指明顾客存在的缺陷

事项 2

◎ 美发师需及时征询顾客的意见，并需考虑顾客所处环境因素的影响，对顾客提出的意见进行分析，然后耐心向顾客进行解释，但不得勉强顾客接受，更不能直接驳斥顾客

事项 3

◎ 美发师在与顾客沟通过程中，如发现设计的发型确实需要进行修改时，需根据顾客的需求进行修改，并需在修改后同顾客进行再次沟通，以获得顾客的肯定

图 11—2　发型沟通关键事项

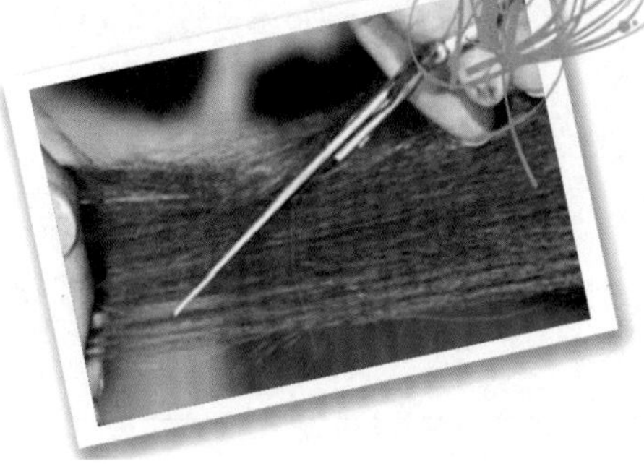

岗位内容十二
发型制作：修剪

知识 31 确定发型类别

在进行修剪工作前，美发师需根据顾客的需求及发型设计结果，确定发型的类别。

1. 男式发型类别

男式发型一般以留发的长度为分类标准，主要分为短发类发型和长发类发型两类，其具体说明如下：

（1）短发类发型。一般指顶部头发发长不超过 80 mm，两侧头发长度不超过耳朵的发型，其可细分为平头式、圆头式、平圆头式、运动式四种基础类别，具体说明见表 12—1。

表 12—1　　男式短发类发型类别

发型类别	发型特点
平头式	◎ 顶部及左右两侧均呈平面 ◎ 正面的外轮廓线由三条直线构成，侧面的轮廓线呈弧形线 ◎ 顶部留发的发长可为 20 ~ 30 mm，两侧与后部头发需较短，一般不超过 10 mm ◎ 有色调
圆头式	◎ 顶部及左右两侧均呈圆弧面 ◎ 外轮廓线呈弧线 ◎ 顶部留发的发长可为 5 ~ 10 mm，两侧与后部头发需较短，一般不超过 5 mm ◎ 有色调
平圆头式	◎ 顶部呈平面，两侧呈圆弧面 ◎ 正面外轮廓线由一条直线与两条圆弧线构成，侧面外轮廓线呈圆弧形 ◎ 顶部留发的发长可为 20 ~ 30 mm，两侧与后部头发需较短，一般不超过 5 mm ◎ 有色调
运动式	◎ 形状与平圆头相似，但比其自然 ◎ 顶部发长比平圆头式长

（2）长发类发型。一般指顶部头发发长超过 80 mm，两侧头发长度超过耳朵的发型，其可分为表 12—2 所列的四种基础类别。

表 12—2　　男式长发类发型类别

发型类别	发型特点
短长发式	◎ 留发发长较短，头发最长处在顶部 ◎ 两侧色调要一致 ◎ 两侧发式轮廓线高低一致
中长发式	◎ 留发发长在鬓角与后枕部之间 ◎ 两侧色调要一致 ◎ 两侧发式轮廓线高低一致
长发式	◎ 留发发长在后枕部与后颈部发际线之间 ◎ 两侧色调要一致 ◎ 两侧发式轮廓线高低一致
超长发式	◎ 留发发长超过后颈部发际线 ◎ 两侧色调要一致 ◎ 两侧发式轮廓线高低一致

2. 女式发型类别

女式发型主要有留发长短与头发曲直情况两种分类标准，具体分类如下：

（1）根据留发长短分类。女式发型可分为超短类、短发类、中长类、长发类及超长类五类，具体说明见表 12—3。

表 12—3　女式发型分类说明（一）

发型类别	发型特点
超短类	◎ 后部头发的下沿线在后颈发际线上 ◎ 两侧头发盖住半耳或将耳部露出
短发类	◎ 后部头发的下沿线在两耳的耳垂连线与衣领上部之间 ◎ 两侧头发可盖住半耳或将耳部完全盖住
中长类	◎ 后部头发的下沿线在衣领上部与两肩连线之间 ◎ 两侧头发需将耳部完全盖住
长发类	◎ 后部头发的下沿线在两肩连线与两肩连线以下 25 cm 左右 ◎ 两侧头发需将耳部完全盖住
超长类	◎ 后部头发的下沿线在两肩连线以下 25 cm 左右 ◎ 两侧头发需将耳部完全盖住

（2）根据头发曲直情况分类。女式发型可分为直发类与卷发类，具体说明见表 12—4。

表 12—4　女式发型分类说明（二）

发型类别	发型特点
直发类	◎ 头发无卷曲 ◎ 发型自然、飘逸 ◎ 外轮廓线基本呈直线
卷发类	◎ 头发部分或全部呈卷曲状 ◎ 线条呈曲线，且曲线纹理多样

知识 32 选择修剪工具

在发型修剪过程中，美发师常用的修剪工具主要分为剪发工具、梳发工具及其他辅助工具。

1. 剪发工具

在剪发服务中，美发师常用的剪发类工具包括推剪、平剪、牙剪及削发刀四类，具体说明如下：

（1）推剪。即以电力或手动为动力推动上刀齿板移动剪断头发的工具，其主要适用于推剪短发类发型及长发类发型色调与轮廓线。在美发店中，常用的推剪有电推剪与手推剪两类，其中，电推剪又分为有线电推剪与充电式无线电推剪两类，具体如图 12—1 所示。

手推剪

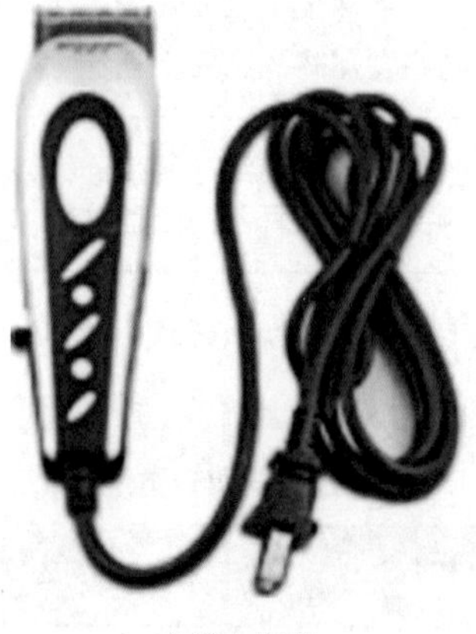
有线电推剪

充电式无线电推剪

图 12—1　推剪

（2）平剪。它由动片与静片两片普通刀刃构成，是用来修剪头发层次的工具。根据剪刀刀尖至衔接处螺丝中心的长度，平剪分为大号剪刀和小号剪刀两类，具体说明见表 12—5。

表 12—5　　平剪分类说明

工具名称	工具说明	工具图示
大号剪刀	◎ 一般指剪刀刀尖至衔接处螺丝中心的长度在 5.5 in 及以上的平剪 ◎ 主要用于留发长短的断剪及发式层次粗剪	
小号剪刀	◎ 一般指剪刀刀尖至衔接处螺丝中心的长度在 5.5 in 以下的平剪，常见的有 4.5 in、5.0 in 的平剪 ◎ 主要用于发型的具体修饰	

（3）牙剪。又称锯齿剪，即一片刀刃为锯齿状的剪刀，其主要用于在不改变头发长度的前提下削薄头发，以达到减少发量的效果，具体如图 12—2 所示。

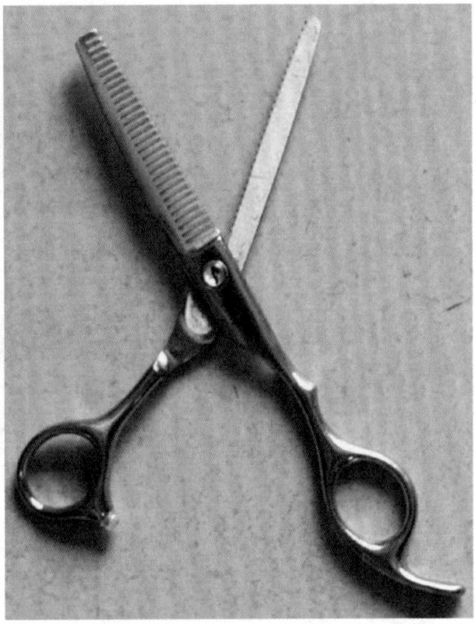

图 12—2　牙剪

（4）削发刀。它是削刀的一种，在发型修剪制作中，其主要用于削减发量与层次修剪，适用于自然飘逸的发型线条塑造。削发刀的刀刃呈锯齿状，具体如图 12—3 所示。

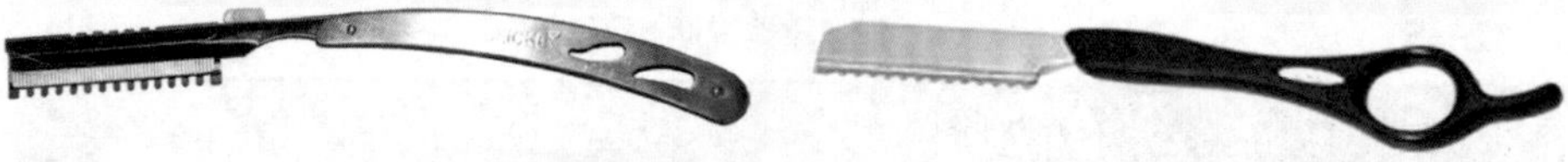

图 12—3　削发刀

2. 梳发工具

梳发工具是发型修剪过程中使用的主要工具。美发师需使用梳发工具配合剪发工具进行修剪。在发型修剪过程中，美发师常用的梳发工具主要包括剪发梳、小抄梳、宽齿梳等，具体说明见表 12—6。

表 12—6　发梳工具说明

工具名称	工具特点	工具图示
剪发梳	◎ 剪发梳两端梳齿粗细不同，其中粗齿用于修剪长发，细齿用来构建层次、调整色调、梳顺发丝及头发分区	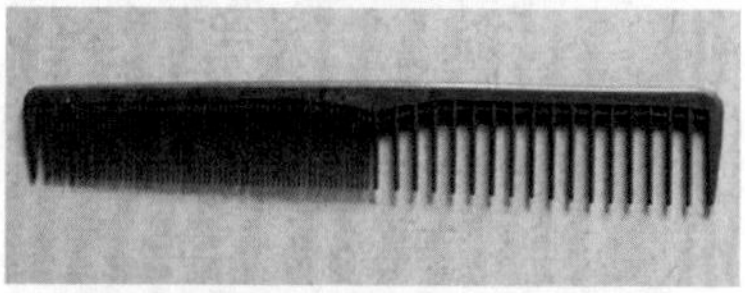
小抄梳	◎ 梳子较小较薄，梳齿较细，梳柄与梳齿区连在一起 ◎ 主要用于男式短发类发型及女式超短式发型脑后部位头发的推剪	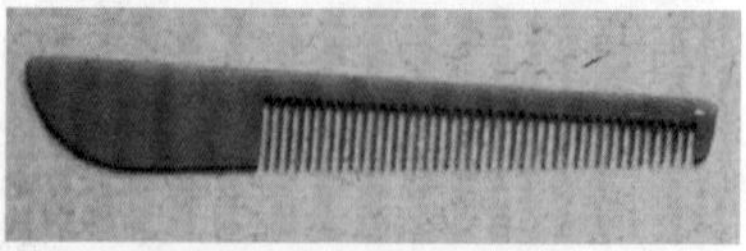
宽齿梳	◎ 梳子加大，梳齿较粗 ◎ 适用于长发与卷发的修剪	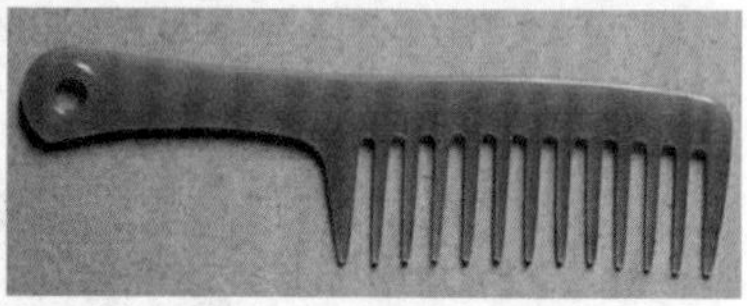

3. 其他辅助工具

发型修剪的其他辅助工具主要包括剪发围布、剪发毛巾、扫发工具等，具体说明见表 12—7。

表 12—7　　发型修剪辅助工具说明

工具名称	工具说明	
剪发围布	◎ 围在顾客身上，防止剪落的碎发落在顾客身上 ◎ 以白色或其他较浅的颜色为主，且在使用前须干净、无异味、无污迹 ◎ 常见的类型有挂扣式、粘扣式及系带式三种	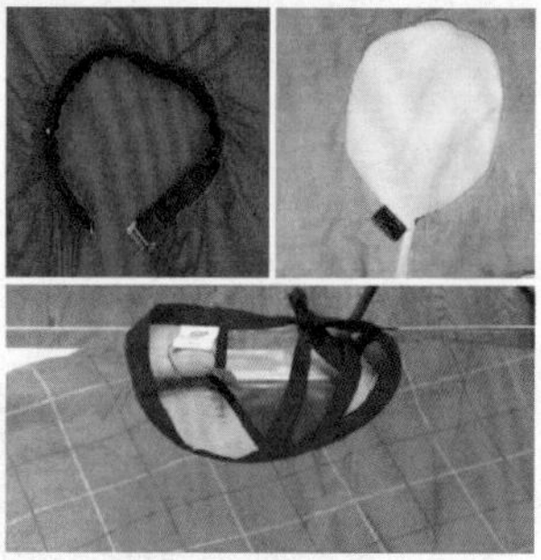
剪发毛巾	◎ 干毛巾，衬在剪发围布内，搭在顾客肩颈部，防止碎发落入 ◎ 以白色或其他较浅颜色为主，以全棉材质居多	
扫发工具	◎ 主要用来清理在修剪过程中落在顾客面部、颈部等的碎发 ◎ 质地坚韧柔软，在美发店中常用的扫发工具主要有掸刷和扫发海绵两类	

知识 33
明确修剪方法

美发师需根据选择的剪发工具及修剪部位，确定合适的修剪方法，以修剪出让顾客满意的发型。

1. 电推剪的修剪方法

在使用电推剪进行头发修剪时，美发师需用惯用手持电推剪，另一只手持发梳，一边用发梳梳顺头发，一边推剪。在进行推剪时，美发师需将惯用手的拇指弯成45°角放在电推剪正面的中前部，而其余四根手指则需微分开放在电推剪后部，握住电推剪，然后将刀头底部与发梳平行，并轻贴在发梳上移动，具体如图12—4所示。

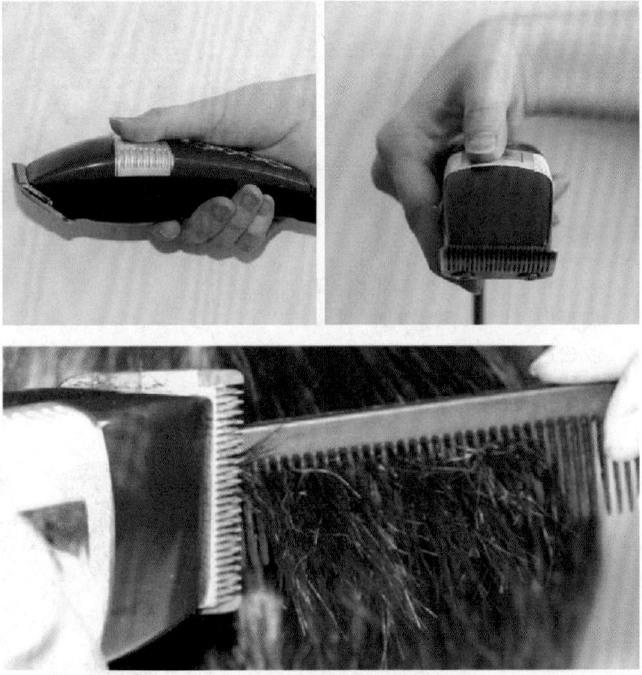

图12—4　电推剪使用说明图示

美发师在使用电推剪为顾客修剪头发时，还需根据修剪的位置选择合适的修剪手法，具体说明见表12—8。

表12—8　　**电推剪修剪手法**

修剪手法名称	适用范围
满推	脸两侧的鬓发、后脑正中部位头发以及短发类发型顶部的头发
半推	使用发梳的半推法适用于修剪头发边沿或起伏不平部位的头发，而不使用发梳的半推法适用于修剪色调底部的头发及耳颊部位的头发
反推	后颈部位自下向上生长的头发

2. 平剪的修剪方法

在使用平剪进行修剪时，美发师需用惯用手持剪刀，将剪刀有螺母的一面向上，拇指轻搭动片的指环内，食指和中指勾住静片，无名指套进静片指环内，小指轻搭在静片指环的指撑上，以稳定握住剪刀，具体如图 12—5 所示。

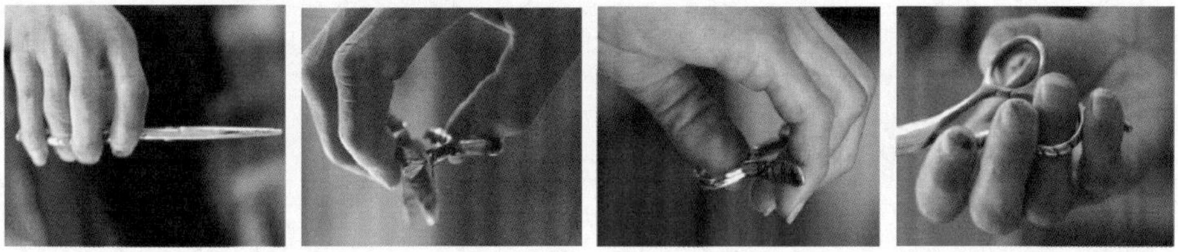

图 12—5　平剪握法

如需要同发梳配合使用时，美发师需用另一只手握发梳，将平剪静片的刀锋与发梳齿背平行相贴进行修剪，具体说明如图 12—6 所示。

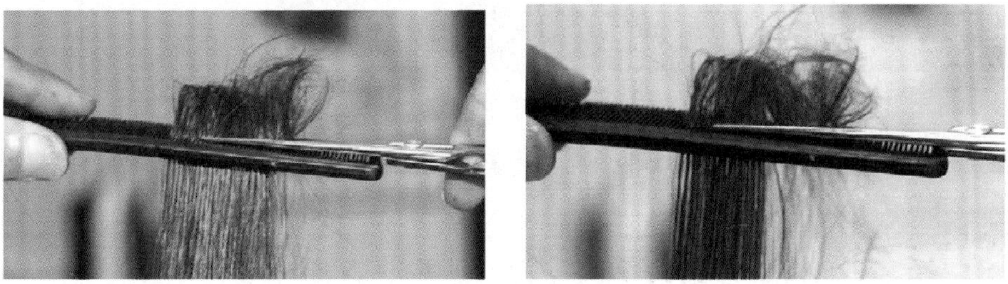

图 12—6　平剪与发梳配合使用

美发师在使用平剪时，需根据修剪需求选择合适的修剪手法，具体说明见表 12—9。

表 12—9　　**平剪修剪手法**

修剪手法名称	适 用 范 围
平口剪	适用于修剪两鬓、耳后、后脑正中部位以及短发类顶部的头发
削剪	适用于将过于厚重的头发削薄
刀尖剪	适用于头发发尾的造型

续表

修剪手法名称	适用范围
挑剪	适用于修剪头发的轮廓与层次
压剪	适用于剪去生长不规则或长度层次不齐的头发
夹剪	适用于修剪发式初步轮廓及调整头发层次
托剪	适用于修剪头发四周的边沿形线及男式发型的色调与轮廓线
抓剪	适用于将头顶部及额前两侧的头发修剪出弧形轮廓

3. 牙剪的修剪方法

在美发服务中，美发师常用的牙剪修剪手法主要有半剪和满剪两种。美发师使用牙剪修剪头发时，需根据修剪位置、头发数量以及牙剪的锋利程度，选择合适的修剪手法，具体说明见表 12—10。

表 12—10　　牙剪修剪手法

修剪手法名称	适用范围
半剪	适用于发量较少部位的头发修剪以及较少量的头发修剪操作
满剪	适用于发量较多部位的头发修剪以及较大量的头发修剪操作

4. 削发刀的修剪方法

美发师需用惯用手持削发刀，将拇指放在削发刀刀柄的正前方，食指与拇指相对放在另一侧同拇指一同捏住削发刀，其余三指略分开放在食指一侧，具体如图 12—7 所示。

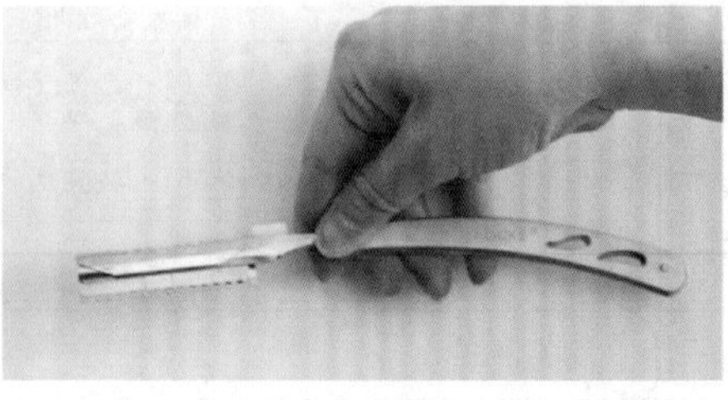

图 12—7　削发刀持法

在削发过程中，美发师需用另一只手夹住一片头发，然后将削发刀以一定角度从合适位置自上而下地滑动，同时，美发师还需根据头发修剪的需求，选择合适的削发手法，具体说明见表12—11。

表12—11　削发刀修剪手法

修剪手法名称	适用范围
断削	适用于在发尾形成整齐或斜形切口
斜削	适用于修剪头发层次，同时减少发量
外削	适用于将头发发尾修剪成向外弯曲的形状
点削	适用于局部调整，使头发层次更为自然
滚削	适用于短发后颈处头发的修剪
砍削	适用于塑造渐增层次的发型效果
拔削	适用于头发各层次的连接
拧削	适用于卷发类发型的修剪

知识34　发式修剪

美发师需根据男女发型的特点及修剪要求进行发式的修剪工作。

1. 男式发型修剪

在进行男式发型修剪前，美发师需明确男式发型修剪的质量标准：色调需均匀，左右需对称；轮廓需齐圆，薄厚需均匀；高低需适度，前后需相称。然后依照质量标准进行修剪，从而确保修剪出的发型符合质量标准。

在修剪男式发型过程中，美发师需针对不同发型的特征及修剪位置进行修剪，具体要求如下：

（1）短发类发型。美发师一般使用推剪进行发型的修剪，具体修剪步骤见表12—12。

表 12—12　　男式短发类发型修剪步骤

序号	步骤名称	修剪要求
1	顶部头发修剪	在推剪顶部头发时，需首先判断是圆头式还是平头式，再进行操作，具体要求如下： ◎ 如为圆头式，需先用推剪以满推的方式将头顶部中心部位的头发按直线路径推好，然后向两侧移动，并以半推方式按弧线路径推剪顶部的头发靠近两侧部位的头发，最后使用半推方式按弧线路径修剪头后脑枕骨部位的头发 ◎ 如为平头式，需先用推剪以满推的方式从前至后将头顶部中间位置的头发按直线路径推好，使其呈平方形，然后使用半推方式推去两侧及后脑枕骨部位的头发
2	轮廓线修剪	推剪轮廓线：需先从一侧的鬓发开始，从下向上将推剪刀齿按一定的角度推至头顶部，使其与顶部周围的头发成弧线连为一体

（2）长发类发型。美发师需根据发型特征选择推剪或剪刀进行修剪，具体要求见表 12—13。

表 12—13　　男式长发类发型修剪要求

修剪工具	修剪步骤	修剪要求
推剪	鬓角推剪	发梳前端成一定角度紧贴鬓角下部，使用半推方式推剪发梳露出的头发，修剪出耳前色调。在进行鬓角推剪时需注意，发型轮廓线越高、留发长度越短，则发梳与头皮的夹角越小
	耳上头发推剪	需先将发梳前端紧贴发际线，梳背外倾，然后使用半推方式推剪梳齿上的头发
	耳前头发推剪	需先用发梳将耳后头发梳起，梳齿向外倾斜，并使梳背紧贴发际线，然后使用半推方式将头发剪去
	头顶中部轮廓推剪	需用发梳紧贴头皮，再将梳齿略离开头皮向外倾斜，直至整个发梳悬空，而推剪需沿发梳移动方向，同时剪去梳齿留出的头发
	枕骨部位头发推剪	需先用发梳沿枕骨隆起轮廓外围移动，同时将推剪随发梳一同移动，边梳边剪
	颈后部头发推剪	需先将发梳呈水平放置，使梳齿向上，梳背与头皮成一定角度，并呈水平状向上移动，然后使用推剪以满推的方式将梳齿上的头发剪去，并随发梳一同移动
	后脑中部头发推剪	两手悬空，将推剪平贴在发梳上，边梳边剪

续表

修剪工具	修剪步骤	修剪要求
剪刀	层次修剪	男式发型一般以低层次与高层次混合为主。美发师在修剪时，需从前额开始至头顶，提拉发片使其与头皮成 90° 角，并将手位与头部曲线平行进行修剪，使其成为均等层次，然后提拉两侧及后脑部位的头发，并将手位倾斜，把头顶部均等以及轮廓线的头发用弧线连接，修成低层次
	修饰轮廓	从右侧鬓发开始，将轮廓线头发向上提拉剪去过长的头发，并将轮廓线修饰成弧形
	修饰色调	需细致修整色调，使发型色调均匀柔和
	调整发量	需先观察头发密度，并根据发型修剪需求，确定头发打薄部位及打薄量，然后削剪头发，调整发量

2. 女式发型修剪

女式发型修剪的质量标准为：长度需合适，层次需适宜，造型需自然。美发师在进行女式发型修剪时，需以发型的质量标准为依据进行修剪，确保发型修剪标准、美观，具体要求见表 12—14。

表 12—14　　女式发型修剪要求

序号	步骤名称	修剪要求
1	划分发区	◎ 需根据发型修剪要求将头发进行分区，并将各区的头发固定好
2	修剪引导线	◎ 引导线即女式发型留发长短的基准线，其设置与修剪要求如下： ⊕ 后颈部引导线修剪：将后颈部下沿线底部 2 cm 厚的发片分出，梳顺发丝，并将发片提拉 0° ~ 45° ，然后根据留发长短修剪引导线 ⊕ 前额刘海引导线修剪：将前额刘海发区下沿 2 cm 厚的发片分出，再将发丝梳顺，然后将头发提拉 45° ~ 90° ，并根据留发长度修剪引导线 ⊕ 头顶部引导线修剪：将头顶部发区的纵向边沿或横向边沿 2 cm 厚的发片分出并梳顺，然后提拉为 90° 角，再根据留发长短修剪出引导线
3	逐层修剪	◎ 以引导线为基准，向上延伸分一片发片并梳顺，然后以引导线为标准剪断长出的头发，并以此逐层修剪至修剪完该发区的头发 ◎ 发片厚度以能够透过上面的头发看到下面修剪过的发片为宜

续表

序号	步骤名称	修剪要求
4	分区修剪	◎ 完成第一发区的修剪后，需按照第一发区头发修剪方法依次修剪其余发区的各层头发
5	去角连线	◎ 修饰各发区连接部位，将修剪过程中出现的角度去掉并连接各区发片连线，使各发片连接更为自然
6	调整厚薄	◎ 调整头发层次厚薄，确定合适发量
7	修饰定型	◎ 检查发型的轮廓、层次、发尾等，确定最终发型 ◎ 如发现不合适的部位，需进行必要的调整修饰

岗位内容十三
发型制作：烫发

知识 35
烫前发质分析

美发师在为顾客提供烫发服务时，首先需对顾客的发质进行分析，然后需以分析结果及顾客的烫发需求为依据做好烫发准备工作，并进行合理的烫发实施操作，从而将烫发给头发带来的损害降到最小。

在烫前发质分析工作中，美发师需对顾客头发的粗细、长度、发量、分布疏密度、色泽、受损情况、弹性情况及头皮油脂分泌情况进行分析，以确定顾客发质类别。一般情况，头发的发质类别可分为抗拒发质、正常发质及受损发质等五类，其具体说明见表 13—1。

表 13—1　　发质类别说明

发质类别	发质特征	烫发中易出现的问题
抗拒发质	头发弹性极好，光泽度强、乌黑亮丽，发量多且粗硬	◎ 头发软化速度过慢 ◎ 卷度过大

续表

发质类别	发质特征	烫发中易出现的问题
正常发质	头发弹性好，表面光滑，发色较抗拒发质略浅，发量多	◎ 头发软化速度慢 ◎ 卷度略大
细软发质	头发弹性较差，光泽度一般，头发较细，容易产生静电，发根较服帖	◎ 卷度偏大，但持续性不强 ◎ 软化速度过快
受损发质	头发易断，光泽度差，触感干涩，发梢分叉，颜色枯黄	◎ 头发软化速度过快，软化测试结果误差较大
极度受损发质	头发易断，无弹性、无光泽，触感干涩、枯燥，发梢分叉	◎ 软化时易出现头发褪色现象 ◎ 软化速度过快，软化测试不准确

如经分析判断顾客头发为受损发质，美发师需在烫发实施前为顾客进行烫前护理工作，以充分滋养秀发，有效防止烫后发质更为干枯无光泽，具体要求如图 13—1 所示。

要求 1　◎ 需在烫发前若干天为顾客涂抹滋养液，增强头发营养，并做好保湿工作

要求 2　◎ 在为顾客洗发时，需选择酸性或中性的洗发水，用量以洗净为宜，且清洗时间不宜过长

要求 3　◎ 在洗发时清洗动作需轻柔，且需用指腹抓洗头发，不得用指甲抓挠头皮

要求 4　◎ 在洗发时不得使用护发素等护发产品，防止影响卷烫效果

图 13—1　烫前护理要求

知识 36 选择烫发工具

美发师需根据烫发类别选择合适的烫发工具，具体说明如下：

1. 梳发工具

在烫发服务中，美发师常使用的梳发工具为尖尾梳，其主要用于梳顺发丝、划分发区、挑出卷发发片，具体如图 13—2 所示。

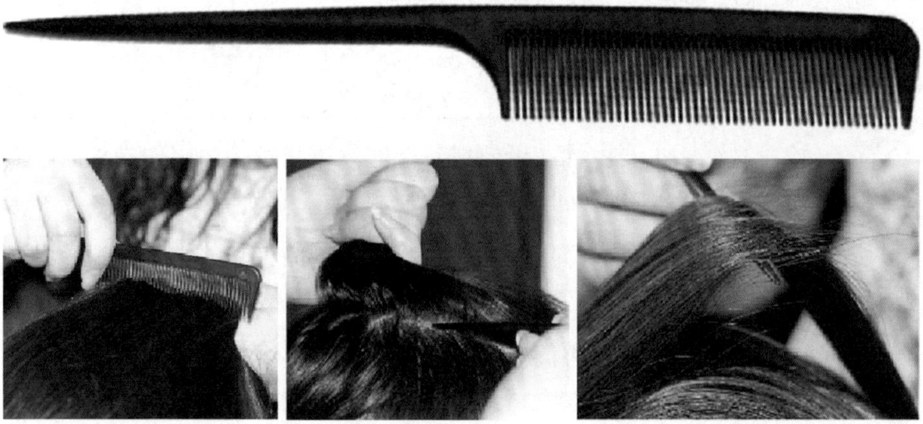

图 13—2　梳发工具

2. 卷发工具

卷发工具是烫发工具中最主要的工具，主要包括烫发杠、烫发衬纸、烫发剂涂抹工具、固定工具等。

（1）烫发杠。即用来缠绕头发进行定型的工具，其形状各异、大小不同。美发师需根据烫发的发卷大小、形状选择合适的烫发杠，具体说明见表 13—2。

表 13—2　　烫发杠说明

烫发杠类别	烫发杠说明
圆形烫发杠	◎ 由塑料制成的圆柱形卷杠 ◎ 卷杠有多种型号，各型号长度基本一致，底面半径不同，其中大号卷杠可烫出“S”形和“C”形发卷，小号卷杠可用于烫出卷曲度较强发卷
螺旋形烫发杠	◎ 由塑料制成的螺旋状卷杠 ◎ 烫后呈螺旋状，适合长发的卷烫

续表

烫发杠类别	烫发杠说明
三角形烫发杠	◎ 由塑料制成的三角形卷杠 ◎ 烫后头发有明显的三角形纹路，且头发较为蓬松
万能杠	◎ 一般由胶皮或海绵制成，柔软轻便 ◎ 卷发形状多样，烫后头发有弹性
浪板烫夹板	◎ 由波纹塑料制成的卷杠 ◎ 烫后头发呈现规则的波纹，适宜长发烫发

（2）烫发衬纸。主要由棉花纸制成，能够渗透烫发剂，用作卷杠时包裹发丝，从而方便上杠，同时可保护发丝，使卷杠后发卷光洁平整。

（3）烫发剂涂抹工具。即用来涂抹膏状烫发剂的工具，常见的为烫发剂发刷。

（4）固定工具。主要用来固定发卷。在烫发服务中，常见的固定工具有定位夹、陶瓷烫专用夹等，陶瓷烫专用夹需与羊毛毡配套使用，防止在发卷上留下痕迹，具体如图 13—3 所示。

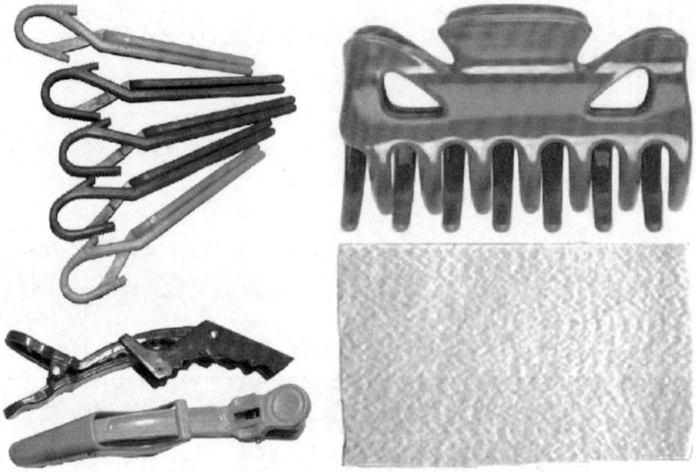

图 13—3　发卷固定工具

3. 加热工具

加热工具即在热烫过程中用来对软化后的头发进行加热，以增强头发卷曲效果的机器设备。在美发店中，常见的烫发加热工具主要为烫发机、烫发器等，具体示例如图 13—4 所示。

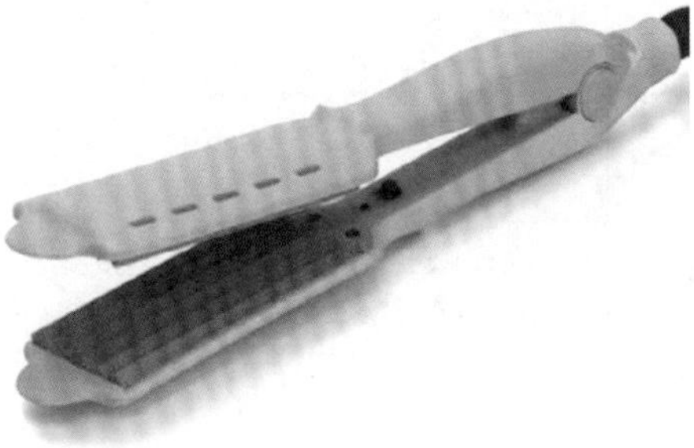

图 13—4　烫发加热工具

4. 辅助工具

烫发服务中的辅助工具主要有烫发围布、烫发毛巾、烫发衬纸、肩托、保鲜膜（或塑料发帽、纱帽等）、烫发工具车等，具体说明见表 13—3。

表 13—3　烫发辅助工具说明

工具名称	工具说明	
烫发围布	◎ 围在顾客身上，防止烫发剂滴落在顾客身上 ◎ 以较深的颜色为主	

续表

工具名称	工具说明	
烫发毛巾	◎ 为干毛巾，一般是在涂抹烫发剂前，沿发际线围在顾客头部，防止烫发剂流出伤害顾客皮肤 ◎ 以较深颜色为主	
肩托	◎ 放在顾客颈项处，用于盛接烫发剂，防止其滴落在顾客衣服上	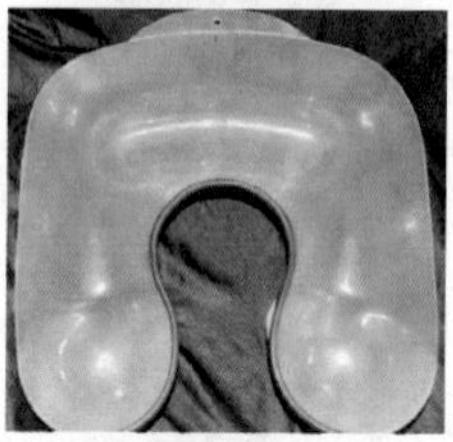
保鲜膜（或塑料发帽、纱帽等）	◎ 保鲜膜或塑料发帽用于加热时包裹头发，将头发与空气隔离，使其保持湿润 ◎ 纱帽用于涂第二剂时戴在顾客头上，使第二剂充分、均匀涂在头发上	
烫发工具车	◎ 用来盛装烫发工具，方便美发师进行烫发操作	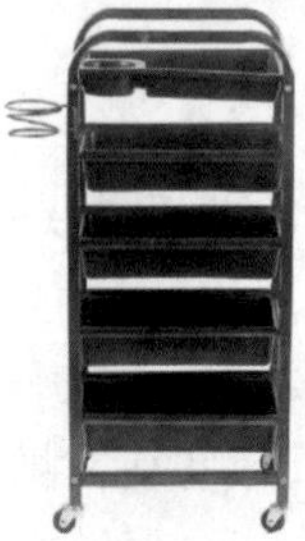

知识 37 选择烫发剂

美发师需根据顾客的发质情况、过敏情况及烫发需求，选择合适的烫发剂。在美发店烫发服务中，常见的烫发剂一般由第一剂和第二剂组成，而在特殊情况下，可增加护理液、营养膏等作为第三剂，具体说明如下：

1. 第一剂

在烫发服务中，烫发剂的第一剂又称为软化剂，其主要用来切断头发中的二硫键，从而改变头发物理性状。根据第一剂的酸碱性不同，第一剂常可分为碱性烫发液、微碱性烫发液和酸性烫发液三类，具体说明见表13—4。

表13—4　烫发剂说明

第一剂类别	特　征
碱性烫发液	◎ pH值一般为9以上，主要成分为硫代乙醇酸 ◎ 适用于发质比较粗硬或未经烫染过的头发
微碱性烫发液	◎ pH值一般在7～8之间，主要成分为碳酸氢铵 ◎ 适用于一般发质正常的头发
酸性烫发液	◎ pH值一般在6以下，主要成分为碳酸铵 ◎ 适用于一般发质受损的头发

2. 第二剂

第二剂又称定型剂，其主要成分为溴化钠或过氧化氢，用来将断开的二硫键还原，从而形成稳定的结构，使发生卷曲的头发定型。

3. 第三剂

美发师需根据烫发剂的性质及顾客的发质情况，选择适当的护理液、营养膏等产品作为第三剂涂抹在顾客头发上，以充分滋养顾客头发，防止顾客头发受损过度。

知识38 确定卷烫方式

在烫发服务中，美发师需根据烫发的实际情况，确定烫发基面、烫发提拉角度、发卷排列方式及烫发方法等，从而确定烫发实施方案，为烫发实施提供依据。

1. 确定烫发基面

烫发基面是指在卷杠时分出的发片。美发师需根据顾客头部结构特征及卷杠的实际要求，确定合适的烫发基面形状与大小。在烫发服务中，常见烫发基面形状一般有长方形、三角形、正方形、梯形等，而烫发基面的大小，则依烫发杠的长度与直径确定。

一般情况下，烫发基面的长度依烫发杠的长度确定，以与烫发杠长度相同为宜，也可根据发区内发片实际情况小于烫发杠长度，但不得大于烫发杠的长度，而烫发基面的宽度，则由烫发杠的直径决定，其具体说明见表 13—5。

表 13—5　　烫发基面宽度说明

烫发基面宽度类别	特征说明	示例
等基面	基面宽度与烫发杠直径相同	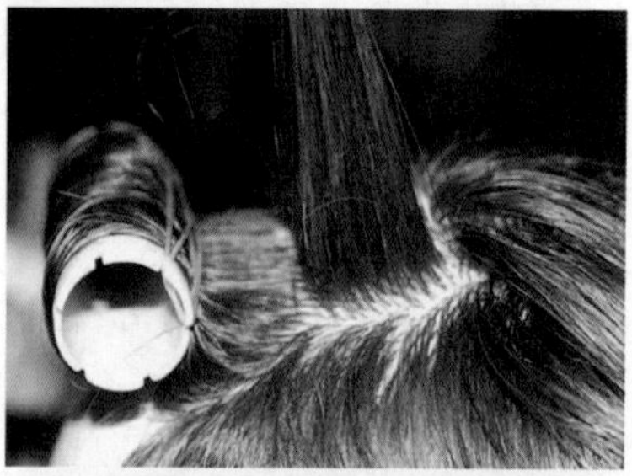
倍半基面	基面宽度为烫发杠直径的 1.5 倍	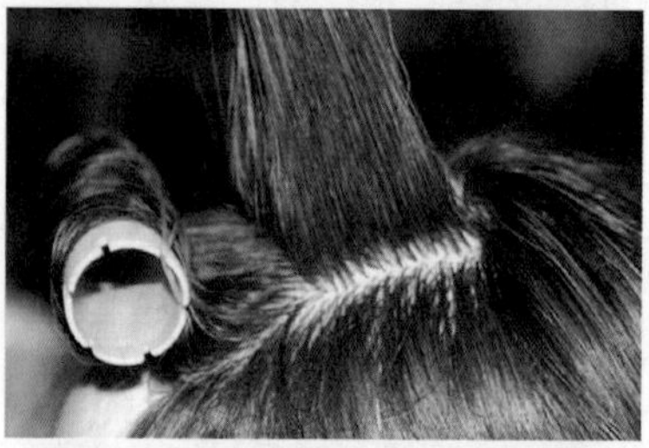
双倍基面	基面宽度为烫发杠直径的 2 倍	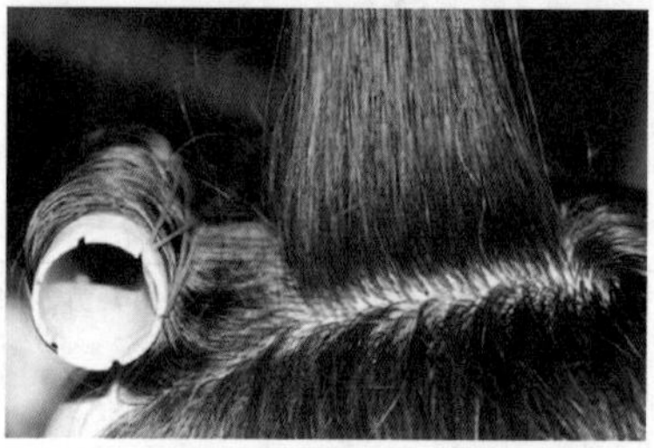

2. 确定烫发提拉角度

烫发提拉角度是指在提拉发片时发片与头皮之间形成的角度。美发师需根据烫发的卷曲度要求确定合适的烫发提拉角度，具体说明见表 13—6。

表 13—6　　烫发提拉角度选择说明

烫发提拉角度	说明	图解示例
0°	◎ 发片与头皮之间的夹角为0°，发卷脱离基面 ◎ 卷发效果不蓬松，发卷十分集中、密集、厚重，且缺乏空间感	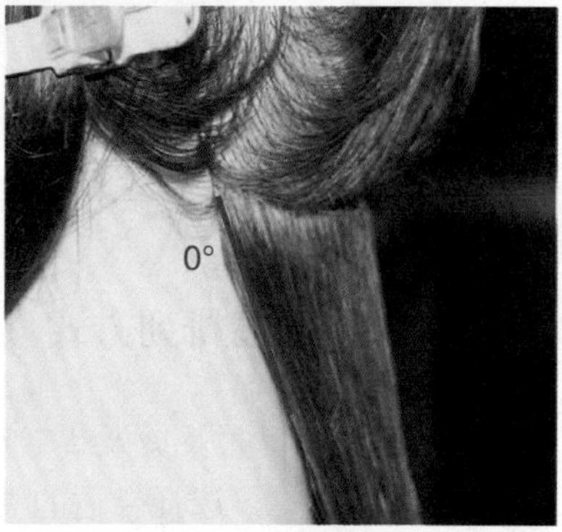
45°	◎ 发片与头皮之间的夹角为45°，发卷脱离基面 ◎ 卷发效果不蓬松，发卷比较集中、厚重，但不密集，且具有一定的空间感	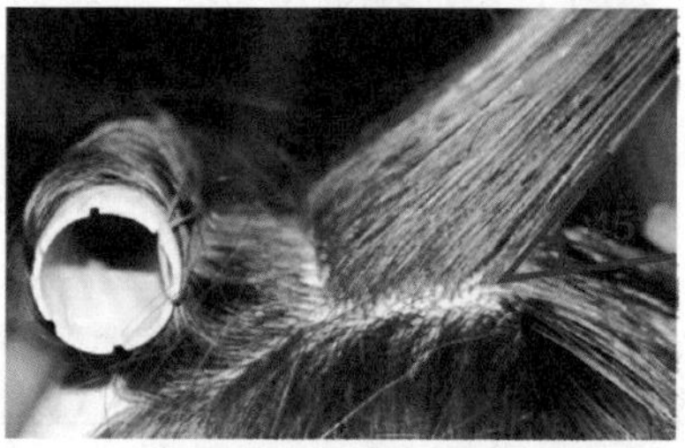
90°	◎ 发片与头皮之间的夹角为90°，发卷半压基面 ◎ 卷发效果蓬松，发卷比较松散，很有空间感，且不厚重	

续表

烫发提拉角度	说明	图解示例
135°	◎ 发片与头皮之间的夹角为135°，发卷全压基面 ◎ 卷发效果蓬松飘逸，发卷非常松散，空间感强烈	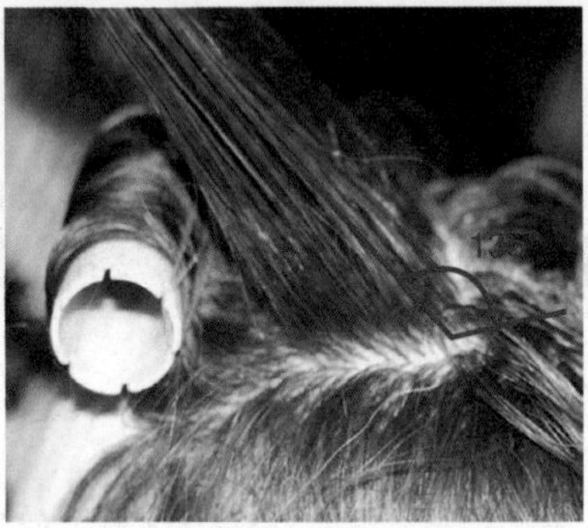

3. 确定发卷排列方式

在确定烫发基面及烫发提拉角度后，美发师需根据烫发发卷形状要求，确定发卷排列模式，选择合适的卷杠排列方法及卷杠方式，具体如下：

（1）卷杠排列方法。根据烫发杠类别及烫发杠大小的不同，可分为重复排列法、对比排列法、递进排列法及交替排列法四种，具体说明见表13—7。

表 13—7　卷杠排列方法说明

排列方法类别	排列方法特点	排列方法图解
重复排列法	重复使用同一形状、同一大小的烫发杠，在头发同一位置按同一方向卷杠	

续表

排列方法类别	排列方法特点	排列方法图解
对比排列法	使用同一形状、同一大小烫发杠，在头发同一位置按不同方向卷杠	
递进排列法	使用同一形状、不同大小的烫发杠，从小到大依次排列，在头发同一位置按相同方向卷杠	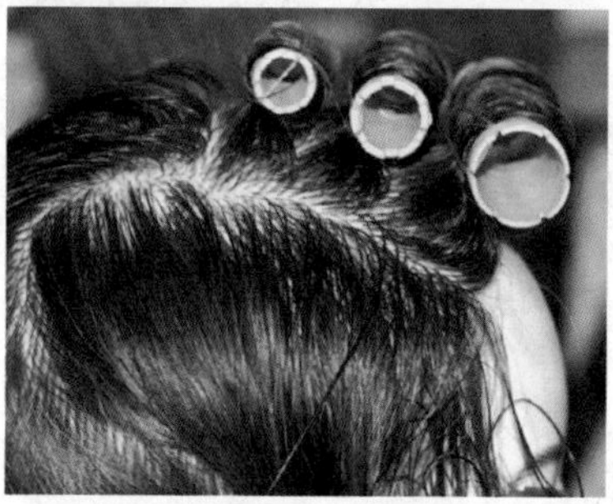
交替排列法	使用同一形状、不同大小的烫发杠，依次交替排列，在头发同一位置按相同方向卷杠	

（2）卷杠方式。根据头发分区形状及卷杠排卷的方向、顺序的不同，可分为长方形排卷、扇形排卷、椭圆形排卷及砌砖排卷四种，具体说明如图 13—5 所示。

长方形排卷

- ◎ 发区为长发形
- ◎ 卷杠一般按照从中间到两侧顺序，其中，在中间按从顶部到后颈部，在两侧为从耳后到耳前
- ◎ 卷杠整体效果为中间整齐平行，左右两侧十字对称

扇形排卷

- ◎ 中部发区为长方形，两侧发区为扇形
- ◎ 卷杠一般按照从中间到两侧顺序进行，其中，在中间按从顶部到后颈部，在两侧为从耳后到耳前
- ◎ 卷杠整体效果为中间整齐平行，左右两侧呈扇形排列

椭圆形排卷

- ◎ 发区为圆弧形，且反向依次相连
- ◎ 将头发分为左右两侧，在每侧按照从上向下顺序进行卷杠
- ◎ 卷杠整体效果为椭圆形

砌砖排卷

- ◎ 卷杠按照从前至后的顺序进行，从前额中间位置开始，按一加二的方式向后向下进行卷杠
- ◎ 卷杠整体效果错落有致，适合为头发较稀的顾客烫发排卷

图 13—5　卷杠方式说明

4. 确定烫发方法

美发师需根据顾客的发质情况及烫发需求，选择合适的烫发方法。根据烫发时是否需要加热，烫发方法可分为冷烫法与热烫法两种。其特点说明见表 13—8。

表 13—8　烫发方法说明

烫法类别	特　　征
冷烫法	◎ 烫发过程中不需要相关机器或设备加热，即在常温情况下完成 ◎ 湿发情况下，发卷较明显；干发情况下，发卷不明显 ◎ 如顾客发质受损严重，适宜选择冷烫法烫发
热烫法	◎ 烫发过程中需要相关机器或设备加热，根据加热机器不同，可分为离子烫、数码烫、陶瓷烫、电棒烫等 ◎ 干发情况下，发卷较明显；湿发情况下，发卷不明显 ◎ 如顾客发质为抗拒发质或健康发质，尤其是健康发质，适宜选择热烫法烫发

知识 39 头发卷烫实施

在做好烫发准备工作后，美发师即可开始头发卷烫的实施工作。一般工作步骤如下：

1. 头发试卷

美发师在为顾客进行整头卷烫前，可进行试卷，并需根据试卷分析效果对烫发方案进行验证，如有必要，可适当调整烫发方案，从而达到最优的烫发效果。美发师进行头发试卷，可按如图 13—6 所示的程序进行。

确定试卷区域	◎ 试卷区域一般为不影响烫发整体效果的区域，可选择后颈部作为试卷区域
卷烫实施	◎ 美发师需根据确定的卷烫方式进行卷杠、涂第一剂、软化头发等操作
拆开发卷	◎ 美发师需将发卷拆开，将头发自然放松，观察头发卷曲的自然效果。如头发的卷曲度与烫发杠的直径及形状相符，说明达到了预期烫发效果；如不符，则说明未达到预期烫发效果，此时需找明原因，并对烫发方案进行适当的调整

图 13—6　头发试卷程序

2. 整头卷烫

试卷达到预期效果后，美发师需进行整头的卷烫工作，具体实施程序见表 13—9。

表 13—9　整头卷烫实施程序说明

序号	步骤名称	步骤说明
1	湿发整理	◎ 美发师在进行卷杠前，需对洗好的湿发进行整理 ◎ 冷烫法需在湿发状态下进行，因此，美发师需用干毛巾将湿发擦至不滴水的状态 ◎ 热烫法则要求在干发状态下进行，因此，美发师需用吹风机等工具将头发吹至七八成干或全干，从而确保烫发效果
2	分区卷杠	◎ 美发师需根据确定的卷烫方式进行头发分区，并进行卷杠 ◎ 在卷杠过程中，美发师需注意发卷不得紧贴发根，与发根之间要留有一定距离，防止烫发剂损伤发根
3	涂第一剂	◎ 对于膏状形态的第一剂，美发师在卷杠前，需用烫发剂发刷将烫发剂均匀涂抹在发卷上；而对于液态形态的第一剂，美发师需将其均匀涂在发卷上，并使其充分渗透 ◎ 在涂第一剂时，尤其是在涂液态形态的第一剂时，美发师需为顾客戴上肩托，并将干毛巾沿发际线围在顾客头部，防止第一剂直接接触顾客皮肤
4	软化头发	◎ 对于选择冷烫法烫发的顾客，美发师需先为其戴上塑料发帽或包上保鲜膜，使头发与空气隔离，以保持头发湿度，然后安排顾客在常温情况等待相应的时间 ◎ 对于选择热烫法烫发的顾客，美发师同样需先为顾客戴上塑料发帽、包上保鲜膜或在发卷上包上羊毛毡，然后使用加热设备为头发加热适当时间 ◎ 软化时间根据发质情况有所不同，一般抗拒发质的软化时间较长，受损发质的软化时间可短些 ◎ 达到软化时间后，美发师可拆开一个发卷检查卷发效果，如发卷未达到效果，需对其原因进行分析，并根据分析结果采用延长软化时间、提高软化温度、加大第一剂用量等方法进行补救
5	清洗第一剂	◎ 软化完成后，美发师需用温水将头发上的第一剂清洗干净，用干毛巾将头发擦干 ◎ 在清洗时只用清水即可，不得使用洗发水及护发素
6	涂第二剂	◎ 美发师需将第二剂均匀涂在头发上，并需使其充分浸透 ◎ 如有需要，可涂两次第二剂，使头发有效定型
7	头发清洗	◎ 美发师需先用清水将第二剂清洗干净，然后使用洗发水及护发素进行洗护，以滋养烫后头发
8	整理定型	◎ 美发师需对烫后头发进行初步整理，使之成型

知识 40 烫后护理

在烫发过程中，烫发剂的化学性质以及烫发过程中的高温等因素可能会使头发受到损伤，从而引起烫后头发枯黄、分叉等问题，因此，美发师在为顾客烫发后，尤其是为受损发质顾客烫发后，需为其提供烫后护理。具体要求如图 13—7 所示。

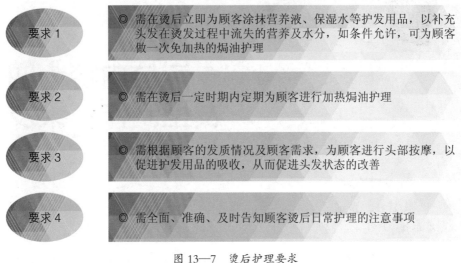

要求 1	◎ 需在烫后立即为顾客涂抹营养液、保湿水等护发用品，以补充头发在烫发过程中流失的营养及水分，如条件允许，可为顾客做一次免加热的焗油护理
要求 2	◎ 需在烫后一定时期内定期为顾客进行加热焗油护理
要求 3	◎ 需根据顾客的发质情况及顾客需求，为顾客进行头部按摩，以促进护发用品的吸收，从而促进头发状态的改善
要求 4	◎ 需全面、准确、及时告知顾客烫后日常护理的注意事项

图 13—7　烫后护理要求

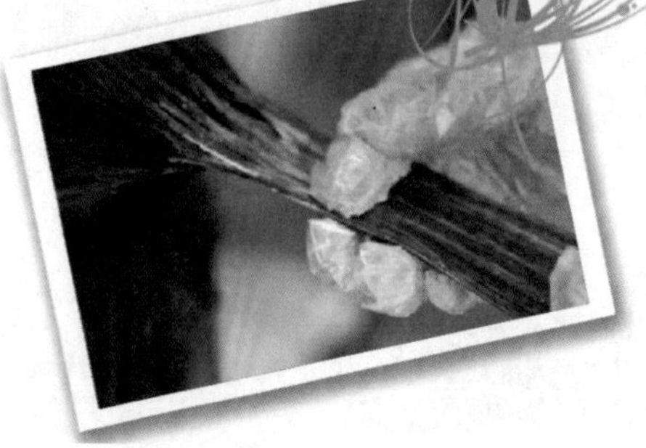

岗位内容十四
发型制作：染发

知识 41 染发需求分析

美发师在为顾客提供染发服务时，需对顾客头发的基本情况及个人的染发要求进行分析，从而准确确定顾客的染发需求。美发师在进行染发需求分析时，需对以下内容进行分析：

1. 顾客的基本情况

在进行染发需求分析时，美发师首先可通过观察、触摸等方式对顾客的头发及肤色情况进行分析，以明确顾客发质发况特征及肤色尤其是面部肤色特征，从而初步确定满足顾客基本情况的染发方案。

（1）头发发质发况分析。即对顾客头发的弹性、光泽度等发质情况以及头发长短、曲直、发色等发况进行分析，从而为染发方式选择、染发颜色确定等提供依据。

美发师需通过观察及触摸顾客头发，对顾客头发的弹性、光泽度、手感等进行分析，并需根据各类发质特征确定顾客发质类别（即抗拒发质、正常发质、细软发质、受损发质及极度受损发质），然后根据顾客的发质类别设计染发方案。

在设计染发方案时，美发师需明确如图 14—1 所示的注意要点，确保染发方案合理、安全。

要求 1
◎ 由于抗拒发质的头发与正常发质头发的表皮层紧闭，在染发时需打开头发表皮层的毛鳞片，因此，在对此两类发质的头发染发时需适度延长染发时间，以确保染发充分

要求 2
◎ 对于极度受损发质的头发，需尽量避免使用漂染方式进行染色

要求 3
◎ 当目标色为 1～7 级的颜色时，对于正常发质、细软发质、受损发质、极度受损发质的头发染色，可直接使用染膏调色；当目标色为 8 级及以上时，可根据发质情况选择漂染方式染发

图 14—1　染发注意要点

在了解顾客发质情况后，美发师还需通过观察，分析顾客头发长短、曲直、发色等情况，并根据分析结果进行染发方案设计。具体说明见表 14—1。

表 14—1　　**头发发况分析**

	曲直 长短	卷发	直发
长短及卷曲分析	长发及中长发	◎ 需选择片染或挑染等染发方式 ◎ 可选择 7 级（中浅金色）至 9 级（最浅金色）的颜色，并可配以艳丽的颜色	◎ 需选择全染、片染或区域染等染发方式 ◎ 可选择 5 级（最浅棕色）至 6 级（最深金色）的颜色，并可配以艳丽的颜色
	短发	◎ 在卷发卷度较大的情况下，可选择 5 级（最浅棕色）以下的颜色进行全染 ◎ 在卷发卷度较小的情况下，可选择 7 级（中浅金色）左右的颜色进行全染或区域染，并可在头顶或刘海处配以挑染或片染	◎ 在头顶与刘海位置需选择层染与片染的方式，而在其他部位可选择全染或配以少量的挑染 ◎ 可选择 6 级（最深金色）至 7 级（中浅金色）的颜色，并可在突出部位选择艳丽的颜色

续表

长短＼曲直		卷发	直发
发色	白发	◎ 白发分布集中，需先在白发集中位置选择 1 级（黑色）至 2 级（深棕色）的颜色打底，再整头染成目标色 ◎ 白发分布分散，需在目标染色膏中加入基色，以在染色的同时达到遮盖白发的效果	
	浅底色	◎ 对浅底色头发进行深色全染时，当染深在 2 度以内时，需选择目标色与同度基色调色；当染深在 2 度以上时，需选择目标色同低于目标色一级别的基色调色 ◎ 对浅底色头发进行挑染时，可选择 4 级（浅棕色）至 5 级（最浅棕色）的颜色在刘海及发际线位置进行挑染操作	
	深底色	◎ 对深底色头发进行染色前，需根据顾客发色及目标色进行漂染褪色，然后进行染色	

（2）顾客肤色分析。染发主要是对头发发色进行改变，而头发发色的变化需与人的肤色相搭配，因此，美发师在设计染发方案时，需对顾客的肤色尤其是面部的肤色进行分析，从而确定符合顾客肤色的染发颜色。具体说明见表 14—2。

表 14—2　　顾客肤色分析

肤色类型	染 发 说 明
肤色较白	◎ 需选择具有吸光效果的颜色，即 5 级（最浅棕色）至 6 级（最深金色）的颜色，以缓解发色与肤色的强烈对比
肤色较黄	◎ 需选择提亮肤色的颜色，即 6 级（最深金色）至 8 级（浅金色）的颜色，如红色、橙红色、橙色等，以提亮顾客肤色
肤色较红	◎ 肤色较红分为两种，一种为粉红色，此肤色多为年轻人的肤色类型，与其搭配的发色可根据顾客需求选择任何颜色；而另一种则是暗红色，与其搭配的发色需为暖色调的颜色，如浅黄、中棕等
肤色较黑	◎ 需选择 7 级（中浅金色）左右的颜色，以达到提亮肤色的效果

2. 顾客染发要求

美发师在进行染发需求分析时，不仅需要对顾客的基本情况进行分析，还需对顾客的染发要求有所了解，综合考虑两方面的因素设计染发方案。顾客染发要求分析主要包括发色要求及染发方式要求两项内容，而对于顾客染发要求与顾客实际不符合的情况，美发师需在确保染发安全的前提下与顾客进行沟通协调。

知识 42 染前护理

美发师在为顾客提供染发服务时，需根据顾客的发质情况确定染前护理需求，然后确定相应的护理程序。当顾客的发质属于细软发质、受损发质或极度受损发质时，美发师必须为顾客提供染前护理服务，从而降低染发对顾客发质的损伤。其护理程序如图 14—2 所示。

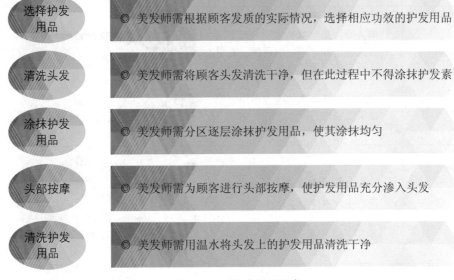

选择护发用品	◎ 美发师需根据顾客发质的实际情况，选择相应功效的护发用品
清洗头发	◎ 美发师需将顾客头发清洗干净，但在此过程中不得涂抹护发素
涂抹护发用品	◎ 美发师需分区逐层涂抹护发用品，使其涂抹均匀
头部按摩	◎ 美发师需为顾客进行头部按摩，使护发用品充分渗入头发
清洗护发用品	◎ 美发师需用温水将头发上的护发用品清洗干净

图 14—2　染前护理程序

知识 43 选择染发工具

在染发服务中，美发师常用的染发工具主要包括染色工具、防护工具及辅助工具三类。

1. 染色工具

染色工具即美发师在进行头发染色时所用到的工具，主要包括调色碗、染发刷、发夹、锡纸等，其具体使用说明见表 14—3。

表 14—3 染色工具使用说明

工具名称	工具说明	
调色碗	◎ 由透明或半透明的塑料制成的标有刻度的小碗，用以调配、盛装染发剂	
染发刷	◎ 用来涂抹染发剂的软刷 ◎ 分为带齿和不带齿的两种。其中不带齿的适合初学者使用，以训练涂刷染发剂的手法与力度；而带齿的则适合熟练者使用，以加快染发操作速度	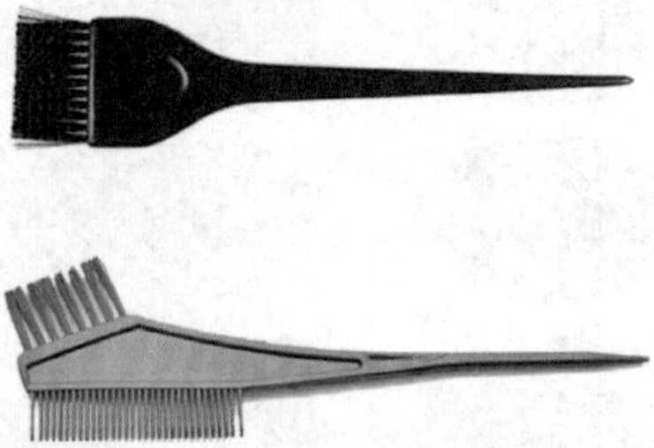
发夹	◎ 用以夹住不需要染色的头发	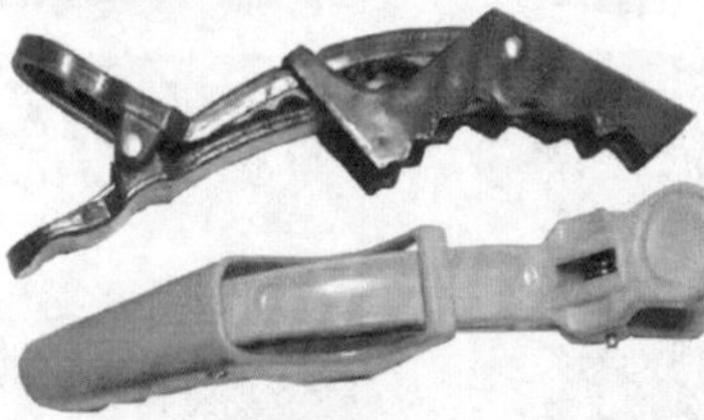
锡纸	◎ 用以包住涂抹不同颜色染发剂后的头发，防止颜色混杂 ◎ 多用于挑染及多色染发	

2. 防护工具

防护工具即用来保护顾客及美发师皮肤或衣服，防止染发剂滴落或溅落的工具。根据保护对象不同，防护工具可分为两类，具体说明见表 14—4。

表 14—4　　防护工具说明

保护对象	工具名称	工具说明	
顾客	染发围布	◎ 用以围在顾客身上，防止染发剂沾染在顾客衣服上 ◎ 围布上涂有一层塑胶，能够透气、防水 ◎ 染发围布多以深色为主	
	染发毛巾	◎ 将染发围布外侧围在顾客肩部，防止染发剂沾染顾客的皮肤或衣服，以加强防护作用 ◎ 染发毛巾以深色为主	
	防水披肩	◎ 用于围在围布外侧，防止染发剂浸透围布沾染在顾客衣服上 ◎ 在实际操作中，染发人员可根据需求选择使用染发毛巾或防水披肩 ◎ 防水披肩的材质多为塑料	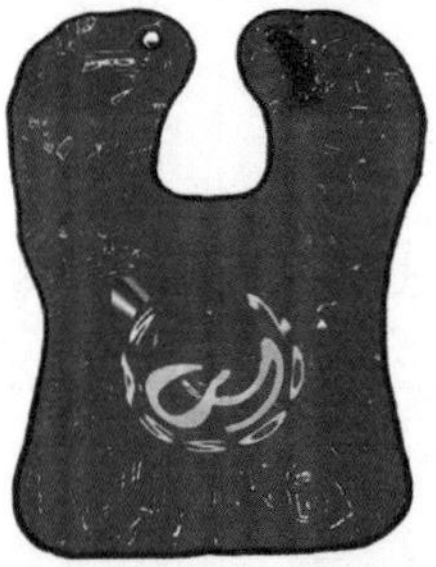
	护耳套	◎ 戴在顾客耳朵上，防止染发剂滴落，损伤顾客耳部皮肤 ◎ 护耳套常见的材质有塑料和胶质两种	

续表

保护对象	工具名称	工具说明	
美发师	染发手套	◎ 用来保护美发师手部，防止其沾染染发剂 ◎ 染发手套有一次性和多次性两种，其材质多为塑料或胶质	
	染发工作服	◎ 用来保护美发师衣服，防止染发剂溅落在美发师衣服上 ◎ 染发工作服需具有防水的功能，以有效防止溅落的染发剂渗透	

3. 辅助工具

染发服务中的辅助工具主要包括试剂秤、计时器、加热器及染发工具车等。其具体说明见表 14—5。

表 14—5　　染发辅助工具说明

工具名称	工具说明	
试剂秤	◎ 用于称量染膏质量，以配制染发剂	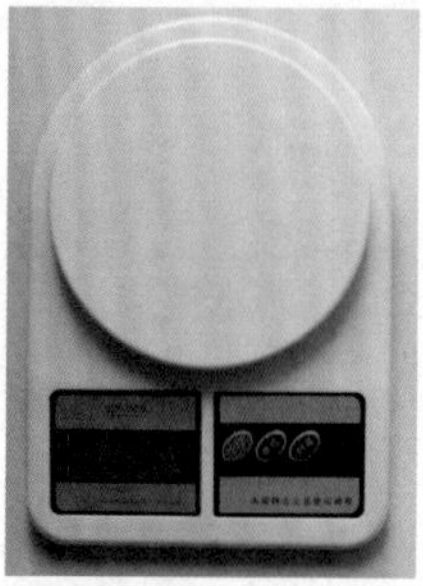
计时器	◎ 用于记录、控制染发剂在头发上停留的时间	

续表

工具名称	工具说明	
加热器	◎ 用来加热头发，促进染发速度	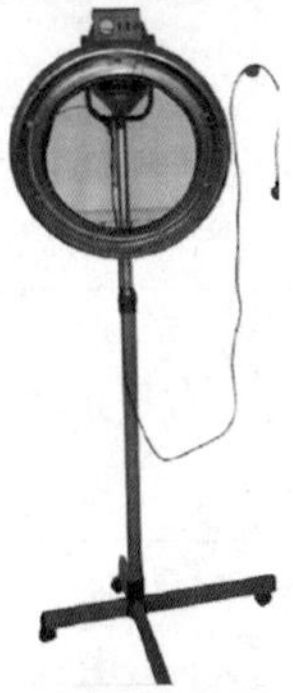
染发工具车	◎ 用于盛装染发工具及相关用品	

知识 44 确定染发方法

美发师需根据顾客染发需求的分析结果，确定合适的染发方法。具体见表 14—6。

表 14—6　　染发方法说明

分类依据	方法类别 / 名称	方法说明
染发目的	浅染深染发方法	◎ 将头发由浅色染成深色：美发师根据目标色及顾客发色特征，调制并涂抹染发剂上色
	深染浅染发方法	◎ 将头发由深色染成浅色：当目标色的色度为 1～7 时，除抗拒发质外，美发师可使用调制并涂抹染发剂上色的方法进行染色，即通过染发剂中双氧乳的脱色作用使发色变浅；当目标色的色度为 8 及以上时，需用漂染的方法先进行漂发脱色，然后进行上色

续表

分类依据	方法类别 / 名称	方法说明
染发目的	白发染色染发方法	◎ 当白发较为集中时，美发师需先将白发部分染成与底色相同的颜色，然后按目标色进行染色 ◎ 当白发较为分散时，美发师需在染发剂中添加相应基色，然后涂抹染发剂进行染色
染发范围	挑染	◎ 先根据染发需求挑出多个发束，然后对各个发束进行单独染色或褪色处理 ◎ 挑染的颜色可为一种或多种
	片染	◎ 先分出多个发片，然后对各个发片进行单独染色或褪色处理 ◎ 片染的颜色可为一种或多种
	层染	◎ 先将头发分层，然后根据染发需求对各层进行单独染色或褪色处理 ◎ 层染的颜色可为一种，也可为多种
	全染	◎ 对整头进行染色或褪色处理 ◎ 全染的颜色仅可为一种

知识 45 染发剂选择

染发剂作为主要的染发用品，其选择的合适与否直接关系到染发效果的好坏，因此，美发师需严格根据染发需求分析结果选择染发剂，以确保选择的染发剂合适、安全。

1. 确定染发剂类别

美发师首先需根据顾客染发需求及顾客头发实际情况，并结合美发店的实际情况，确定染发剂类别。根据不同分类标准，染发剂的分类如下：

（1）根据染发剂构成材料的不同，染发剂可分为金属染发剂、有机合成染发剂及植物染发剂三类。具体说明见表 14—7。

表 14—7 染发剂类别说明——按构成材料划分

染发剂类别	说 明
金属染发剂	◎ 染发剂中含铅、铜、铁等金属离子，其作用机理是金属离子渗入头发中，与头发蛋白中的半胱氨酸进行硫化作用，生成的黑色硫化物使头发染色加深 ◎ 金属染发剂含有的重金属离子容易引起中毒，对人体危害较大
有机合成染发剂	◎ 有机合成染发剂中含苯类化合物、双氧水等，其作用原理为先将头发中的原有色素带出表面，然后染发剂中的人工色素进入皮质层并沉积下来，从而改变头发颜色 ◎ 有机合成染发剂是现在染发服务中比较常用的染发剂，但由于其含有的苯类化合物是引起皮炎的主要过敏源，频繁使用会对人体造成一定的伤害
植物染发剂	◎ 植物染发剂是从植物中提取染发原料制成的染发剂 ◎ 植物染发剂毒性低、使用安全，但由于研发技术所限，目前其应用不是十分广泛

（2）按染发剂持续时间划分，染发剂可分为暂时性染发剂、半永久性染发剂与永久性染发剂三类。具体说明见表 14—8。

表 14—8 染发剂类别说明——按持续时间划分

染发剂类别	说 明
暂时性染发剂	◎ 暂时性染发剂含有较大的色素分子，难以进入头发皮质层中，只能附着在表皮层覆盖头发原有颜色，其不改变头发原有颜色且溶于水，因此清洗一次染色完全褪去
半永久性染发剂	◎ 半永久性染发剂含的色素分子较小，可进入头发表皮层鳞片与皮质层之间以加深发色，3～4 周后会逐渐褪色
永久性染发剂	◎ 永久性染发剂中包含具有氧化作用的氧化剂，且其含有的色素分子较小，能够进入皮质层中改变原有发色，且能够较长时间维持染后发色

（3）根据染发方法的不同，染发剂可分为针对头发染色的染发剂和针对头发褪色的漂发剂两类。其具体说明见表 14—9。

表 14—9　　染发剂类别说明——按染发方法划分

染发试剂类别	说　　明
针对头发染色的染发剂	◎ 主要由染色剂和氧化剂两部分组成，其中染色剂即染膏，富含人工色素，用于头发染色，而氧化剂主要成分是双氧乳，其可将头发中的原有色素去除，同时在皮质层内同人工色素结合，直至色素充分膨胀留在皮质层中
针对头发褪色的漂发剂	◎ 主要由漂粉和氧化剂组成，其中氧化剂同染发剂中的氧化剂作用基本相同，即去除头发中的原有色素，使发色变浅，而漂粉则会吸收头发原有色素，从而进一步染浅头发

2. 调配染发剂

确定染发剂类别后，美发师需进行染发剂的调配工作。

(1) 确定染发目标色。染发目标色包括色度与色调，因此，美发师确定染发目标色的过程即确定目标色色度与色调的过程。

目标色的色度即头发自然颜色的深浅度，其可通过染发色板中的基色来体现。基色指未添加任何色调的天然色，其由深到浅可分为 10 级（见图 14—3）。在染发色板中，基色为分区号（“.”或“/”）右边数字是零的颜色，如中 1.0、2/0 等。

“1”代表黑色　“2”代表深棕色　“3”代表中棕色　“4”代表浅棕色　“5”代表最浅棕色

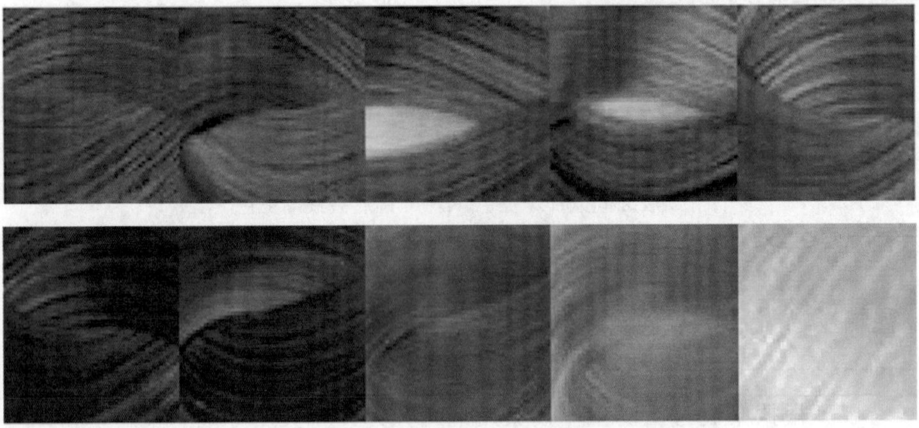

“6”代表最深金色　“7”代表中浅金色　“8”代表浅金色　“9”代表最浅金色　“10”代表非常浅金色

图 14—3　基色级别

目标色的色调即头发颜色表现出来的具体色彩，可通过染发色板中的加强色来体现。加强色指没有色度的颜色，主要用来加强加深染发颜色，在染发色板中，加强色即分区号（“.”或“/”）左边数字是零的颜色，如中 0.5、0/9 等。

（2）目标色调配。如染发目标色接近基色或染发目的是为了遮盖白色，美发师可比对染发色板选取适合的基色膏进行染发即可；否则，美发师需根据目标色及顾客发色情况，参考染发色板的颜色找出相近的颜色，然后选择合适颜色进行调配。在目标色调配过程中，美发师可根据色轮图进行色彩的混合，具体说明如图 14—4 所示。

（3）试剂调配。确定目标色的调配方案后，美发师需根据目标色调配方案进行染发剂的调配。具体步骤如下：

① 选择染膏。在染发剂调配过程中，美发师首先需根据目标色调配方案选择合适的染膏。在染发服务中，染膏一般分为基色膏、时尚色膏、提亮膏及加强色膏四类。其说明见表 14—10。

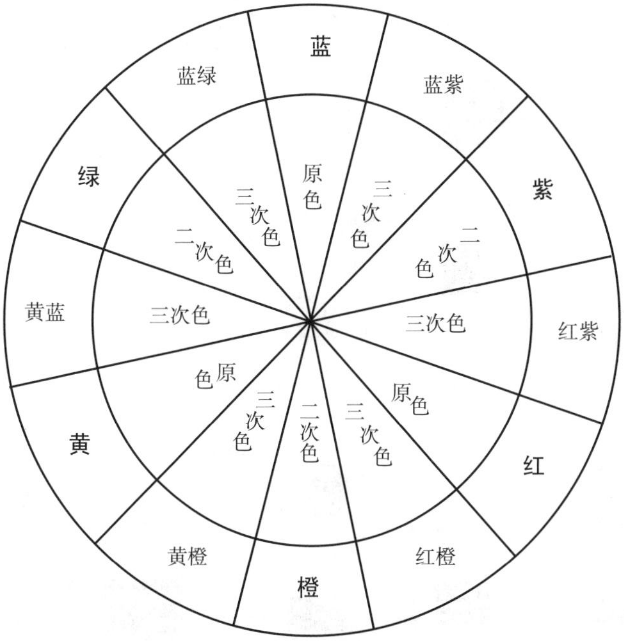

三原色：三原色即三种原色，可通过混合调配其他颜色，但是每种原色不可由其他两种原色调配出。在染发服务中，三原色指蓝色、黄色和红色

二次色：二次色即三原色混合而成的颜色，主要有紫色、橙色、绿色。其中，紫色与黄色为互补色，两者混合可配成浅棕色；绿色与红色为互补色，两者互补可配成中棕色；橙色与蓝色为互补色，两者混合可配成深棕色

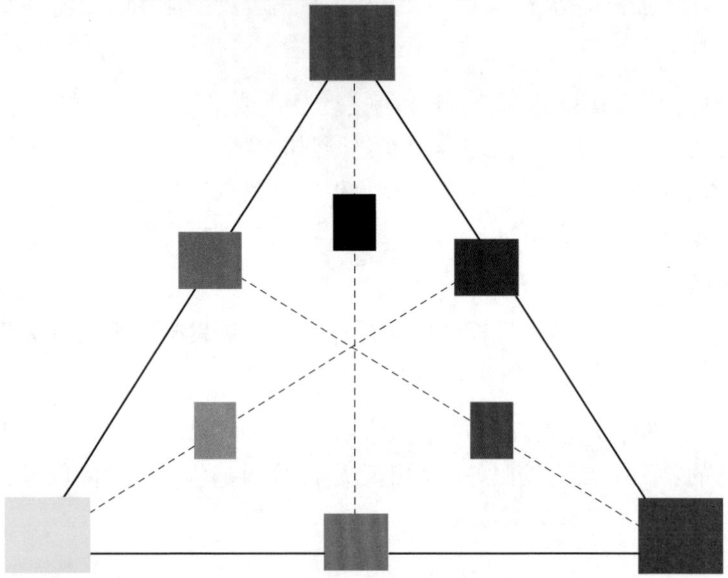

三次色：三次色即三原色与其非互补色的二原色混合而成的颜色，主要有蓝绿色、黄绿色、黄橙色、红橙色、红紫色、蓝紫色。其中，蓝绿色与红橙色为互补色，黄绿色与红紫色为互补色，黄橙色与蓝紫色为互补色

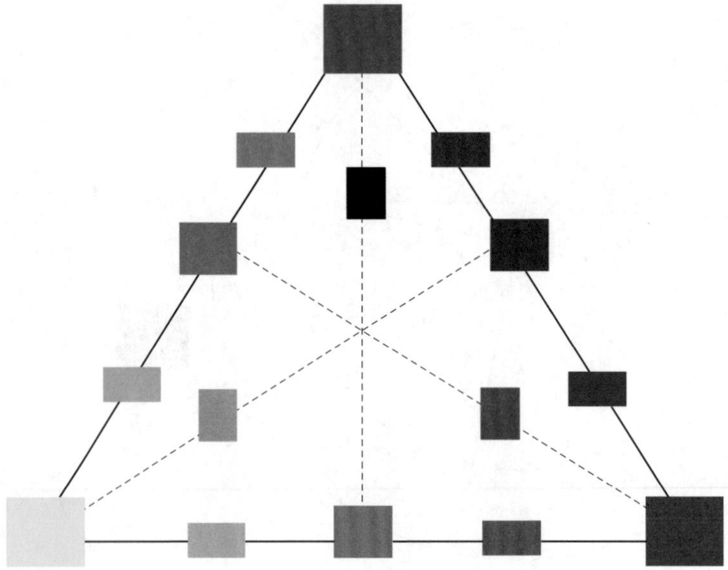

图 14—4　颜色调配

表 14—10　　染膏调配说明

染膏类别	调配说明
基色膏	◎ 基色膏的颜色为自然色系的颜色，其适用于以下情形： ⊕ 目标色为自然色系时 ⊕ 需要遮盖白发时 ⊕ 顾客发色不均匀，用来打底以统一发色时
时尚色膏	◎ 时尚色即染发色板基色中添加色调的颜色，时尚色膏可与基色膏配合进行彩染
提亮膏	◎ 用于将头发染浅，可单独使用，也可混合双氧乳使用
加强色膏	◎ 用于调整发色，使染发颜色更加自然、纯正

② 确定双氧乳浓度。在染发中，双氧乳的作用是使原有发色变浅及目标色着色，而双氧乳作用的发挥与其浓度密切相关，因此，在确定染膏后，美发师还需根据目标色调配方案选择合适浓度的双氧乳。在染发中，常见的双氧乳浓度为 3%、6%、9%、12% 四种，其使用说明见表 14—11。

表 14—11　　各浓度双氧乳使用说明

双氧乳浓度	使用说明
3%	◎ 只能用于直接和染膏调和上色，如还原基色或浅染深，不能染浅头发
6%	◎ 可用于遮盖白发、同度染 ◎ 将头发染浅：褪浅 3～4 级天然色素，1～2 级天然色素
9%	◎ 主要用于染浅头发：褪浅 4～5 级天然色素，3～4 级天然色素
12%	◎ 主要用于染浅头发：褪浅 6～7 级天然色素，4～5 级天然色素

③ 确定混合比例。在确定染膏及双氧乳的浓度后，美发师需根据染发的需求，确定染膏或漂粉与双氧乳的混合比例。具体要求如图 14—5 所示。

要求 1

◎ 一般情况下，染膏与氧化剂混合的比例为 1∶1，此时染发色调饱和、颜色纯正，但当染发要求特殊或染膏配方特殊时，染膏与双氧乳的混合比例可进行适度调整

要求 2

◎ 漂粉与双氧乳混合的正常比例为 1∶2，最大不得超过 1∶3

图 14—5　染发剂混合配比要求

知识 46 涂抹染发剂

美发师在调配好染发剂后，需及时将染发剂涂抹在头发上。在染发剂涂抹过程中，美发师需注意图 14—6 所示的涂抹要求。

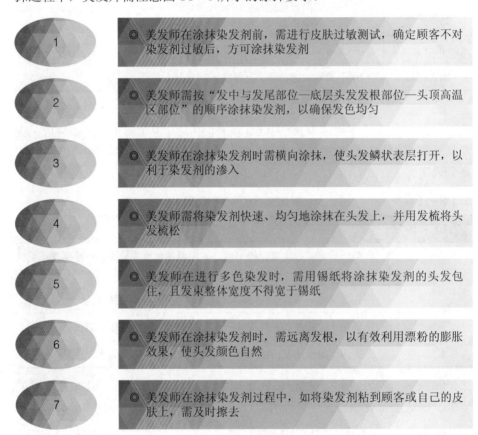

1 ◎ 美发师在涂抹染发剂前，需进行皮肤过敏测试，确定顾客不对染发剂过敏后，方可涂抹染发剂

2 ◎ 美发师需按“发中与发尾部位—底层头发发根部位—头顶高温区部位”的顺序涂抹染发剂，以确保发色均匀

3 ◎ 美发师在涂抹染发剂时需横向涂抹，使头发鳞状表层打开，以利于染发剂的渗入

4 ◎ 美发师需将染发剂快速、均匀地涂抹在头发上，并用发梳将头发梳松

5 ◎ 美发师在进行多色染发时，需用锡纸将涂抹染发剂的头发包住，且发束整体宽度不得宽于锡纸

6 ◎ 美发师在涂抹染发剂时，需远离发根，以有效利用漂粉的膨胀效果，使头发颜色自然

7 ◎ 美发师在涂抹染发剂过程中，如将染发剂粘到顾客或自己的皮肤上，需及时擦去

图 14—6　染发剂涂抹要求

知识 47 染后护理

在染发结束后，美发师需根据顾客的发质情况进行染后护理，以减少染

发对头发的损伤，同时保证染发颜色的持久性。

1. 确定护理方法

美发师需根据染发后顾客发质的受损情况选择合适的染后护理方法。在染发服务中，常见的染后护理方法主要有染后洗发护理法和染后焗油护理法两类。具体说明见表 14—12。

表 14—12　　染后护理方法说明

护理方法类别	护理方法说明	适用范围
染后洗发护理法	◎ 在染发完成 3 min 后，先用染后洗发水清洗头发，然后将染后护发素均匀涂抹在头发上，按摩 5 ~ 8 min，再用清水冲洗干净	◎ 抗拒发质的头发初染
染后焗油护理法	◎ 染后焗油护理法包括免加热焗油护理法和加热焗油护理法两种。二者均需先将护发产品均匀涂抹在头发上，然后包上保鲜膜，等候一定时间，按摩头皮并冲水清洗护发用品。不同的是，免加热焗油护理法需用毛巾围在顾客头上，等候 15 ~ 20 min，而加热焗油护理法在等候期间需用加热器加热 10 min	◎ 免加热焗油护理法适用于非抗拒发质的头发初染 ◎ 加热焗油护理法适用于各类发质的初染或复染

2. 选择护理产品

确定护理方法后，美发师需选择合适的护理产品。在染发服务中，头发护理产品主要分为染后洗护类产品、免加热类焗油护理产品与加热类焗油护理产品三类。具体说明见表 14—13。

表 14—13　　染后护理产品说明

护理产品类别	护理产品使用说明
染后洗护类产品	◎ 染后洗护类产品主要包括染后洗发水与染后护发素。染后洗发水为偏酸性，能够温和地清洗头发，同时能够防止头发鳞状表层过分张开，从而防止色素流失；而染后护发素含有阳离子季铵盐，可中和残留在头发表面带阴离子的分子，并留下均匀的单分子膜，从而起到保护头发的作用，同时，其富含胶原蛋白，能够补充头发流失的营养 ◎ 染后洗护类产品的防护作用可保持 1 天左右

续表

护理产品类别	护理产品使用说明
免加热类焗油护理产品	◎ 免加热类焗油护理产品含有植物氨基酸、冷凝因子、柔顺因子等，形成高密度的透明保护膜能够全天候保护头发纤维质，补充蛋白质流失产生的空洞，以促进毛发细胞生长，减少染发漂发带来的损害，且其分子颗粒小，涂抹后在常温状态即可进入头发内部 ◎ 免加热类焗油护理产品的防护作用可保持 1 周左右 ◎ 在染发服务中，常见的免加热类焗油护理产品主要有保湿润发液、精华素护发油及平衡营养润发素
加热类焗油护理产品	◎ 加热类焗油护理产品的作用方式与免加热类焗油护理产品相同，但由于其分子较大，需以加热的方式使分子进入头发内部 ◎ 加热类焗油护理产品的防护作用可保持 2～3 周 ◎ 在染发服务中，常见的加热类焗油护理产品主要有营养焗油膏、深层护理膏及倒膜护理霜

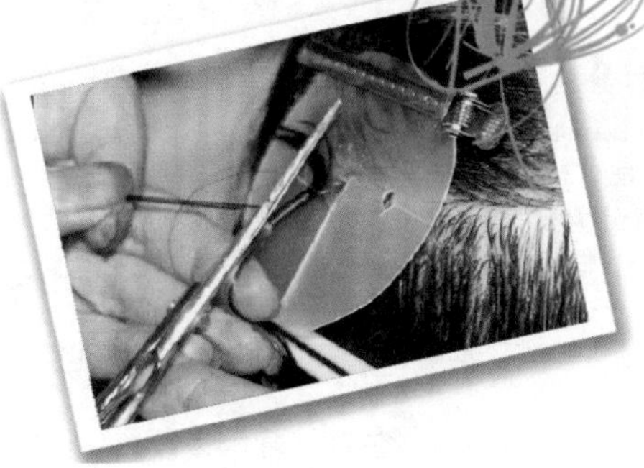

岗位内容十五
发型制作：接发

知识 48
选择接发材料

美发师在为顾客进行接发服务时，需根据顾客的接发需求选择合适的接发材料。具体说明如下：

1. 按假发材质选择

在接发服务中，美发师常用的接发材料的材质主要有真人发、化纤丝、动物毛及混合发四类。具体说明见表 15—1。

表 15—1　　接发材料材质说明

接发材料材质类别	接发材料材质特点
真人发	◎ 真人发由人的真发制成，其效果自然、手感较好、不易打结，可做烫染处理，但价格一般较高 ◎ 真人发根据头发来源不同，可分为中国发、印度发、巴西发、缅甸发、欧洲发等，其中，中国发发质较粗较硬，容易进行烫染处理，而印度发、巴西发、欧洲发发质较软，不宜进行烫染处理 ◎ 真人发根据头尾排列情况，可分为顺发和泡发。顺发中发根和发梢排列方向一致，而泡发中发根和发梢排列方向混乱不一
化纤丝	◎ 化纤丝由 PVC 和 PET 等化纤材料制成，其逼真度较差，容易引发顾客头皮过敏，但其定型效果较好 ◎ 化纤丝比较常见的有蛋白丝、高温丝和低温丝三类。其中蛋白丝最接近真发，较为逼真自然，且阻燃性强；高温丝可耐高温，具有阻燃性，可进行烫染；低温丝不耐高温，阻燃性差，一般不做烫染处理
动物毛	◎ 动物毛由动物毛发制成，其重量较轻，比较蓬松，可进行烫染，效果接近真人发，且价格比真人发低
混合发	◎ 混合发由真人发、化纤丝、动物毛中的两类或三类混合制成

2. 根据接发方式划分

在接发服务中，根据接发方式的不同，美发师使用的接发材料可分为棒棒发、指甲发、胶片发、夹子发等。其具体使用说明见表 15—2。

表 15—2　　接发材料使用说明

接发材料类别	接发材料图示	接发材料特点说明
棒棒发		◎ 发丝呈束状组合，连接端有细棒状胶头 ◎ 发束较细 ◎ 主要用于胶粘接发、编织接发、扣合接发

续表

接发材料类别	接发材料图示	接发材料特点说明
指甲发		◎ 发丝呈束状组合，连接端呈指甲状胶头 ◎ 发束较细 ◎ 主要用于胶粘接发
胶片发	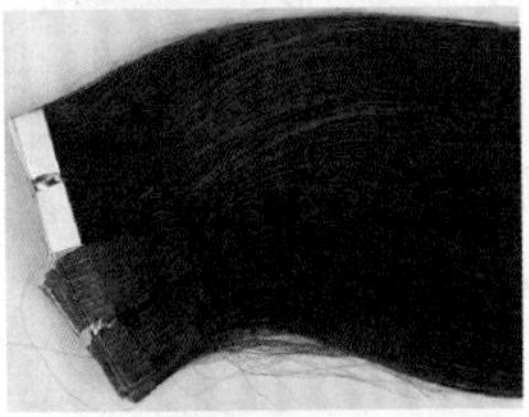	◎ 发丝呈一排排列，连接端有胶片 ◎ 发片具有不同宽度 ◎ 主要用于胶粘接发
夹子发		◎ 发丝呈一排排列，连接端有多个发夹 ◎ 发片具有不同宽度 ◎ 主要用于扣合接发

知识 49 确定接发方式

在接发服务中，常见的接发方式主要有胶粘接发、编织接发和扣合接发三种。具体说明见表 15—3。

表 15—3　　接发方式说明

接发方式类别	接发方式说明
胶粘接发	◎ 胶粘接发即通过胶粘方式将假发固定在真发上 ◎ 胶粘接发根据接发材料的不同可分为两种方式，具体说明如下： ⊕ 接发材料为棒棒发或指甲发时，需用胶棒或接发器进行粘贴 ⊕ 接发材料为胶片发时，直接将假发粘贴即可 ◎ 接发较为自然，操作简单，但发胶物质可能会损害头发

续表

接发方式类别	接发方式说明
编织接发	◎ 编织接发是将发束与顾客头发编在一起的接发方式，其需先将假发和真发编辫，然后用水晶丝线扎结固定或直接用水晶丝线将发束与顾客头发绑在一起 ◎ 接发持久、自然，但衔接处不易梳理与清洗，且不适于短发的接发
扣合接发	◎ 扣合接发即用接发环或接发夹将假发固定的方法 ◎ 扣合接发根据接发材料的不同可分为两种方式，具体说明如下： ⊕ 接发材料为棒棒发时，需用接发环扣合固定 ⊕ 接发材料为夹子发时，直接将假发夹在真发上即可 ◎ 操作简单，对顾客发长无要求且拆卸简单，但接发不牢固，接头较大

知识 50 选择接发工具

美发师需根据接发方式的不同选择合适的接发工具。

1. 胶粘接发工具

美发师在进行胶粘接发时，使用到的接发工具主要有尖尾梳、隔热片与胶粘工具。具体说明见表 15—4。

表 15—4 胶粘接发工具说明

工具名称	工具用途	工具图示
尖尾梳	用于挑分发片	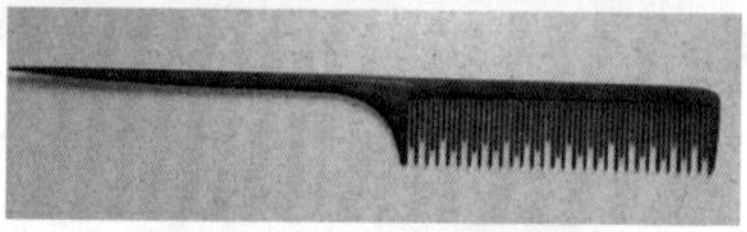
隔热片	保护头发，用于接发时头发的分离	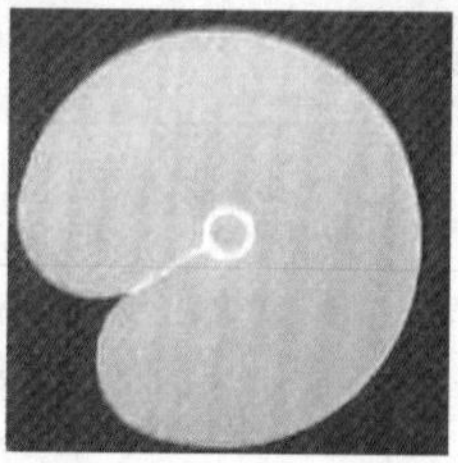

续表

工具名称		工具用途	工具图示
胶粘工具	接发胶粒、熔胶炉	熔胶炉用于将接发胶粒熔化，从而进行假发胶粘	 
	胶棒、胶枪	胶枪用于将胶棒熔化，从而进行假发的胶粘	 
	接发器	用于加热棒棒发	
	去胶用品	用于熔解粘胶，卸下假发	

2. 编织接发工具

美发师在进行编织接发时，常用的工具主要有尖尾梳、隔热片、水晶丝线、固定夹等。具体如图 15—1 所示。

3. 扣合接发工具

美发师选择扣合接发的方式进行接发操作时，常用的接发工具主要有尖尾梳、接发钩针、接发钳、接发环等。具体如图 15—2 所示。

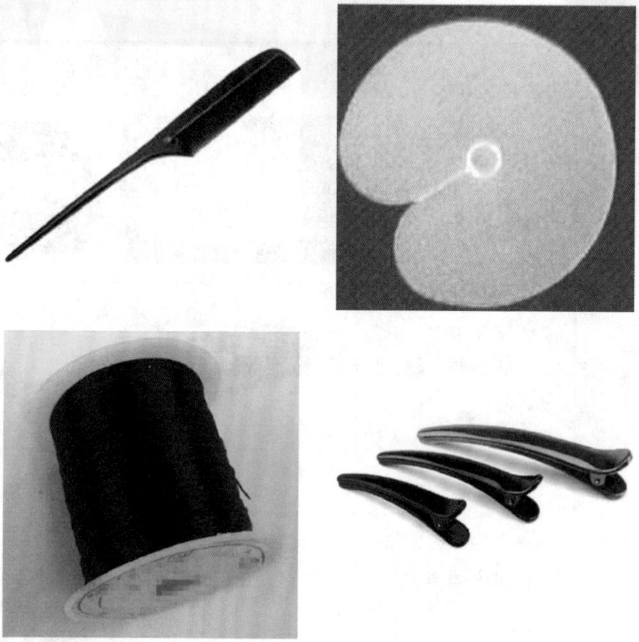

图 15—1　编织接发工具

图 15—2　扣合接发工具

知识 51 接发实施

美发师在明确顾客接发需求并做好接发准备后，需进行接发实施工作。具体工作要求如图 15—3 所示。

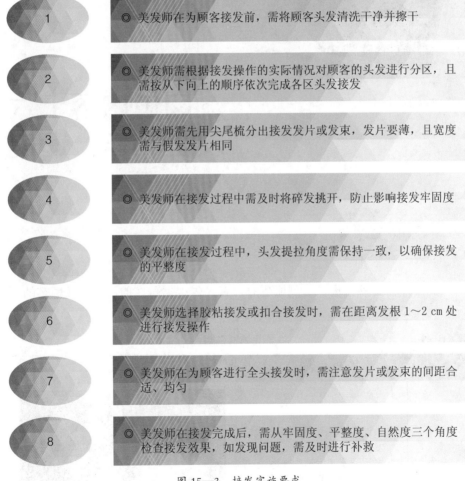

1 ◎ 美发师在为顾客接发前，需将顾客头发清洗干净并擦干

2 ◎ 美发师需根据接发操作的实际情况对顾客的头发进行分区，且需按从下向上的顺序依次完成各区头发接发

3 ◎ 美发师需先用尖尾梳分出接发发片或发束，发片要薄，且宽度需与假发发片相同

4 ◎ 美发师在接发过程中需及时将碎发挑开，防止影响接发牢固度

5 ◎ 美发师在接发过程中，头发提拉角度需保持一致，以确保接发的平整度

6 ◎ 美发师选择胶粘接发或扣合接发时，需在距离发根 1～2 cm 处进行接发操作

7 ◎ 美发师在为顾客进行全头接发时，需注意发片或发束的间距合适、均匀

8 ◎ 美发师在接发完成后，需从牢固度、平整度、自然度三个角度检查接发效果，如发现问题，需及时进行补救

图 15—3　接发实施要求

岗位内容十六
发型制作：造型

知识 52 选择造型方式

美发师在为顾客提供造型服务时，首先需根据顾客的需求以及顾客的实际情况选择合适的造型方式。其具体说明见表 16—1。

表 16—1 造型方式说明

造型方式	造型方式说明	造型示例
盘发	◎ 通过盘卷的手法将头发盘成发髻的造型方式 ◎ 多用于女式发型的造型设计 ◎ 适用于正式场合的头发造型设计	

续表

造型方式	造型方式说明	造型示例
束发	◎ 使用皮筋或发带等工具将头发束成一束或若干束的造型方式 ◎ 适用于男式和女式发型的造型设计 ◎ 多用于非正式场合的头发造型设计	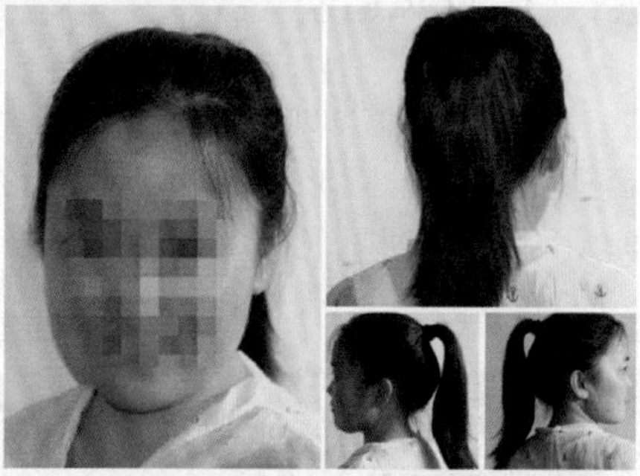
编发	◎ 通过编辫的方式将头发编成发辫的造型方式 ◎ 多用于女式发型的造型设计 ◎ 可单独进行造型设计，也可搭配其他造型方式进行造型设计	
散发	◎ 对头发不做盘卷、束扎、编辫等处理，仅通过吹风或徒手造型等方法使头发呈散开状态的造型方式 ◎ 适用于男式和女式发型的造型设计	

知识 53 确定造型方法

美发师需根据造型需要确定合适的造型方法，以确保造型自然、美观。在造型服务中，美发师常用的造型方法主要有吹风造型、梳理造型及徒手造型三种。具体说明如下：

1. 吹风造型

吹风造型即借助吹风机进行造型的方法。美发师在进行吹风造型过程中，需注意吹风时间、吹风温度、吹风角度、吹风距离、吹风顺序、吹风技巧等事项。具体说明见表 16—2。

表 16—2　　吹风造型注意事项

吹风注意事项	说　明
吹风时间	◎ 洗发后不宜立刻进行吹风造型，需先用毛巾将头发擦干，等到头发不滴水时，方可进行吹发造型 ◎ 在吹风时，需根据顾客的发质以及造型的需求，确定合适的吹发时间，防止因时间过长而使造型僵硬不自然，或因时间过短而造成造型不成型等问题
吹风温度	◎ 吹风温度不得过高或在长时间内保持过高，以免对顾客的头发及头皮造成损伤
吹风角度	◎ 在吹发根位置时，吹风机的机口需与头皮平行；在吹发中及发尾位置时，吹风机的机口倾斜度需大于与头皮的角度 ◎ 在吹头部两侧及鬓角位置的头发时，如头发较短，需将手掌伸开贴近头皮，形成一条夹缝，使热风通过夹缝吹至头发
吹风距离	◎ 在吹风过程中，吹风机的机口需与顾客头发保持 30 cm 左右的距离，以防止头发或头皮损伤
吹风顺序	◎ 需按从后向前、从下向上的顺序进行吹风造型
吹风技巧	◎ 直发的吹风技巧主要包括翻、压、别、推、刷、拉等，具体说明如下： ⊕ 翻：在吹风过程中配合发梳将头发外翻或内翻，以改变发尾流向 ⊕ 压：在吹风过程中用发梳的梳背或手掌压住头发，以调整发型的轮廓 ⊕ 别：在吹风过程中将发梳斜插在头发内，梳齿向下沿头皮运动，使发梳柄向内倾斜，以改变发丝走向及膨胀度 ⊕ 推：在吹风过程中用发梳作用发根，以改变发根走向，并使发根直立 ⊕ 刷：在吹风过程中用发梳在发区来回刷发，以改变头发整体流向及压低发区膨胀度 ⊕ 拉：在吹风过程中用发梳从发根直梳至发尾，以控制头发蓬松度与方向感 ◎ 卷发的吹风技巧主要是在吹风中配合滚梳进行造型，以吹塑出卷曲的纹理。其中常见的技巧包括滚梳水平运动吹卷、滚梳垂直运动吹卷、滚梳斜向运动吹卷以及滚梳旋转运动吹卷等

2. 梳理造型

梳理造型即通过发梳的运用进行造型的方法，其多与吹风造型或徒手造型搭配使用。梳理造型的技巧根据梳理的方向不同，可分为顺梳和倒梳两种。其具体说明见表 16—3。

表 16—3　　梳理造型技巧说明

梳理造型技巧	说　明
顺梳	◎ 按从发根到发尾的顺序进行梳理的造型技巧 ◎ 按照梳理线路曲直，可分为直线梳理技巧和曲线梳理技巧。其中直线梳理技巧包括水平梳理（即沿水平向前或向后的直线梳理）、垂直梳理（即沿垂直向上或向下的直线梳理）与倾斜梳理（即沿斜向前或斜向后的直线梳理），而曲线梳理技巧包括“C”形梳理（即沿“C”形曲线梳理）、“S”形梳理（即沿两个正反相连的“C”形曲线梳理）以及旋涡形梳理
倒梳	◎ 按从发尾或发中向发根的顺序进行梳理的造型技巧，用以改变头发流向，并增强头发的蓬松度 ◎ 根据倒梳部位的不同，可分为均匀倒梳和局部倒梳。其中，均匀倒梳即从发尾到发根梳理头发的方法，多用于发片的造型处理；而局部倒梳则是在头发某一部位进行倒梳操作，多用于局部位置的造型处理

3. 徒手造型

徒手造型是指用手的技巧进行造型的方法，其多用于盘束造型时的盘发编发制作以及基本成型的发型的细化调整。具体说明见表 16—4。

表 16—4　　徒手造型技巧说明

徒手造型技巧	说　明
盘卷	◎ 将头发缠绕在手指上进行卷筒 ◎ 根据盘卷方向及盘卷的形状，徒手造型的盘卷技巧可分为水平卷、立卷、层次卷、拱形卷、双卷等
编发	◎ 将若干发束编织在一起，主要包括拧辫、扭辫、编辫等技巧

续表

徒手造型技巧	说　明
手指造型	◎ 用手指对基本成型的发型进行细化调整，常用的技巧包括梳理、拎、揉、拧、压、抓等。具体如下： ⊕ 梳理：用手指顺着头发的线条方向梳理纹理线条 ⊕ 拎：用手拉出头发调整发丝流向及发型轮廓 ⊕ 揉：手指呈弓形沿发丝流向做旋转运动，以制造凌乱的发丝流向 ⊕ 拧：用手指拧转头发，使发丝直立并制造出凌乱的效果 ⊕ 压：用手指轻压头发，以收缩轮廓并固定发丝流向 ⊕ 抓：五指分开将头发抓弯，以制造出膨胀的发根或外翘的发尾

知识 54 确定造型工具

美发师在进行造型设计与制作过程中，常用到的工具主要有塑型工具、梳发工具、发型固定工具等。其使用说明见表 16—5。

表 16—5　　造型工具说明

工具类别	工具名称	工具使用说明
塑型工具	吹风机	◎ 在造型服务中，常用的吹风机主要有烘发机、有声吹风机和无声吹风机三种。其使用说明如下： ⊕ 烘发机的风力大，可均匀快速地对整个头部进行烘干，一般用于造型初期的烘干工作 ⊕ 有声吹风机的噪声较大、风力较强，主要用于吹干头发以及发型造型的吹梳 ⊕ 无声吹风机的噪声较小、风力较弱，适合发质较软的头发的吹干以及造型后的定型
	卷发棒	◎ 卷发棒主要用于夹卷头发，其造型的持久度多为一次性
	卷筒	◎ 卷筒用来卷发，以制造卷状纹理
	直发器	◎ 直发器主要用于夹直头发，其造型的持久度多为一次性
梳发工具	排骨梳	◎ 主要用于短发造型的梳理以及前额刘海造型的梳理
	滚梳	◎ 主要用于中长发以及长发的造型梳理
	九行梳	◎ 主要用于吹风后的造型调整

续表

工具类别	工具名称	工具使用说明
梳发工具	发刷	◎ 主要用于波浪式发型的梳理以及束发造型的梳理
	尖尾梳	◎ 主要用于头发分区分层以及倒梳等
发型固定工具	发夹	◎ 在造型服务中，常见的发夹主要有钢丝夹、U形夹及鸭嘴夹等，其使用说明如下： ⊕ 钢丝夹主要用于固定发量较少的头发 ⊕ U形夹主要用于固定位置较高或发量较多的头发，同时也可暂时固定发片的形状 ⊕ 鸭嘴夹主要用于对头发分区进行暂时固定
	发圈	◎ 用于固定头发，多用于束发造型中
	造型用品	◎ 造型用品主要用于将制作好的发型进行固定，使其在一定时间内维持设计完成时的形态。在造型服务中，常用的定型用品主要包括发油、发蜡、发胶、定型啫喱、摩丝等

知识55　搭配发饰

美发师在进行发型造型设计与制作的过程中，需根据造型的实际需要选择并搭配合适的发饰，以使造型更加自然、完美。根据发饰的制作材料不同，美发造型服务中常见的发饰品可分为真发饰品和装饰饰品两类。其具体说明见表16—6。

表16—6　发饰类别说明

发饰类别	说　明
真发饰品	◎ 即由真发制成的饰品，其能与顾客的头发进行自然融合，从而可有效弥补造型对头发的额外要求 ◎ 在美发造型服务中，根据饰品的作用效果，真发饰品可分为填充类、塑型类及造型类三种类型，其使用说明如下： ⊕ 填充类真发饰品主要用于盘发造型，起到造型支撑作用，其需全部隐藏 ⊕ 塑型类真发饰品主要用于盘发造型中，与盘发造型进行搭配，且无须隐藏 ⊕ 造型类真发饰品主要用于束发或编发造型中，以弥补发量不足或解决发长不够的问题
装饰饰品	◎ 即用绸带、纱网、金属等材料制成的饰品，可弥补发型的不足，同时可增加发型的亮点

美发师在选择发饰进行造型搭配时，需注意发饰选择的适合性。其具体选择要求如图 16—1 所示。

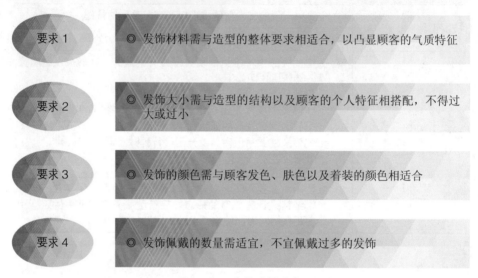

要求 1	◎ 发饰材料需与造型的整体要求相适合，以凸显顾客的气质特征
要求 2	◎ 发饰大小需与造型的结构以及顾客的个人特征相搭配，不得过大或过小
要求 3	◎ 发饰的颜色需与顾客发色、肤色以及着装的颜色相适合
要求 4	◎ 发饰佩戴的数量需适宜，不宜佩戴过多的发饰

图 16—1　发饰选择要求

知识 56 固定发型

在发型造型基本完成后，美发师需进行发型的固定，以保持发型的形状。在美发造型服务中，美发师常用的发型固定方式有三类，即发夹固定、发圈固定以及造型用品固定。

1. 发夹固定

发夹固定即使用钢丝夹、U 形夹等发夹进行发型固定的方式，其多用于盘发造型的发型固定。美发师选择发夹固定方式进行发型固定时，常用的固定工具主要有钢丝夹和 U 形夹等，其中，钢丝夹主要用于发量较少头发的固定，而 U 形夹主要用于位置较高或发量较多头发的固定。具体如图 16—2 所示。

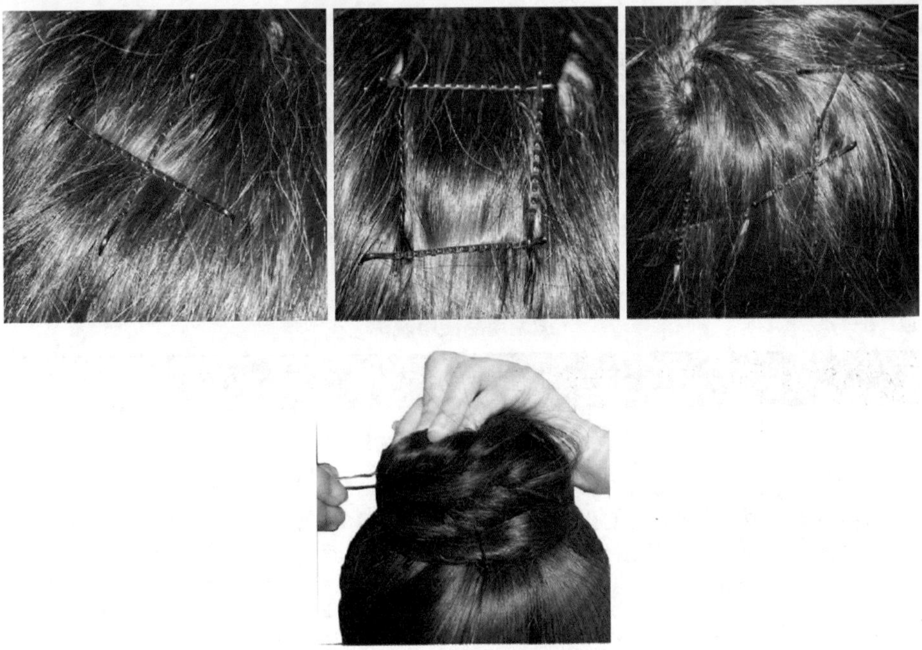

图 16—2　发夹固定

2. 发圈固定

发圈固定即使用发圈进行发型固定的方式，其多用于束发及编发造型的发型固定。美发师使用发圈固定方式进行发型固定时，常用的固定工具主要有皮筋、发绳、发带等。具体如图 16—3 所示。

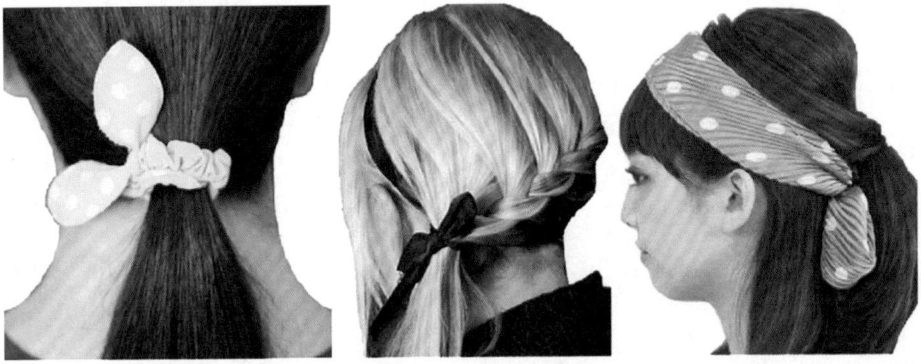

图 16—3　发圈固定

3. 造型用品固定

造型用品固定即在发型固定中使用发胶、发蜡、摩丝等造型用品进行固定的方式，其多用于男式发型或女式发型中的散发造型以及盘发、束发、编发等造型调整。在造型服务中，美发师常用的造型用品有发油、发蜡、发胶、定型啫喱、摩丝等。其具体使用说明见表 16—7。

表 16—7　造型用品使用说明

造型用品类别	造型用品使用要求	造型用品名称	使用要求
喷洒类造型用品	需在距离头发 30 cm 左右的位置上少量多次均匀喷洒在头发上	发油	◎ 主要用于纹理的塑造 ◎ 适用于干发或半干发的定型
		发胶	◎ 能够起到直观且较强的定型作用 ◎ 适用于干发的定型
		定型啫喱水	◎ 主要用于纹理的塑造与发型定型 ◎ 适用于干发或半干发的定型
涂抹类造型用品	需先在手掌上均匀涂开，然后由内向外局部均匀地涂抹在头发的发中与发尾位置	发蜡	◎ 主要用于加强纹理感以及定型 ◎ 适用于干发的定型
		定型啫喱膏	◎ 主要用于加强纹理感以及定型 ◎ 适用于干发或湿发的定型
		摩丝	

岗位内容十七
修剃胡须：用具准备

知识 57 修剃工具准备

在进行剃须工作前，美发师需准备好相关修剃工具。具体要求如下：

1. 修剃工具

在美发店剃须修面服务中，美发师常用的胡须修剃工具主要有剪刀和剃须刀。其说明见表 17—1。

表 17—1　胡须修剃工具说明

工具种类	工 具 说 明
剪刀	◎ 可用美发服务中的平剪和牙剪 ◎ 在剃须中，其主要应用如下： ⊕ 较长胡须剪到合适长度 ⊕ 较厚胡须打薄 ⊕ 胡须造型

续表

工具种类		工 具 说 明
剃须刀	手动剃须刀	◎ 修剃效果最为干净彻底，但花费时间较长 ◎ 在美发店中，常见的剃须刀有固定刀刃式剃刀和一次性刀刃式剃刀两种，其结构和外形相似，均是由刀身和刀柄构成，并用刀轴连接，但是固定刀刃式剃刀的刀刃固定，不可替换，其在使用前需磨刀，而一次性刀刃式剃刀的刀刃不固定，可替换
	电动剃须刀	◎ 操作简单，节约时间，但剃须效果同手动剃须刀相比较差 ◎ 除顾客明确要求外，美发师一般不采用此剃须工具

2. 工具使用准备

在胡须修剃工具准备阶段，美发师需完成工具选择、工具锋刃处理、工具消毒等准备工作。具体内容如下：

（1）选择修剃工具。美发师需根据顾客的胡须特征及顾客的修剃要求，选择合适的修剃工具。其选择说明见表 17—2。

表 17—2　修剃工具选择

修剃要求 毛发情况	修剃干净	造型
较长、较厚	◎ 先用牙剪打薄胡须 ◎ 再用平剪将胡须剪到合适长度 ◎ 用剃须刀将胡须修剃干净	◎ 先用牙剪打薄胡须 ◎ 再用平剪将胡须剪到合适长度 ◎ 配合使用剪刀、剃刀进行造型
较短	◎ 用剃须刀修剃干净	◎ 用剃刀进行造型

（2）工具锋刃处理。在确定剃须工具后，美发师需根据工具类别及工具锋刃的情况，对工具的锋刃进行处理。具体见表 17—3。

表 17—3　工具锋刃处理

工具类别	锋刃处理措施
剪刀与固定刀刃式剃刀	刀刃不锋利时需磨刀
一次性刀刃式剃刀	每次使用前需安装新刀刃

（3）工具消毒。在工具锋刃处理完毕后，美发师需对相关剃须工具进行消毒。常用的消毒方法说明见表 17—4。

表 17—4　　工具消毒方法

消毒方法	方法说明
溶液浸泡法	将非电动类剃须工具浸泡在溶液中进行消毒。在美发店中，常用的剃须工具消毒溶液有浓度为 3% 的来苏尔溶液、浓度为 0.1% 的新洁尔灭溶液、浓度为 2% 的戊二醛溶液、浓度为 75% 的酒精等
溶液擦拭法	使用浓度为 75% 的酒精擦拭工具进行消毒
电磁波消毒法	将修剃工具放置在紫外线消毒箱或红外线烘烤箱中进行消毒

知识 58 研磨工具准备

研磨工具是指用来将美发服务相关刀具研磨锋利的器具。在美发店中，常用的刀具研磨工具有磨刀石和荡刀布两种。

1. 磨刀石准备

磨刀石是用来研磨刀具的岩石。根据磨刀石物质构成形式及研磨润滑剂不同，美发店常用的磨刀石分类见表 17—5。

表 17—5　　磨刀石类别

分类依据	类别	特征
构成形式	天然磨刀石	◎ 由天然的岩石自然沉淀而成 ◎ 在研磨刀具前，一般需用清水润湿或油料润滑，进行湿磨 ◎ 刀具研磨时间较长，但较容易操作，适合于初学者
	合成磨刀石	◎ 通过人工将相关物质合成制成 ◎ 可进行干磨，也可在磨刀前用肥皂泡润湿磨刀石进行湿磨 ◎ 刀具研磨时间较短，适宜快速磨出良好的刀锋，但不易操作，不适于初学者使用
	综合磨刀石	◎ 综合磨刀石是将天然磨刀石和合成磨刀石结合制成，其同时具备两类磨刀石的特征 ◎ 使用综合磨刀石时，可先用合成磨刀石一面快速磨出锐利刀锋，然后再用天然磨刀石修饰刀锋

续表

分类依据	类别	特　征
研磨润滑剂	水磨石	◎ 研磨前需用清水润湿 ◎ 磨刀石坚韧柔软，易产生泥浆并易起口
	油磨石	◎ 研磨前需用生发油或机油等油料润滑 ◎ 油磨石在不用时需用油纸或油布包裹

在准备磨刀石过程中，美发师需完成如图 17—1 所示的两项工作。

选择磨刀石	◎ 美发师需选择平整、坚韧柔软且石质细腻的磨刀石
润湿磨刀石	◎ 选择磨刀石后，如为水磨石，美发师需用水直接润湿磨刀石，或用水润湿另一块磨刀石，将其同所用磨刀石摩擦产生泥浆以备使用；如为油磨石，美发师需用油料润湿磨刀石

图 17—1　磨刀石准备工作事项

2. 荡刀布准备

荡刀布是由牛皮或帆布制成，用来磨砺剃刀的长条形的条带。在使用荡刀布磨砺剃刀前，美发师需对荡刀布进行打磨处理，以使其表面光滑，方便使用。针对荡刀布的材质，美发师可采用不同的打磨方法进行处理。具体如图 17—2 所示。

牛皮荡刀布打磨	◎ 美发师需先用油料涂抹牛皮荡刀布粗糙的一面，然后用剃刀背面来回摩擦，以软化荡刀布
帆布荡刀布打磨	◎ 美发师需直接用剃刀背面来回摩擦荡刀布，使荡刀布表面光滑

图 17—2　荡刀布打磨方法

知识 59 护理用具准备

护理用具是指在剃须过程中用于清洁顾客面部、软化顾客胡须及进行须后护理的相关用品与工具，其主要分为洁面用具、胡须软化用具及须后护理用具三类。具体说明见表 17—6。

表 17—6　护理用具

用具类别	用具名称	用途
洁面用具	洁面粉	可深层清洁毛孔内污垢，去油脂能力强，适宜油性皮肤清洁
	洁面泡沫	泡沫丰富，清洁力强，适宜油性皮肤的清洁
	洁面乳	泡沫细腻，质地温和，能有效清除脸部污垢。低泡的洁面乳适宜干性皮肤清洁，而泡沫丰富的洁面乳适宜油性或混合型皮肤清洁
	洁面皂	不含皂基，对皮肤刺激小，清洁力强，适宜混合型皮肤的清洁
	洁面啫喱	质地温和，清洁力强，同时可保湿，适宜干性或中性皮肤的清洁
胡须软化用具	须前油	涂抹在面部，并通过按摩使其被皮肤吸收，以达到预润滑的效果
	毛巾	用温水浸润毛巾敷在面部，使面部毛孔打开，从而使须前油深度滋润皮肤
	剃须膏	用于软化胡须及面部细毛，使其膨润、利于刮剃，常见的剃须膏有泡沫型和非泡沫型两类
	胡须刷	用于将剃须膏产生的泡沫涂抹在面部毛发处
	泡沫碗	用于盛装由剃须膏产生的泡沫
须后护理用具	毛巾	用冷水浸湿毛巾擦拭顾客面部，清除剃须膏痕迹，然后更换另一块冷毛巾敷在顾客面部，使剃须后的面部毛孔关闭
	护理膏	用于舒缓面部肌肤

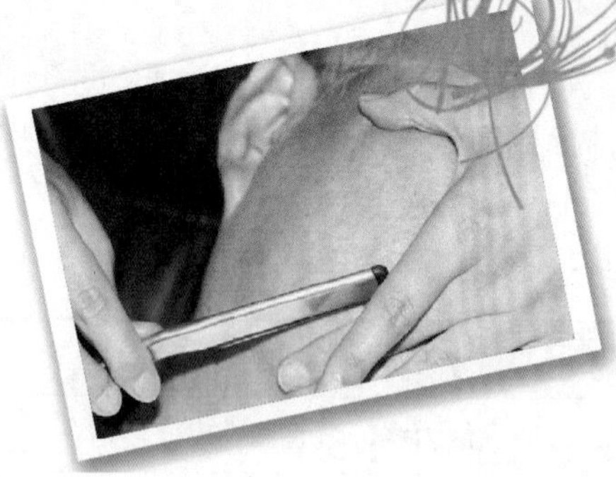

岗位内容十八
修剃胡须：剃须实施

知识 60 清洁皮肤

美发师需首先根据顾客的皮肤情况，选择合适的洁面用具。其具体要求见表 18—1。

表 18—1　　洁面用具选择

名称	特征	适用皮肤类型
洁面粉	◎ 呈粉末状，使用时需借助起泡工具 ◎ 去污力强，可深层清洁毛孔内污垢，且去油脂能力强	◎ 油性皮肤
洁面泡沫	◎ 直接呈泡沫状 ◎ 可有效去除皮肤表层的污垢	◎ 油性皮肤
洁面乳	◎ 呈乳液状，经揉搓后可成细腻的泡沫 ◎ 质地温和，可有效清除脸部污垢	◎ 低泡的洁面乳适宜干性皮肤 ◎ 泡沫丰富的洁面乳适宜油性或混合型皮肤

续表

名称	特征	适用皮肤类型
洁面皂	◎ 呈块状 ◎ 不含皂基，对皮肤刺激小，清洁力强	◎ 混合型皮肤
洁面啫喱	◎ 呈透明胶状 ◎ 质地温和，清洁力强，同时可保湿	◎ 干性皮肤 ◎ 中性皮肤

在确定清洁用具后，美发师需按如图 18—1 所示的要求进行顾客皮肤清洁工作。

事项 1　◎ 美发师需用温水将双手清洗干净，使双手保持温暖、湿润的状态

事项 2　◎ 美发师用温水润湿并清洗顾客面部

事项 3　◎ 美发师将洁面用品涂抹在顾客面部，并用双手按摩

事项 4　◎ 美发师需用温水冲洗或用湿润的毛巾擦拭顾客面部残留的洁面用品，并将顾客面部的水迹擦干

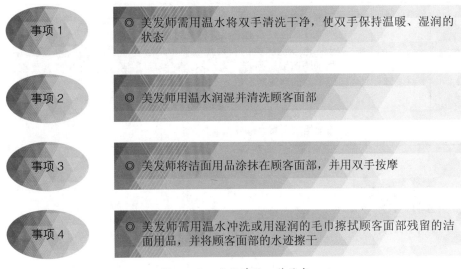

图 18—1　皮肤清洁工作要求

知识 61　胡须软化

在洁面工作完成后，美发师需进行胡须软化工作，使其变软，从而方便贴面剃须，并保护面部皮肤免受损伤。美发师进行胡须软化工作的程序具体见表 18—2。

表 18—2 胡须软化程序

序号	步骤名称	步骤说明
1	涂抹须前油	◎ 用双手将须前油均匀抹在顾客面部 ◎ 用双手按摩顾客面部，使皮肤吸收须前油
2	毛巾热敷	◎ 用温水浸润毛巾 ◎ 将毛巾的水分拧出，使毛巾不滴水 ◎ 将毛巾中间部位正对敷在顾客下颌的正中位置，将左右两端交错敷满顾客整个面部，但需露出顾客鼻孔 ◎ 用双手用力按压由毛巾覆盖的长有胡须位置，使其充分吸收热量，使顾客面部皮肤湿润，并使其毛孔打开，从而深入吸收须前油
3	涂抹剃须膏	◎ 对于泡沫类的剃须膏，需将剃须膏直接放入泡沫碗，并用胡须刷将泡沫涂抹在顾客面部相应的位置，静候 3 ~ 4 min ◎ 对于固态非泡沫类的剃须膏，需用胡须刷蘸适量温水，用浸水后的胡须刷蘸取剃须膏，再用胡须刷浸蘸适量温水，涂抹顾客面部，出现丰富的泡沫后，静候 3 ~ 4 min ◎ 对于液态的非泡沫类的剃须膏，需将适量的剃须膏倒入泡沫碗，然后用胡须刷进行搅拌至产生泡沫，再用胡须刷将泡沫涂抹在顾客面部相应位置，静候 3 ~ 4 min

知识 62 修剃胡须

在面部毛发软化后，美发师即可进行胡须及面部细毛的修剃工作。

1. 确定修剃刀法

在剃须过程中，美发师需根据顾客的面部特征以及剃须位置的不同，灵活选择胡须修剃的刀法。

根据握刀手法及剃刀运行方向，胡须修剃刀法分为正手刀刀法、反手刀刀法、推刀刀法及削刀刀法四种，而根据修剃中剃刀运行距离的长短，胡须修剃刀法又分为长刀法与短刀法。上述方法的使用说明见表 18—3。

表 18—3　　修剃刀法使用说明

分类依据	刀法名称	刀法使用说明
剃刀握刀手法及剃刀运行方向	正手刀刀法	◎ 正手刀刀法是剃须工作中的基本刀法，其适用于面部大部分位置的胡须修剃
	反手刀刀法	◎ 反手刀刀法在胡须修剃工作中，主要适用于右下颌、左鬓角（左手持刀则为左下颌、右鬓角）等不宜用正手刀修剃的位置
	推刀刀法	◎ 推刀刀法在胡须修剃工作中，主要用于对经正手刀及反手刀修剃后仍未修剃干净的部位进行反复修剃
	削刀刀法	◎ 削刀刀法在胡须修剃工作中主要用于下颌及唇角部位胡须的修剃
剃刀运行距离	长刀法	◎ 长刀法指剃刀运行距离在 7 ~ 10 cm 间的胡须修剃方法 ◎ 长刀法适宜面部较胖或胡须较稀少、细软的顾客的胡须修剃
	短刀法	◎ 短刀法指剃刀运行距离在 3 ~ 5 cm 间的胡须修剃方法 ◎ 长刀法适宜面部较瘦或胡须较浓密、粗硬的顾客的胡须修剃

2. 绷紧皮肤

在胡须修剃时，美发师需绷紧顾客面部皮肤，以减少剃刀在修剃过程中的阻力，防止剃刀划破皮肤。美发师常用的皮肤绷紧手法包括张、拉、捏三种，其具体说明如下：

（1）张。即用拇指和中指紧贴皮肤，向相反方向张开，从而使两指间的皮肤紧绷。其在胡须修剃中应用广泛，能够紧绷面部大部分位置的皮肤。具体如图 18—2 所示。

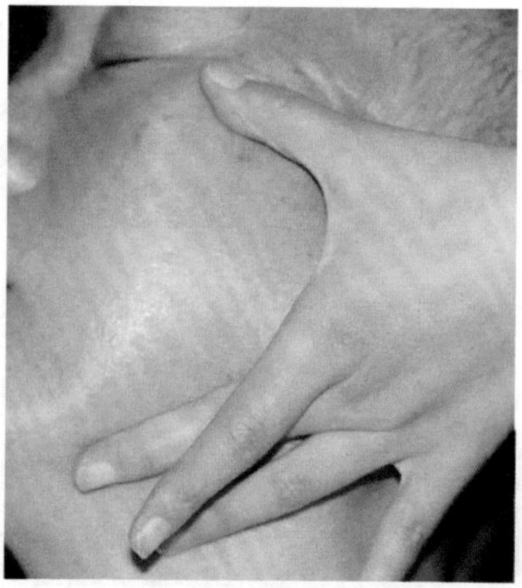

图 18—2　皮肤绷紧手法——张

（2）拉。即用除拇指外的其他四指中

的2～4根手指向外拉伸面部皮肤，从而使皮肤绷紧。其主要适用于下颌部位皮肤的绷紧。具体说明如图18—3所示。

（3）捏。即用拇指和食指将面部某一部位的皮肤和肌肉一同捏起，使其鼓起紧绷。其主要适用于面部凹下位置的皮肤绷紧，如人中部位等。具体如图18—4所示。

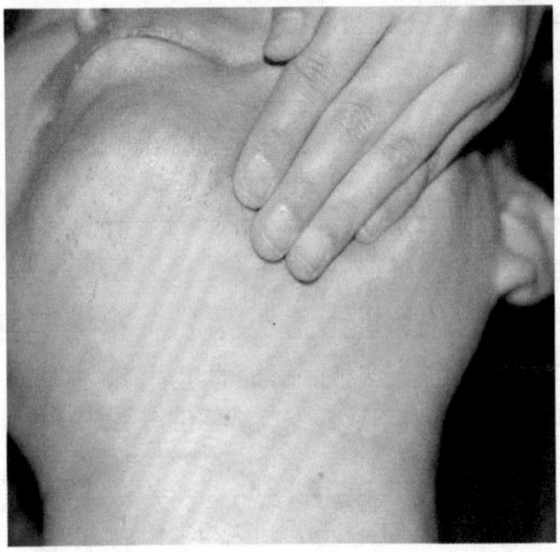

图18—3　皮肤绷紧手法——拉

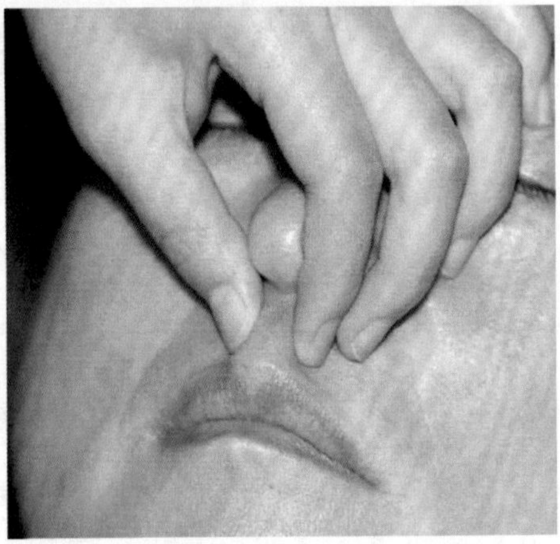

图18—4　皮肤绷紧手法——捏

3. 修整胡须

美发师首先需根据顾客胡须的特征及顾客的胡须修剃要求，对顾客的胡须进行修整，具体修整要求如图18—5所示。

要求1	◎ 如顾客胡须较厚，美发师需用牙剪将顾客胡须剪薄，以方便胡须的修剪与刮剃
要求2	◎ 如顾客胡须较长，美发师需用平剪将顾客胡须剪短，以方便剃刀的刮剃
要求3	◎ 如顾客要求进行胡须造型修饰时，美发师需进行造型分析，确定胡型的轮廓线，并用剃刀修出轮廓线

图18—5　胡须修整要求

4. 刮剃胡须

胡须修整完毕后，美发师需进行胡须的刮剃工作。在刮剃胡须过程中，美发师需注意下列要求：

（1）需注意顾客面部皮肤情况，确定有无疤痕、疮口等。

（2）需绷紧顾客面部皮肤，特别是对于较瘦的顾客，以方便刮剃。

（3）需注意运刀角度。当剃刀接触顾客皮肤时，需将刀面倾斜，与垂直顾客皮肤的面成一定角度，一般为 25°～35°。如顾客胡须较粗硬，倾斜角度可适当增大。

（4）如右手持剃刀，需按从左至右、从上至下的顺序修剃胡须；左手持刀则需按从右至左、从上至下的顺序。

（5）需根据顾客胡须特征选择适当刀法，一般情况下，胡须较粗硬的可选择短刀法。

（6）落刀需轻，避免顾客在胡须修剃过程中感到疼痛。

（7）刮剃一遍后，需用手指轻触顾客皮肤，检查有无未修剃干净的部位，如存在，需对其进行再次刮剃。

知识 63
须后面部护理

剃须结束后，美发师需进行须后面部护理工作，以降低剃须对皮肤造成的损害。须后面部护理主要包括清洁、冷敷、涂抹护理膏、按摩等。其具体说明见表 18—4。

表 18—4　　须后面部护理说明

护理事项	护理说明
清洁	◎ 美发师需用冷水或经冷水浸泡过的毛巾将剃须后残留的剃须泡沫清洁干净，并将水迹擦干 ◎ 在清洁过程中，美发师需注意不得将顾客的衣服、头发等弄湿

续表

护理事项	护理说明
冷敷	◎ 面部清洁过后，美发师需取用冷水浸泡过的毛巾，拧干水分，敷在顾客面部，以使顾客面部毛孔收缩复原
涂抹护理膏	◎ 冷敷过后，美发师需将护理膏均匀涂抹在剃须部位，以舒缓皮肤，防止皮肤紧绷给顾客带来不适 ◎ 涂抹时，美发师的涂抹动作需轻、快，防止皮肤回暖、毛孔张开，防止引发潜在的皮肤感染
按摩	◎ 美发师需轻柔按摩顾客面部其他部位，使顾客面部肌肉放松，消除面部疲劳

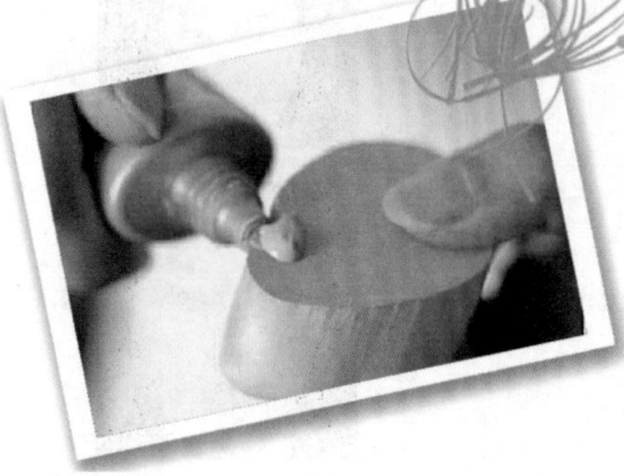

岗位内容十九
形象搭配：妆容搭配

知识 64 化妆需求分析

当顾客有化妆需求时，美发师需根据顾客的化妆需求并结合顾客实际特征，为顾客提供化妆服务。

1. 顾客化妆需求分析

在化妆需求分析阶段，美发师首先需对顾客的需求进行分析，即主要对顾客所处场合进行分析，初步确定妆面类型。其具体说明见表 19—1。

表 19—1　　顾客化妆需求分析

需求类型	妆面类型	妆面特点	妆面示例
日常工作	职业妆	色彩淡雅，走线精细，妆容端庄大方	
日常生活	生活妆	色彩清新多样，妆面较薄，妆容自然活泼	
宴会	宴会妆	色彩浓重，且需与宴会主题相搭配，妆面需明亮、清晰、立体	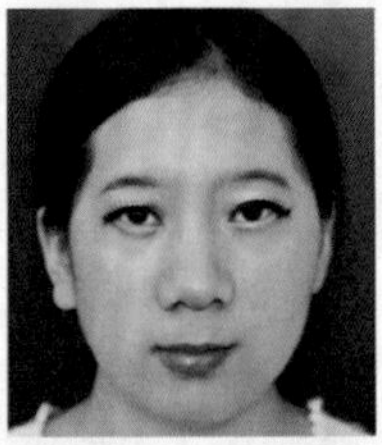
舞台表演	舞台妆	色彩艳丽，妆面较厚	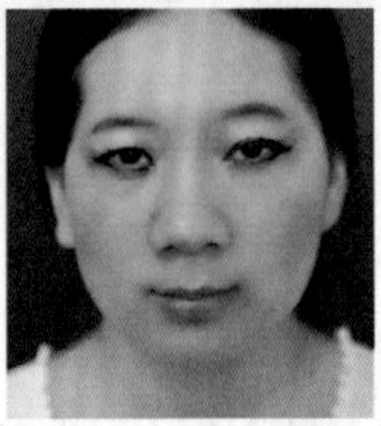

2. 顾客实际特征分析

确认顾客化妆需求后，美发师还需对顾客的脸形等实际特征进行分析。具体说明见表 19—2。

表 19—2　　顾客实际特征分析

脸形类型	妆面要求
椭圆形脸	妆面需保持脸形自然形状，不必改变脸形
圆形脸	妆面需在视觉上起到拉长脸部、收缩脸颊两腮的效果，并需突出 T 字部位
长方形脸	妆面需在视觉上起到收缩脸部长度、增加脸颊丰满度的效果

续表

脸形类型	妆面要求
正方形脸	妆面需在视觉上起到降低两额角高度及减少两颌骨棱角锐度、增强脸部柔和度的效果
三角形脸	妆面需在视觉上起到增加两额角宽度及下巴长度、收缩两腮宽度的效果
倒三角形脸	妆面需在视觉上起到收缩两额角宽度及下巴长度、增加脸颊丰满度的效果
菱形脸	妆面需在视觉上起到降低颧骨高度、收缩下颌长度及增强颧弓骨下方丰满度的效果

知识 65　选择化妆用具

美发师需根据顾客的化妆需求、妆面特点选择合适的化妆用品及相关化妆工具。在化妆服务中，常见的化妆用品及相关化妆工具如下：

1. 化妆用品

根据化妆用品的用途功效不同，化妆用品可分为清洁类用品、护肤类用品及修饰类用品三类。具体说明见表 19—3。

表 19—3　化妆用品类别及说明

化妆用品类别	说　明
清洁类用品	◎ 主要包括卸妆用品与洁面用品两类 ◎ 卸妆用品根据用品质地不同，可分为卸妆液、卸妆乳、卸妆油三类。卸妆液多适用于卸淡妆，而卸妆油多适用于卸浓妆
护肤类用品	◎ 主要包括护肤水与护肤霜两类 ◎ 护肤水主要用于补充皮肤水分、收缩毛孔、进行二次清洁以及避免脱妆 ◎ 护肤霜则主要用于滋养皮肤，同时避免修饰类化妆用品直接接触皮肤引起伤害
修饰类用品	◎ 根据应用部位的不同，主要分为面部化妆品、眼部化妆品及唇部化妆品三类 ◎ 面部化妆品主要包括粉底与腮红两类，其中粉底主要用于调整肤色、遮盖皮肤瑕疵、增强彩妆吸附力及防止脱妆，常见的有粉底液、粉底霜、粉饼、蜜粉及遮瑕膏五种类型；而腮红则主要用于改善肤色、修正脸形，可分为粉状腮红和膏状腮红两种

续表

化妆用品类别	说　明
修饰类用品	◎ 眼部化妆品主要包括眉毛化妆品、眼影化妆品、眼线化妆品、睫毛化妆品四类。其中，眉毛化妆品主要分为眉笔、眉粉、染眉膏三类，用于描画眉毛、修饰眉形；眼影化妆品主要分为粉末状、棒状、膏状、乳液状等类型，用于调整眼形、增强眼部立体效果；眼线化妆品常见的有眼线笔、眼线液及眼线膏三类，主要用于调整眼形、增强眼睛神采；睫毛化妆品主要为睫毛膏，用于修饰眼睫毛 ◎ 唇部化妆品主要包括遮瑕用品（如唇部遮瑕膏）、唇线勾勒用品（如唇线笔）、润唇用品（如唇膏、唇彩）、上色用品（如口红）、唇色提亮用品（如唇蜜）等

2. 化妆工具

根据化妆工具的用途不同，化妆工具可分为底妆工具、眼妆工具及唇妆工具三类。具体说明如下：

（1）底妆工具。底妆工具即用来化底妆的工具，主要有化妆海绵、化妆棉、粉扑、粉底刷、蜜粉刷、腮红刷、遮瑕刷、余粉刷等。具体如图 19—1 所示。

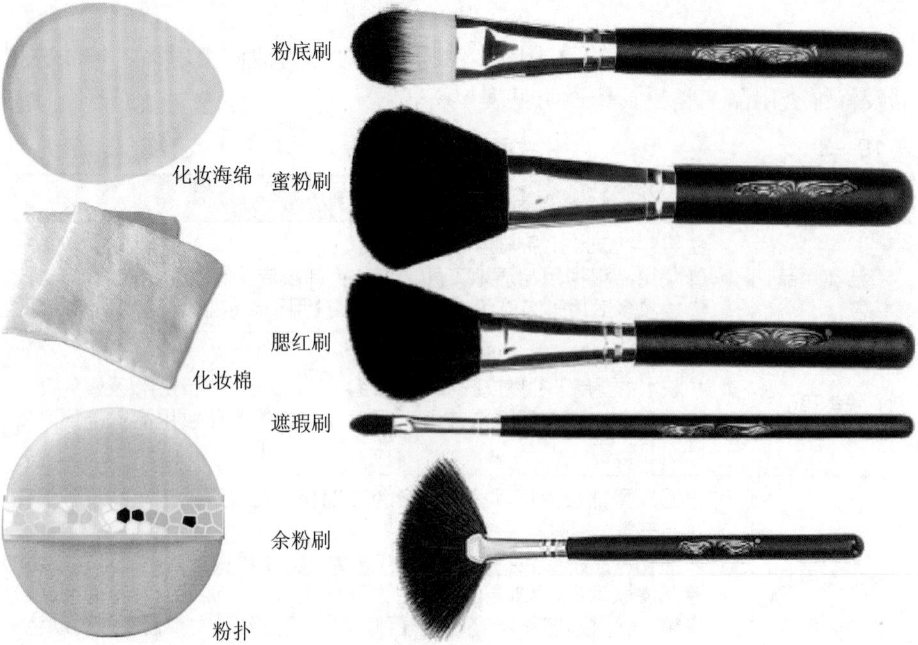

图 19—1　底妆工具

（2）眼妆工具。眼妆工具是指主要用来化眼妆的工具，主要包括睫毛夹、眉钳、眉剪、修眉刀、眉刷、眉梳、眼影刷、眼影棒、眼线棒、睫毛卷、假睫毛、胶水、双眼皮贴等，具体如图19—2所示。

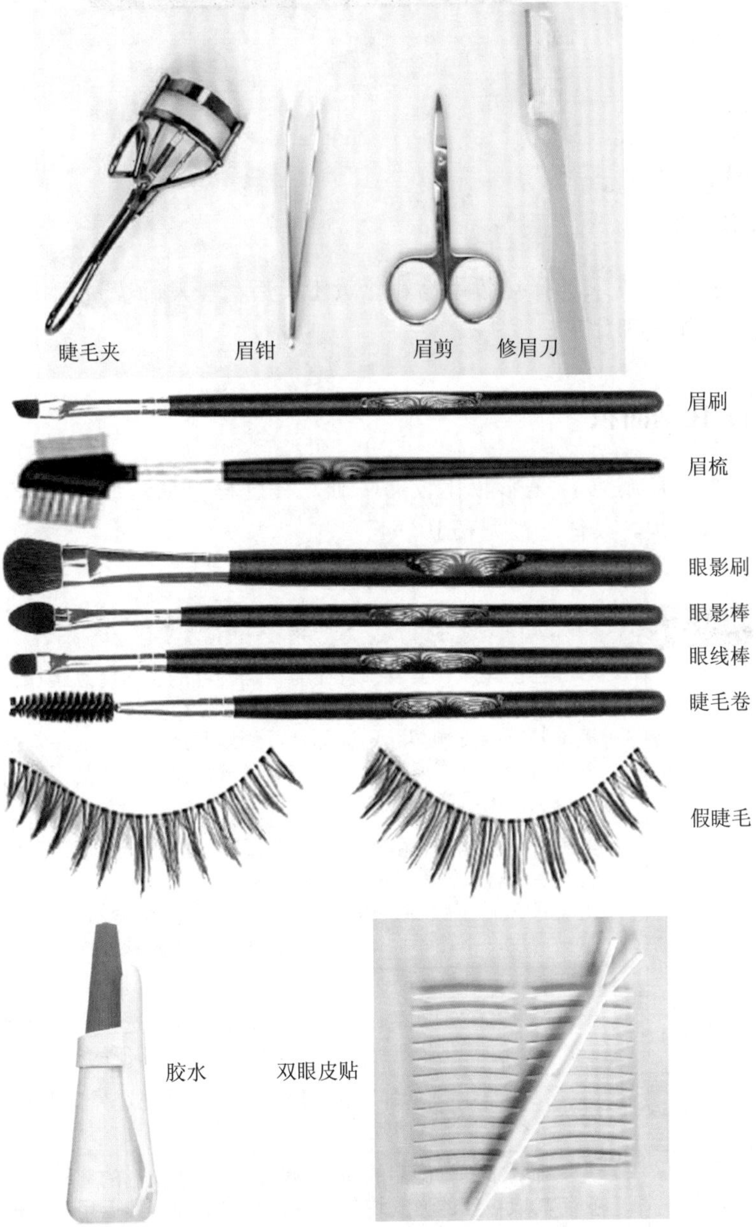

图19—2　眼妆工具

（3）唇妆工具。唇妆工具即用来化唇妆的工具，常见的唇妆工具主要有唇刷等。具体如图 19—3 所示。

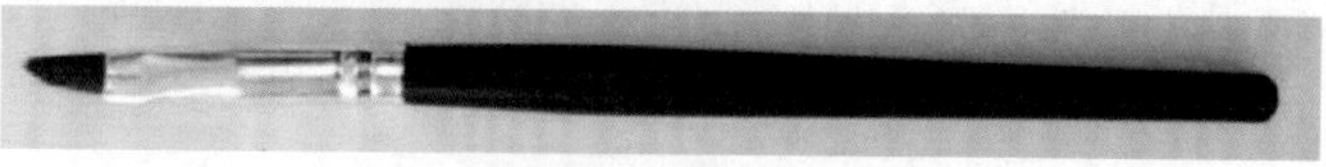

图 19—3　唇妆工具

知识 66 化妆实施

在根据化妆需求选择化妆用品和化妆工具后，美发师需进行化妆实施工作。具体实施过程如下：

1. 化基面妆

基面妆又称底妆，是彩妆化妆的基础，其过程包括洁肤、护肤、修颜、遮瑕、定妆五步。具体过程见表 19—4。

表 19—4　基面妆化妆程序

序号	步骤名称	步骤说明
1	洁肤	◎ 如顾客已化妆，美发师首先需根据顾客的妆面特点选择合适的卸妆产品卸妆 ◎ 美发师需根据顾客肤质选择合适的洁面产品，然后将其涂抹在顾客皮肤上，按照皮肤纹理的方向按摩，待污垢充分溶解，用化妆棉擦拭，再用清水清洗干净
2	护肤	◎ 美发师需根据顾客的肤质选择合适的护肤水，然后用化妆棉将其轻拍在顾客皮肤上，使其充分渗透 ◎ 美发师需根据顾客肤质特点选择护肤霜，然后用手分额头、鼻、脸颊两侧、下巴不同部位涂在顾客面部，再顺着面部皮肤的纹理方向涂抹，直至皮肤充分吸收
3	修颜	◎ 美发师需根据顾客的肤质、肤色及妆面要求选择粉底液、粉底霜或粉饼，并用化妆海绵顺着皮肤纹理方向以按压的方式均匀涂抹
4	遮瑕	◎ 美发师需根据顾客面部皮肤瑕疵的轻重情况选择适当的遮瑕膏，然后进行局部涂抹覆盖
5	定妆	◎ 美发师需根据修颜用的粉底颜色选择合适颜色的蜜粉，然后用粉扑将其以按压的方式均匀涂抹在顾客面部，最后用余粉刷扫去浮在面部的蜜粉

2. 化眼妆

化眼妆主要包括眉毛修饰、画眼影、画眼线、睫毛修饰四项工作。

（1）眉毛修饰。眉毛修饰即眉毛的修形与上色。其一般实施步骤如图19—4 所示。

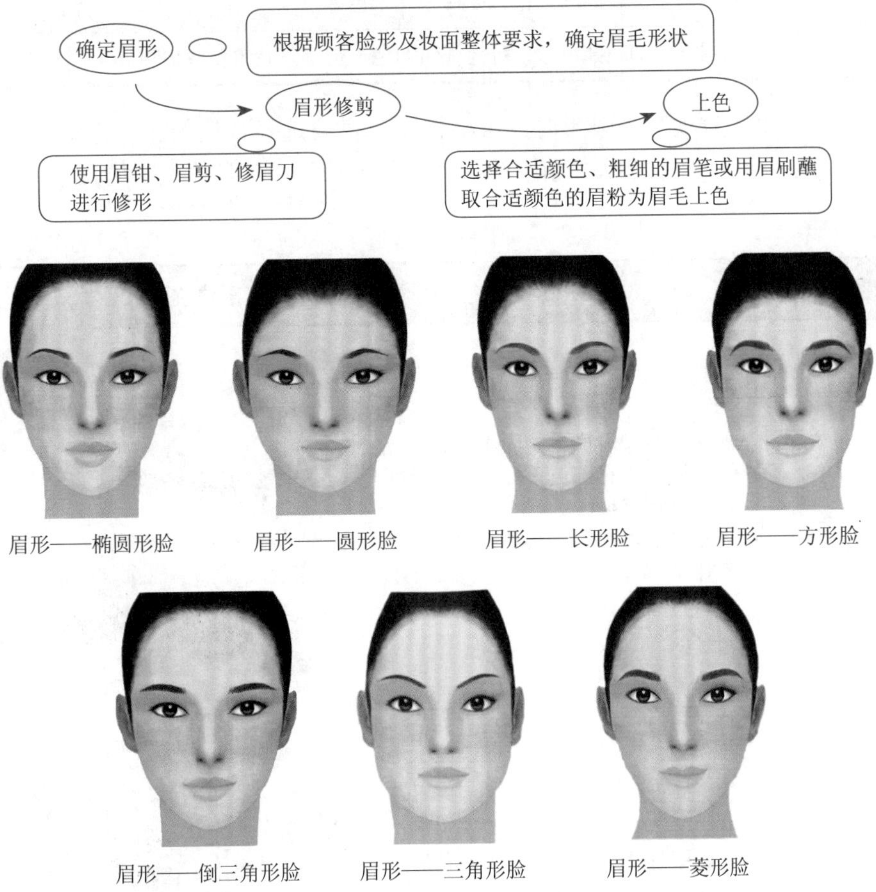

图 19—4　眉毛修饰程序和眉形—脸形的搭配

（2）画眼影。眼影描绘主要是使用眼影刷和眼影棒将眼影粉等眼影化妆用品涂抹于上下眼睑处，从而增强眼部的立体效果。眼影的影色一般分为结构色、提亮色及装饰色三类，其具体说明见表 19—5。

表 19—5　眼影颜色说明

影色类别	影色说明
结构色	◎ 用于涂抹在从视觉上需显窄小、凹陷及有阴影的部位，如眼部浮肿部位、外眼角眼窝等 ◎ 多为明度较低的颜色，如棕色、黑色
提亮色	◎ 用于涂抹在从视觉上需显丰满、宽阔的部位，如眼眶外缘、眼睑中部等 ◎ 多为明度较高的颜色，如白色、米色等
装饰色	◎ 用于增加眼部色彩，可为任何颜色，但需与妆容整体相呼应

美发师在为顾客画眼影时，可根据实际需要选择合适的涂抹方法。一般常用的涂抹方法有平涂法、渐层法、立体晕染法等，其具体说明见表 19—6。

表 19—6　眼影涂抹方法

画法名称	画法说明	画法效果示例
平涂法	◎ 主要用单种颜色的眼影化妆用品从眼睫毛根部自下而上以平涂手法逐层晕染 ◎ 适用于单眼皮且眼部结构较好的眼形 ◎ 多用于化淡妆	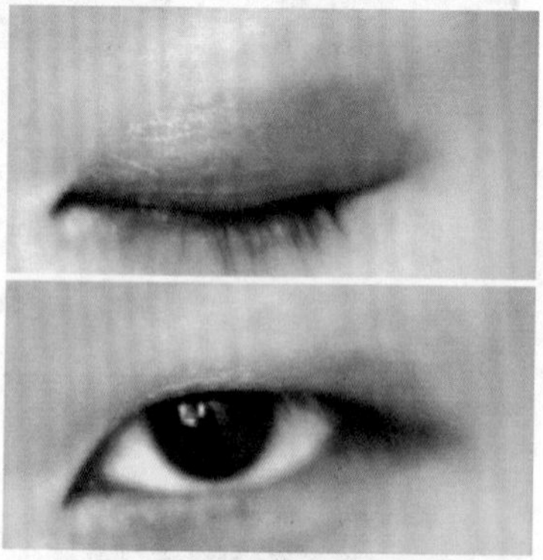
渐层法	◎ 主要选择同一色系不同深浅颜色的眼影化妆用品，先上浅色后上深色，逐层晕染 ◎ 靠近眼睫毛根部的颜色较深，向上颜色变浅，且色彩之间过渡需自然 ◎ 眼影颜色最多不能超过三种	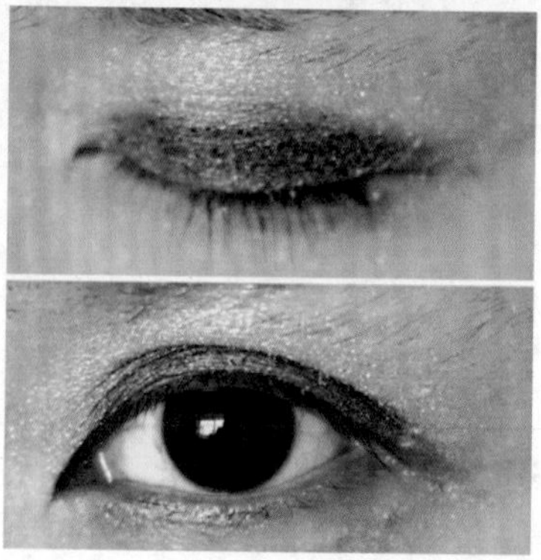

续表

画法名称	画法说明	画法效果示例
立体晕染法	◎ 选择不同色系的颜色从眼睫毛根部向眼窝处逐层晕染 ◎ 一般需将深暗的颜色涂在眼部凹陷处（如眼睫毛根部、眼窝等），浅亮的颜色涂在眼部凸出部位（如眼眶外缘、上眼睑中部）	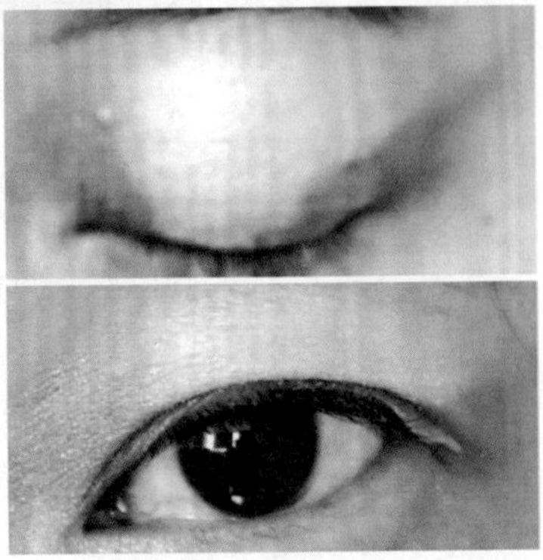

（3）画眼线。眼线一般需画在眼睫毛根部。美发师在画眼线时，需沿着上睫毛的根部从内眼角向外眼角画线，在下睫毛根部从内眼角或中间位置向外眼角画线，且上眼线线条需较粗，下眼线线条需较细，具体效果如图 19—5 所示。

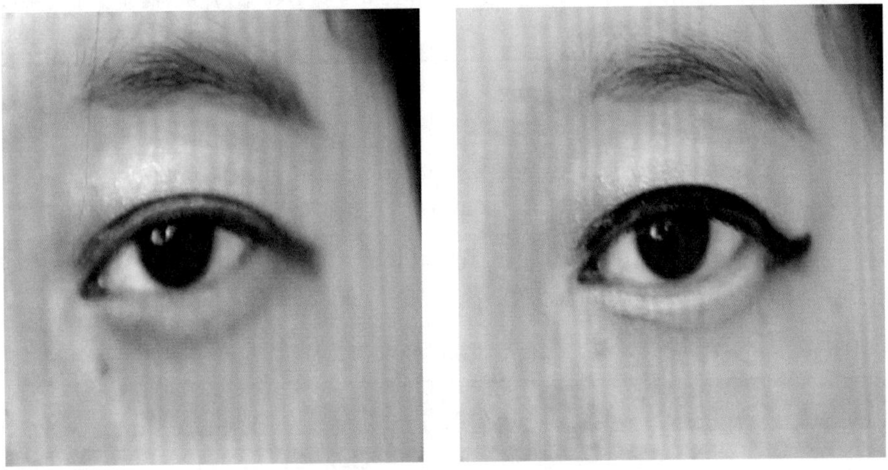

图 19—5　眼线妆容效果对比

（4）睫毛修饰。睫毛修饰主要包括夹睫毛、涂睫毛膏、粘假睫毛及粘双眼皮贴等工作事项。具体说明见表 19—7。

表 19—7　睫毛修饰工作事项

工作事项	说　明
夹睫毛	◎ 美发师需用睫毛夹将睫毛夹翘，并需注意睫毛翘起弧度要自然 ◎ 夹睫毛时，美发师需让顾客眼睛向下看，然后用睫毛夹轻贴睫毛根部，并按“睫毛根部—睫毛中部—睫毛尖部”的顺序依次夹睫毛
涂睫毛膏	◎ 美发师需根据顾客的睫毛情况选择合适的睫毛膏 ◎ 美发师需从睫毛根部向下向外转动涂抹睫毛膏，在涂刷过程中需注意涂刷均匀，不得过于浓密 ◎ 当出现睫毛结块时，需用眉梳将结块睫毛梳开，使睫毛根根分明
粘假睫毛	◎ 如顾客睫毛过于稀疏，美发师需为顾客粘贴假睫毛，以使睫毛变得密长 ◎ 美发师需按如下顺序为顾客粘贴假睫毛： ⊕ 根据顾客睫毛情况选择合适类型的假睫毛 ⊕ 将假睫毛取出，并同顾客眼睛进行对比，如过长需剪去较长部分，并按顾客眼形将假睫毛弯曲 ⊕ 用睫毛夹将假睫毛夹翘 ⊕ 在假睫毛上涂抹胶水，待胶水略干后粘在顾客睫毛根部
粘双眼皮贴	◎ 美发师可使用美目贴使单眼皮变成双眼皮 ◎ 美发师需用眉钳捏住双眼皮贴，从外眼角方向向内眼角方向粘贴，并需注意内眼角的粘贴位置需比外眼角靠近眼睛，然后可通过画眼影、画眼线、粘假睫毛、涂睫毛膏等方式掩盖双眼皮贴，使双眼皮从视觉上看起来更加自然

3. 化唇妆

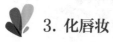

化完眼妆后，美发师需进行唇部化妆。理想的唇形标准为轮廓线清晰、唇峰凸起、唇角微翘、下唇略厚于上唇。因此，在化唇妆时，美发师需根据理想唇形标准并结合顾客的唇部特征绘制唇妆。具体要求见表 19—8。

表 19—8　唇妆绘制要求

唇部特征	唇妆绘制要求
双唇较厚	◎ 不改变唇的长度，但需将唇部轮廓线沿双唇内侧勾画 ◎ 适宜选择冷色或深色的唇彩或口红
双唇较薄	◎ 需将唇部轮廓线沿双唇外侧勾画，且上唇线条需圆润 ◎ 适宜选择暖色或浅色的唇彩或口红
双唇较大	◎ 不改变唇部轮廓线的纵向高度，缩减唇部轮廓线的横向宽度 ◎ 适宜选择颜色较深的唇彩或口红

续表

唇部特征	唇妆绘制要求
双唇较小	◎ 不改变唇部轮廓线的纵向高度，增加唇部轮廓线尤其是下唇轮廓线的横向宽度 ◎ 适宜选择颜色较浅的唇彩或口红
嘴角下垂	◎ 上唇轮廓线的唇峰需压低，唇角需略提高，且需向内收敛；下唇轮廓线的唇角需向上向内收敛，与上唇轮廓线相交 ◎ 选择浅色唇彩或口红涂在唇的中部，深色唇彩或口红涂在唇角处
嘴唇突出	◎ 向外延伸嘴角处的轮廓线 ◎ 将嘴唇中部的上下轮廓线画平直

在明确各类唇形的唇妆绘制要求后，美发师可按照图 19—6 所示的程序进行唇妆绘制。

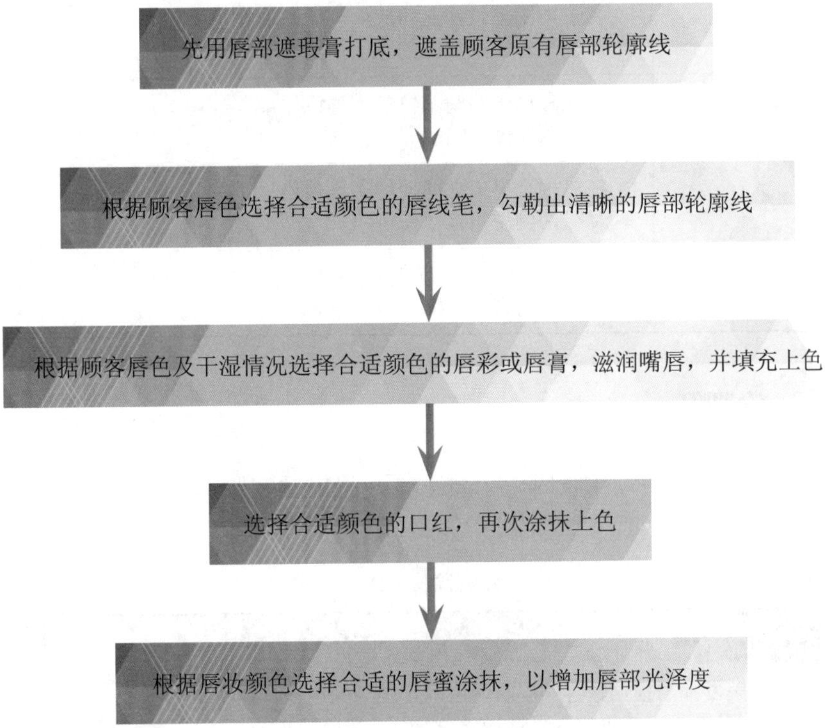
先用唇部遮瑕膏打底，遮盖顾客原有唇部轮廓线
根据顾客唇色选择合适颜色的唇线笔，勾勒出清晰的唇部轮廓线
根据顾客唇色及干湿情况选择合适颜色的唇彩或唇膏，滋润嘴唇，并填充上色
选择合适颜色的口红，再次涂抹上色
根据唇妆颜色选择合适的唇蜜涂抹，以增加唇部光泽度

图 19—6　唇妆绘制程序

4. 化鼻妆

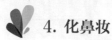

化完唇妆后，美发师需根据顾客的鼻形特征绘制鼻部妆容。在化鼻妆时，美发师需注重色调明暗与颜色深浅的对比效果，以突出鼻子的自然挺直。具体说明见表 19—9。

表 19—9　　鼻妆绘制要求

鼻形特征	鼻妆绘制要求
鼻子过长	◎ 使用阴影色从内眼角处的鼻梁两侧向下晕染 ◎ 鼻根至向下 2/3 处用亮色晕染，且宽度需宽些 ◎ 鼻尖用深色晕染
鼻子过短	◎ 鼻根至鼻头中间用亮色晕染 ◎ 鼻梁两侧用深色晕染，且宽度需窄些
鼻子过高	◎ 鼻子中间部位用比粉底颜色微深的颜色晕染 ◎ 鼻侧和鼻翼用更深的颜色晕染
鼻子过低	◎ 鼻根和鼻子中间部位使用亮色晕染 ◎ 鼻梁两侧使用暗色晕染
鼻头较大	◎ 在鼻根至鼻尖之间使用亮色晕染 ◎ 鼻梁两侧使用暗色晕染
鹰钩鼻	◎ 鼻梁与鼻中隔使用亮色晕染 ◎ 鼻尖使用深色晕染

5. 涂腮红

美发师在进行面颊化妆时，主要工作是根据顾客脸形及皮肤的颜色选择并涂抹腮红。其具体工作要求见表 19—10。

表 19—10　　腮红涂抹要求

工作事项	工 作 要 求
选择腮红颜色	美发师需根据顾客的皮肤颜色确定腮红颜色，具体要求如下： ◎ 顾客皮肤较白，可选择浅色系列的腮红，如桃红色、淡粉色等 ◎ 顾客皮肤较黄，可选择亮粉色或金棕色的腮红 ◎ 顾客皮肤较黑，可选择橘红色、橄榄色的腮红

续表

工作事项	工 作 要 求
确定腮红涂抹方法	美发师需根据顾客的脸形确定腮红的涂抹位置、涂抹形状，具体说明如下： ◎ 椭圆形脸：由颧骨上方顺着颧骨曲线向脸部中间刷，或在笑肌最高点以由内向外画圆的手法在颧骨处涂抹腮红 ◎ 圆形脸：由笑肌最高点下方绕过最高点至眼眶，使用斜线型刷法将腮红刷成上扬的长圆形 ◎ 长形脸：由笑肌最高点向耳边方向，将腮红横向涂抹成平圆形 ◎ 方形脸：由外眼眶至太阳穴再至笑肌最高点，以画圆方式将腮红涂抹成椭圆形 ◎ 三角形脸：从笑肌最高点至耳边，使用斜线型刷法将腮红刷成上扬的斜圆形 ◎ 倒三角形脸：由笑肌最高点向耳边方向，将腮红横向涂抹成椭圆形 ◎ 菱形脸：由笑肌最高点向耳边方向，将腮红斜向上刷成平圆形

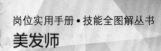

岗位内容二十
形象搭配：服饰搭配

知识 67 服装选择

当顾客提出服装搭配需求时，美发师应根据顾客的需要，并结合顾客实际情况为顾客选择搭配合适的服装。具体要求如下：

1. 顾客需求分析

美发师需对顾客的需求进行分析，确定顾客服装搭配需求，从而为顾客选择合适的服装。具体说明见表 20—1。

表 20—1　　顾客服装搭配需求分析

<table>
<tr><th rowspan="2">需求类型</th><th colspan="2">服装特点</th><th rowspan="2">服装搭配示例</th></tr>
<tr><th>男性</th><th>女性</th></tr>
<tr><td>日常工作</td><td>庄重正式，一般以西服套装为主</td><td>端庄正式，一般以裙装为主</td><td></td></tr>
<tr><td>日常生活</td><td colspan="2">随意舒适，根据顾客日常的生活习惯确定</td><td></td></tr>
<tr><td>宴会</td><td>一般为燕尾服或是时装版的西服套装</td><td>一般为符合宴会场合要求的礼服</td><td></td></tr>
</table>

2. 顾客实际情况分析

在明确顾客的服装搭配需求后，美发师还需对顾客的实际情况进行进一步分析，从而能够准确为顾客选择出合适的服装。如图 20—1 所列。

1 ◎ 美发师需根据顾客的职业特征等为顾客选择合适的服装进行搭配，使搭配出的形象与顾客的社会地位相符合

2 ◎ 美发师需根据顾客的身材特征选择服装，以有效突出顾客的身材优势，有效遮盖其身材缺陷

3 ◎ 美发师需根据顾客的个性特征为顾客选择适合其风格的服装，凸显顾客所要表达的个性特征

图 20—1 顾客实际情况分析

知识 68 饰品搭配

饰品是顾客随身佩戴，用以辅助突出顾客形象特征的物品。一般情况下，对于男性顾客，美发师可选择的饰品有帽子、眼镜、领结 / 领带、手表、腰带、皮包等；而对于女性顾客，可选择的饰品有帽子、头饰、眼镜、耳饰、项链、围巾、手链 / 手镯、腰带、皮包等。具体示例如图 20—2 所示。

图 20—2 饰品示例

美发师在选择饰品为顾客进行搭配时，需注意搭配的整体性与契合度。美发师在选择饰品时，需明确饰品的作用是辅助、点缀，切忌选择过于突出的饰品，以免影响顾客形象设计的整体性。

同时，美发师还需对顾客的发型、脸形、体形、穿衣风格、身份地位等个人特征进行分析，选择能够与顾客个性特征相契合的饰品，以满足顾客的社会生活需求。

岗位实用手册·技能全图解 丛书

美发师

人力资源和社会保障部教材办公室　组织编写

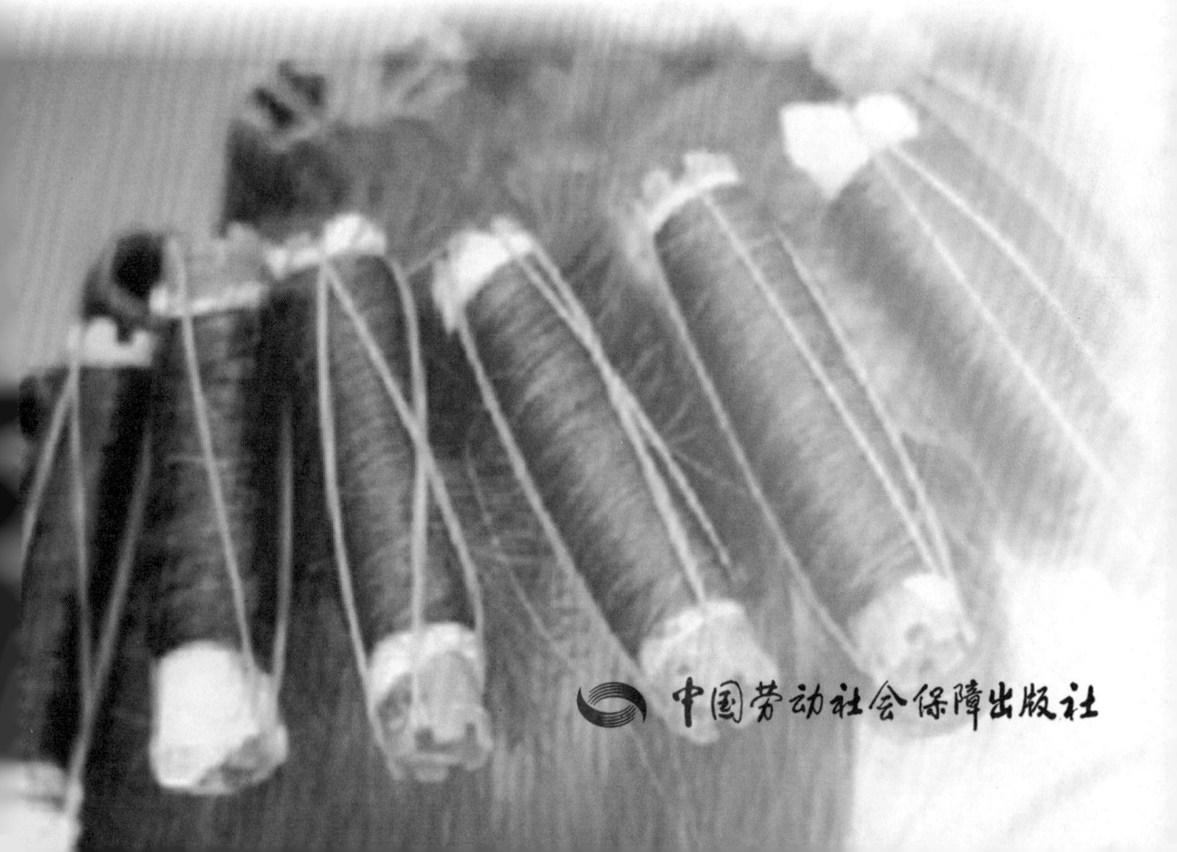

中国劳动社会保障出版社

内容简介

本书是关于美发师岗位技能培训的指导手册，是美发师进行自我培训、提升服务技能的指导用书。

本书根据《国家职业技能标准·美发师》对初、中、高三个级别美发师均需掌握的知识与技能要求进行了总结，梳理了美发师的工作内容，列明了各工作事项所需掌握的知识要点和技能要点，理论性与实操性兼具，能有效帮助美发师提升岗位技能。

技能全图解包括 15 项岗位任务、89 个技能点，其主要内容包括：干毛巾和围布使用、洗发、发型图绘制、修剪手法说明、发型修剪、烫发衬纸使用说明、卷杠方式说明、烫发方法说明、染发操作、接发、吹风造型、梳理造型、徒手造型、剃须修面、妆容设计等。

本书适合美发一线从业人员、管理人员使用，也可作为美发师岗位培训教材。

目录

Contents

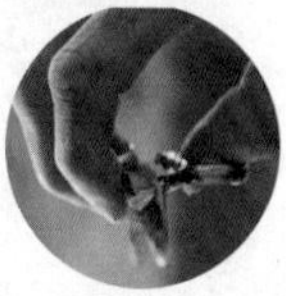

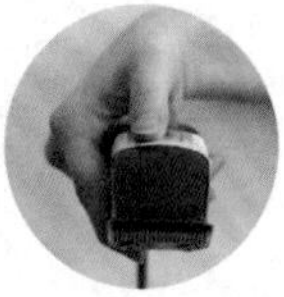

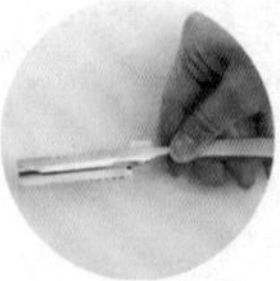

目录
Contents

目录
Contents

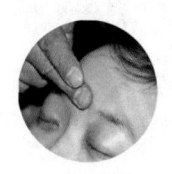

目录
Contents

目录
Contents

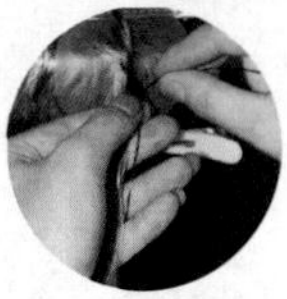

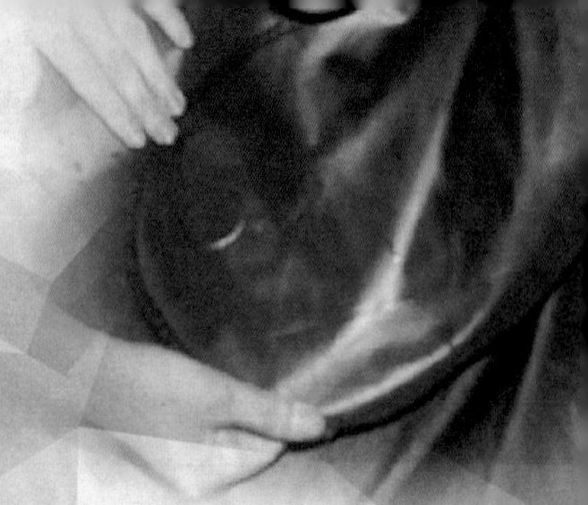

岗位任务一 干毛巾、围布使用图解

技能 1　洗发围布使用图解

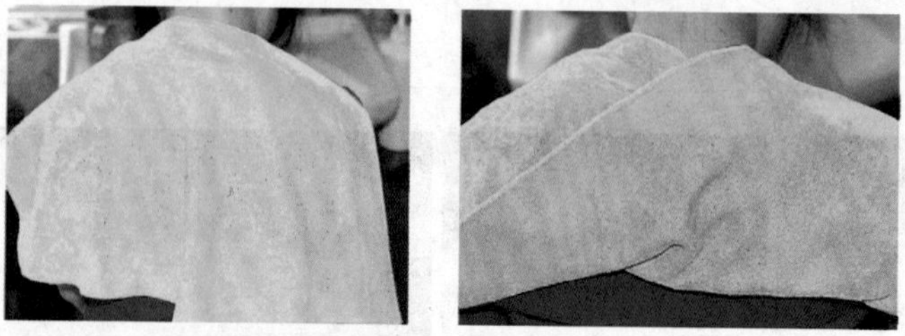

1. 在顾客后颈部围上干毛巾

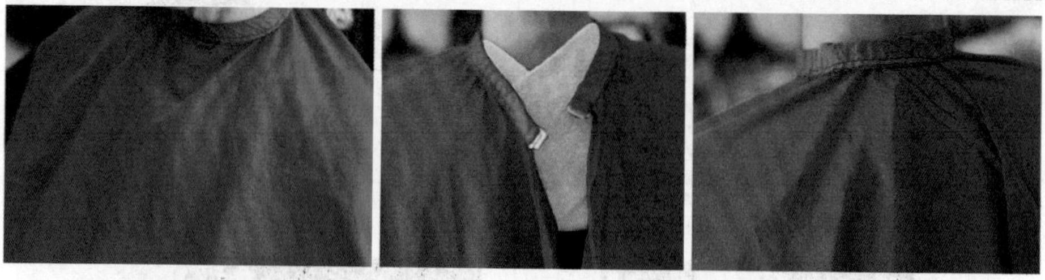

2. 从顾客前侧将围布平整围在顾客颈部，并在顾客后侧将挂扣挂好

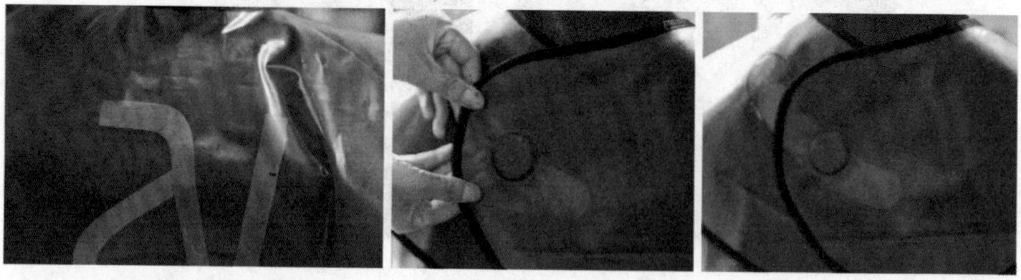

3. 从顾客前侧将防水披肩平整围在围布外侧，并在顾客后侧将防水披肩的磁扣扣好

技能 2　剪发围布使用图解

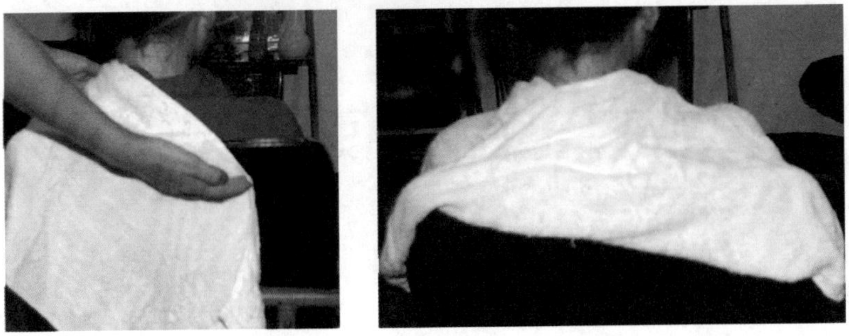

1. 在顾客后颈部围上干毛巾

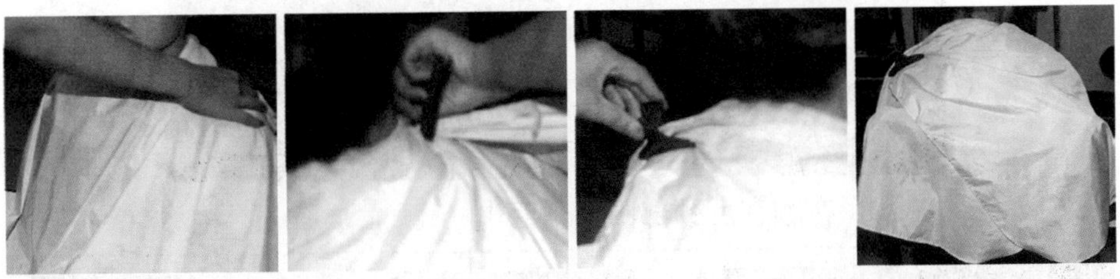

2. 从顾客前侧将围布平整围在顾客颈部，并在顾客后侧将围布整理好

技能 3　烫染发围布使用图解

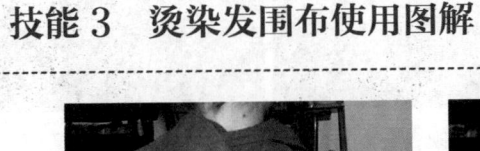

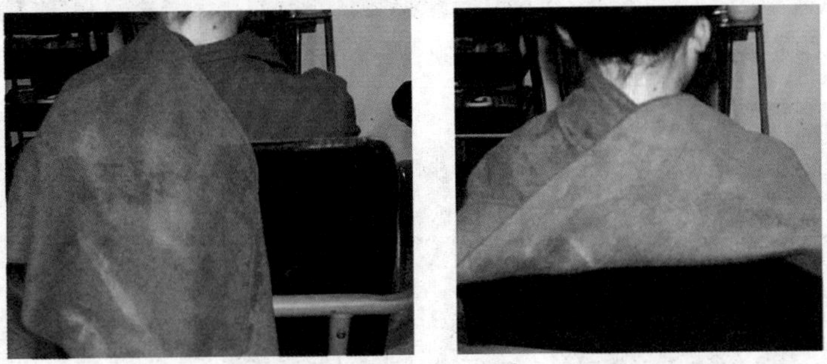

1. 在顾客后颈部围上干毛巾

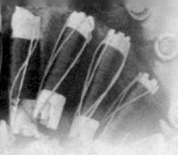

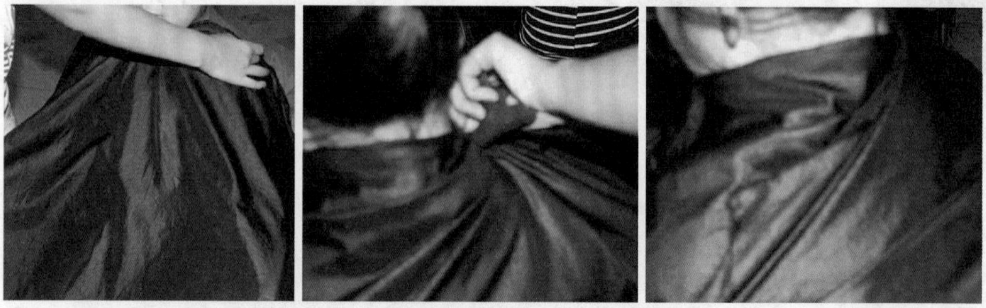

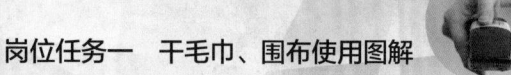

2. 从顾客前侧将围布平整围在顾客颈部，并在顾客后侧将围布整理好

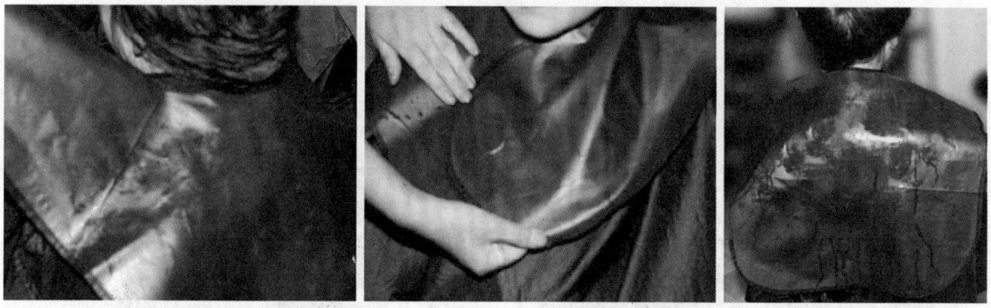

3. 从顾客后侧将防水披肩平整围在顾客颈部，并在顾客前侧将防水披肩整理好

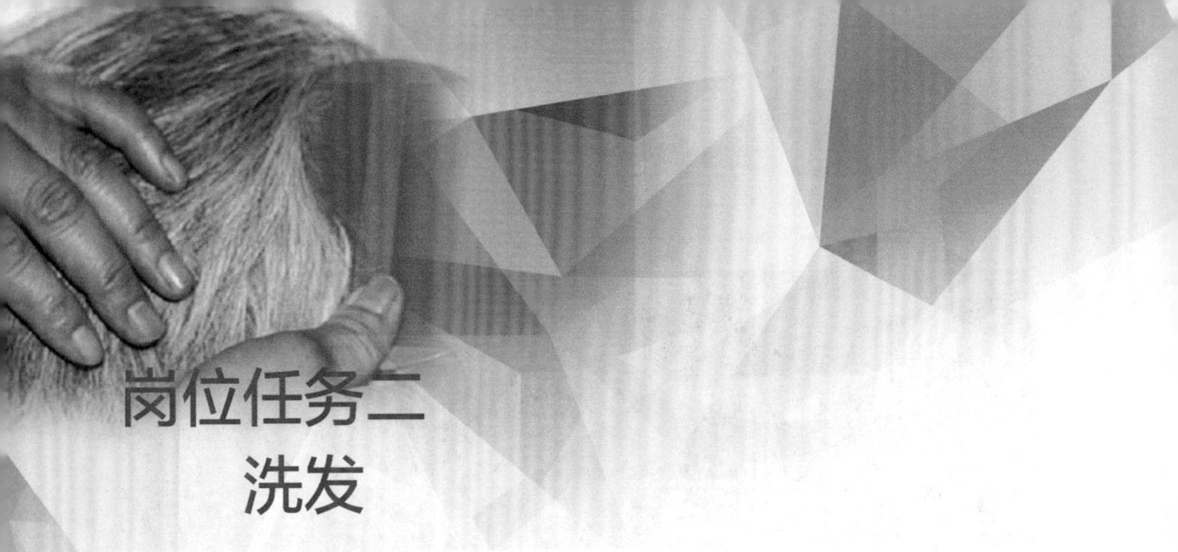

岗位任务二 洗发

技能 4　梳发图解

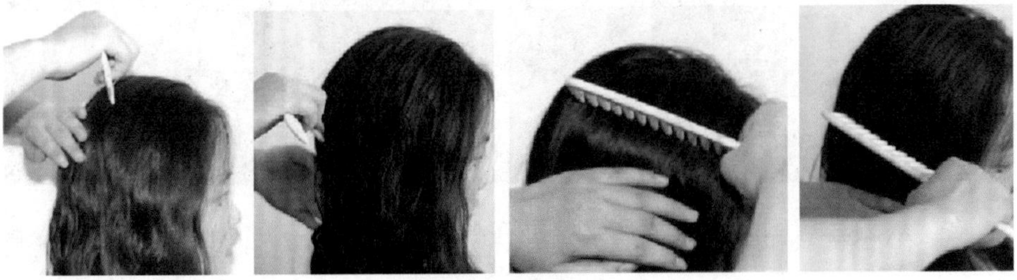

使用发梳按从前至后的顺序将顾客的头发梳理通顺

技能 5　刷发图解

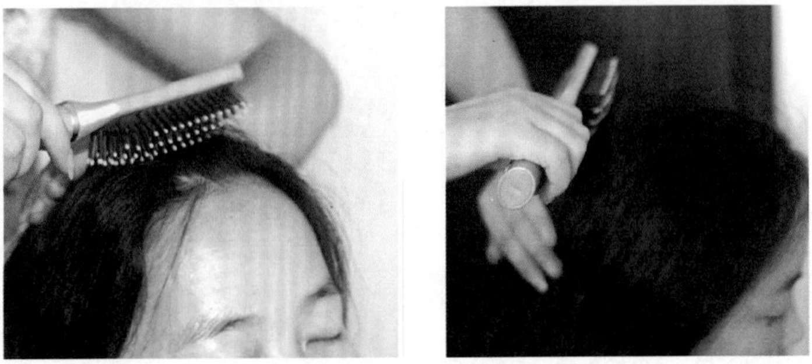

1. 将额头发际线的中点作为基准，将发刷斜靠在头发上，按由前向后的顺序向后刷发 4～5 次

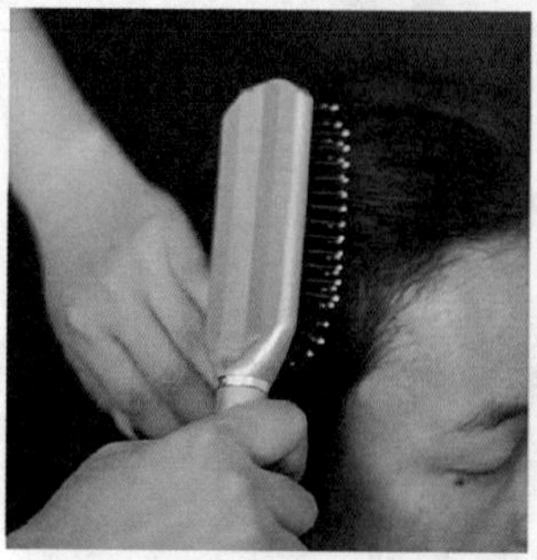
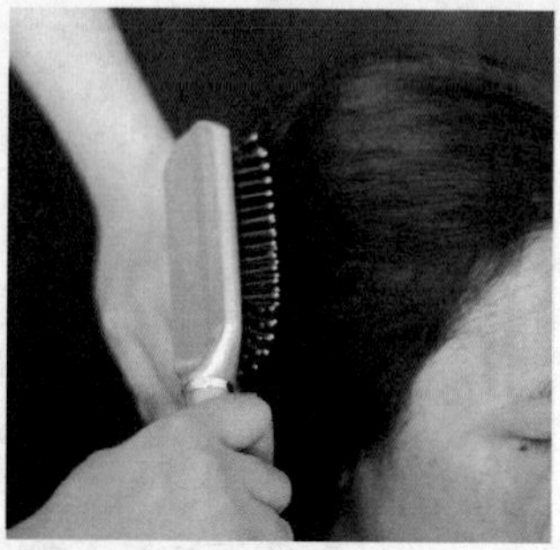

2. 从右侧发际线处向头顶部方向刷发 4～5 次

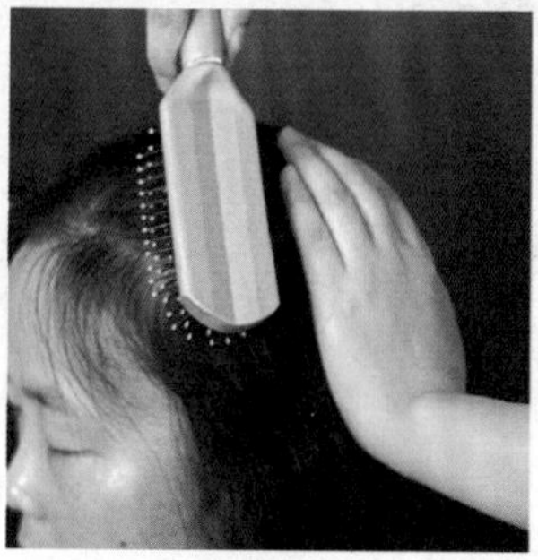
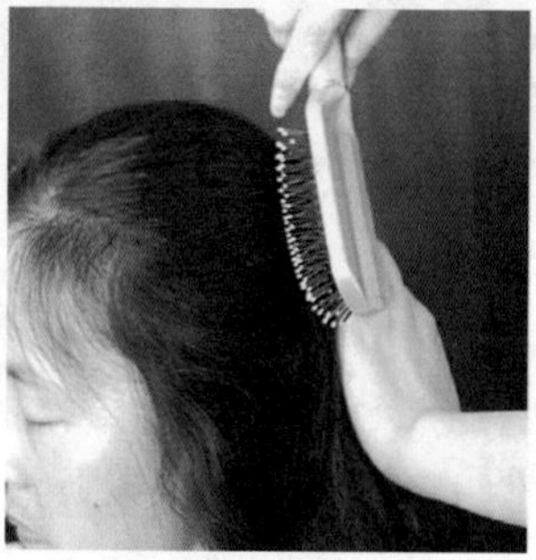

3. 从左侧发际线处向头顶部方向刷发 4～5 次

技能 6　篦发图解

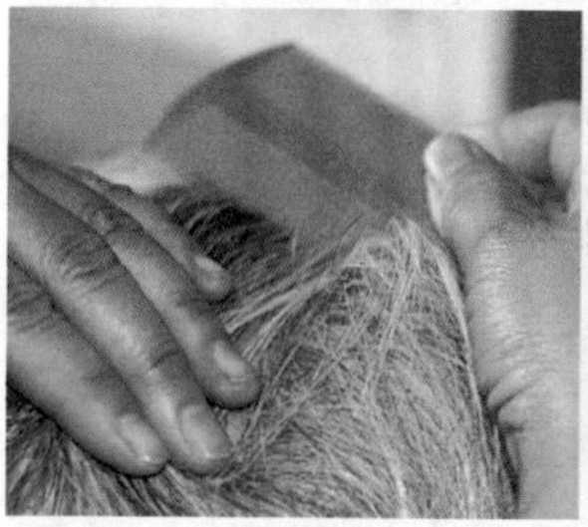
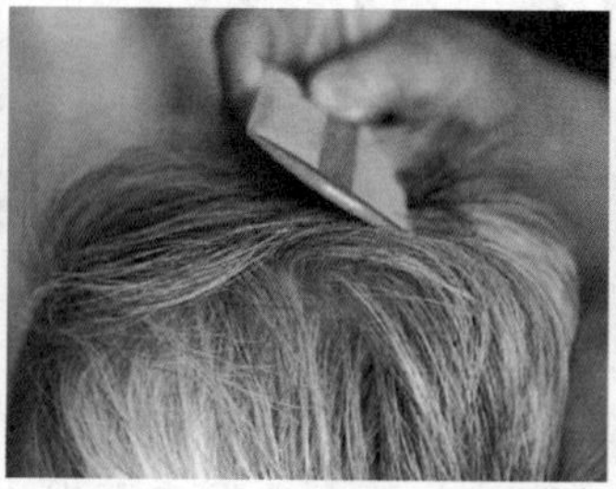
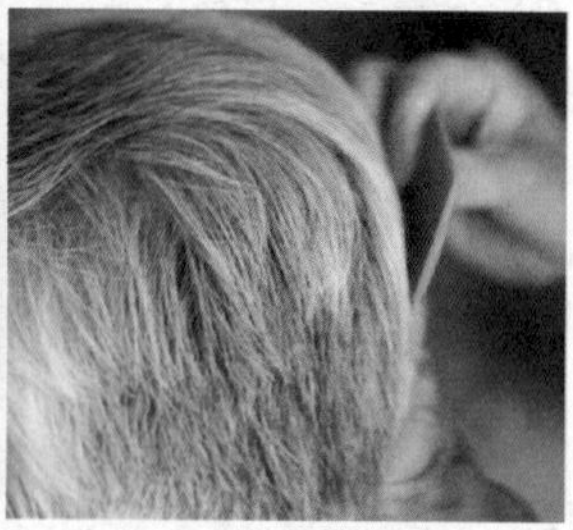

1. 使用篦子按“前额发际线中间位置—顶部—后枕部”的顺序篦发

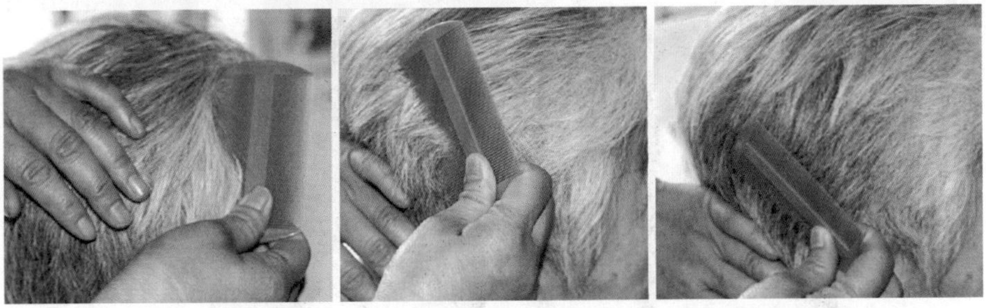

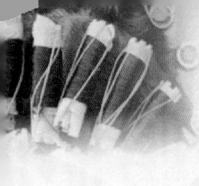

2. 再用篦子按“前额发际线右侧位置—顶部—后枕部”的顺序篦发

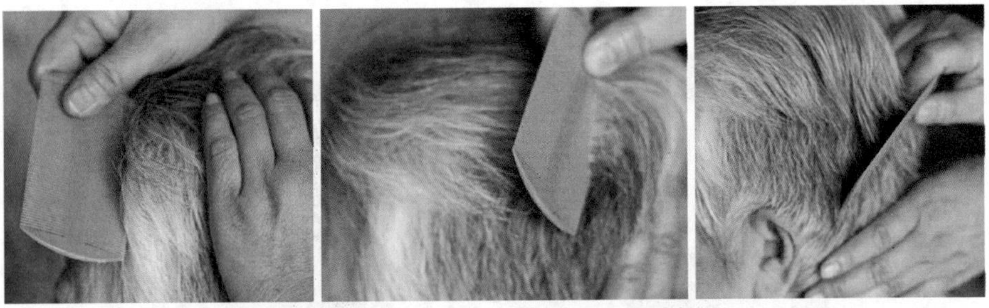

3. 最后使用篦子按“前额发际线左侧位置—顶部—后枕部”的顺序篦发

技能 7　抖发图解

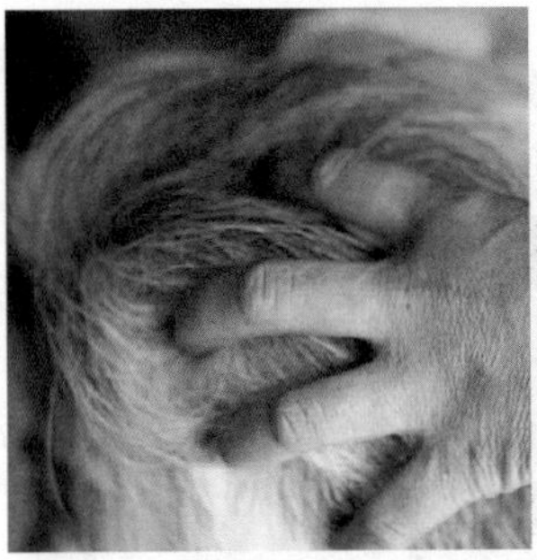

1. 将双手十指张开，插进顾客头顶部头发直至发根，抖动头发

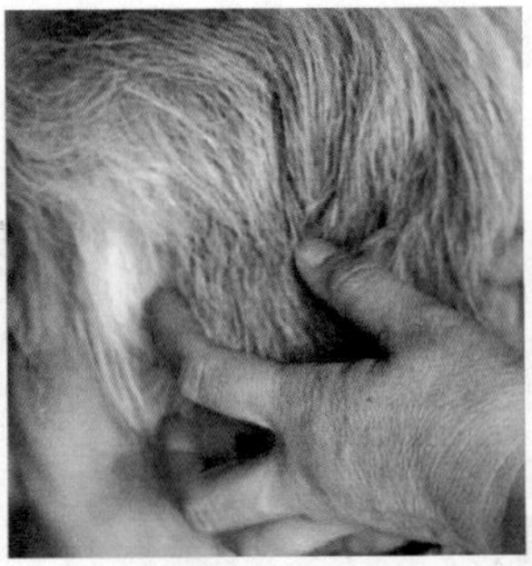

2. 再将手指插入顾客头部两侧头发直至发根，抖动头发

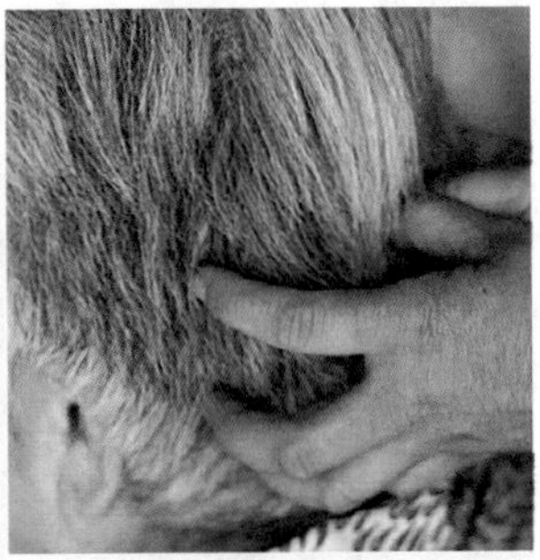

3. 最后将手指插入顾客头部后侧头发直至发根，抖动头发

技能 8　掸发图解

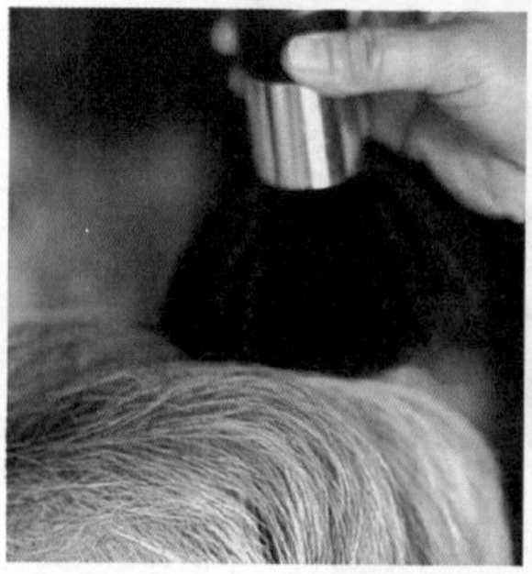

1. 使用掸刷将头顶部的头皮屑、污垢等掸净

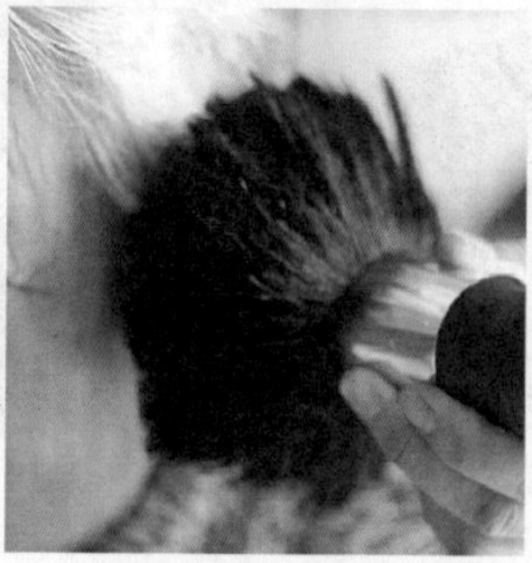

2. 再使用掸刷将落在面部的头皮屑、污垢等掸净

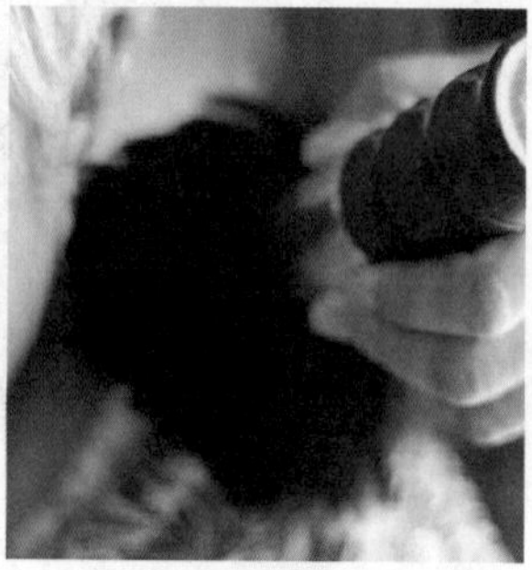

3. 最后用掸刷将颈部四周的头皮屑、污垢等掸净

技能 9　坐洗图解

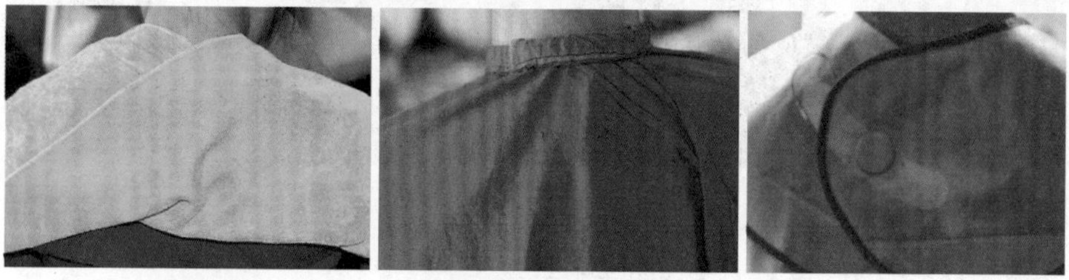

1. 为顾客围好干毛巾、洗发围布和防水披肩

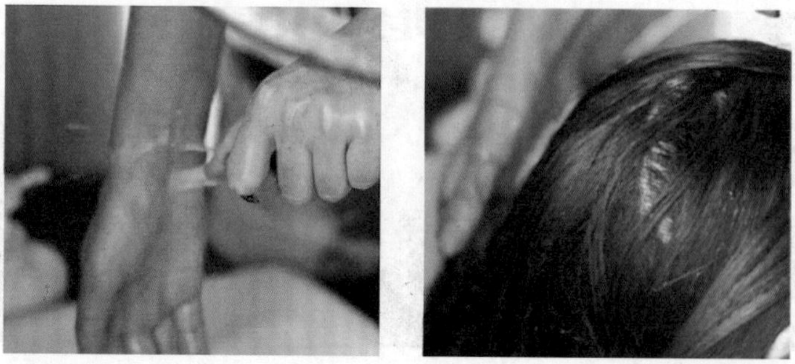

2. 调节水温，并用手测试水温，确保水温在 40℃左右，然后引导顾客将头伸至水池边

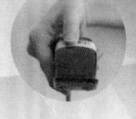

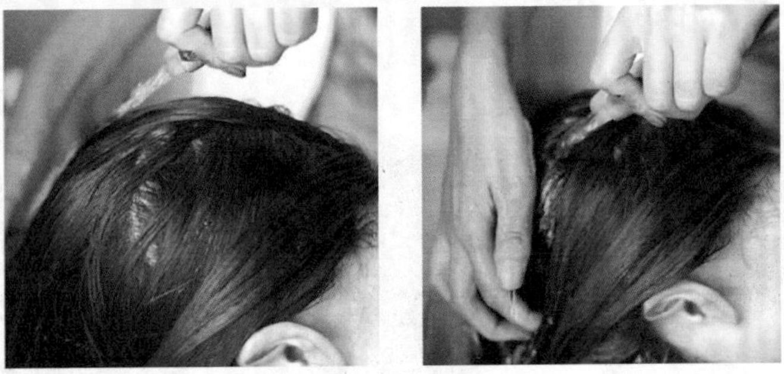

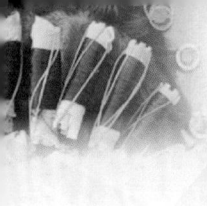

3. 在距顾客头部 5 cm 处对着顾客头部冲水，并用手在顾客头部轻轻抖动，使顾客头发充分浸湿

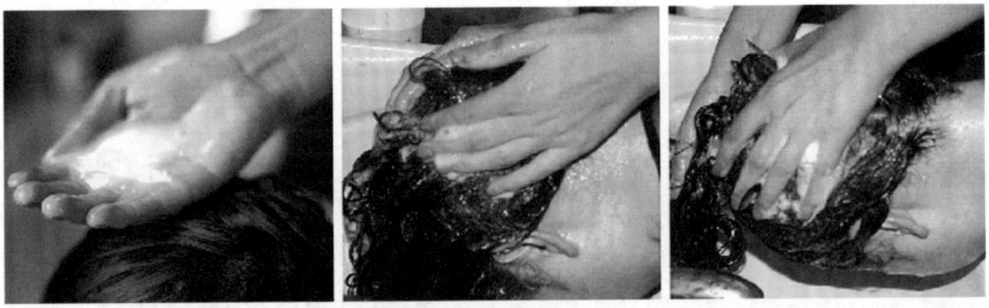

4. 将洗发液倒于手心，放置顾客头顶部，然后用手指以画圈方式移动将洗发液打出泡沫，并将泡沫均匀涂于头部各个部位

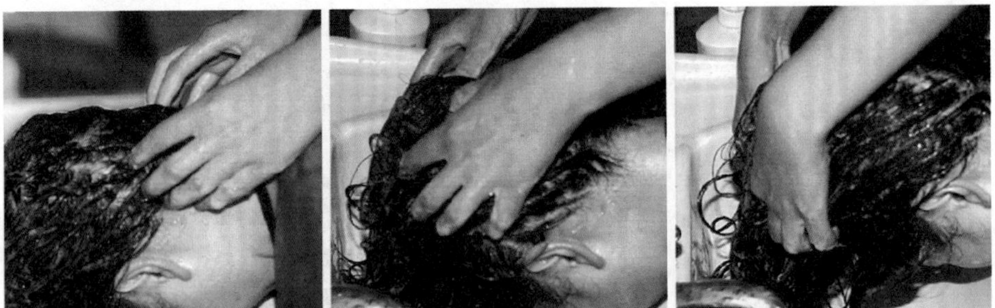

5. 用双手指腹从顾客颈部向前额方向移动抓擦

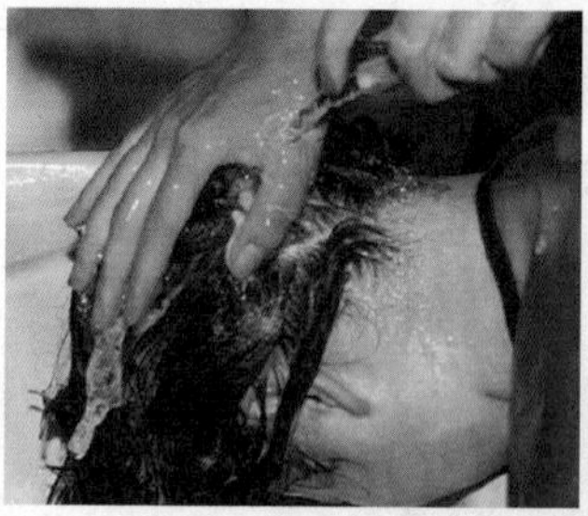
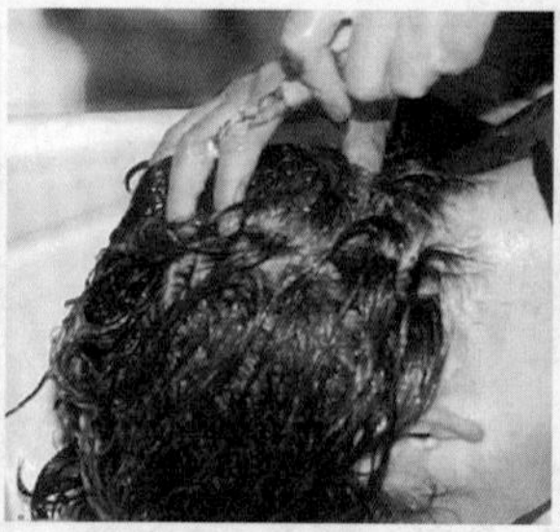
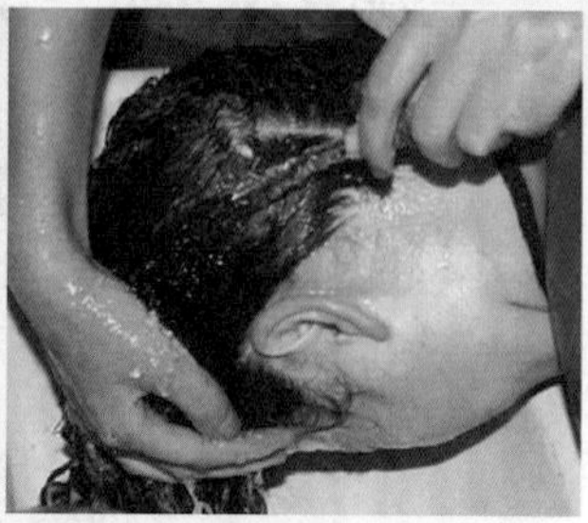

6. 用清水将洗发液冲洗干净

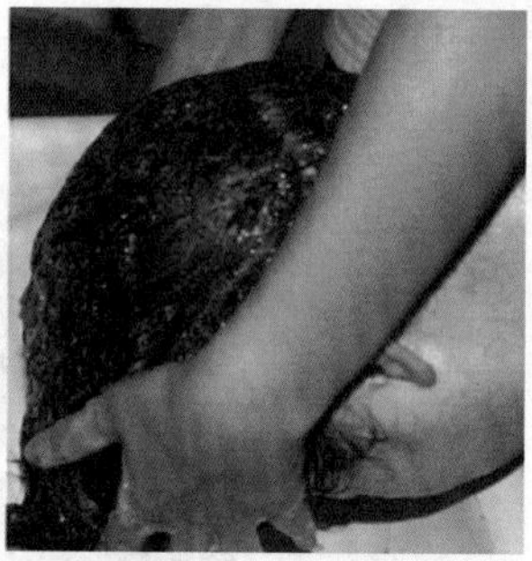
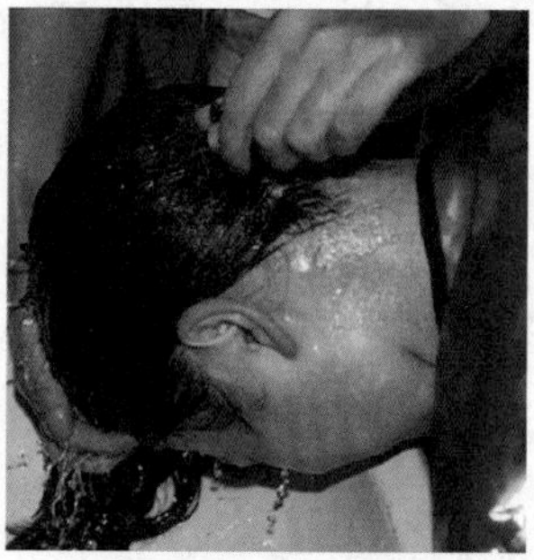

7. 如非烫染前的洗发，需将护发素均匀涂抹在顾客头部并停留 1～2 min，然后用水将护发素冲洗干净

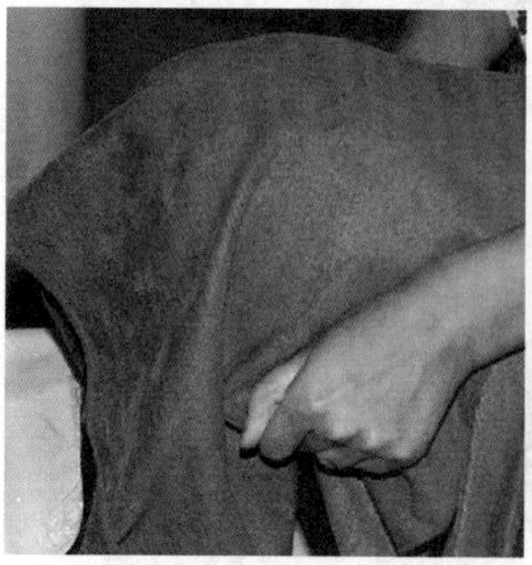
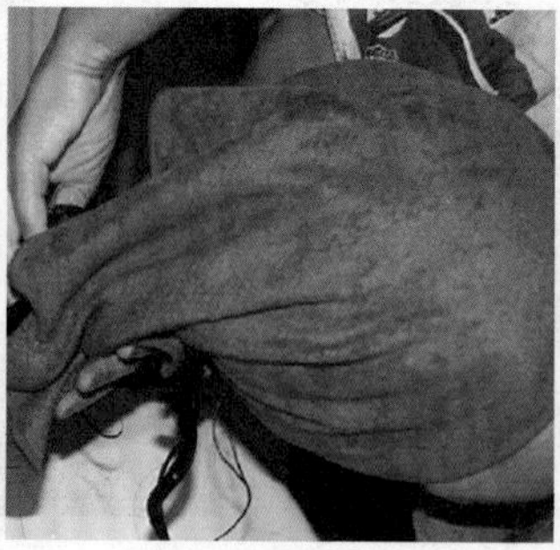
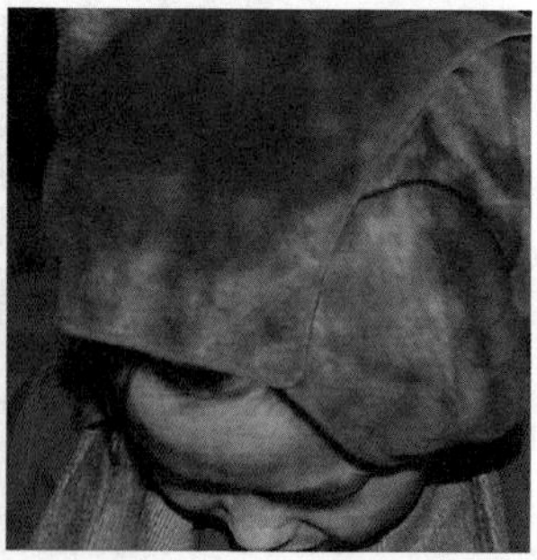

8. 用干毛巾将顾客头发、面部及颈部的水分擦干，然后自颈部至头顶部将顾客头发包住

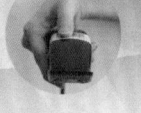

技能 10 仰洗图解

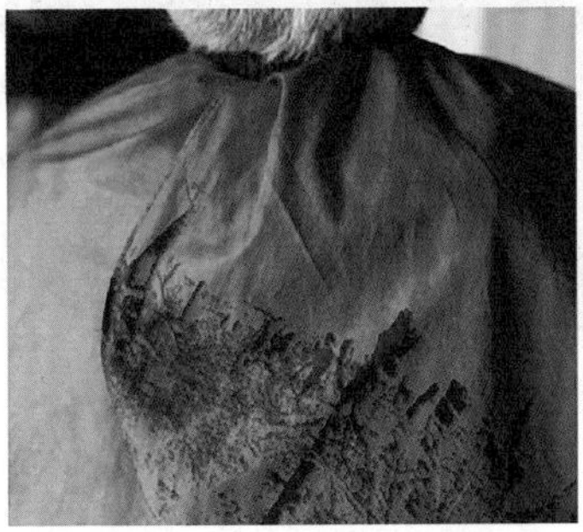
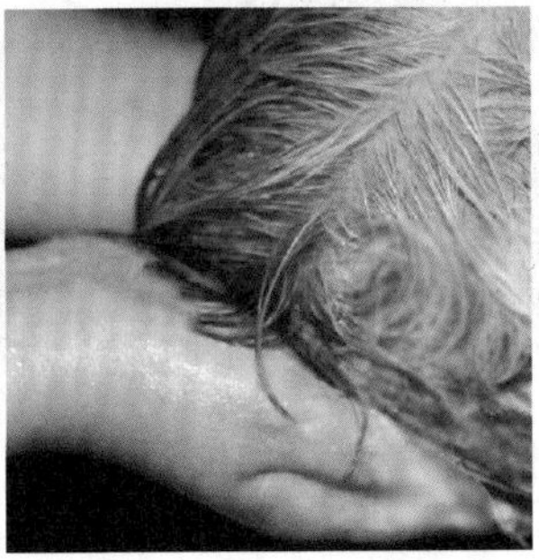

1. 为顾客围好干毛巾和洗发围布，并用右手托住顾客颈部，引导顾客慢慢躺下

2. 调节水温，并用手测试水温，确保水温在40℃左右

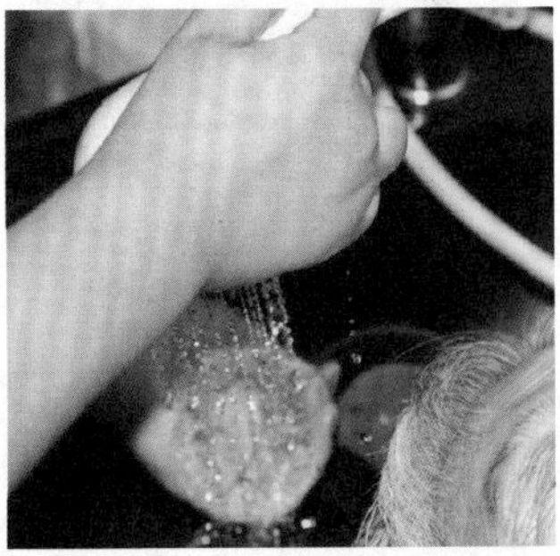

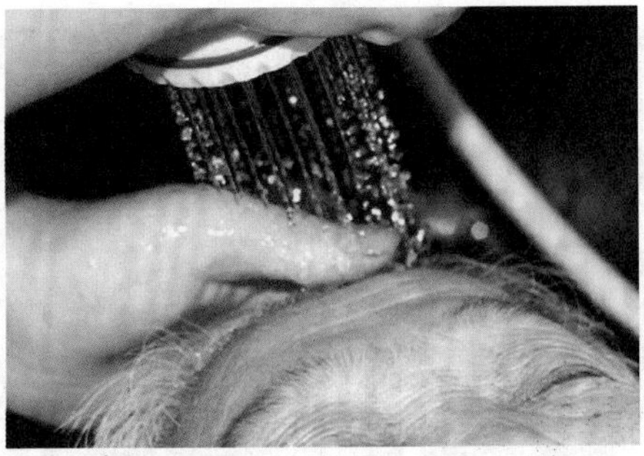

3. 拿起莲蓬头，在距顾客头部 5 cm 处对着顾客头部冲洗，并用手在顾客头部轻轻抖动，使顾客头发充分浸湿。在冲洗耳部附近的头发时，需用手将耳朵挡住，以防止水流进顾客耳朵

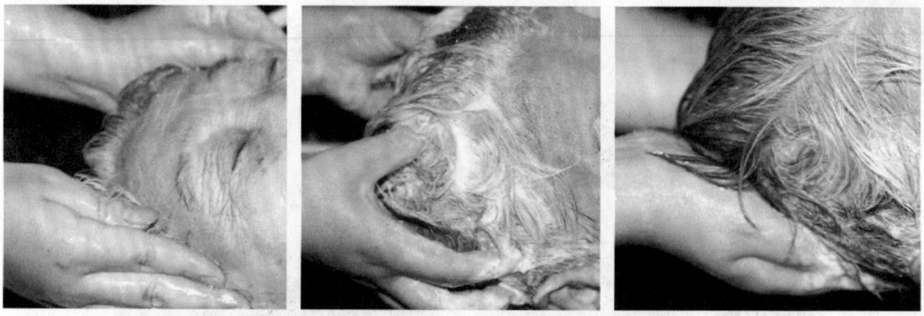

4. 将洗发液倒于手心，放置顾客头顶部，然后手指沿发际线开始以画圈方式移动，将洗发液打出泡沫，均匀涂于头部各个部位，并用双手在头部各个部分轻轻抓擦

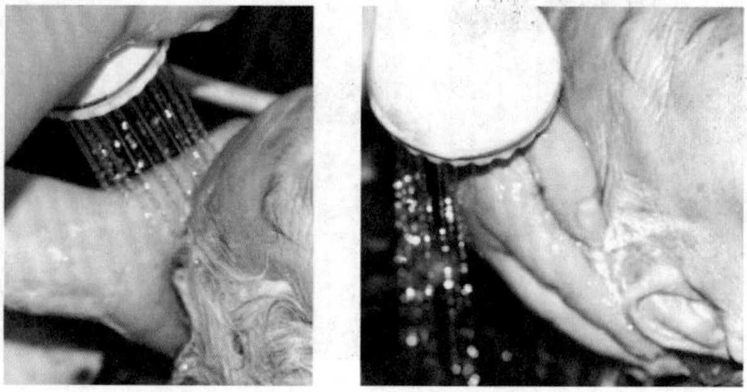

5. 从前额发际线部位开始向头顶中心位置冲洗，然后再冲洗其他部位。在冲洗耳前部位时，需用手挡住耳朵并托住头部，防止水流进耳朵

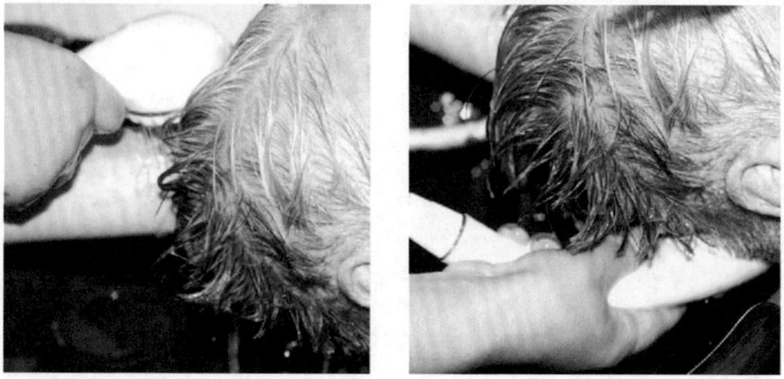

6. 从头顶部慢慢向后颈部移动冲洗。在冲洗顾客后颈部时，需将顾客头颈托高

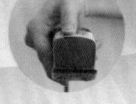

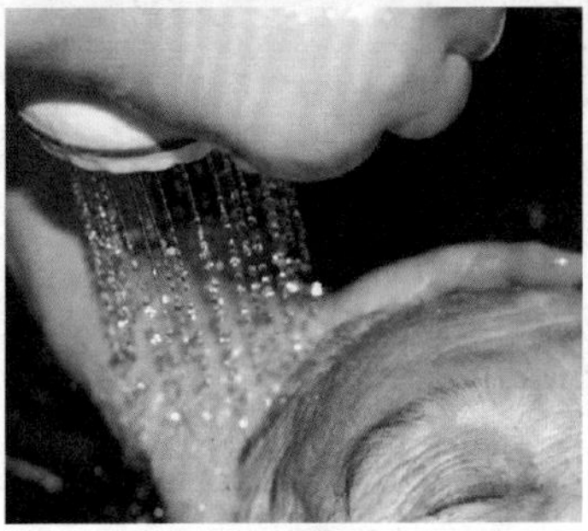
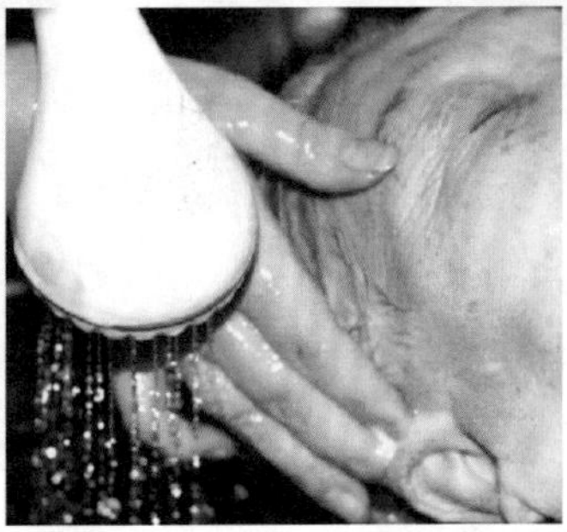

7. 沿发际线冲洗头发

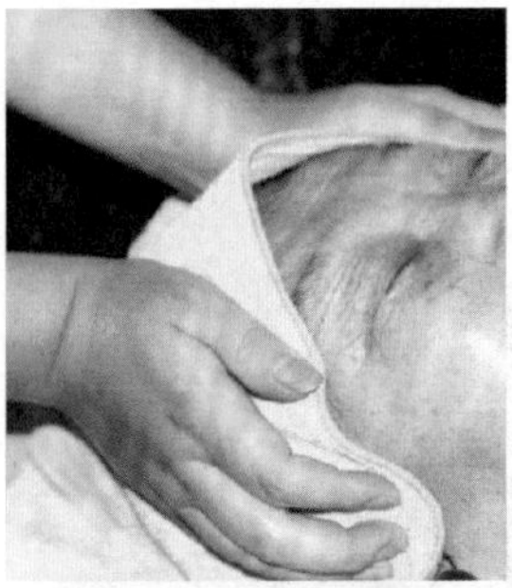
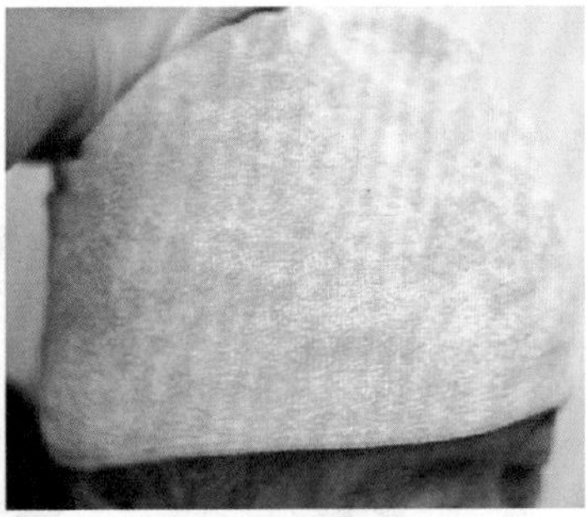

8. 如为烫染前的洗发，不得使用护发素，直接用干毛巾将顾客头发、面部及颈部的水分擦干，并自颈部至头顶部将顾客头发包住即可

岗位任务三 发型图绘制

技能 11　发型固体结构说明图解

技能 12　发型均等结构说明图解

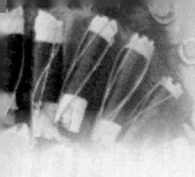

技能 13 发型边沿结构说明图解

技能 14 发型渐增结构说明图解

技能 15 发型素描图绘制说明图解

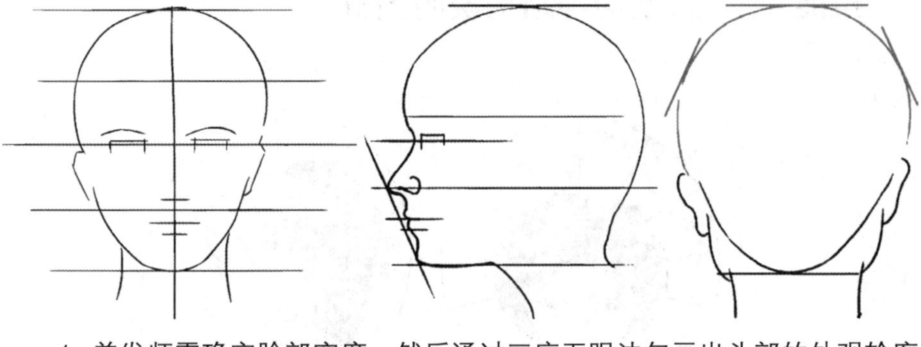

1. 美发师需确定脸部宽度，然后通过三庭五眼法勾画出头部的外观轮廓线及五官的轮廓线

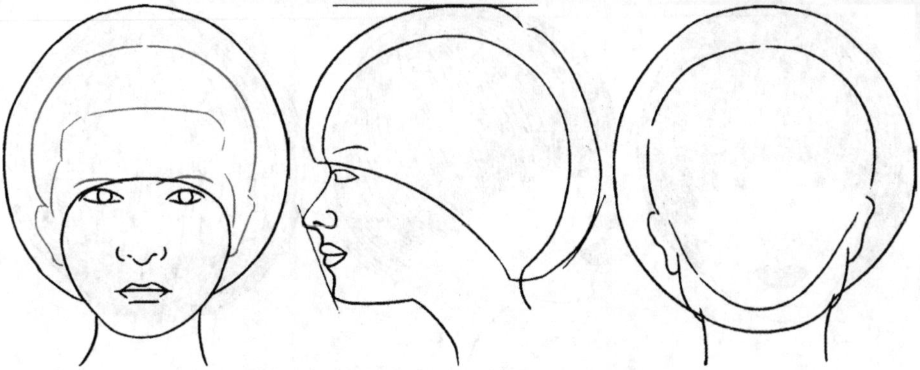

2. 美发师需在面部轮廓的基础上勾画发型的轮廓，确定发型的大小界线，并初步勾画出五官

3. 美发师需对基本造型进行审视，判定无误后，分出明暗部分，初步勾勒发型线条

4. 美发师需从明暗交界线处逐层铺调，构建发型层次

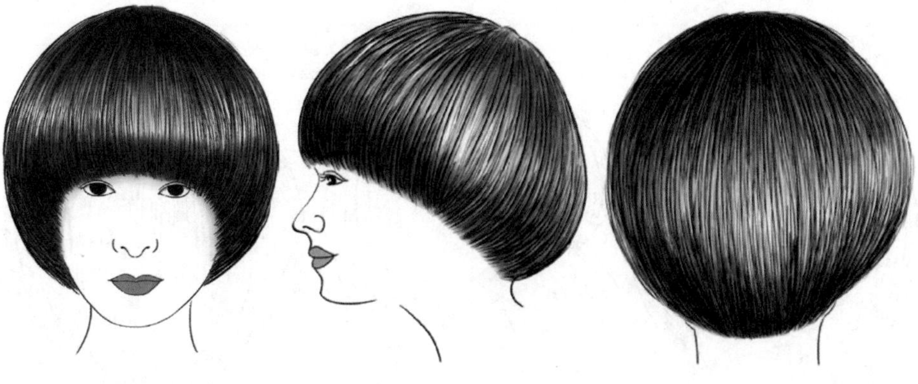

5. 美发师需检查比例、层次是否无误，如存在问题，需进行适当调整，然后进行细致刻画，最终定型

岗位任务四 修剪手法说明

技能 16　满推说明图解

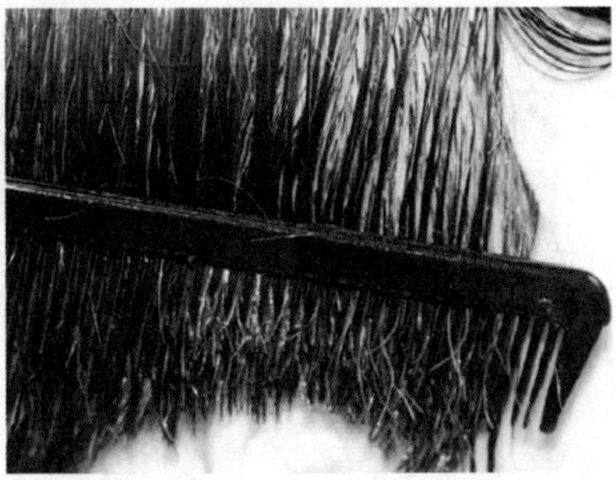

1. 左手持发梳，将头发梳起

2. 将电推剪的刀齿平贴梳面，右手腕关节保持不动，前后移动肘部进行推剪

技能 17 半推说明图解

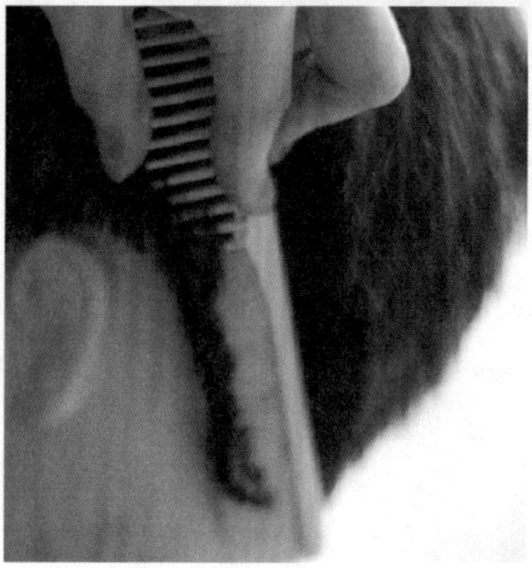

1. 左手持发梳，将头发梳起

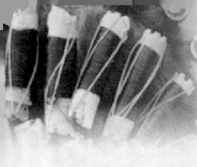

2. 使用电推剪左侧的 4~5 根刀齿推剪发梳上的头发

技能 18 反推说明图解

1. 左手持发梳，将头发梳起

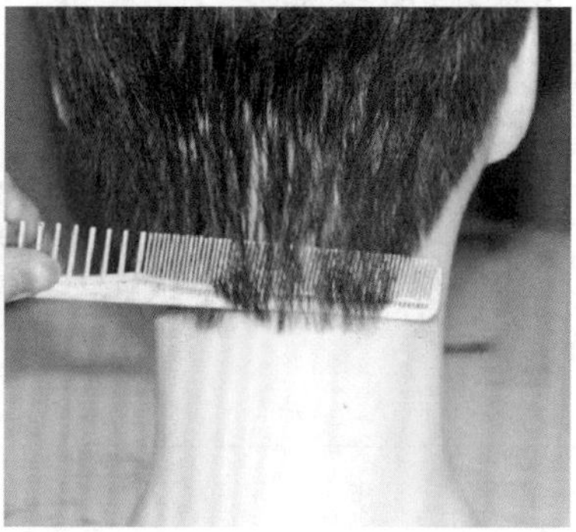

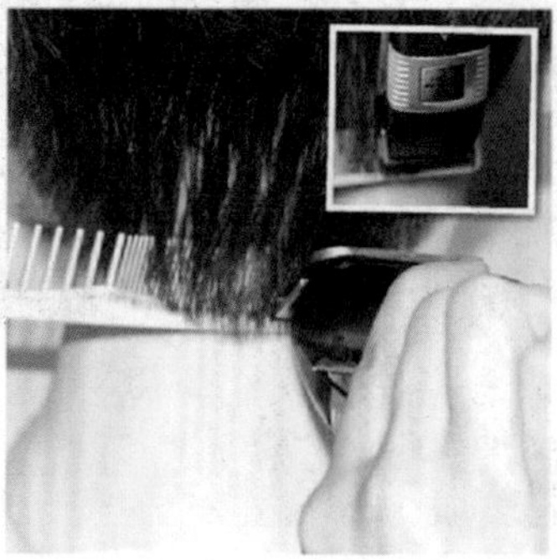

2. 翻转手腕，使掌心向外、电推剪刀齿端向下倾，推剪发梳上的头发

技能 19　满剪说明图解

1. 将头发梳起

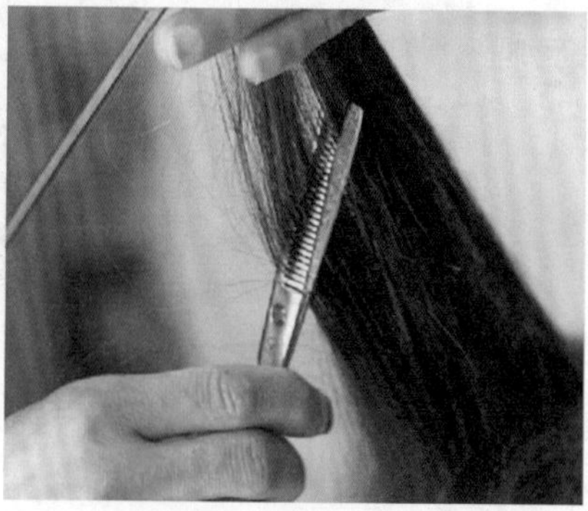

2. 使用牙剪全部的刀齿削剪头发

技能 20　半剪说明图解

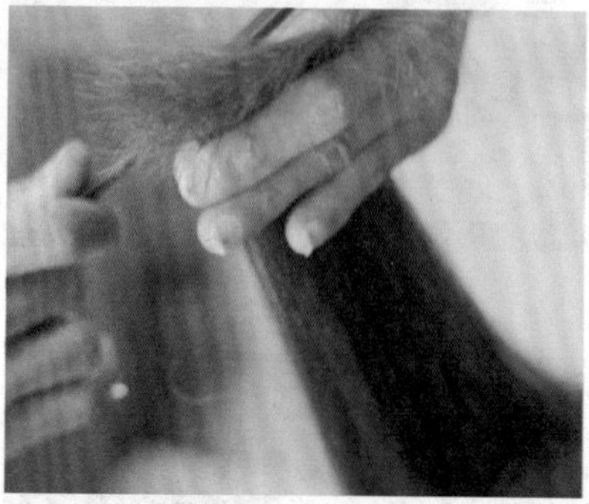

1. 将头发梳起

2. 使用靠近剪尖的部分刀齿削剪头发

技能 21　平口剪说明图解

1. 使用发梳将头发梳起

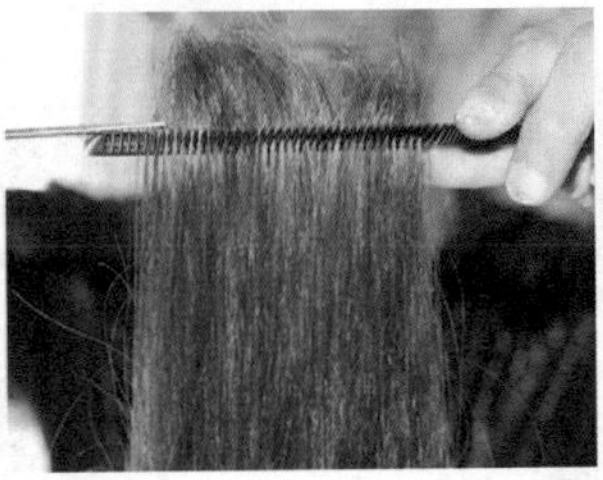

2. 用剪刀刀尖修剪头发

3. 右手手腕保持不动，向前移动肘部修剪头发

技能 22　削剪说明图解

1. 用左手的食指和中指捏住发片的发梢，略向上提拉成一定的倾斜角度

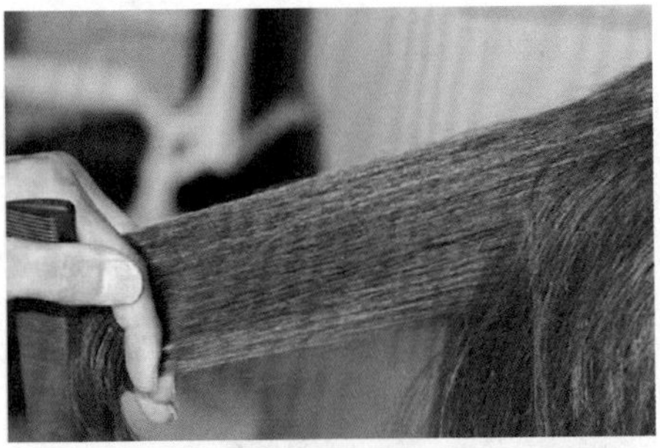

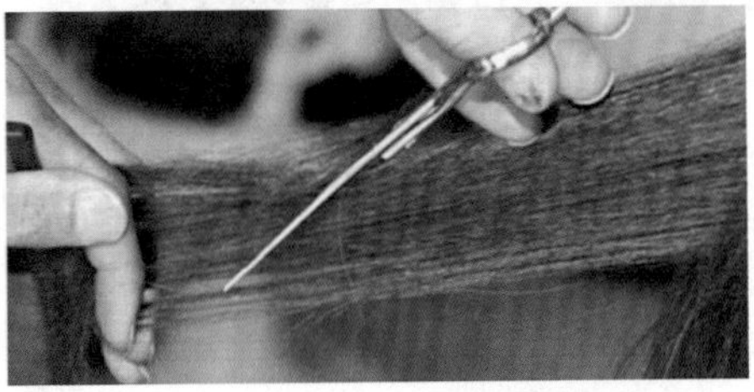

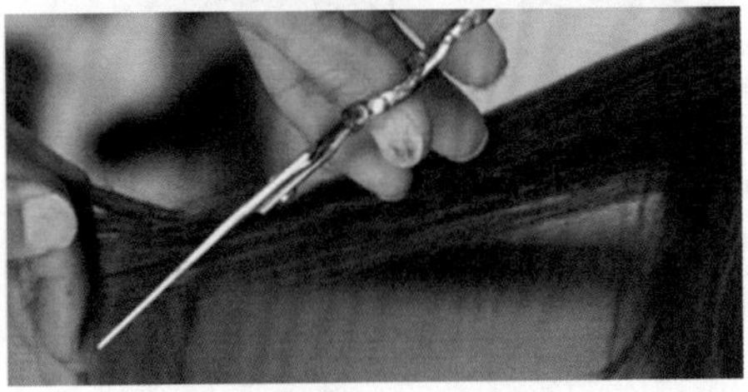

2. 将剪刀刀刃张开，并略带倾角在发根到发梢之间移动，将头发削断

技能 23　刀尖剪说明图解

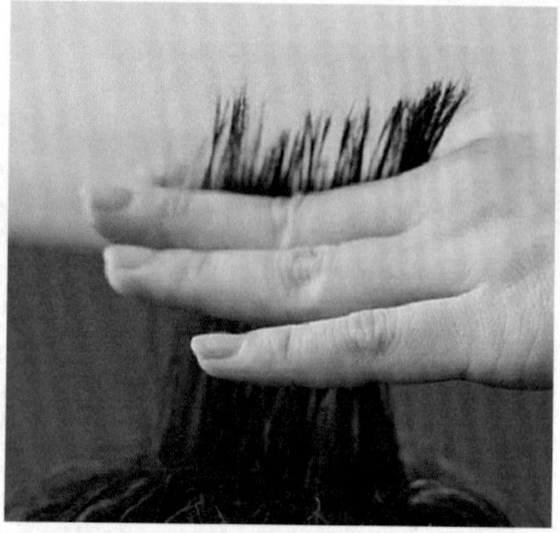

1. 用一只手的食指与中指捏住发片，并外拉一定角度

2. 使用剪刀的刀尖将发片的发尾剪成锯齿形状

技能 24　挑剪说明图解

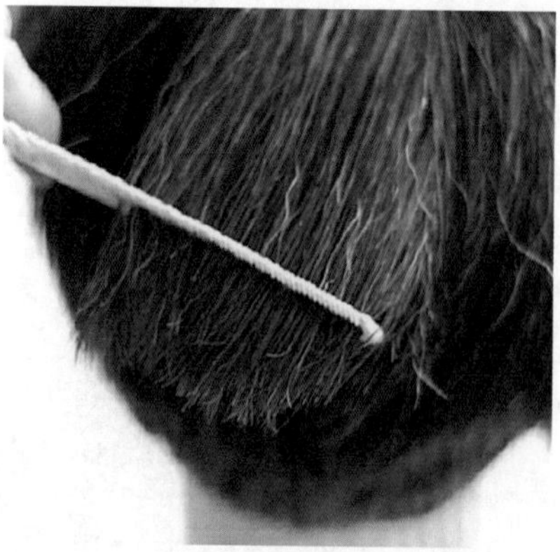

1. 使用发梳将头发梳起，留出所需修剪的长度

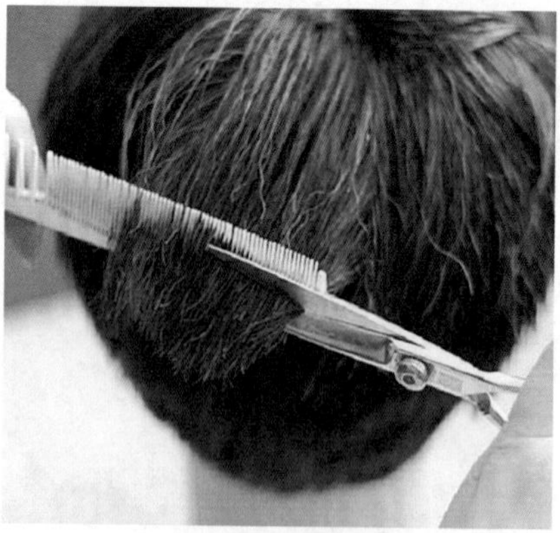

2. 用剪刀紧贴发梳将留出的头发剪断

技能 25　压剪说明图解

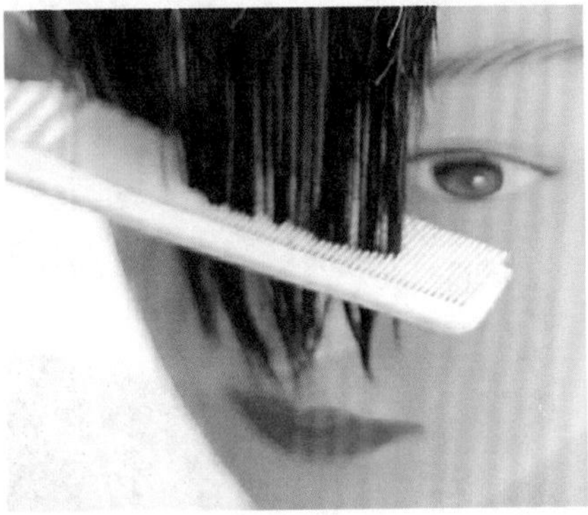

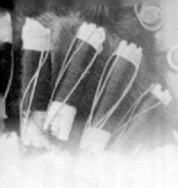

1. 将发梳从靠近头发发梢的位置插入头发中，并将头发压住

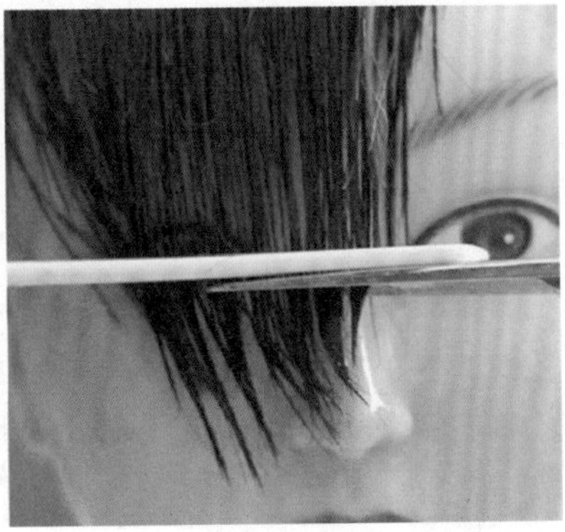

2. 用剪刀沿发梳将头发剪去

技能 26　抓剪说明图解

1. 用左手抓住较多发量的头发成发束

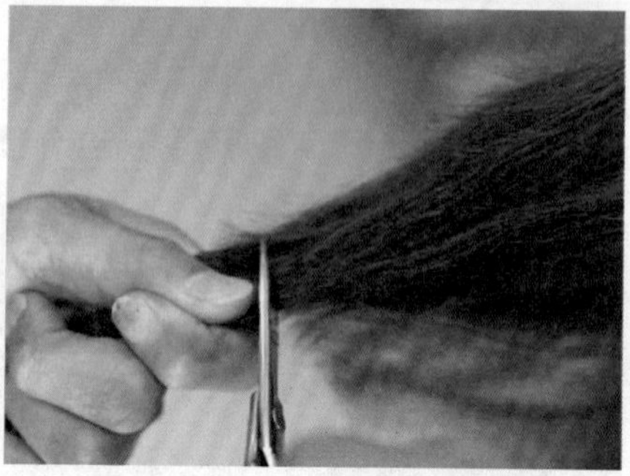

2. 在抓住点上端一定距离处用剪刀将抓住的头发剪去

技能 27　夹剪说明图解

1. 用左手食指与中指将头发夹住，留出需修剪的发梢，并将头发提拉一定角度

2. 用剪刀沿手指剪去头发

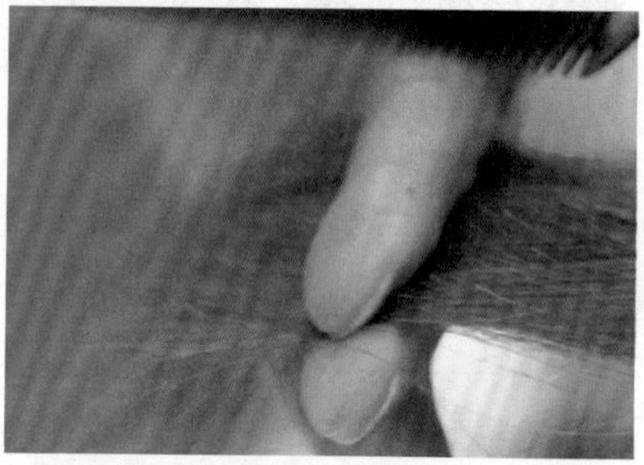

内夹剪

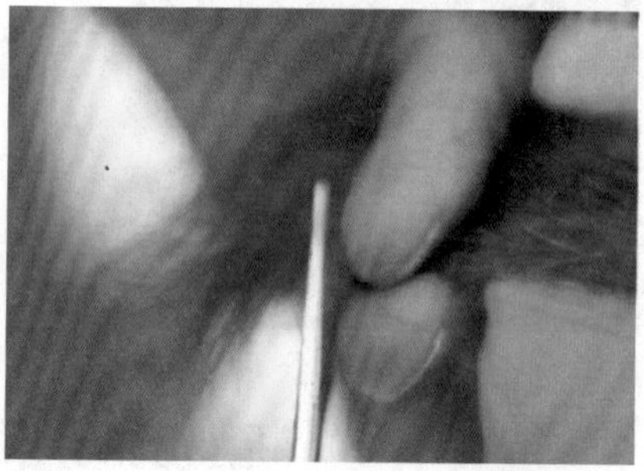

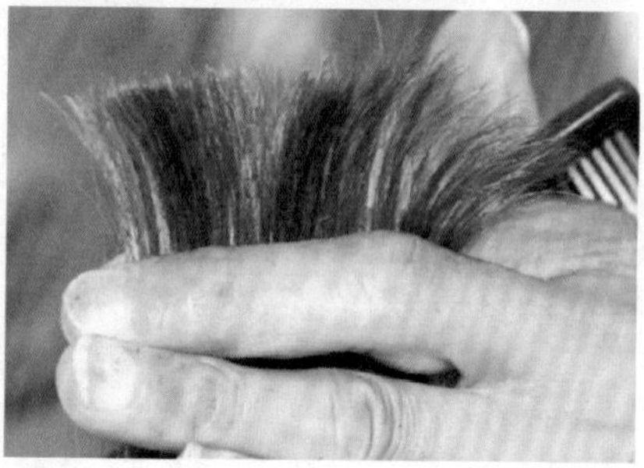

外夹剪

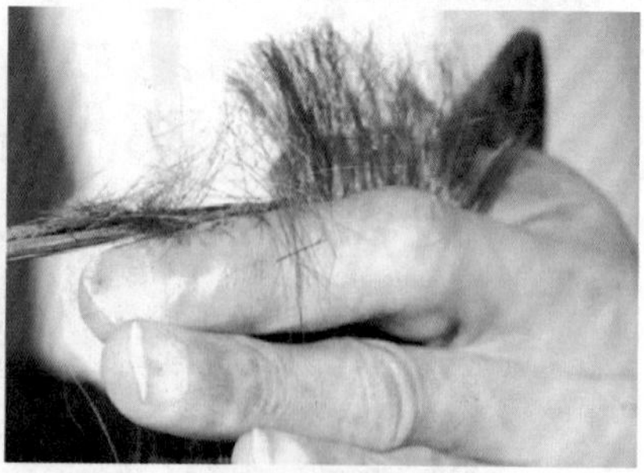

技能 28　托剪说明图解

1. 用左手的手指轻托剪刀

2. 将剪刀小角度开合修剪头发

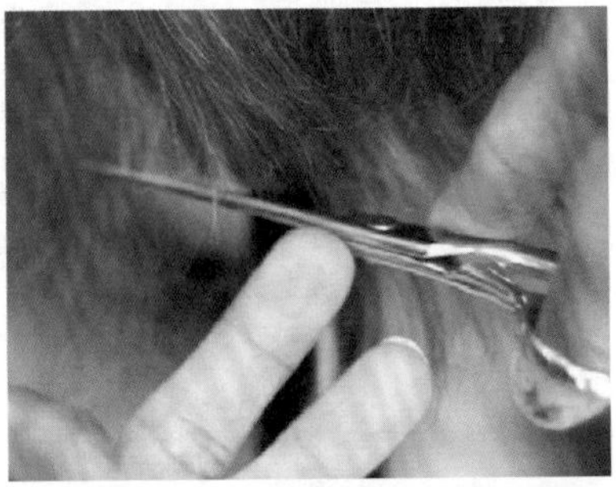

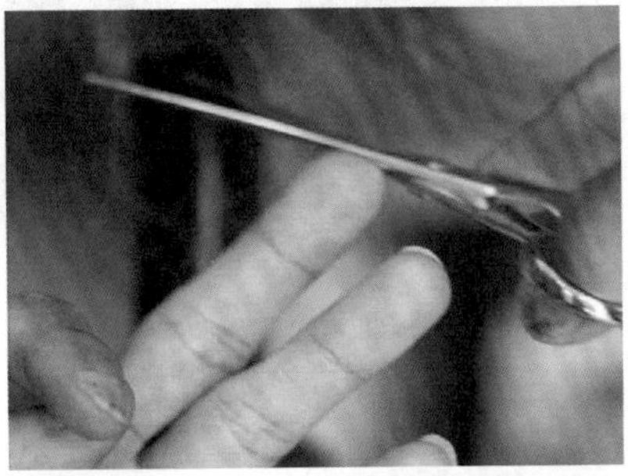

水平托剪

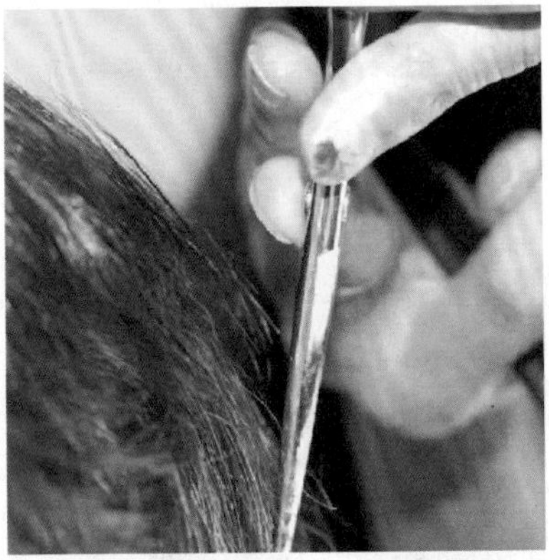

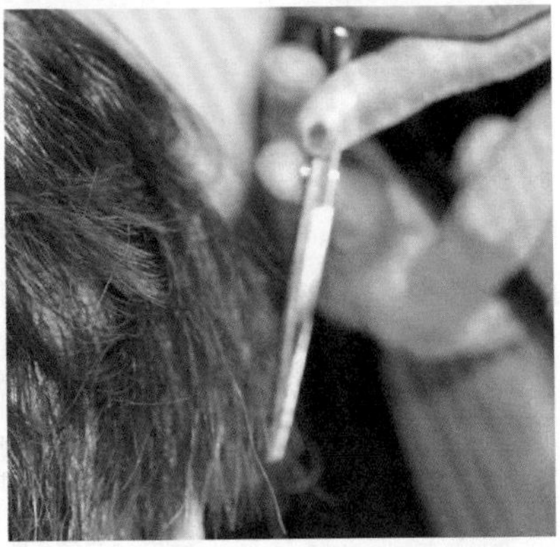

垂直托剪

技能 29　断削说明图解

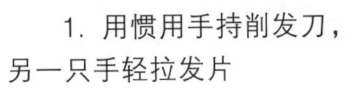

1. 用惯用手持削发刀，另一只手轻拉发片

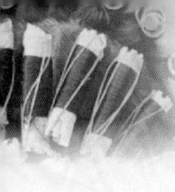

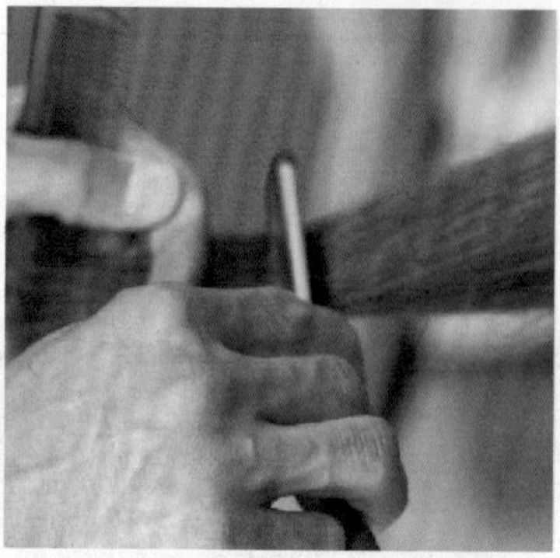

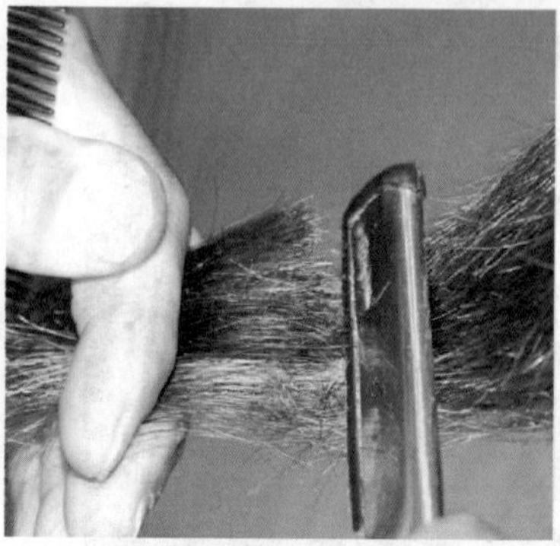

2. 将削发刀放在合适的削发位置，双手共同用力削剪头发

技能 30 斜削说明图解

1. 用左手轻拉发片

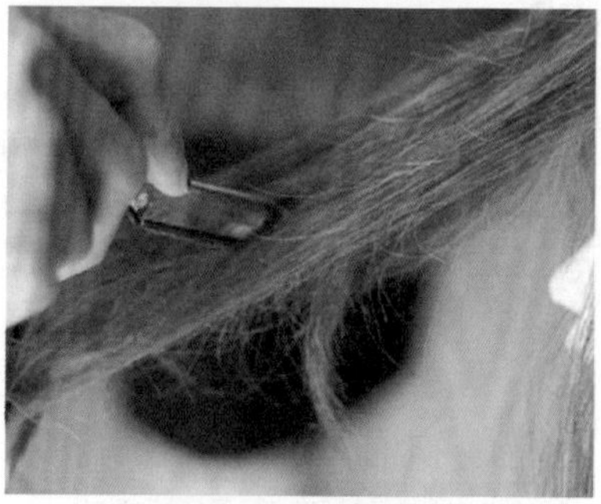

2. 用削发刀将发片逐层斜削

技能 31 外削说明图解

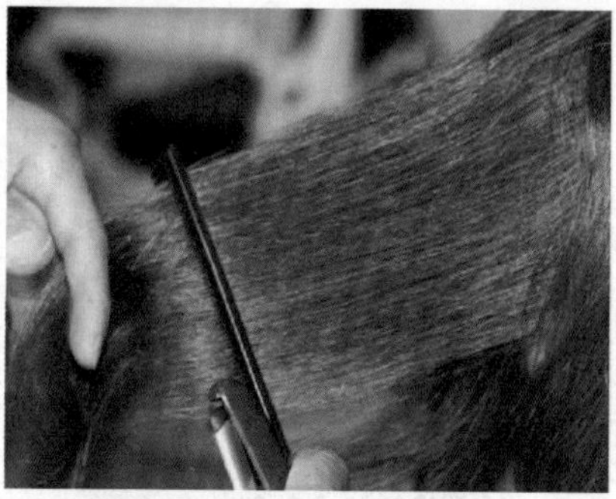

1. 用惯用手持削发刀，另一只手轻拉发片

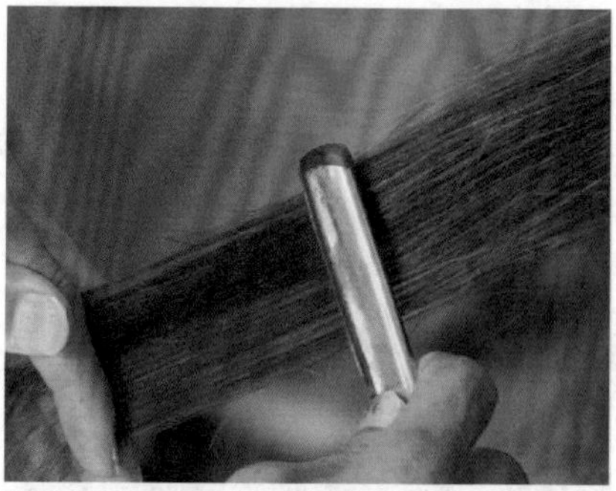

2. 用削发刀削剪头发外表面

技能 32　点削说明图解

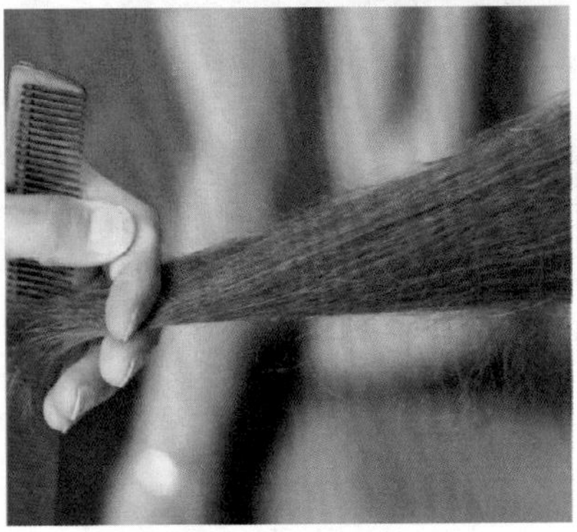

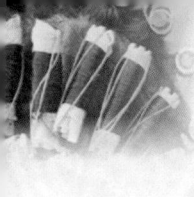

1. 用惯用手持削发刀，另一只手轻拉发片

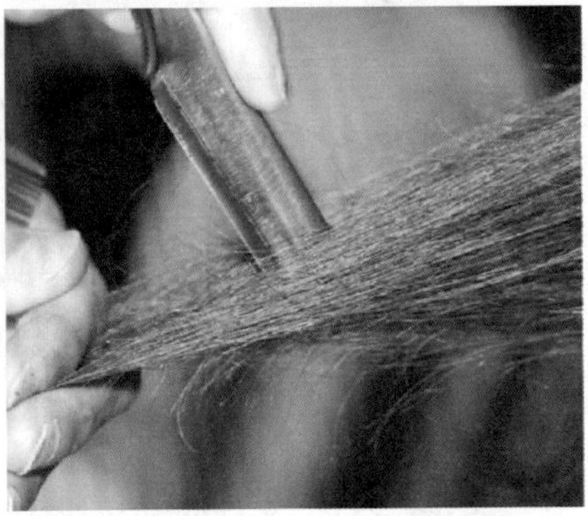

2. 用削发刀刀尖削剪头发

技能 33　滚削说明图解

1. 用惯用手持削发刀，另一只手持发梳，并用发梳将头发梳起

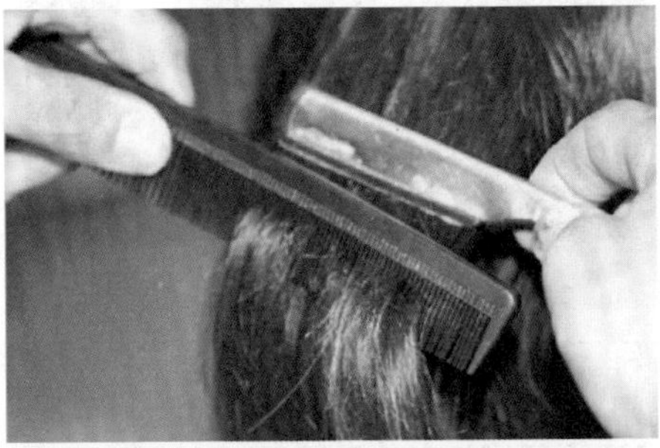

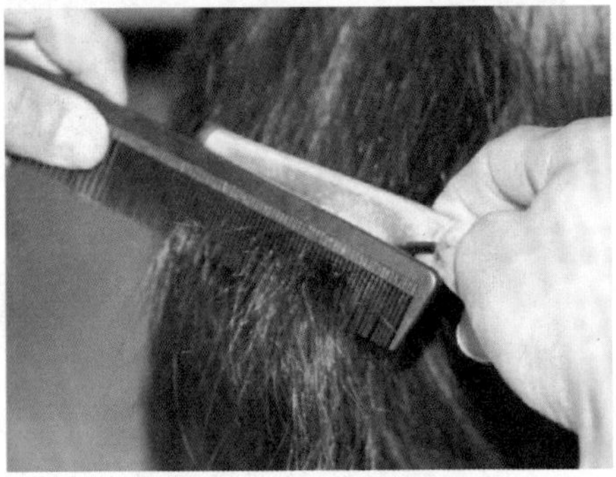

2. 移动发梳，同时用削发刀削剪头发，边梳边剪

技能 34　砍削说明图解

1. 用手以垂直分份方式拉住头发

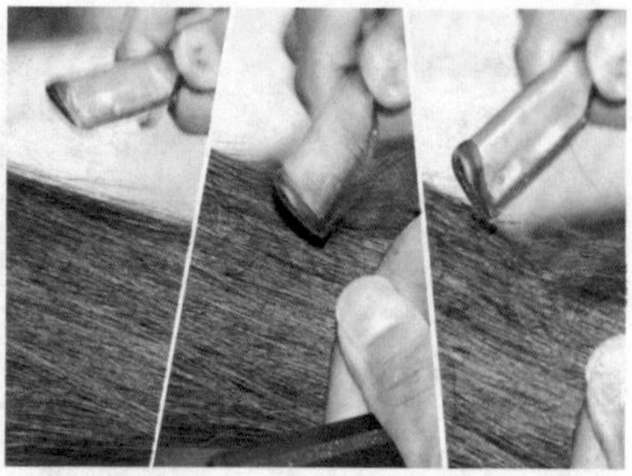

2. 用削发刀平行向下切削发束

技能 35　拔削说明图解

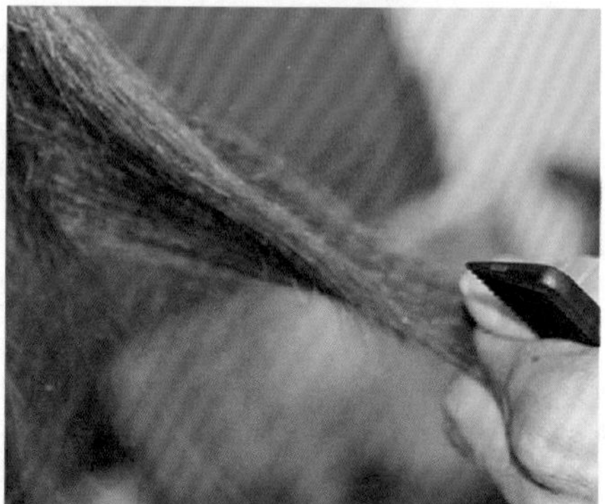

1. 用手以垂直分份方式拉住头发

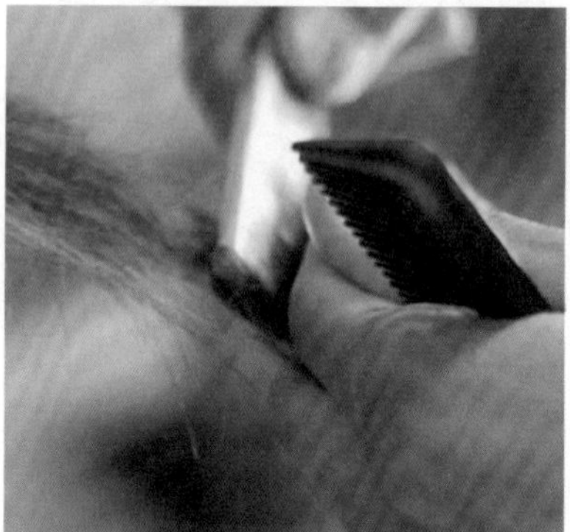

2. 用削发刀将头发发尾刮断

技能 36　拧削说明图解

1. 拉起一束头发，将其拧成一股

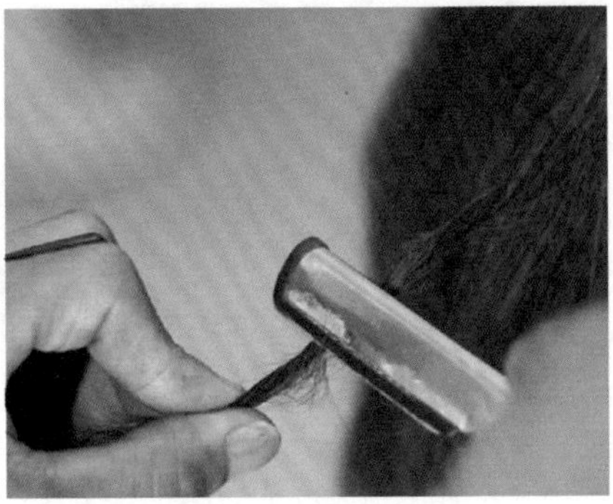

2. 用削发刀削剪发束

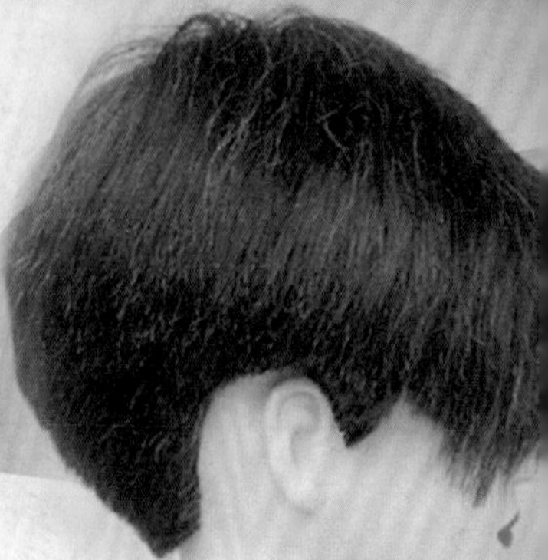

岗位任务五 发型修剪

技能 37　男式短发发型修剪说明图解

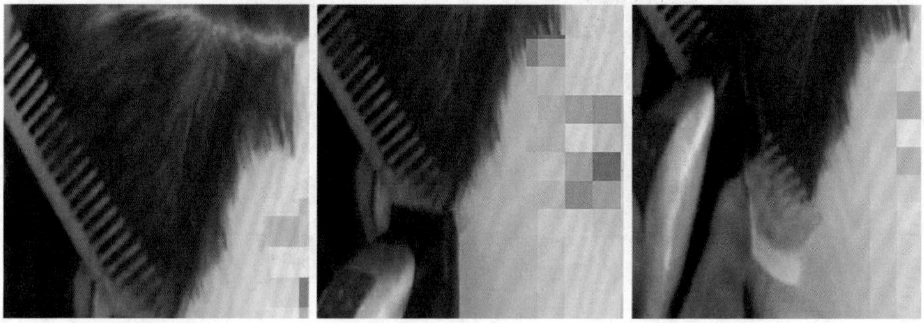

1. 将发梳紧贴右耳鬓角，梳柄向外倾斜，将头发梳起形成一定坡度，使用电推剪以满推方式由下向上推剪头发

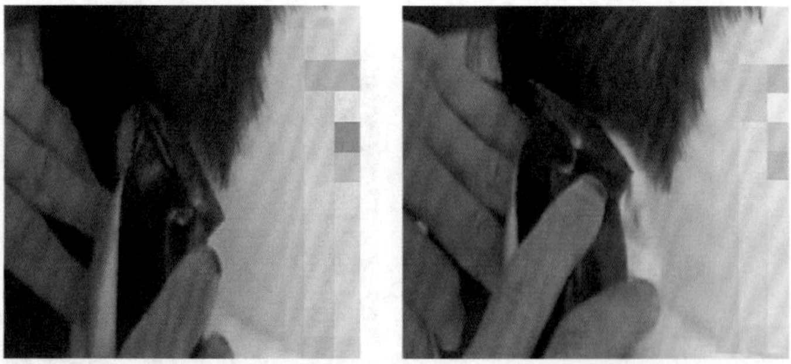

2. 翻转电推剪，以半推的方式推剪右耳耳上发际线部位的头发

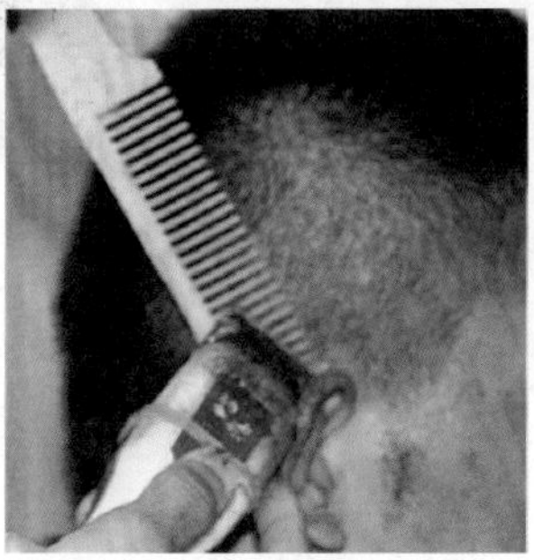
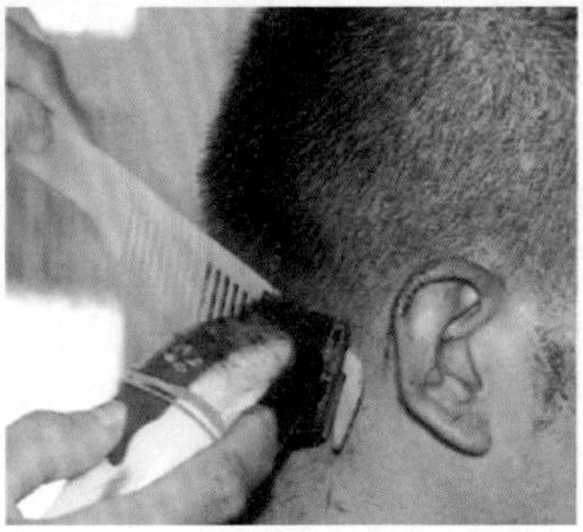

3. 用发梳将右耳耳后头发斜向梳起，用电推剪以半推方式推剪头发

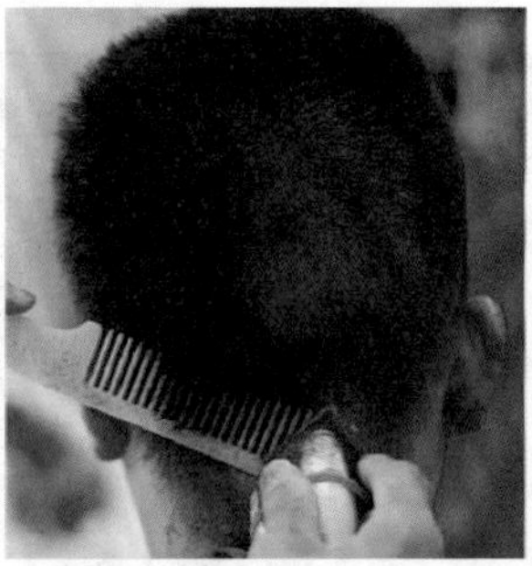
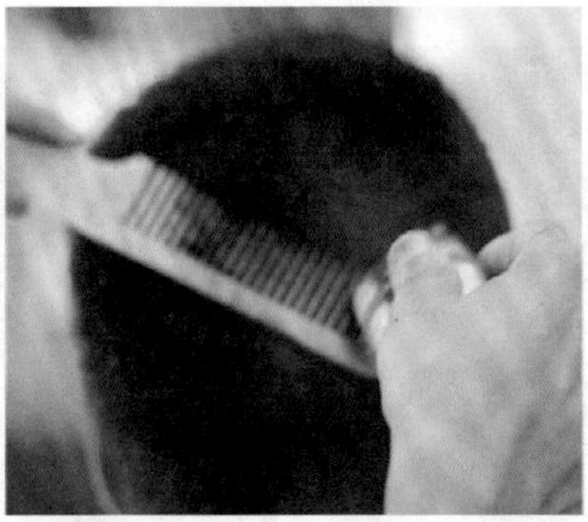

4. 用发梳将后脑部位头发梳起，并由后颈部向上移动，用电推剪配合发梳边移动边推剪

5. 用发梳将左耳耳后头发斜向梳起，用电推剪以半推方式推剪头发

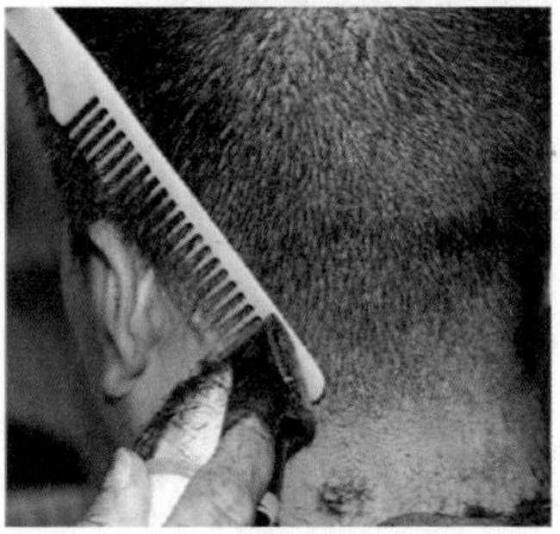

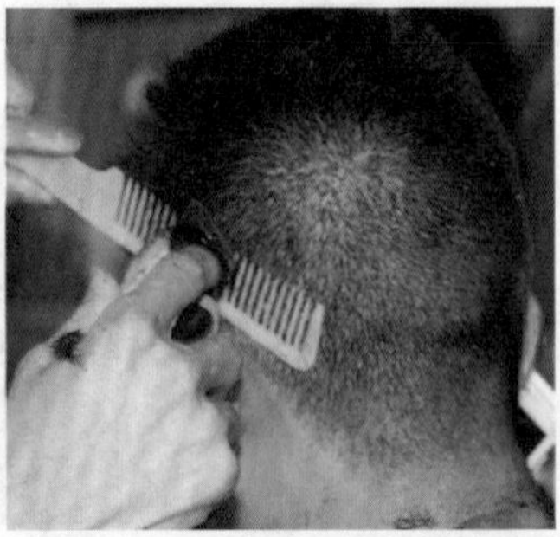
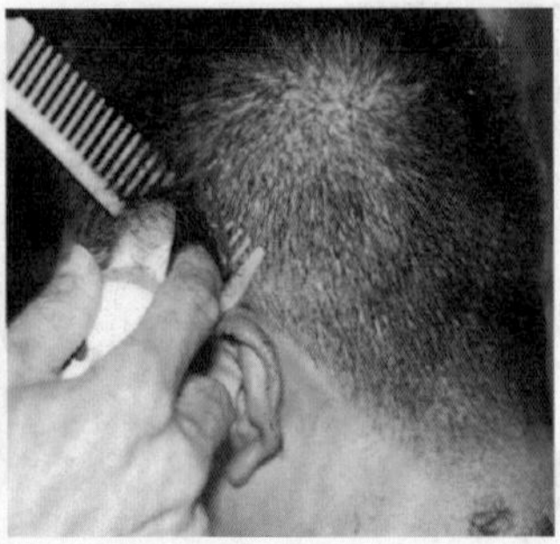

6. 用发梳紧贴左耳耳上发际线将头发梳起，使用电推剪以半推方式推剪头发

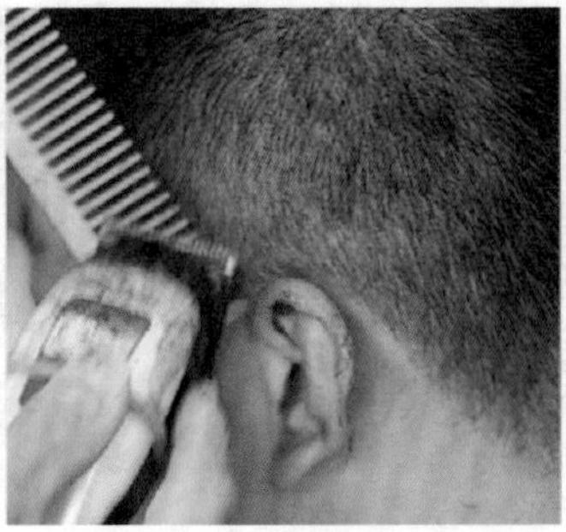
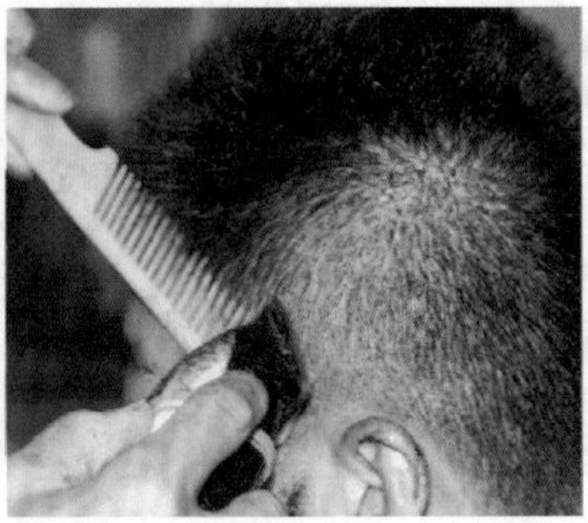

7. 将发梳紧贴左耳鬓角，梳柄向外倾斜，将头发梳起，形成一定坡度，使用电推剪以满推方式由下向上推剪头发

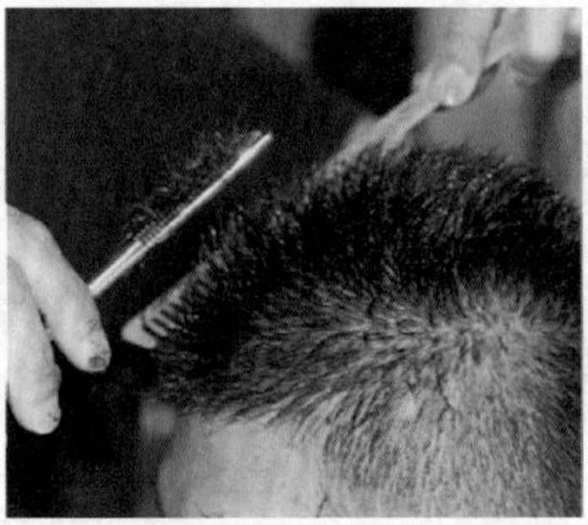
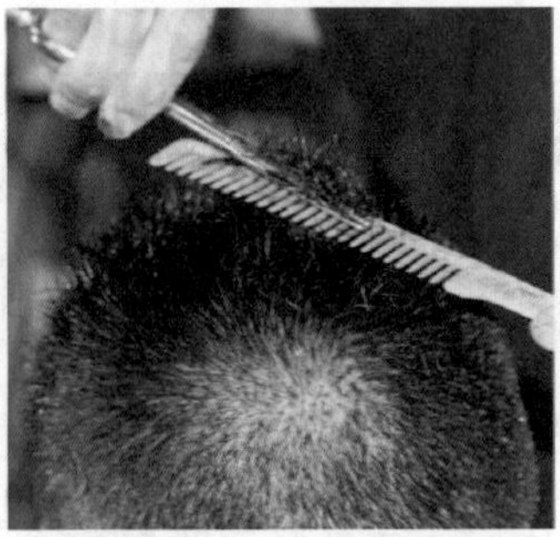

8. 用发梳将头顶中部头发梳起，然后使用牙剪进行修剪，修剪顶部轮廓

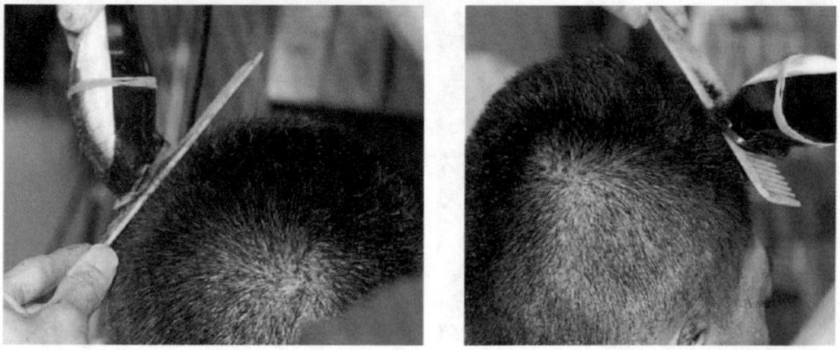

9. 用发梳将头顶两侧的头发斜向梳起，使用电推剪以全推的方式推剪出两侧轮廓线

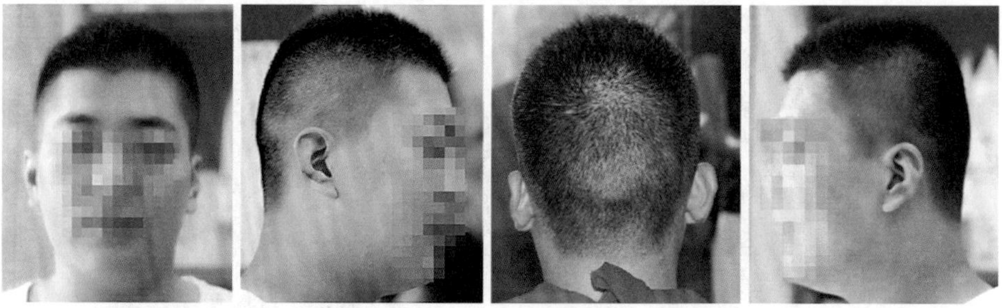

10. 整理定型

技能 38　男式中长发发型修剪说明图解

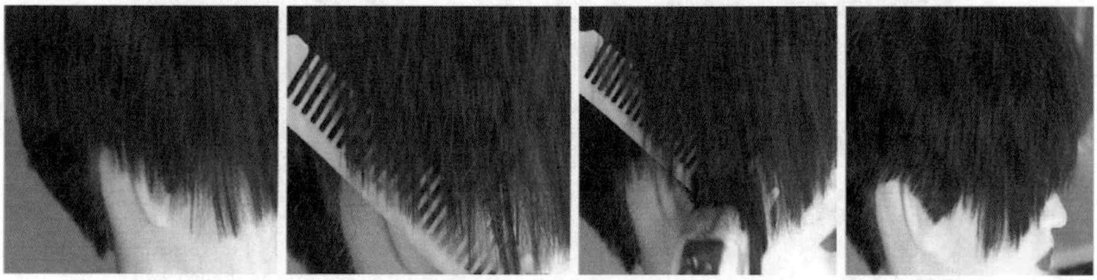

1. 用发梳将右耳耳前部位最底层头发梳起，并用电推剪以满推方式推剪发梳上的头发，然后逐层向上进行推剪，修剪右侧耳前轮廓与层次

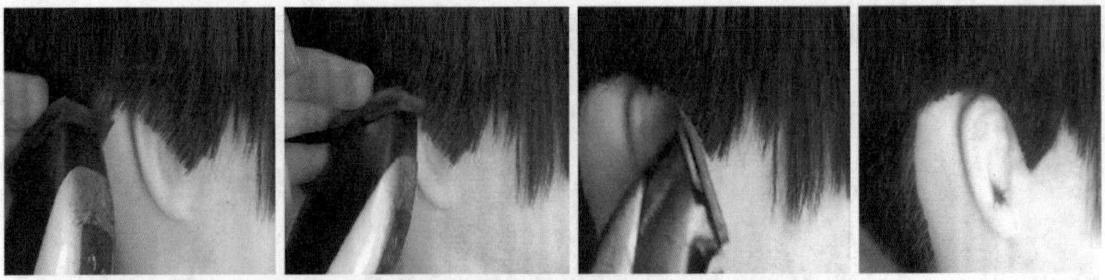

2. 使用电推剪以半推的方式推剪右耳耳上部位的头发

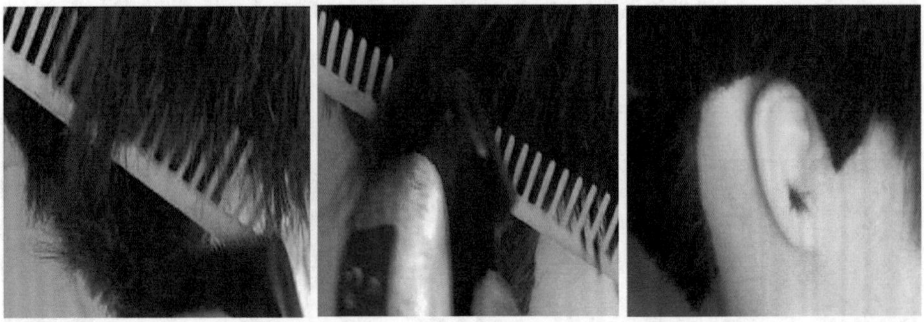

3. 用发梳在右耳耳后斜向梳起头发，梳齿向外倾斜，使用电推剪以半推方式将头发剪去，推剪出均匀色调与耳上连接

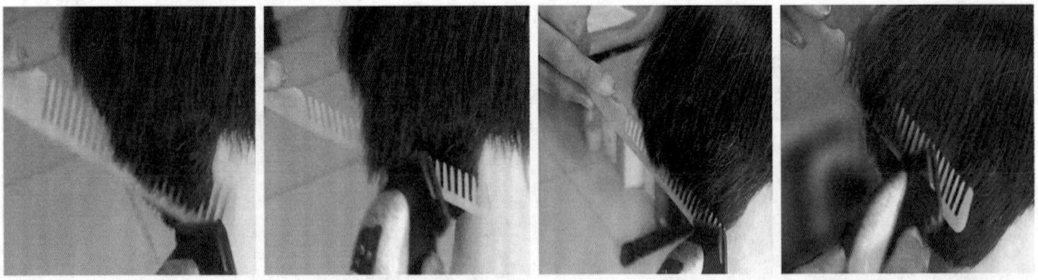

4. 发梳呈水平状，梳齿向上梳起后颈部的头发并慢慢向上移动，然后使用电推剪以满推方式推剪发梳上的头发

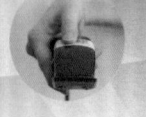

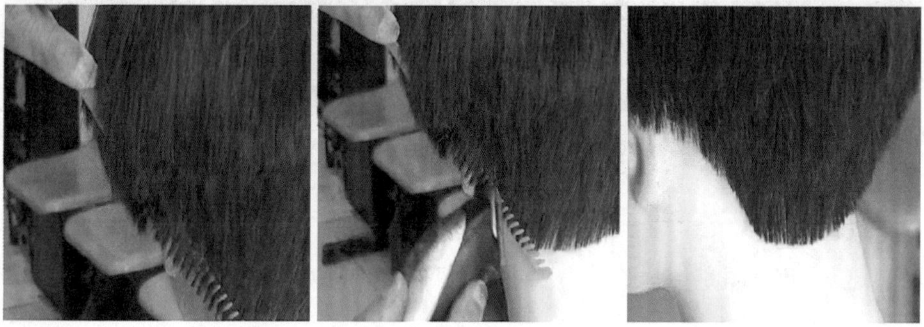

5. 用发梳在左耳耳后斜向梳起头发，梳齿向外倾斜，使用电推剪以半推方式将头发剪去，推剪出均匀色调与后枕部连接

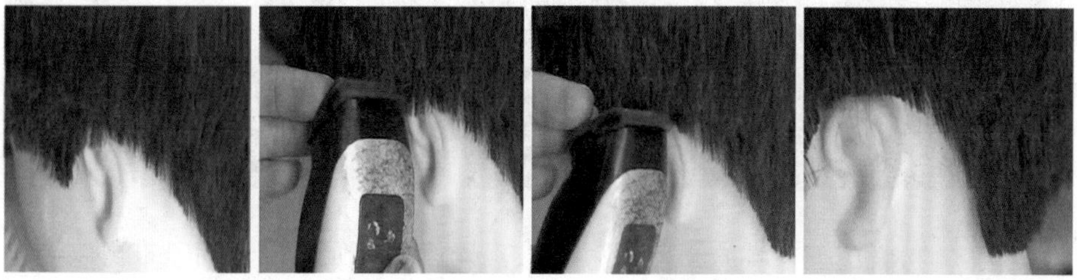

6. 使用电推剪以半推的方式推剪左耳耳上部位的头发

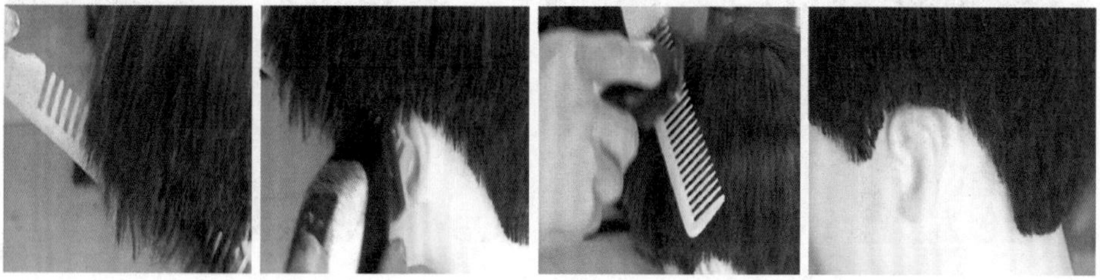

7. 用发梳将左耳耳前部位最底层头发梳起，并用电推剪以满推方式推剪发梳上的头发，然后逐层向上进行推剪，修剪左侧耳前轮廓与层次

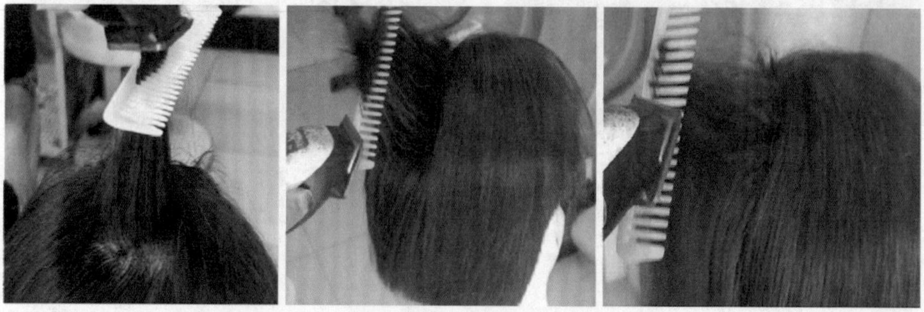

8. 在头顶正中位置取一发片，确定发长，提拉 90° 进行推剪作为基准，然后根据基准推剪头顶部的各层发片

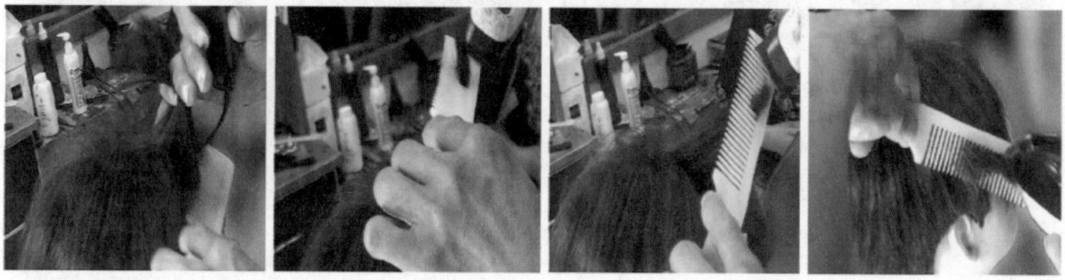

9. 用发梳将刘海区左侧发片梳起，根据留发长度要求以半推方式进行推剪作为刘海推剪基准，然后根据基准完成刘海区头发的推剪

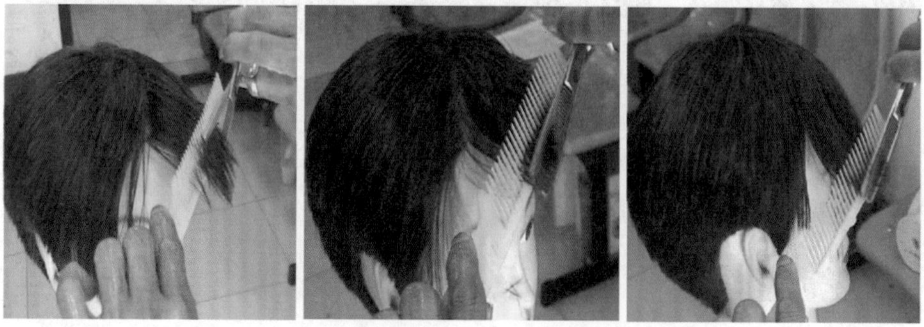

10. 使用牙剪对刘海区的发量与层次进行修剪

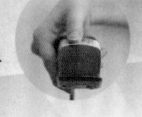

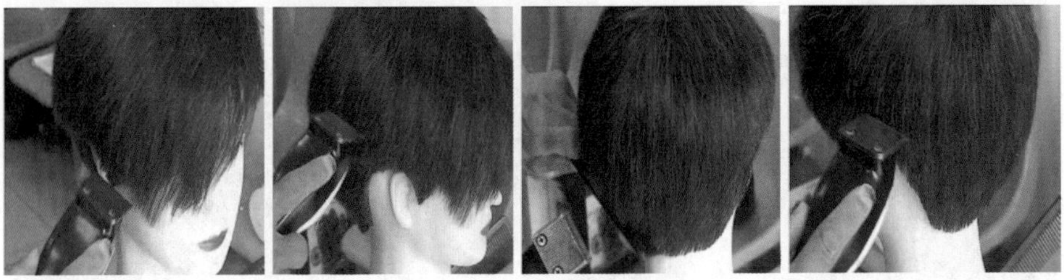

11. 检查发型并进行调整

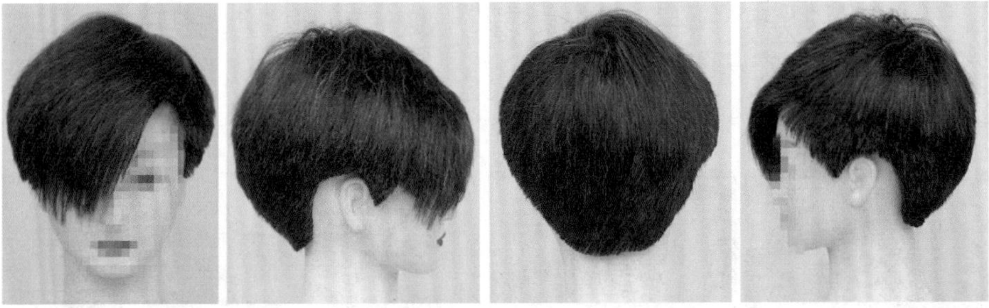

12. 整理定型

技能 39　男式长发发型修剪说明图解

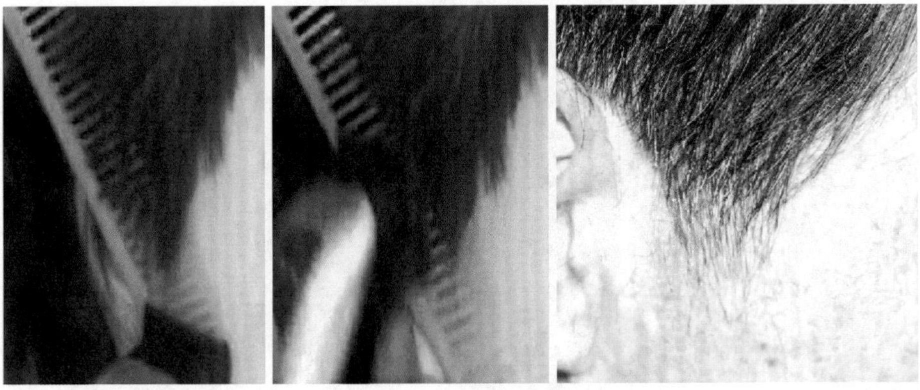

1. 用发梳前端紧贴右鬓角下部，然后用电推剪以满推方式配合发梳推剪耳前色调

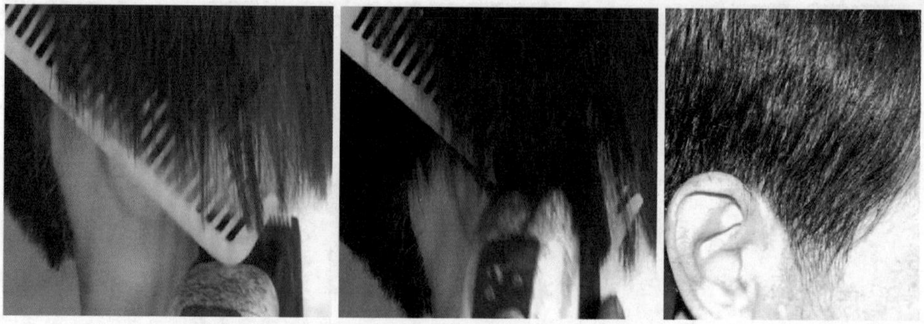

2. 将发梳前端紧贴右耳耳上发际线做弧线移动，用电推剪以半推方式配合发梳剪去梳齿上的头发，推出均匀色调并与耳前连接

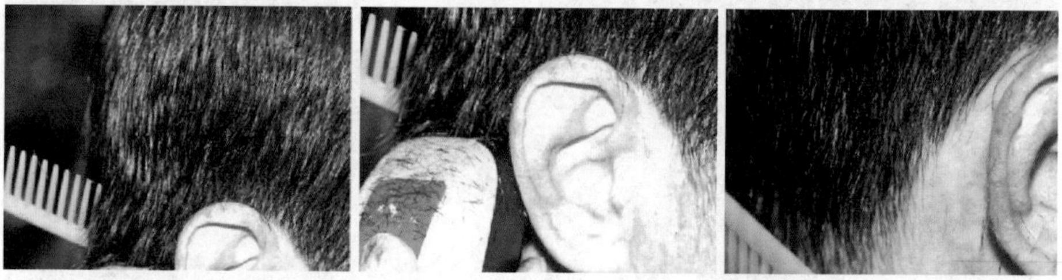

3. 用发梳在右耳耳后斜向上梳起头发，梳齿向外倾斜，用半推方式将头发剪去，推剪出均匀色调与耳上连接

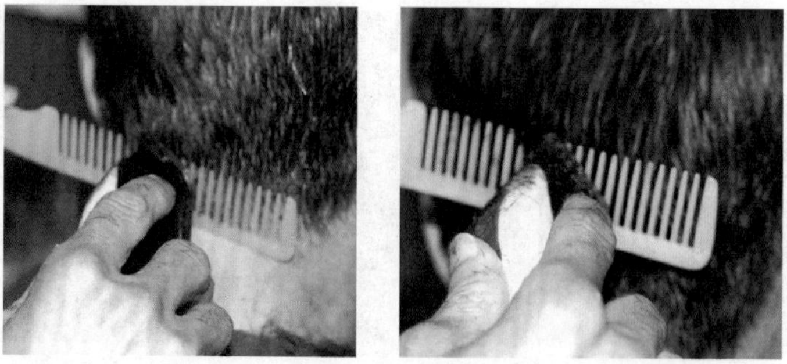

4. 发梳呈水平状，梳齿向上梳起后颈部的头发，并使梳背与头皮成一定角度，慢慢向上移动，然后使用电推剪以满推方式推剪发梳上的头发

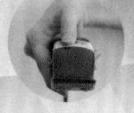

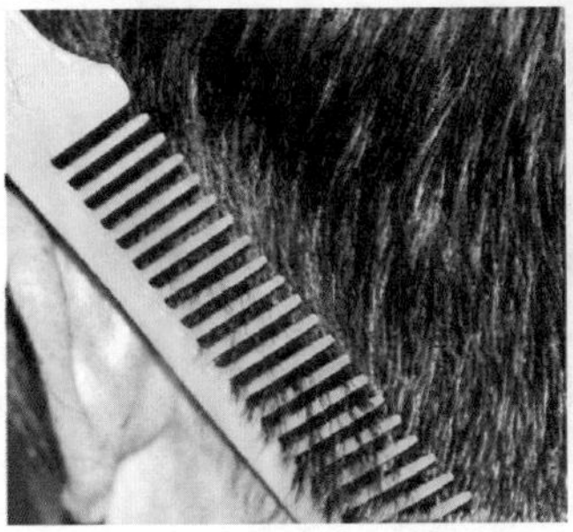
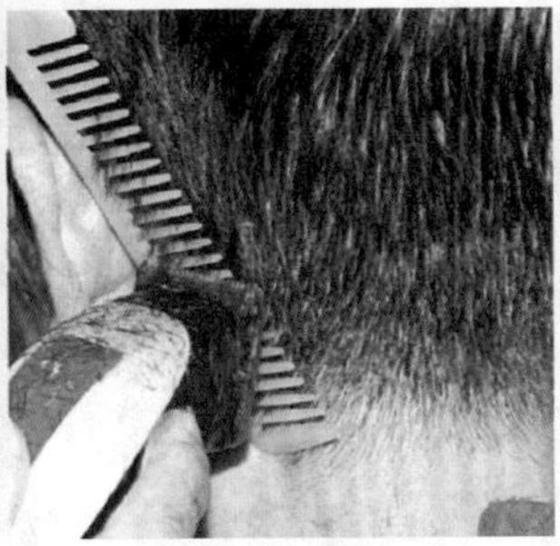
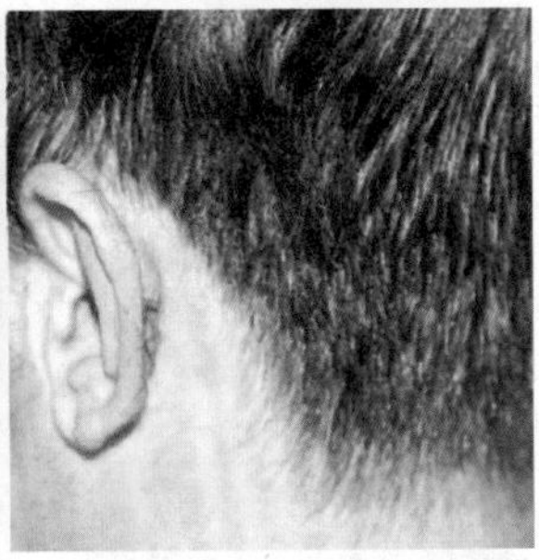

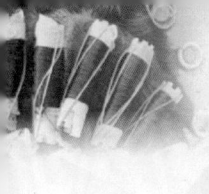

5. 将发梳梳齿紧贴左耳耳后发际线，斜向梳起头发，然后用电推剪以半推方式将头发剪去，推剪出均匀色调与后枕部连接

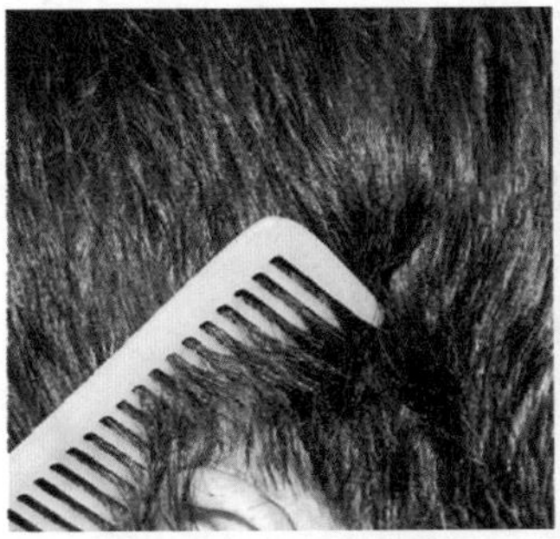
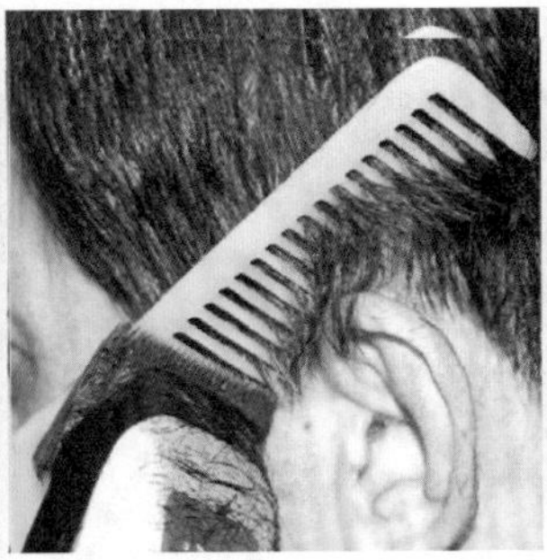
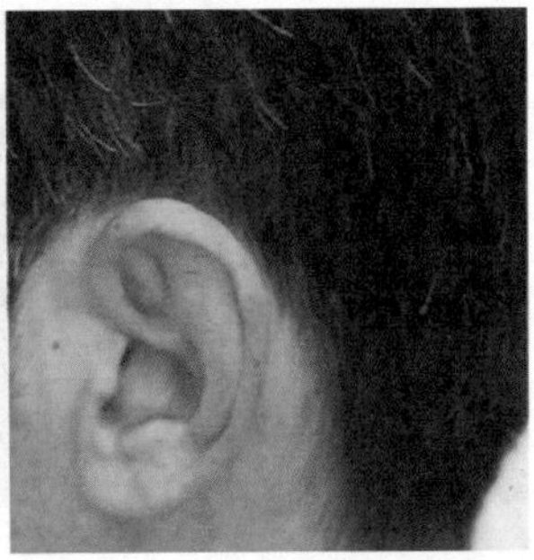

6. 用发梳将左耳耳上发际线处头发梳起，做弧线移动，用电推剪以半推方式配合发梳剪去梳齿上的头发，推出均匀色调与耳后连接

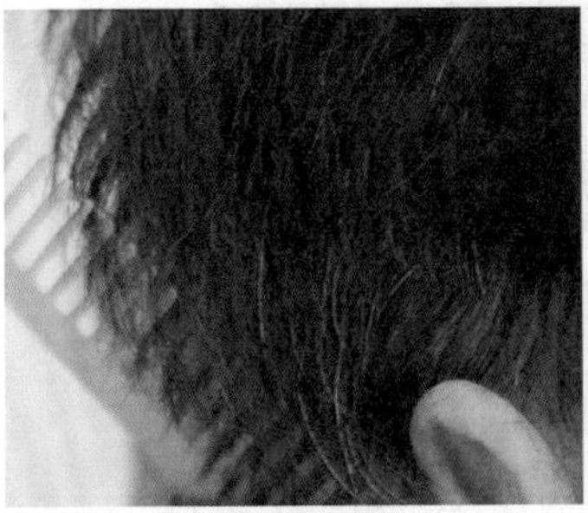
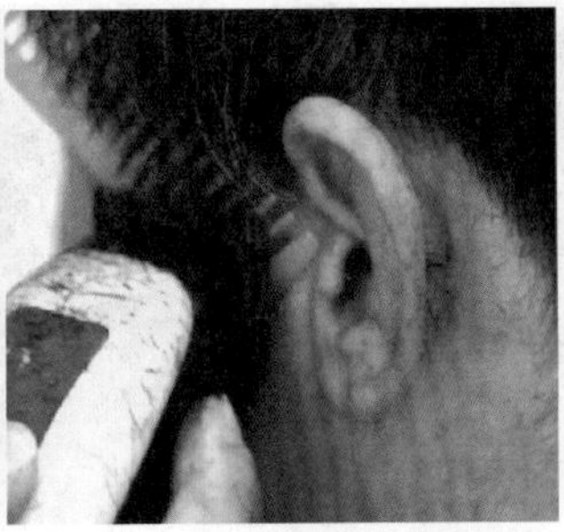
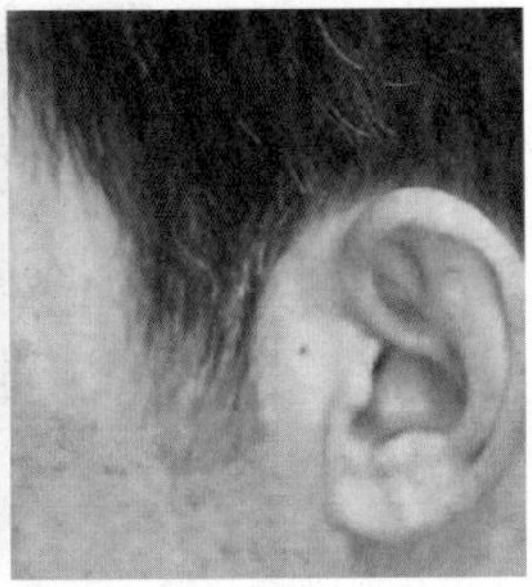

7. 用发梳将左侧鬓角处头发梳起，然后用电推剪以满推方式配合发梳推剪耳前色调并与耳上连接

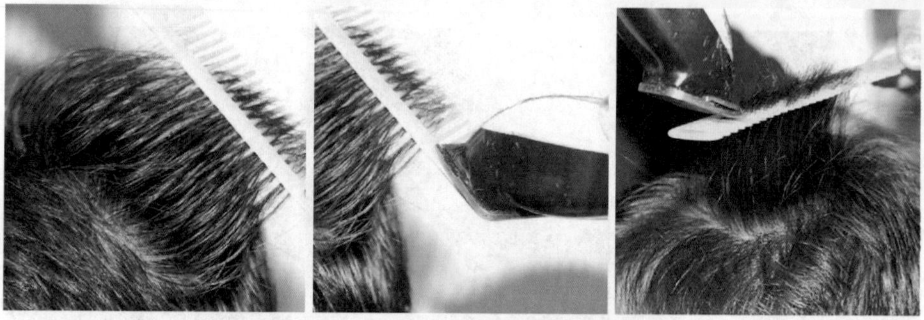

8. 用发梳将头顶部的发片提拉 90°，使用满推方式推剪头发形成引导线，然后以引导线为基准，依次修剪至头顶部的各层发片

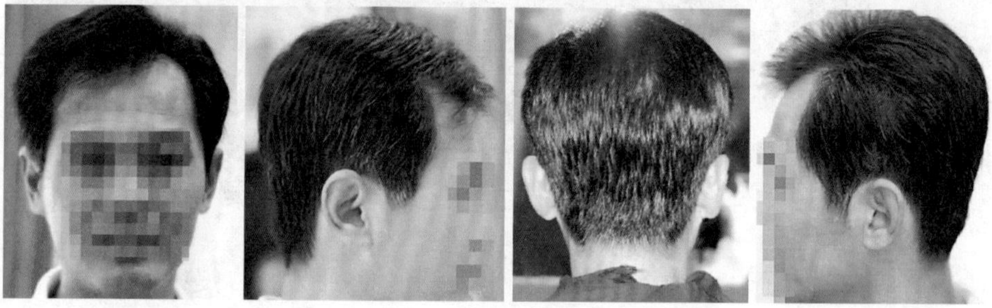

9. 整理定型

技能 40　女式超短发发型修剪说明图解

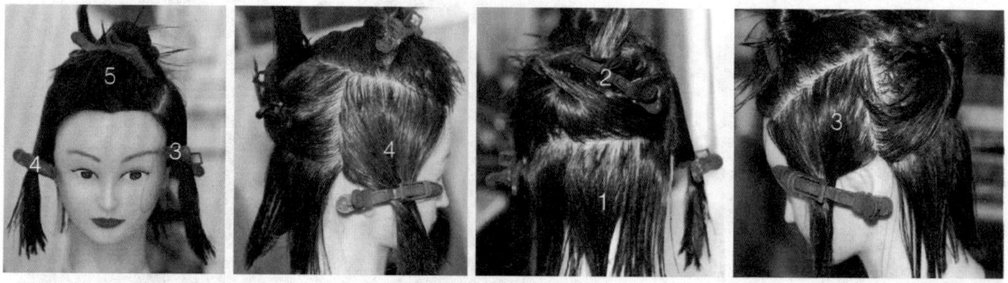

1. 将头发分为 5 个发区

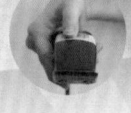

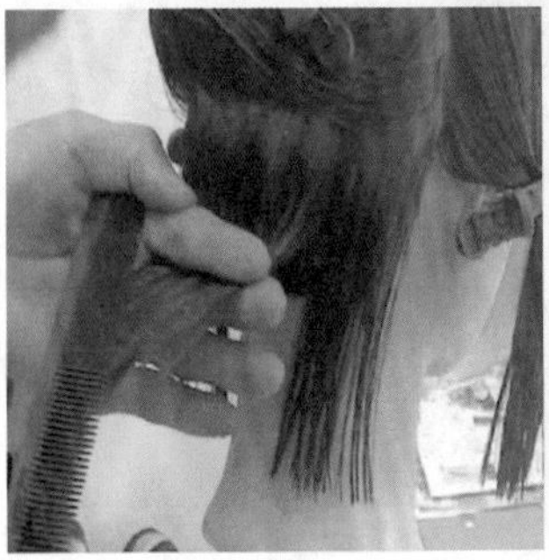

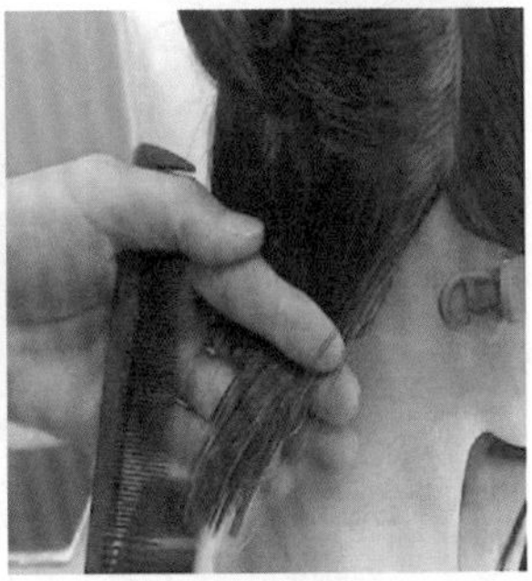
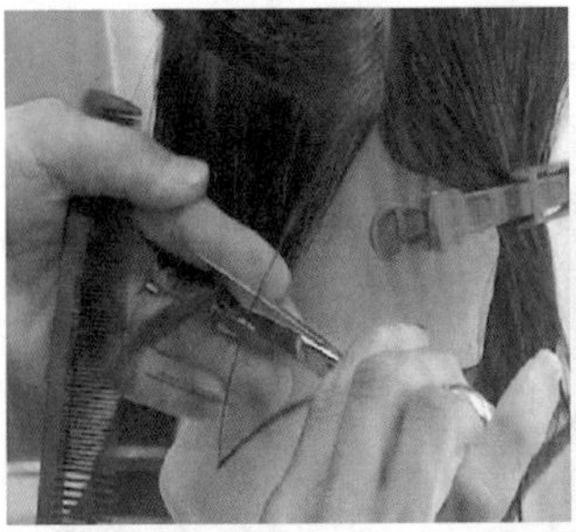
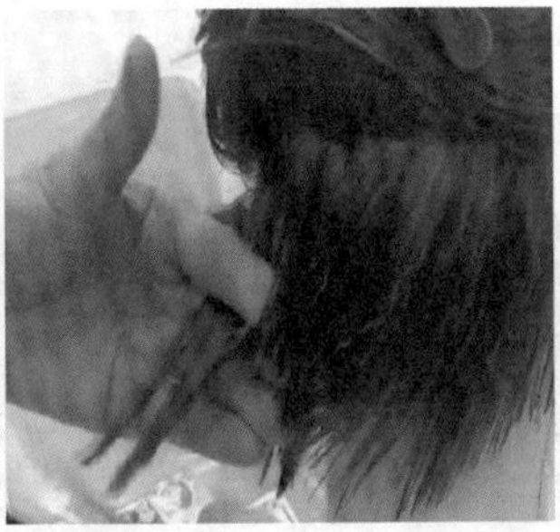
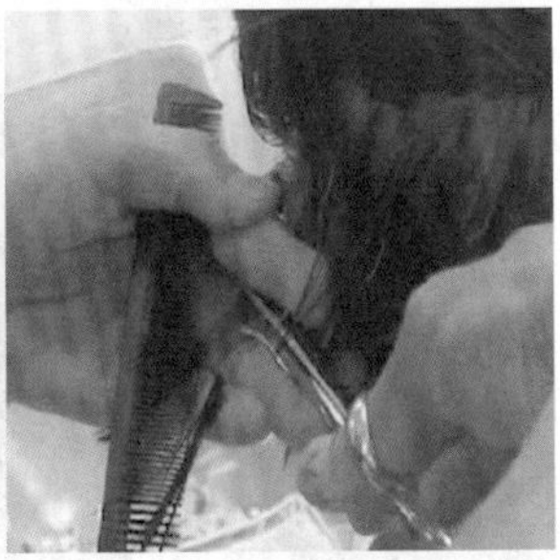

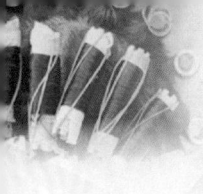

2. 在 1 发区正中间位置挑出宽度为 3 cm 的水平发片，提拉 30° 进行修剪，作为 1 发区的引导线，然后以引导线为基准，水平分份，依次修剪引导线两侧的头发

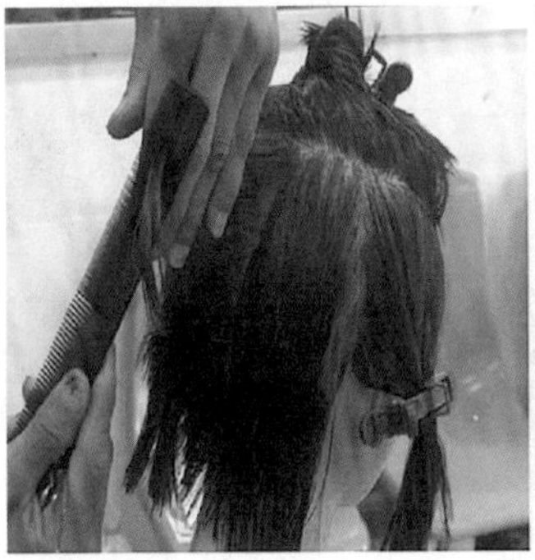
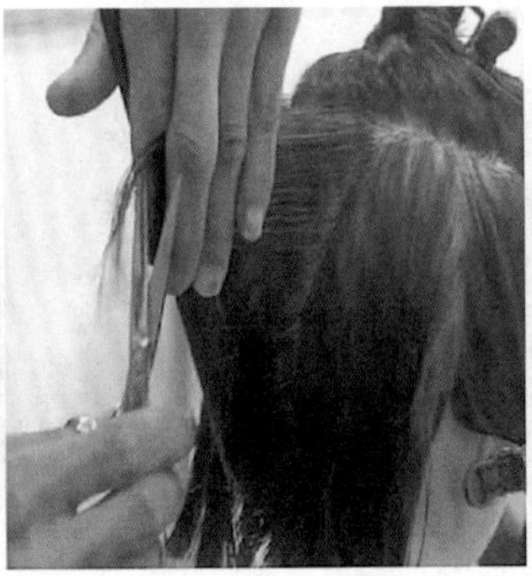

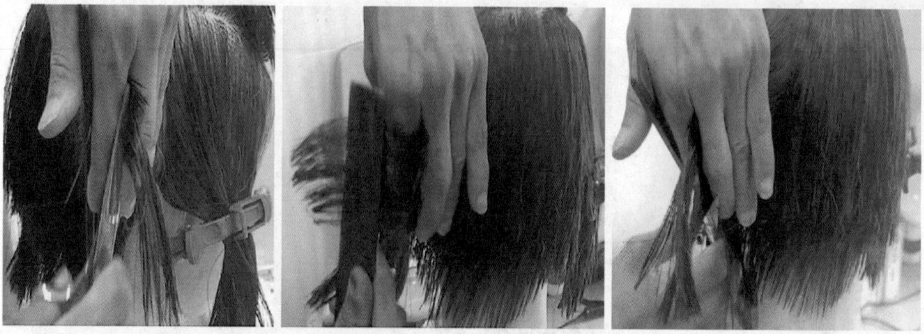

3. 在 2 发区中间位置挑出一垂直发片，提拉 45°，并以 1 发区引导线为基准进行修剪，作为 2 发区的引导线，然后以引导线为基准，垂直分份，依次修剪引导线两侧的头发

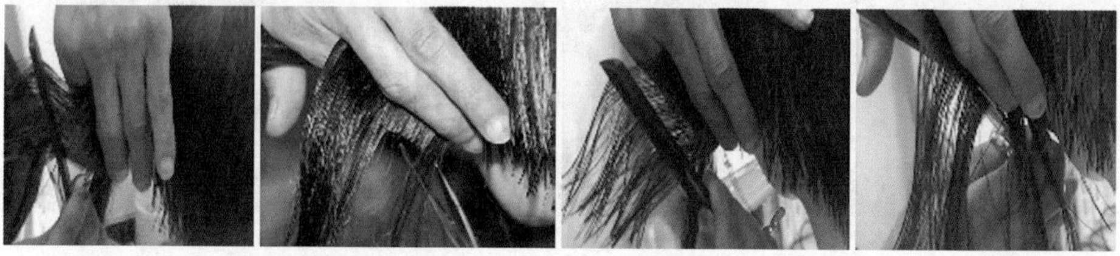

4. 在 3 发区最左侧挑出一垂直发片，提拉 45°，并以 2 发区引导线为基准进行修剪，作为 3 发区引导线，然后依次向右修剪 3 发区的头发

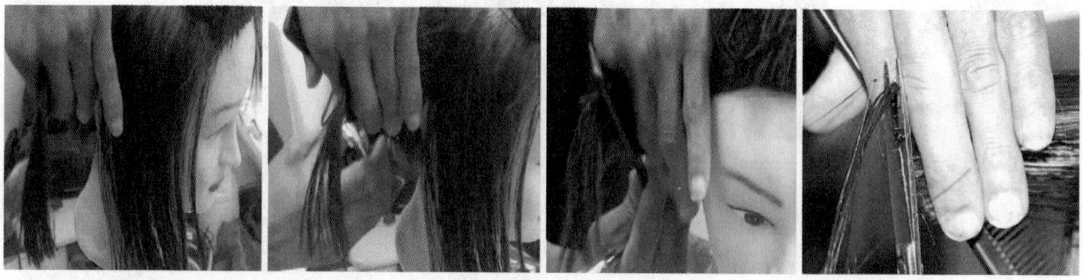

5. 在 4 发区最右侧挑出一垂直发片，提拉 45°，并以 2 发区引导线为基准进行修剪，作为 4 发区引导线，然后依次向左修剪 4 发区的头发

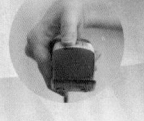

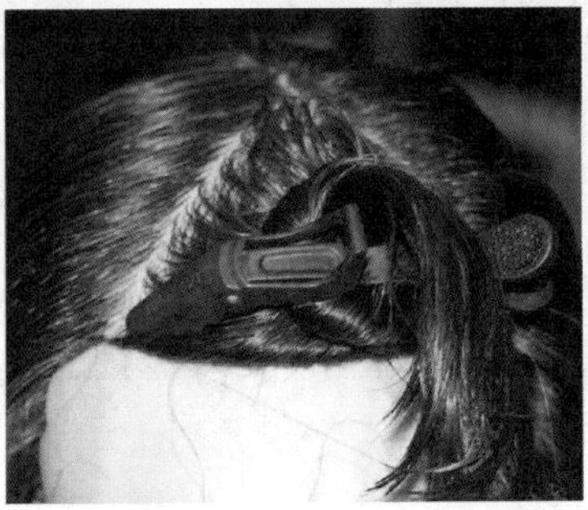

6. 在 5 发区前额部位分出三角发区作为刘海区

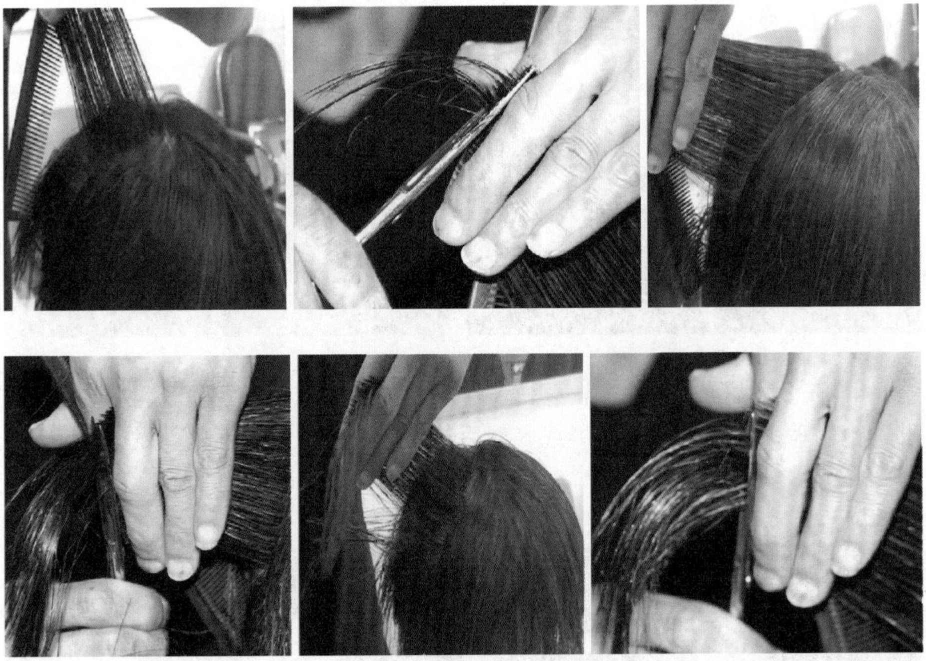

7. 在 5 发区头顶中间位置取一垂直发片，提拉 90°，以 2 发区头发的引导线为基准进行修剪，作为 5 发区的基准线，然后按照基准线要求，依次修剪 5 发区的头发

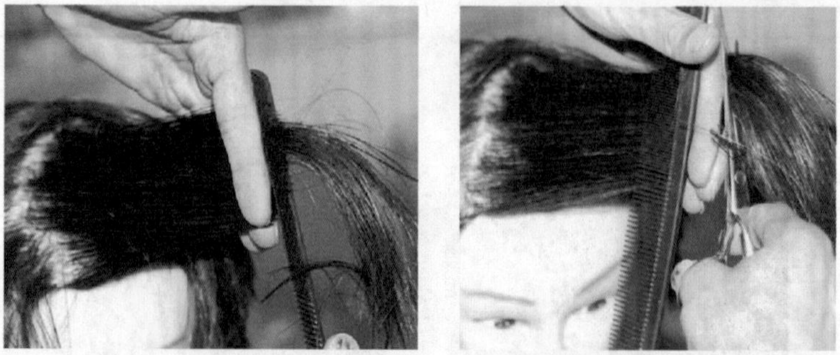

8. 将刘海区头发向左提拉，并以 5 发区左侧头发发长为基准进行修剪

9. 以头顶发旋为中心，分出一圆形发区，并将发区内头发用定位夹固定

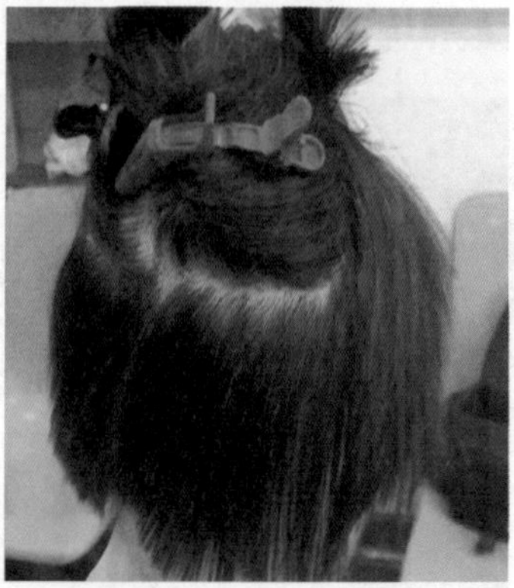

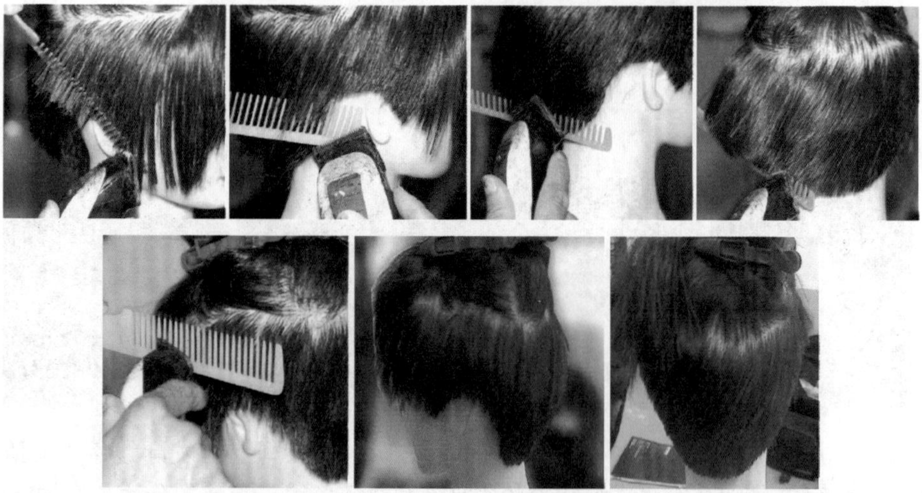

10. 用电推剪按“右耳侧—脑后侧—左耳侧”的顺序推剪头发，修剪发型轮廓线

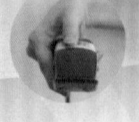

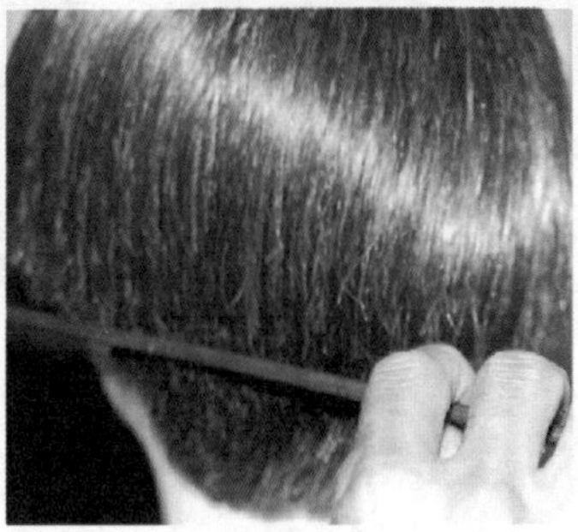

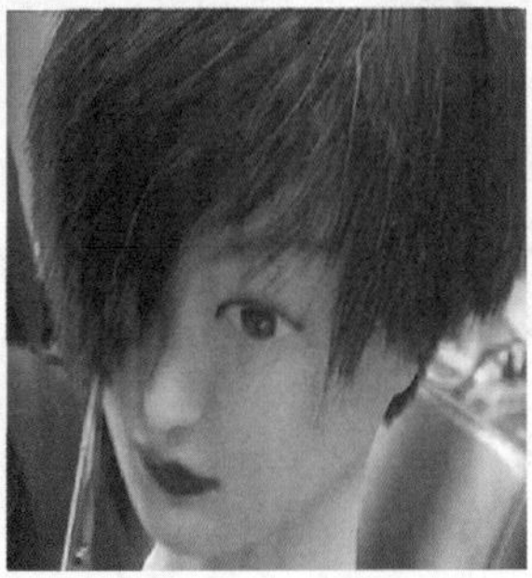

11. 将圆形发区的头发放下，然后进行梳理检查并调整

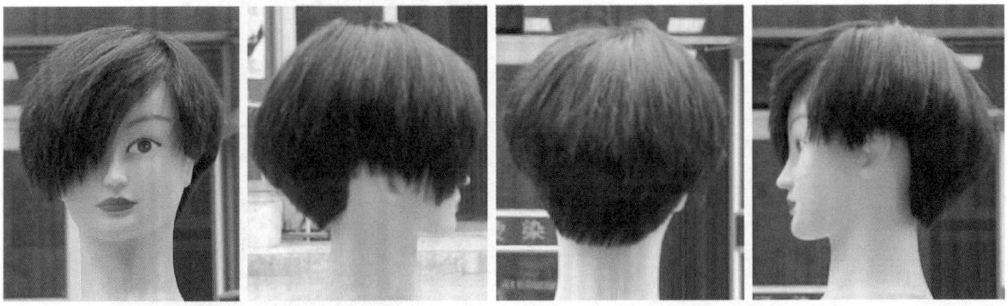

12. 整理定型

技能 41　女式短发发型修剪说明图解

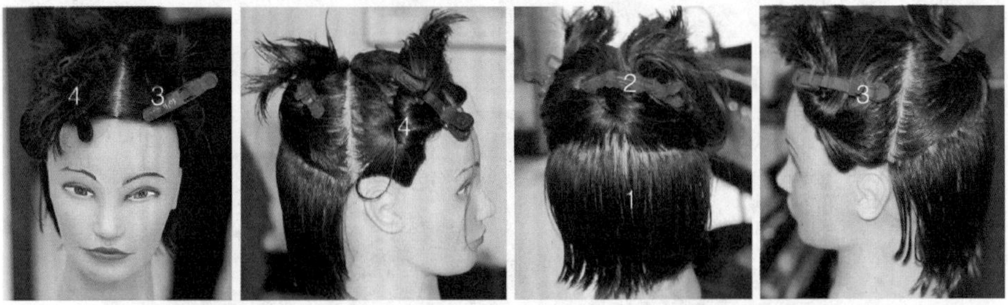

1. 用“前额发际线中点—头顶正中点连线”“双耳上方发际线点—头顶正中点连线”“双耳水平发际线点的水平连线”三条线，将头发分为 4 个发区

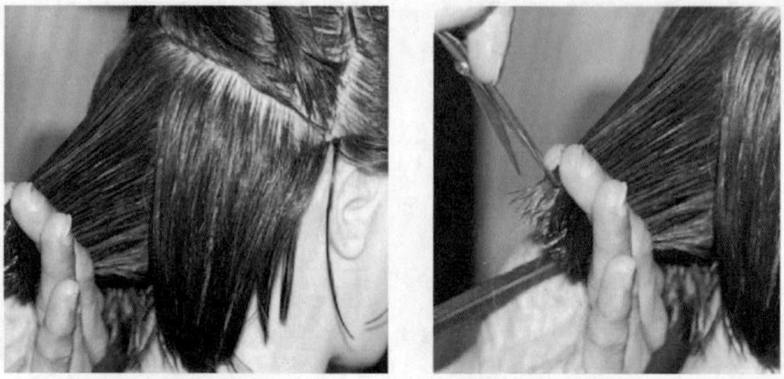

2. 在 1 发区正中间位置挑出宽度为 2 cm 的垂直发片，提拉 45°，并以 45° 的剪切角度修剪引导线

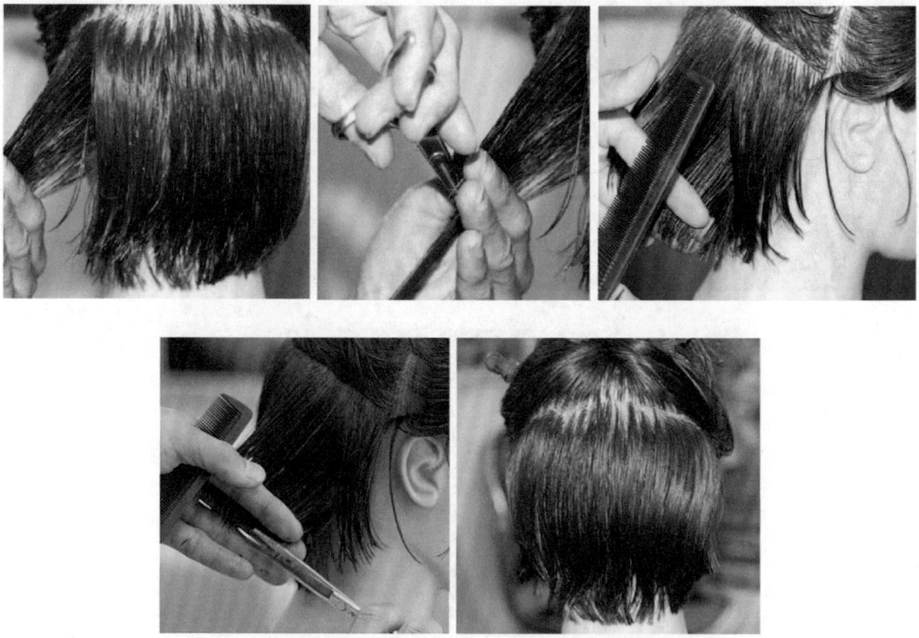

3. 将引导线分别与其左右两侧的发片梳在一起，提拉 45°，并以 45° 的剪切角度按照引导线的长度标准修剪下层发区头发

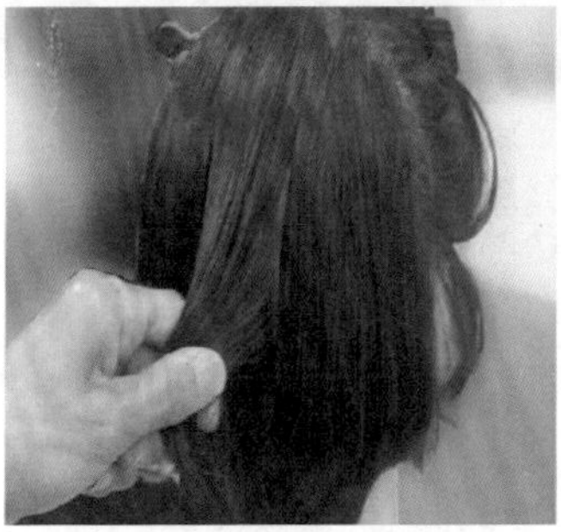
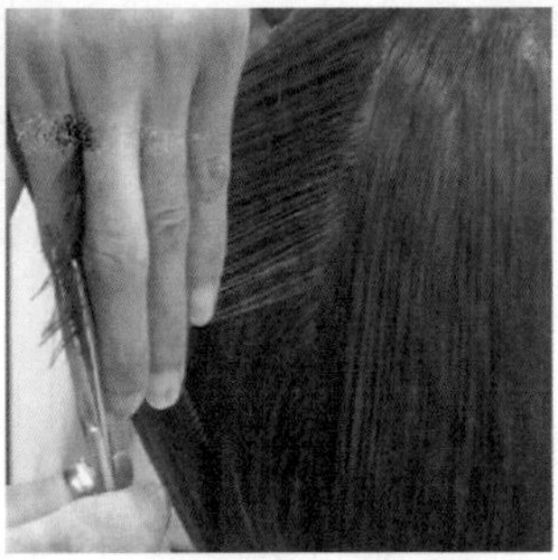

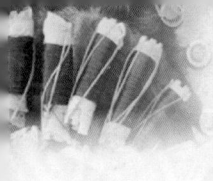

4. 将 2 发区头发放下，在 2 发区正中心位置垂直挑起发片与 1 发区引导线梳在一起，提拉 45°，同时以 45° 的剪切角度修剪出 2 发区引导线

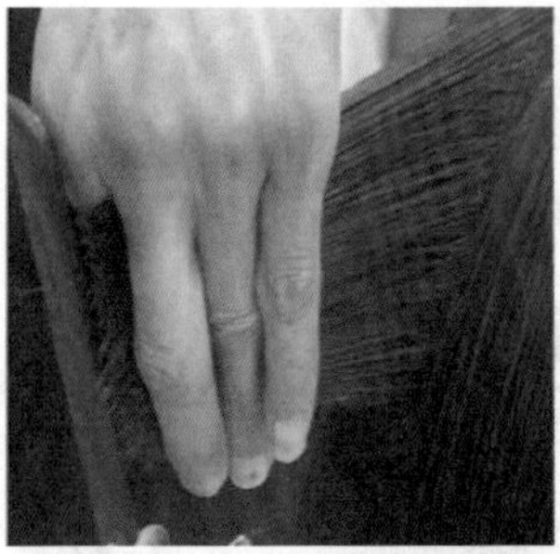
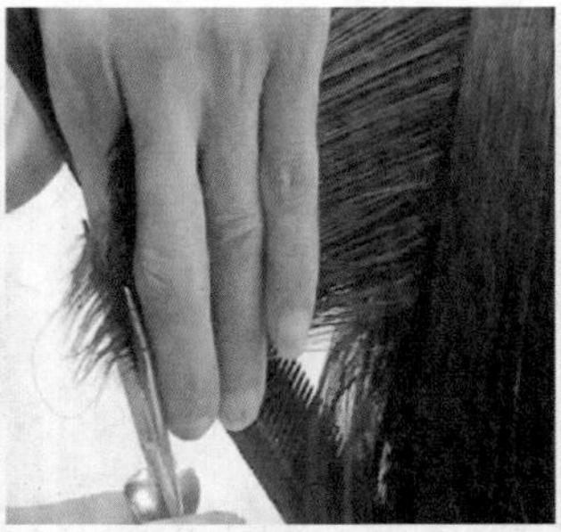
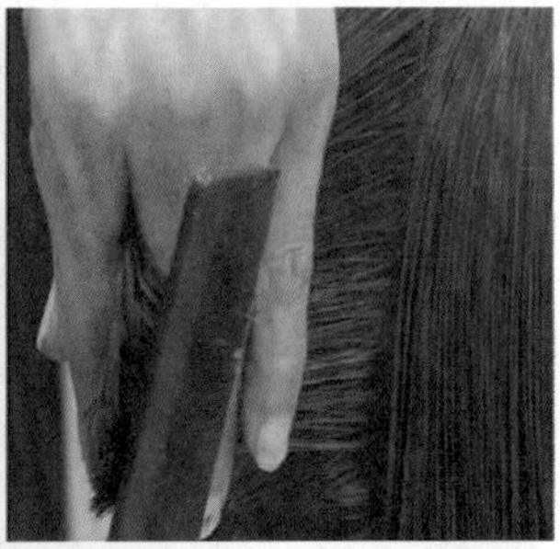
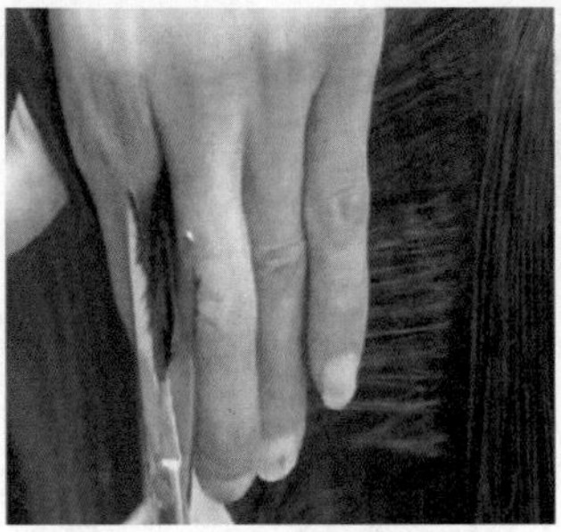
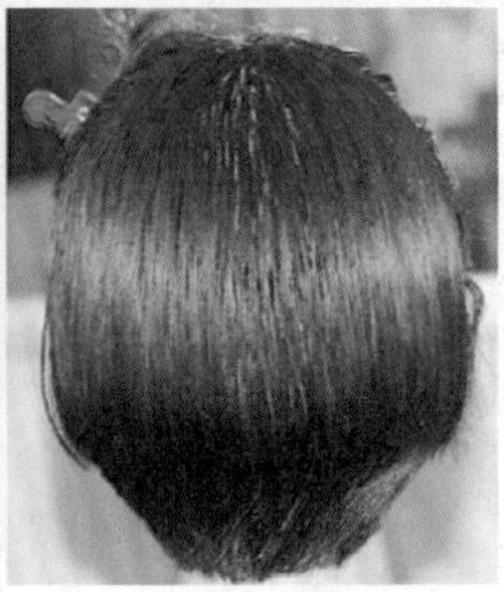

5. 以 2 发区引导线为基准，按照相同的提拉角度与剪切角度修剪 2 发区引导线左右两侧的头发

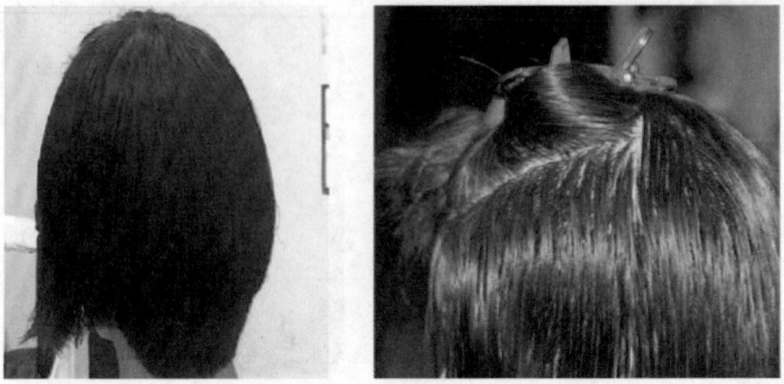

6. 将 3 发区以平行于“前额发际线中点—头顶正中点—后颈部发际线中心连线”的线均分为上下两层发区

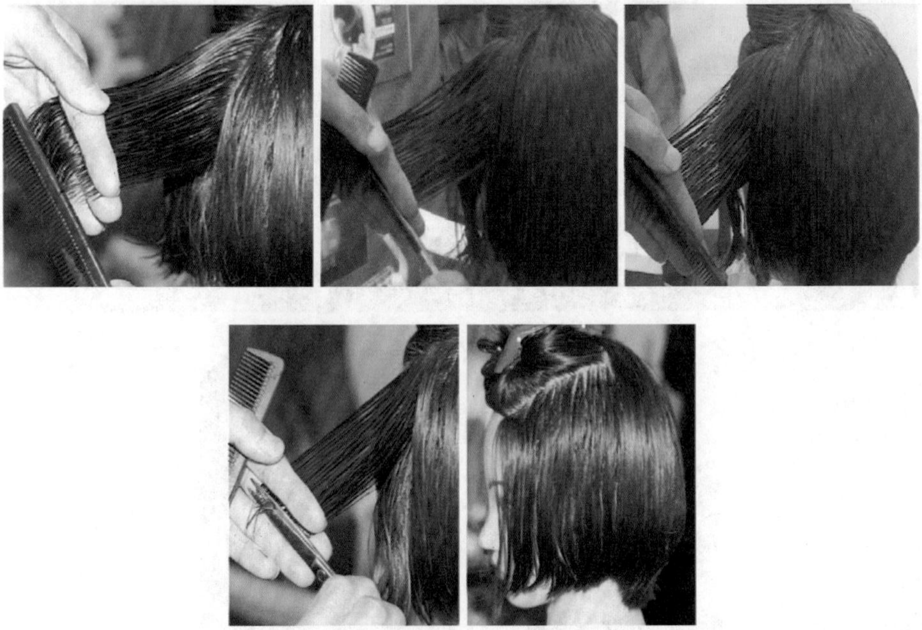

7. 在 3 发区的下层发区最右侧垂直挑出一发片，提拉 45°，以 45° 的修剪角度参照 2 发区头发长度修剪引导线，然后以引导线为基准，逐片向左修剪 3 发区下层头发

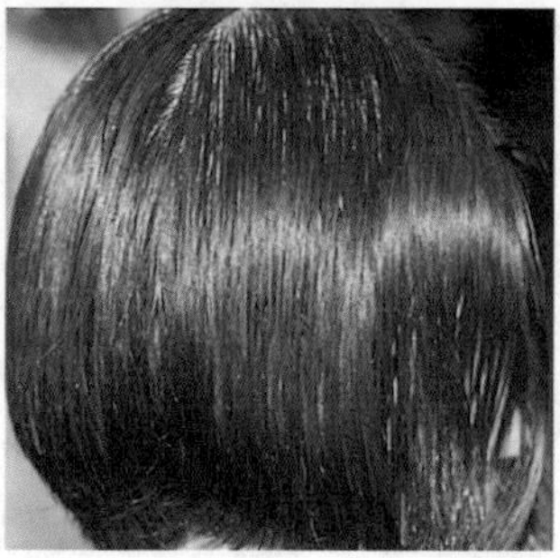
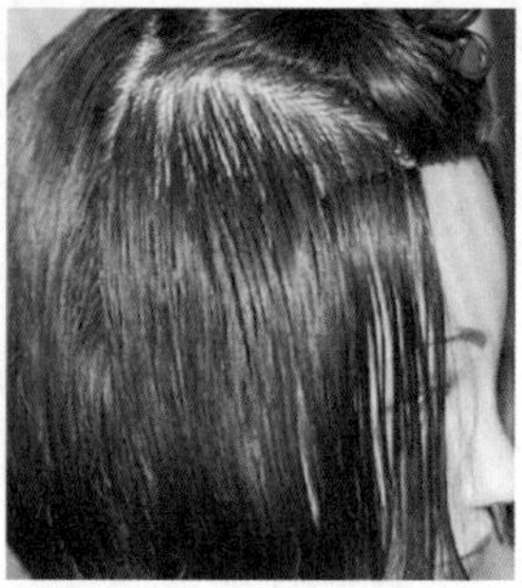

8. 将 4 发区以平行于“前额发际线中点—头顶正中点—后颈部发际线中心连线”的线均分为上下两层发区

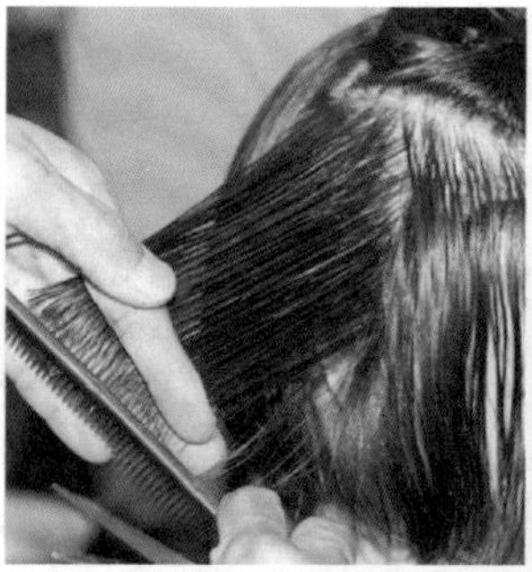
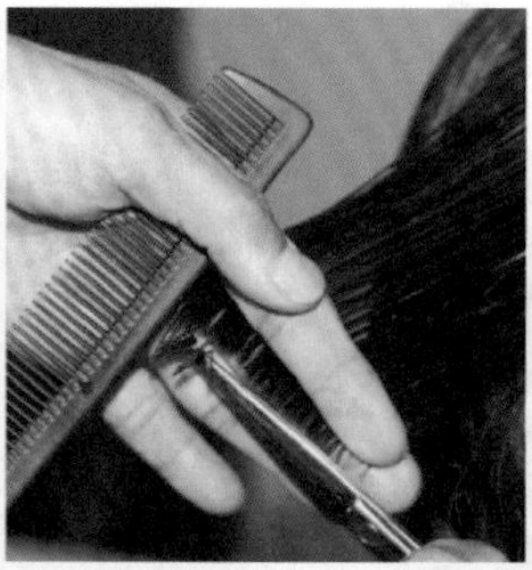
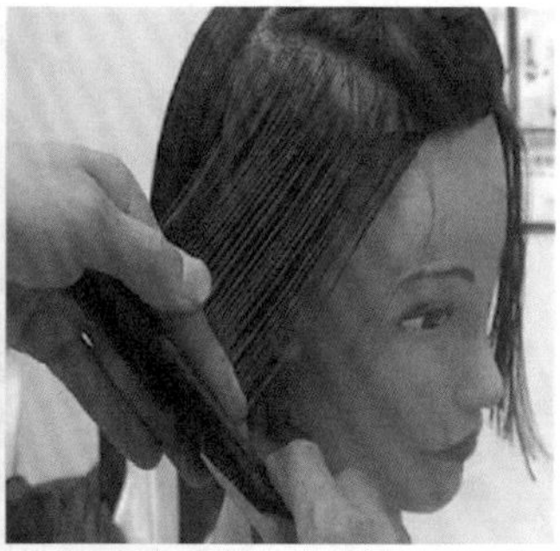
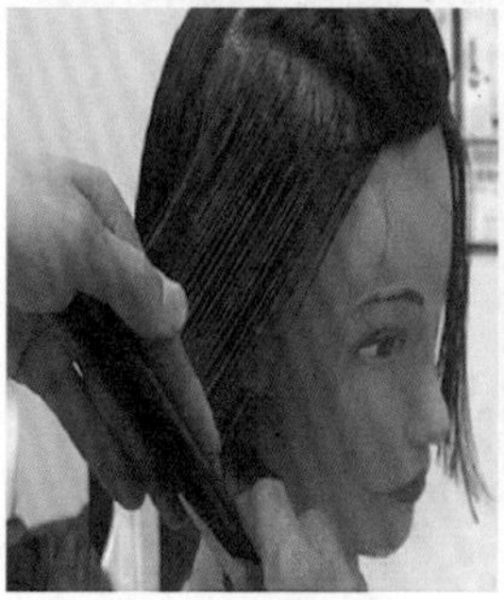
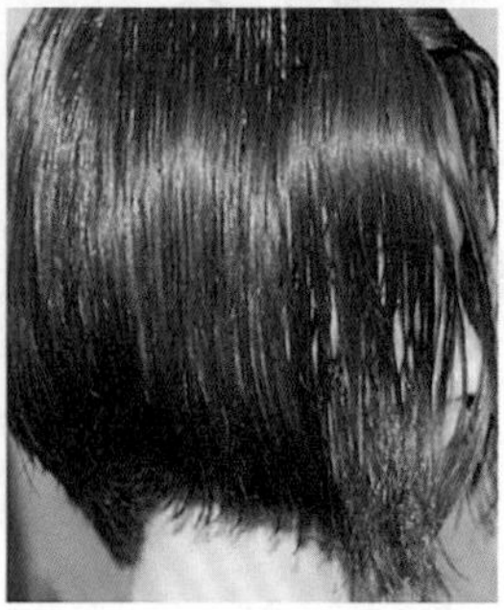

9. 在 4 发区的下层发区最左侧垂直挑出一发片，提拉 45°，以 45° 的修剪角度参照 2 发区头发长度修剪引导线，然后以引导线为基准，逐片向右修剪 4 发区下层头发

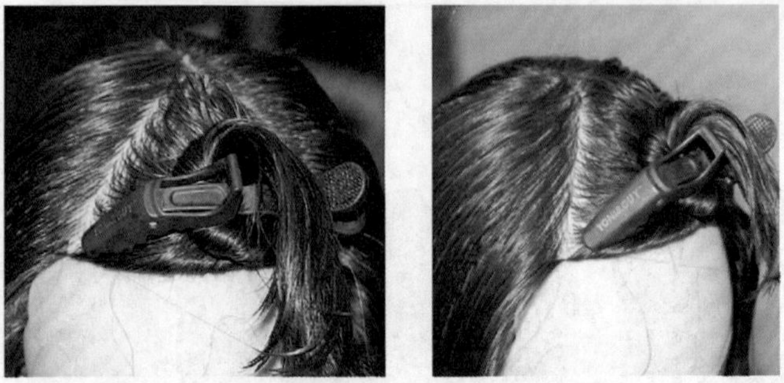

10. 将 3、4 发区内上层发区的头发放下，并在头顶中分线 1/2 位置分成三角形发区作为刘海区

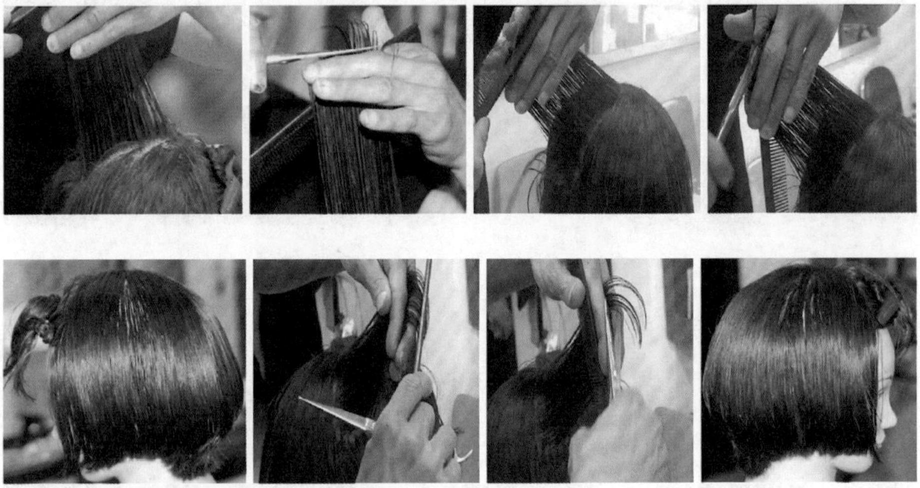

11. 在 3、4 发区的上层发区内，从头顶中分线位置垂直分出一发片，提拉 90°，并以下层发区的头发长度为基准进行修剪，然后依次修剪上层两侧头发

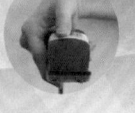

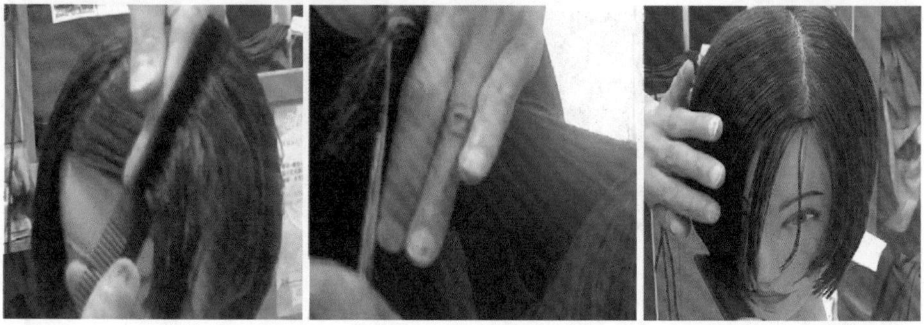

12. 将刘海区的头发向左梳起，并根据刘海长度要求确定剪发长度进行修剪，然后将刘海沿分份线向右梳

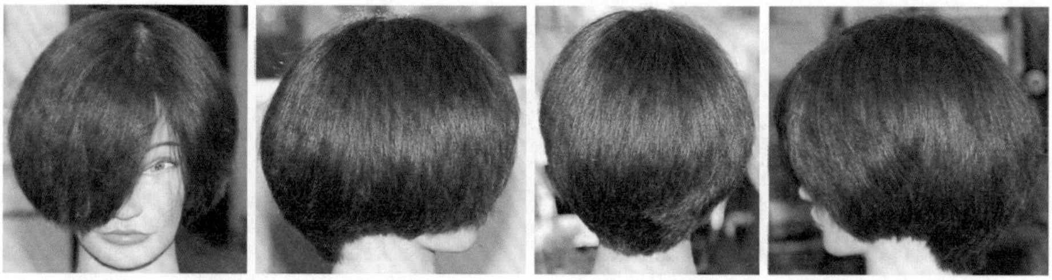

13. 整理定型

技能 42　女式中长发发型修剪说明图解

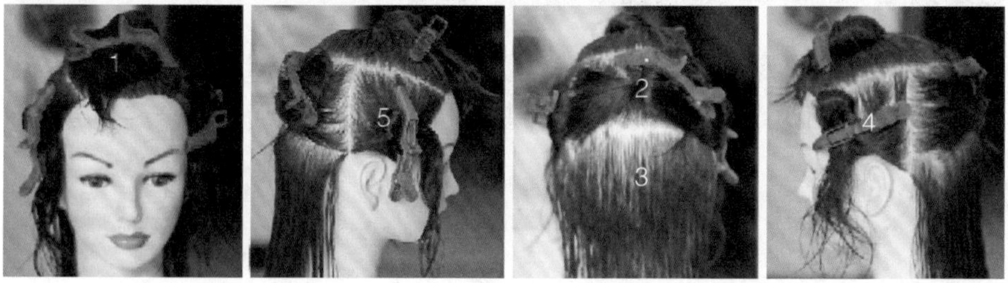

1. 将头发分为 5 个发区

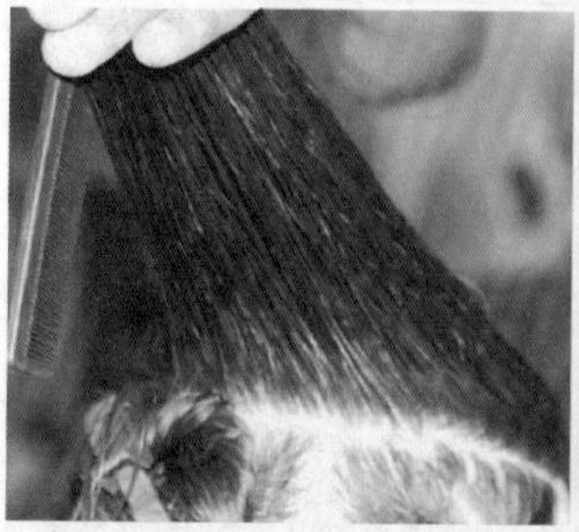

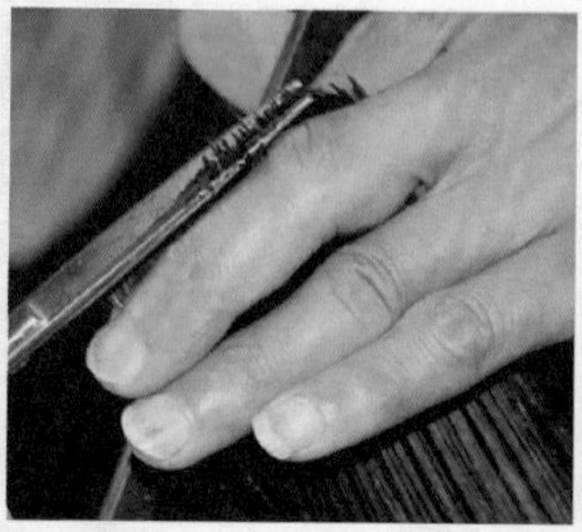

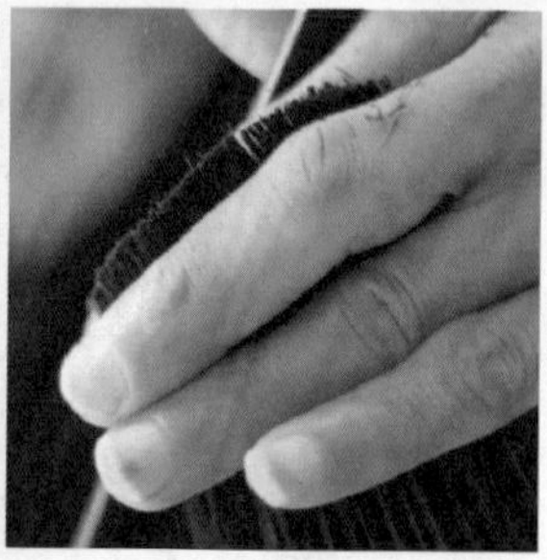

2. 将 1 发区头发垂直向后提拉，使发区前端头发与头顶所在平面呈 45°，然后根据剪发长度要求确定剪发长度进行修剪

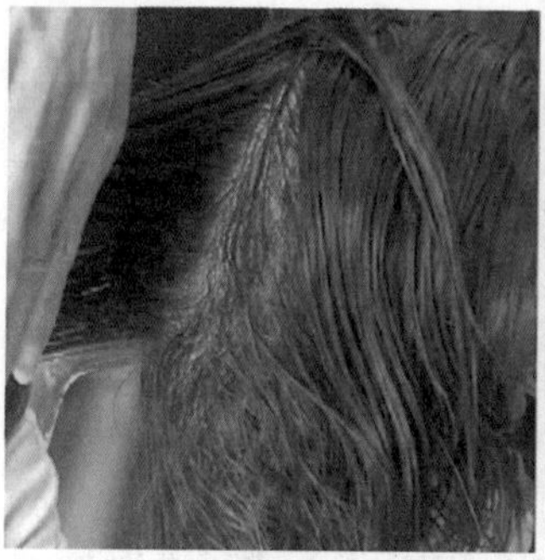

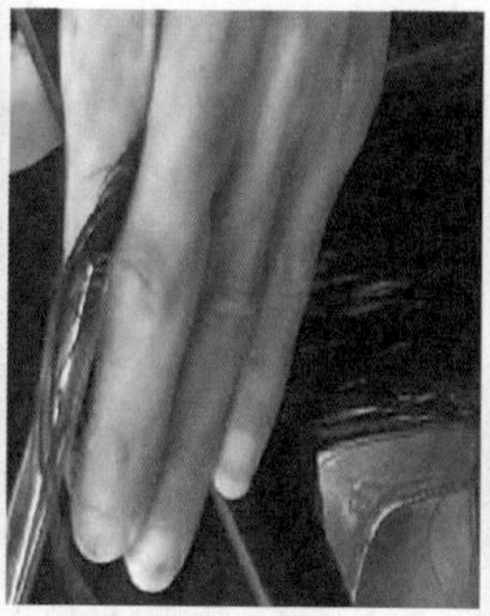

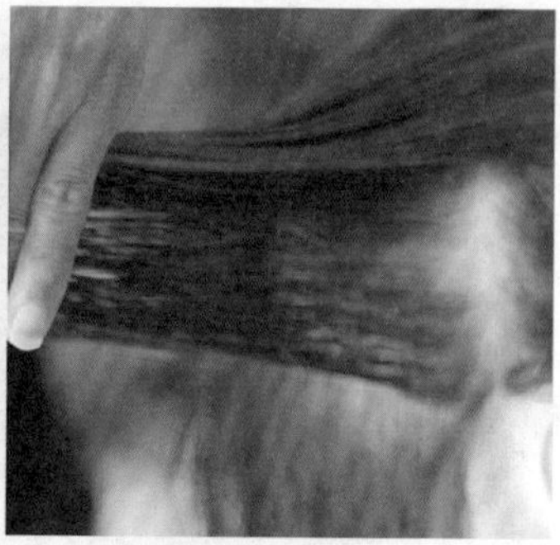

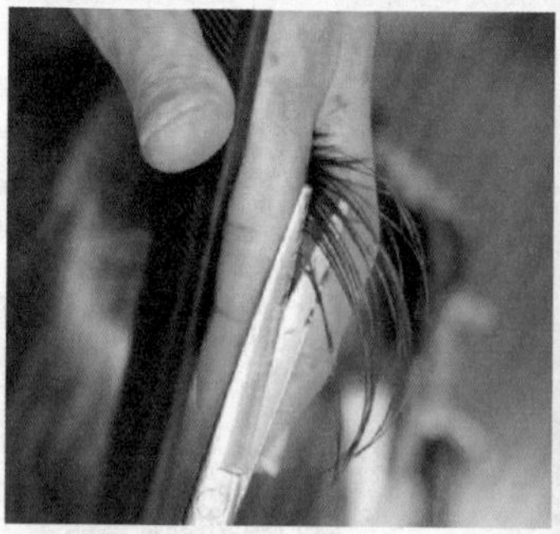

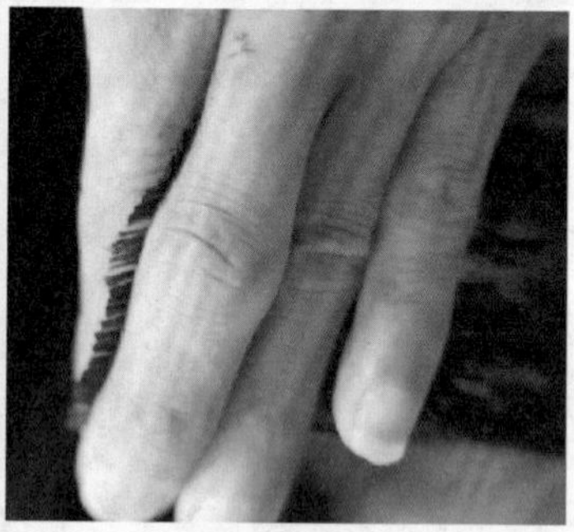

3. 将 2 发区在中线位置分成 2 个发区，然后在左侧发区将头发提拉 90°，并以 1 发区引导线为基准进行修剪，与 1 发区引导线连接；在右侧发区将头发提拉 90°，并以 1 发区引导线为基准进行修剪，与 1 发区引导线连接

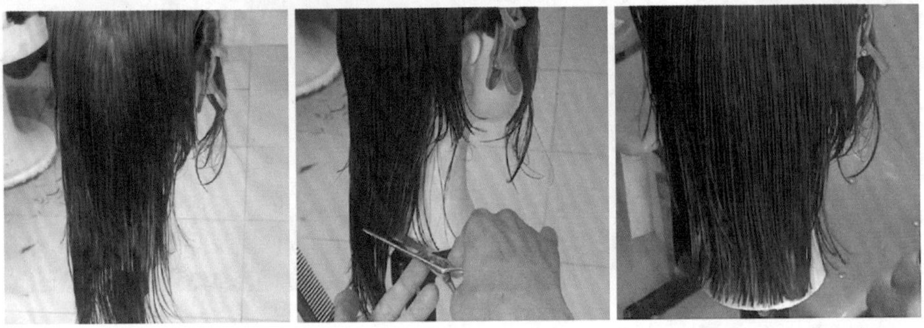

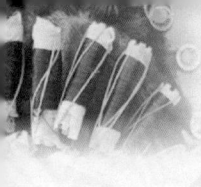

4. 将 1、2 发区的头发梳下与 3 发区头发合并，并根据剪发长度要求修剪头发，确定外轮廓线

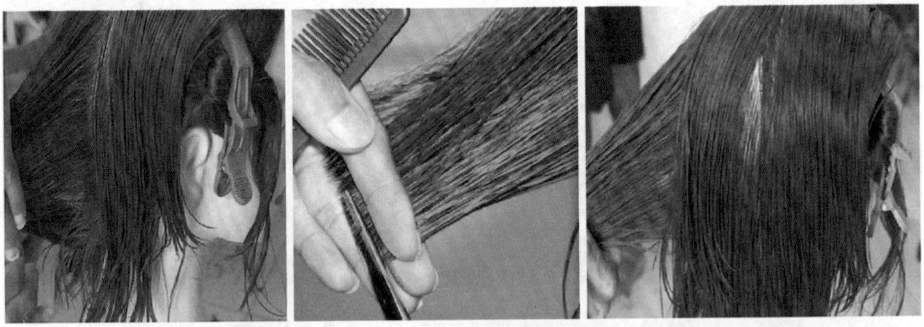

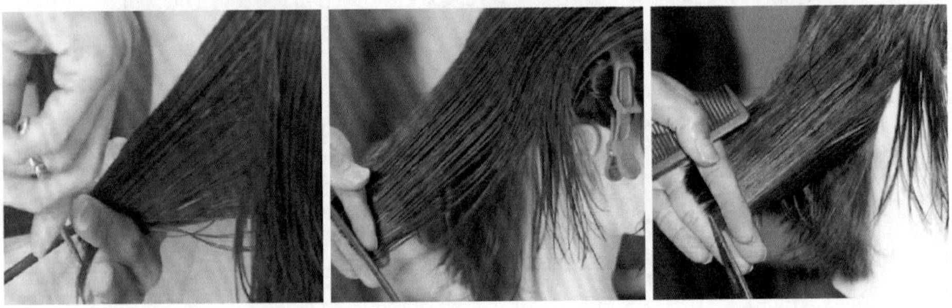

5. 在脑后部正中位置分出竖直发片，提拉 45°，以上区引导线为基准修剪头发，然后以此为引导线，在垂直方向逐片向两侧修剪头发

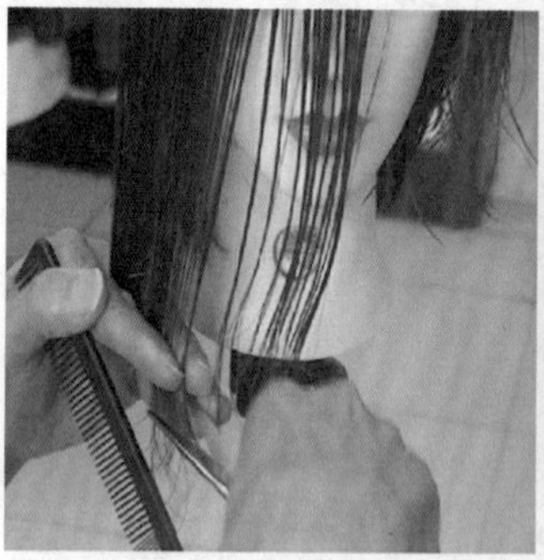
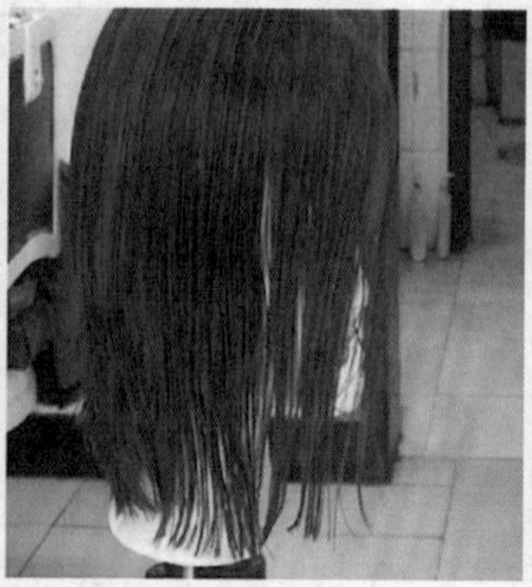
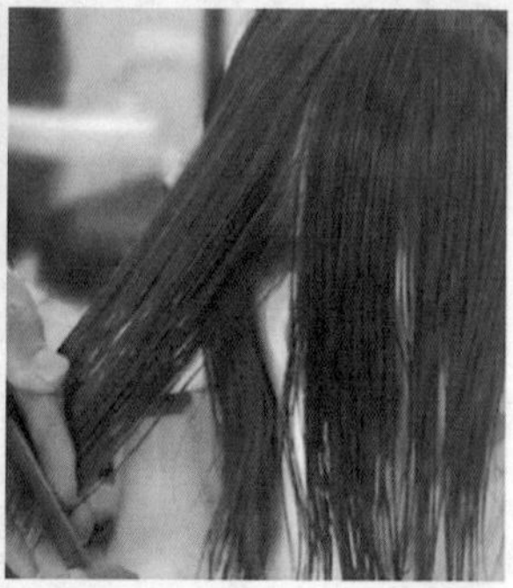
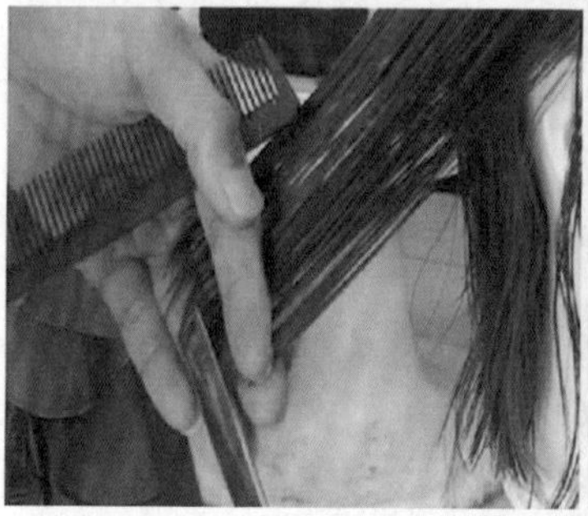

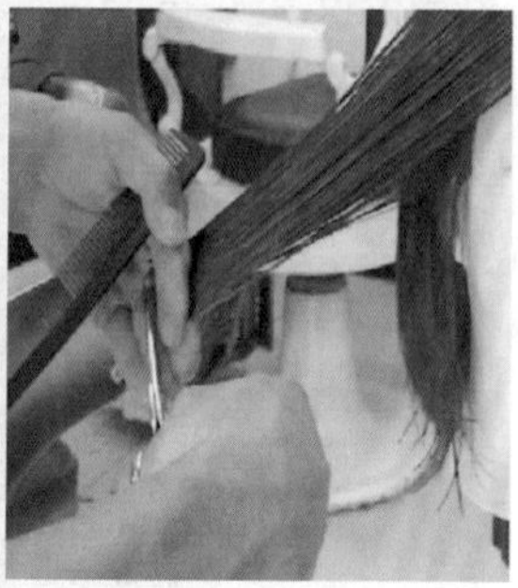

6. 将 5 发区的头发放下，先根据后区外轮廓线修剪出右侧外轮廓，然后在 5 发区与脑后发区相连的位置取竖直发片，提拉 45°，并以脑后发区的引导线为基准修剪头发，确定 5 发区的引导线，再以引导线为基准，依次逐片修剪 5 发区的头发

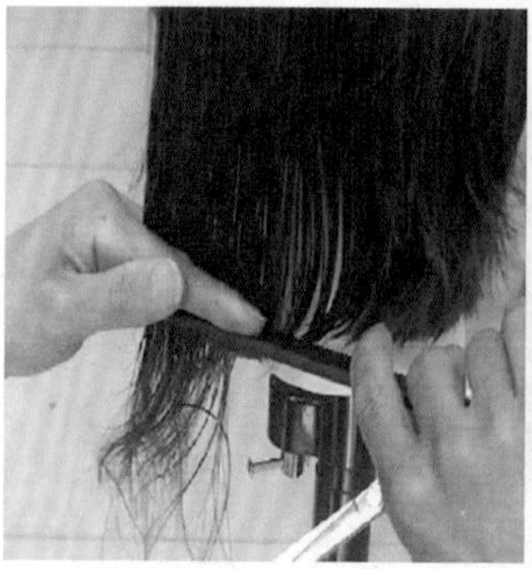
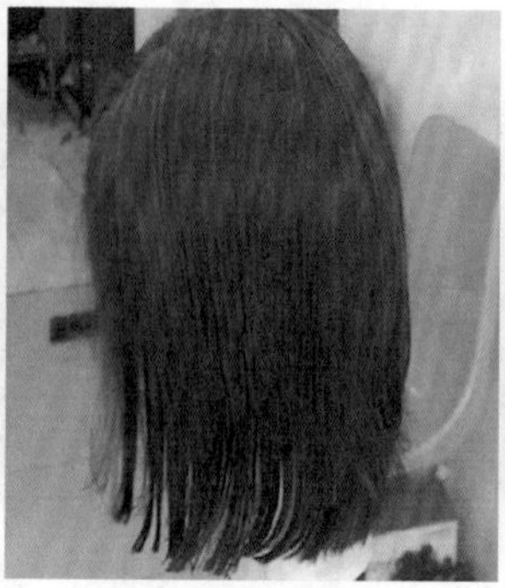
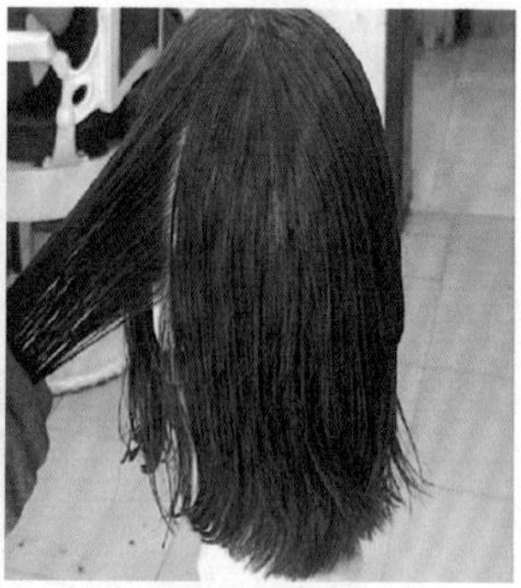

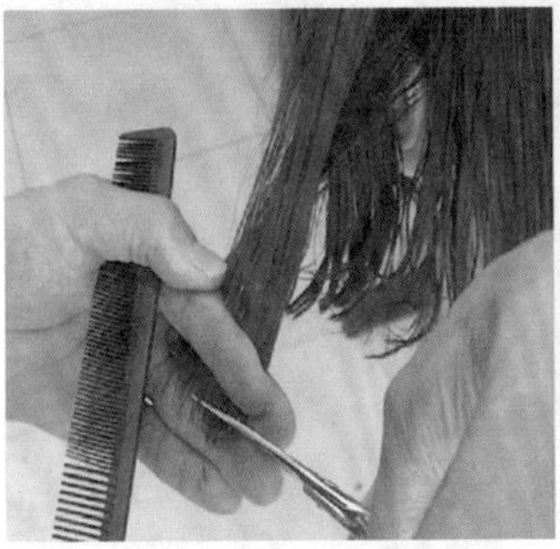
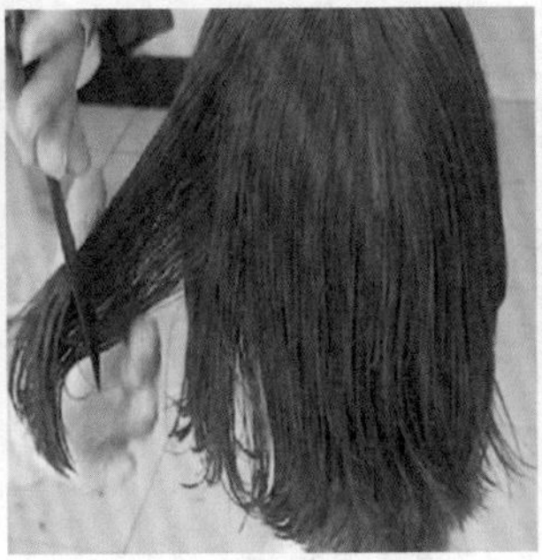
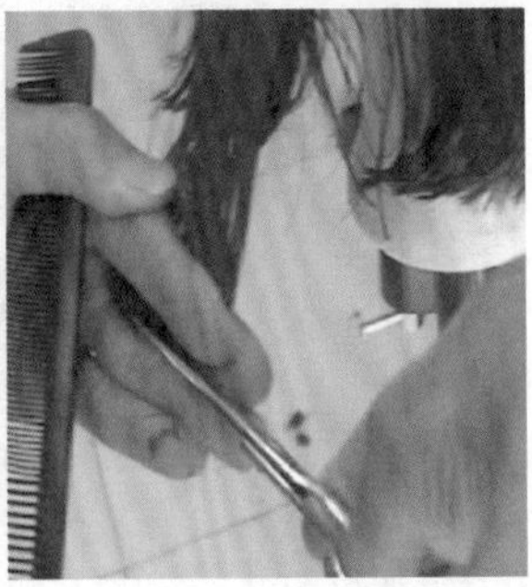

7. 将 4 发区的头发放下，先根据后区外轮廓线修剪出左侧外轮廓，然后在 4 发区与脑后发区相连的位置取竖直发片，提拉 45°，并以脑后发区的引导线为基准修剪头发，确定 4 发区的引导线，再以引导线为基准，依次逐片修剪 4 发区的头发

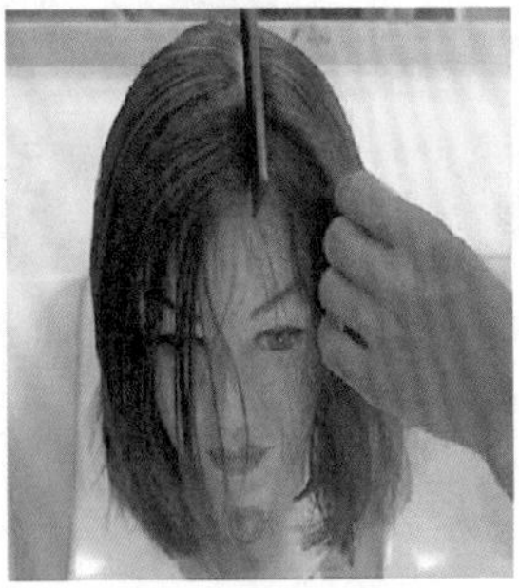
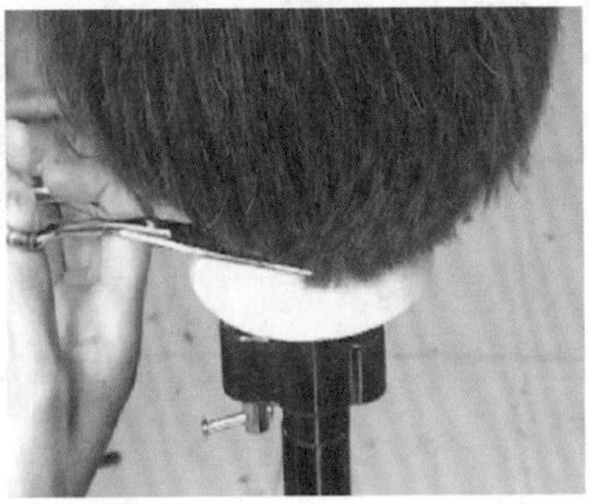

8. 检查修剪情况并进行调整

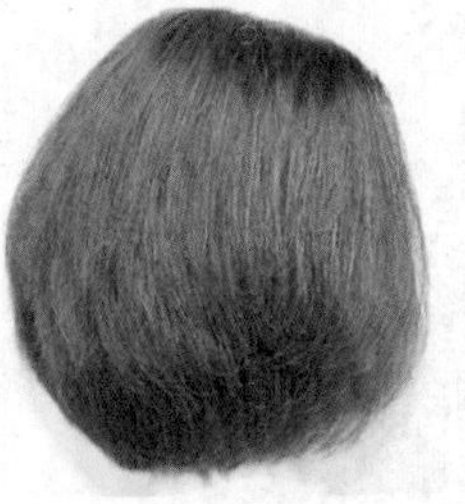
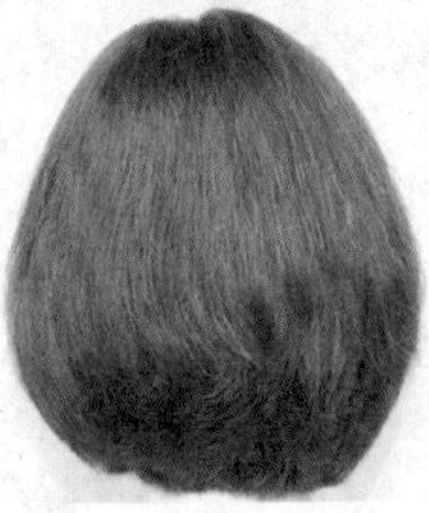
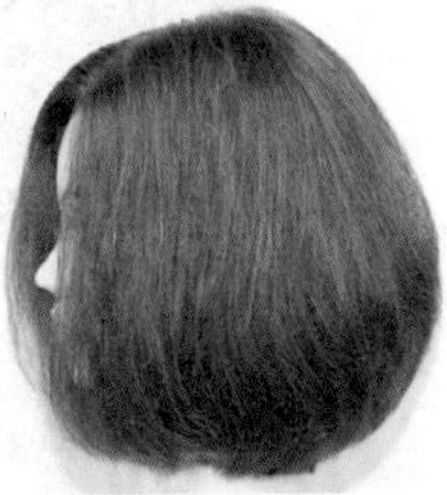

9. 梳理吹风，整理定型

技能 43　女式长发发型修剪说明图解

1. 将头发分为 5 个发区

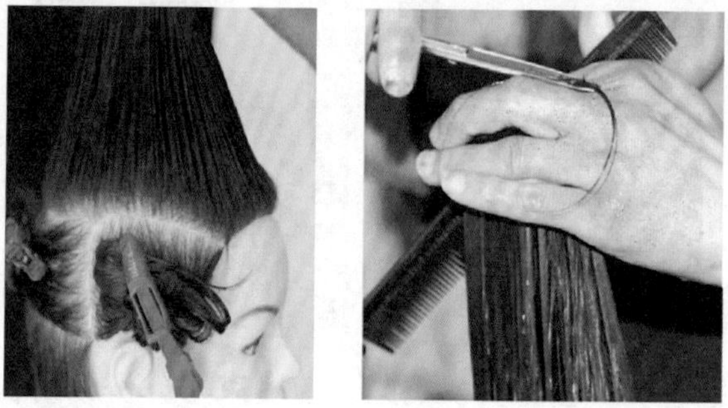

2. 将 1 发区的头发向上提拉 90°，然后根据留发长度要求进行修剪，完成 1 发区的头发修剪

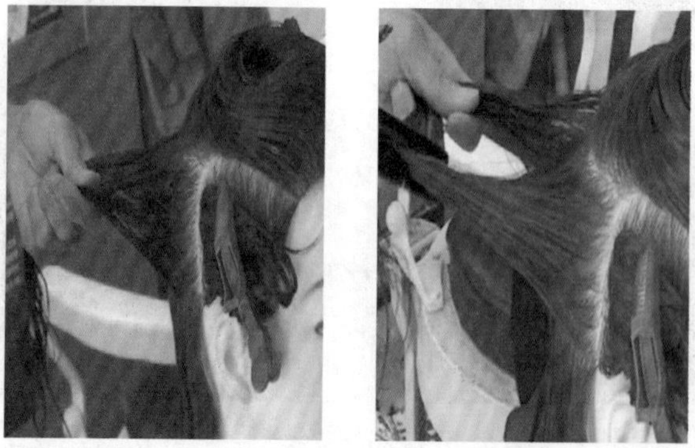

3. 将 2 发区在正中位置分成左右两个发区

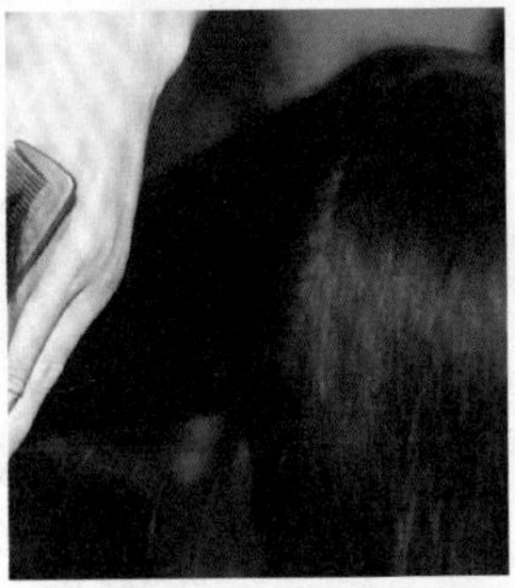
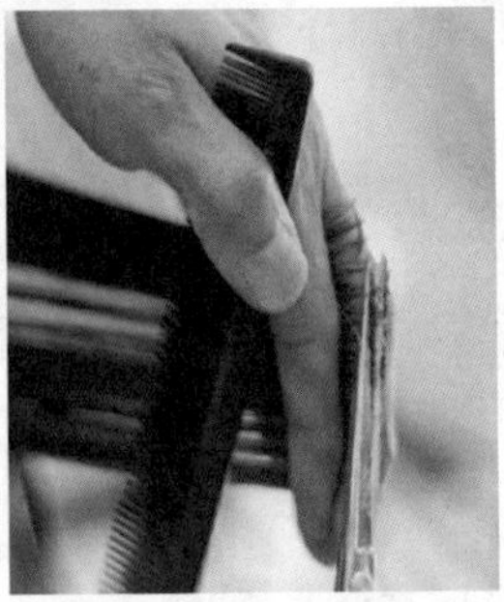

4. 将 2 发区左侧发区的头发拉起，使发束与分份线所在的头顶切面垂直，且下端边线与水平底面平行，然后以 1 发区发长为基准，修剪 2 发区左侧发区的头发

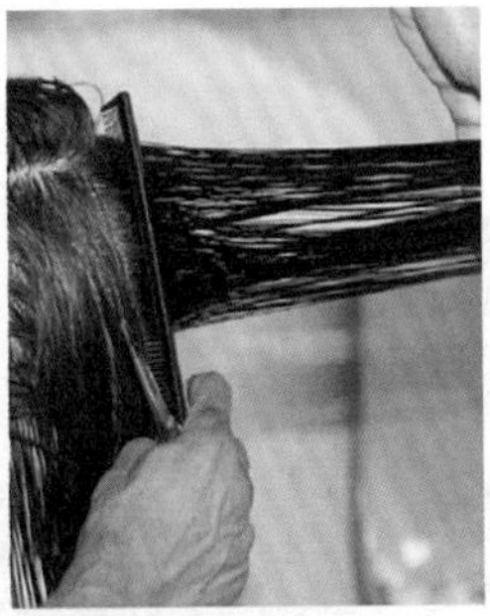
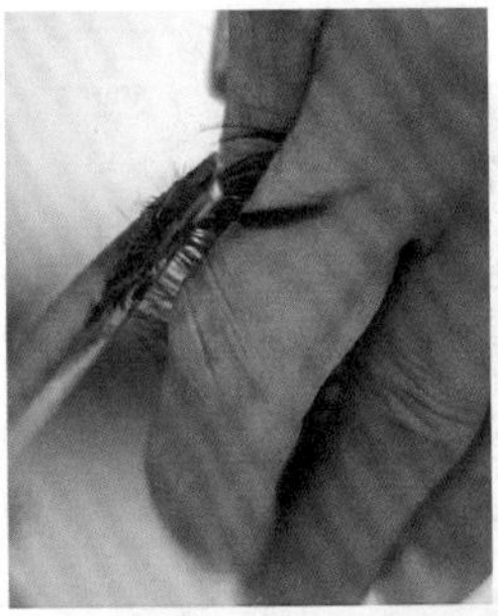

5. 将 2 发区右侧发区的头发拉起，使发束与分份线所在的头顶切面垂直，且下端边线与水平底面平行，然后以 1 发区发长为基准，修剪 2 发区右侧发区的头发

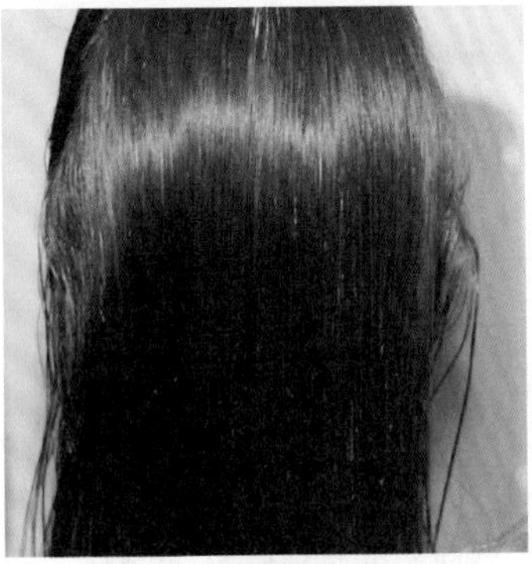
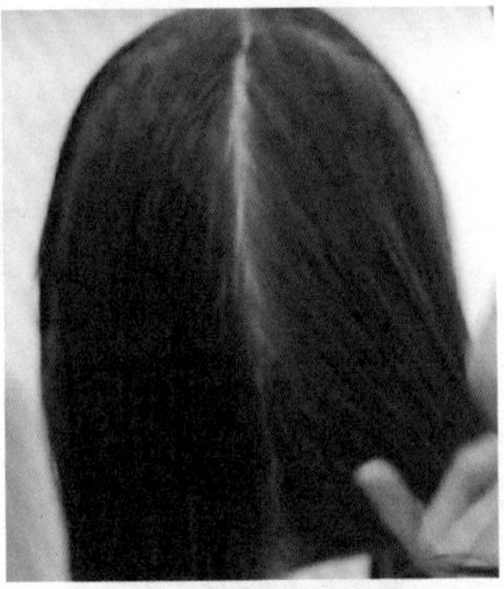

6. 将 3 发区在正中位置分成左右两份，且使分份线与 2 发区分份线在同一直线上

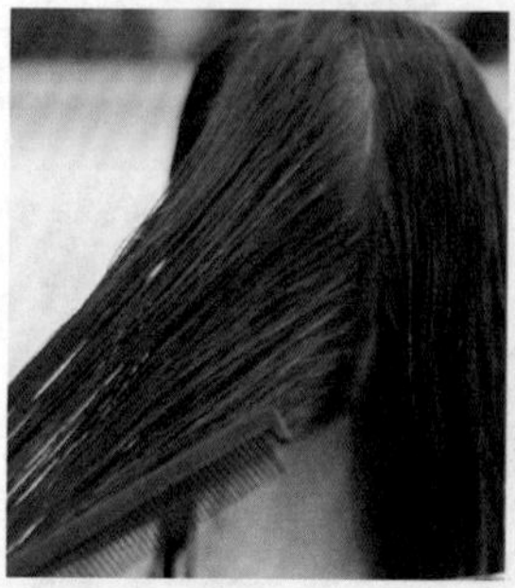
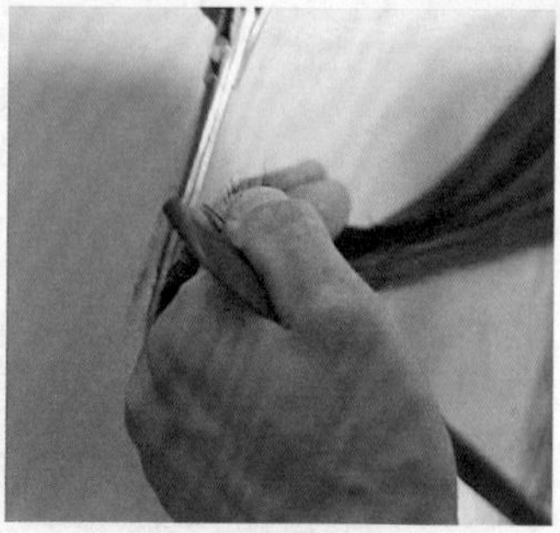

7. 将 3 发区左侧发区的头发拉至发区两条分份线夹角的中间位置，且使下端边线与水平底面平行，然后以 2 发区发长为基准，修剪 3 发区左侧发区头发

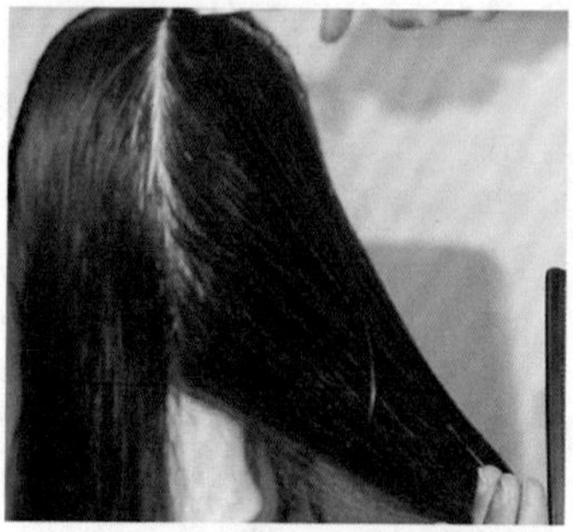
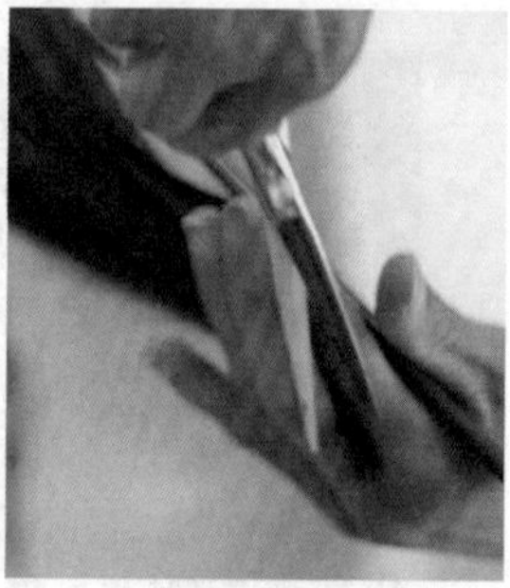

8. 将 3 发区右侧发区的头发拉至发区两条分份线夹角的中间位置，且使下端边线与水平底面平行，然后以 2 发区发长为基准，修剪 3 发区右侧发区头发

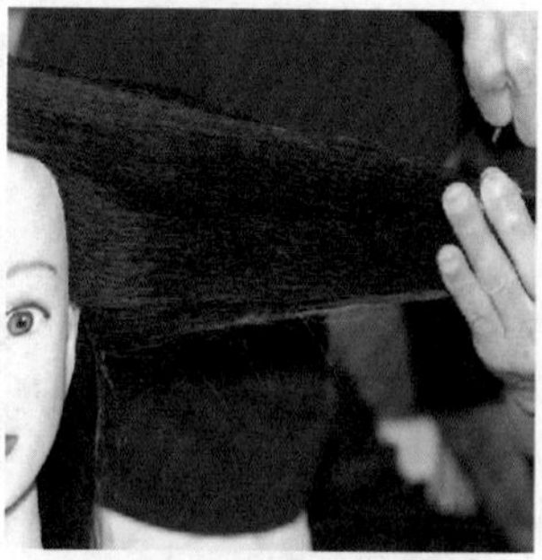
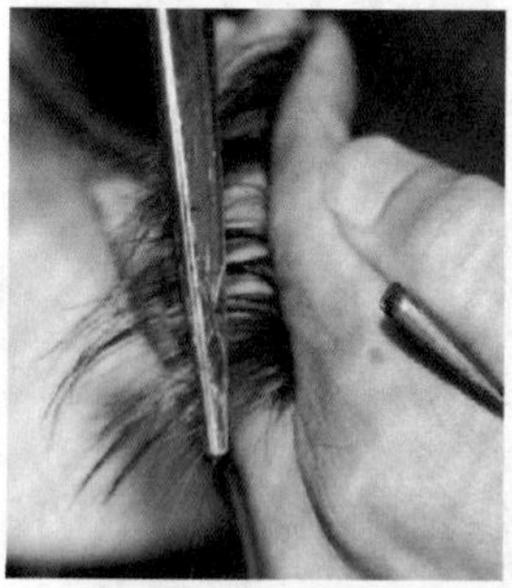

9. 将 4 发区头发向脸颊方向提拉，使发束与发区前端分份线所在的头顶切面垂直，且下端边线与水平底面平行，然后以 2 发区发长为基准，修剪 4 发区左侧发区的头发

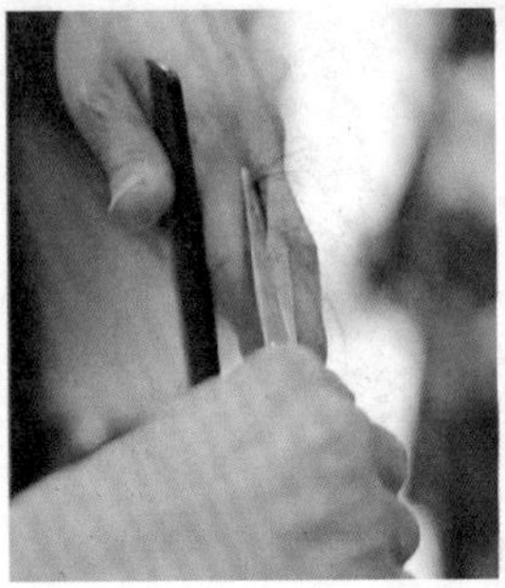

10. 将 5 发区头发向脸颊方向提拉，使发束与发区前端分份线所在的头顶切面垂直，且下端边线与水平底面平行，然后以 2 发区发长为基准，修剪 5 发区右侧发区的头发

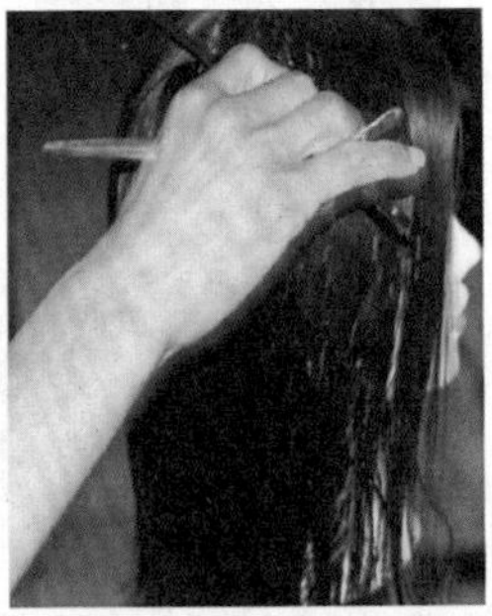
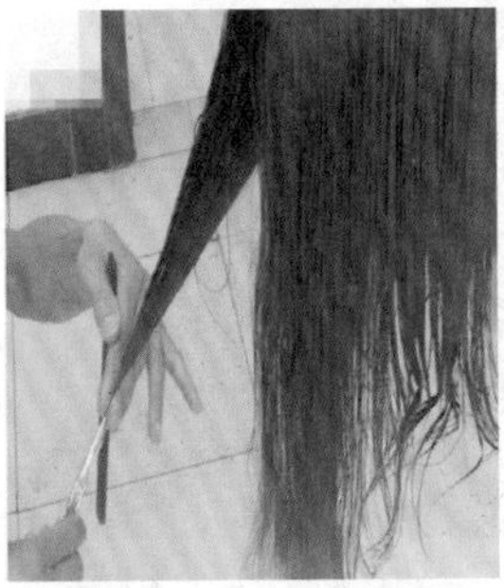

11. 梳理检查并进行调整

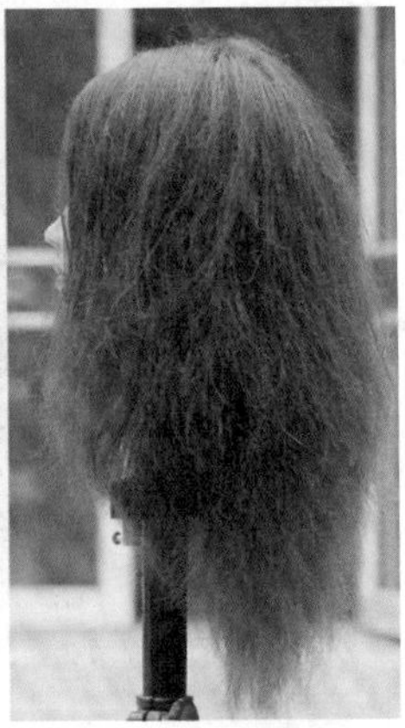

12. 整理定型

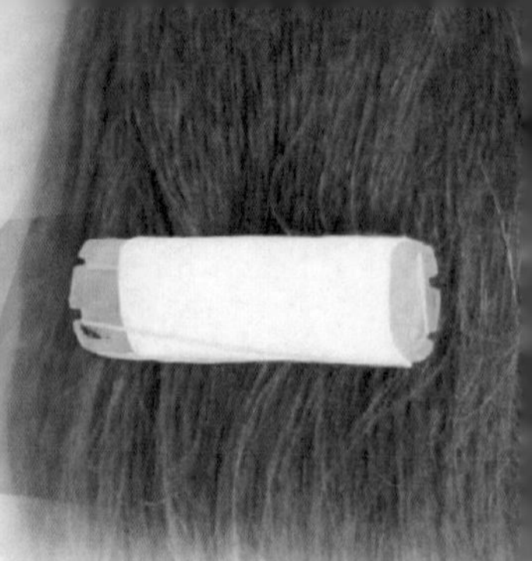

岗位任务六 烫发衬纸使用说明

技能 44 单层裹纸法说明图解

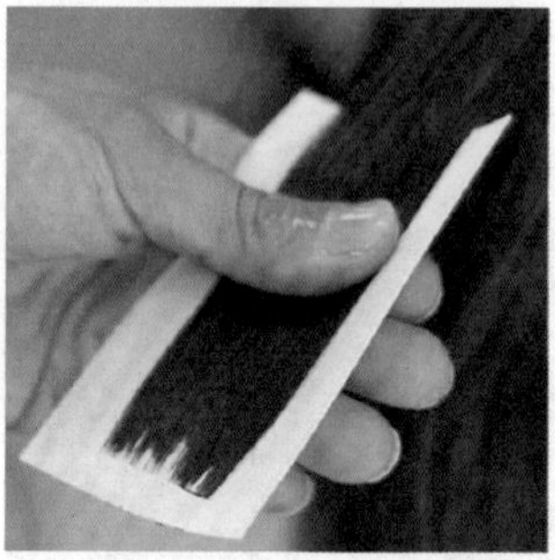

1. 将烫发衬纸展开，平坦贴在发片背向美发师的一侧，衬纸稍稍超出发梢

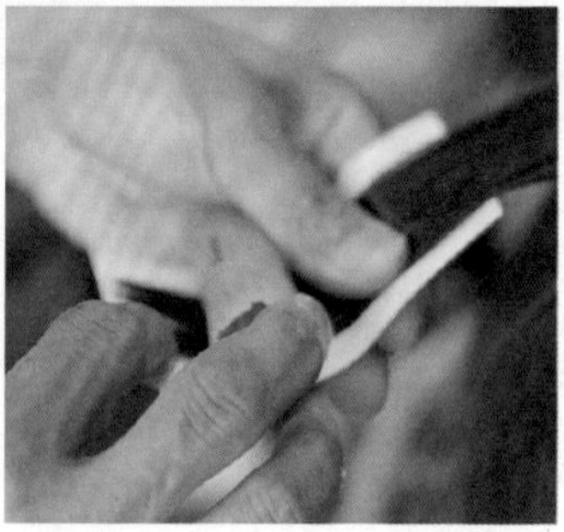

2. 将烫发杠水平放在发片面向美发师的一侧

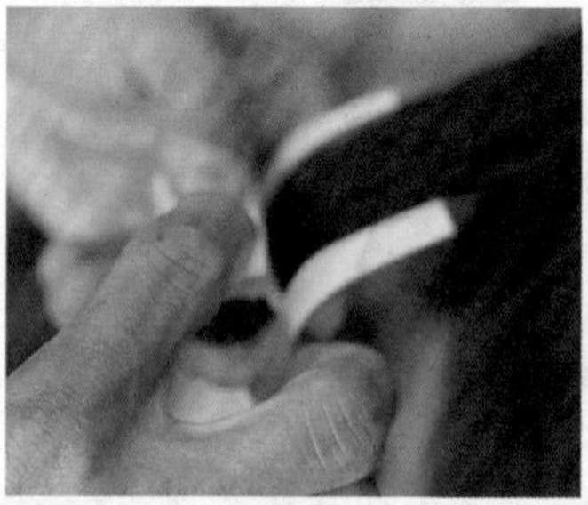

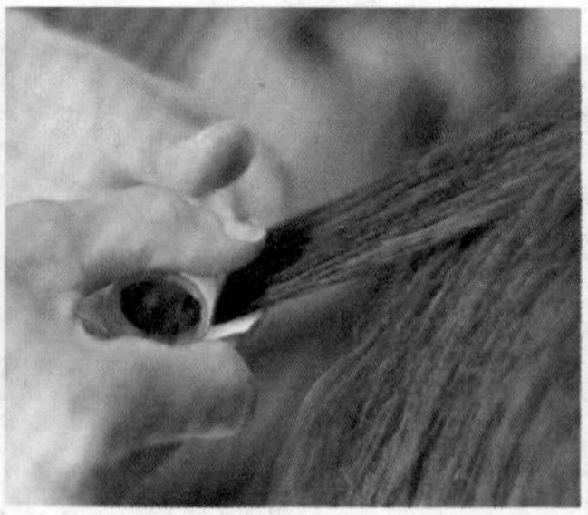

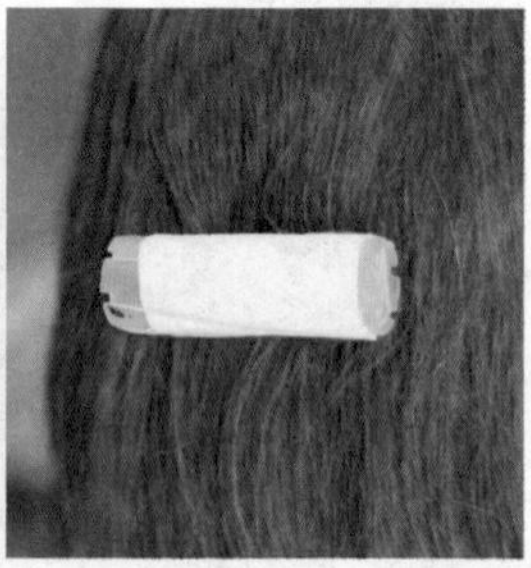

3. 将衬纸折下，开始卷发，如有碎发，需用尖尾梳将碎发卷入，至完成

技能 45　双层裹纸法说明图解

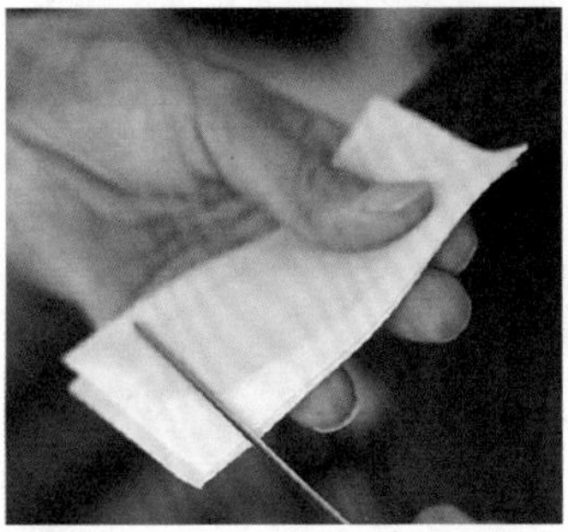

1. 将两张烫发衬纸展开，平坦贴在发片两侧，将发片夹在衬纸中间且略超出发梢

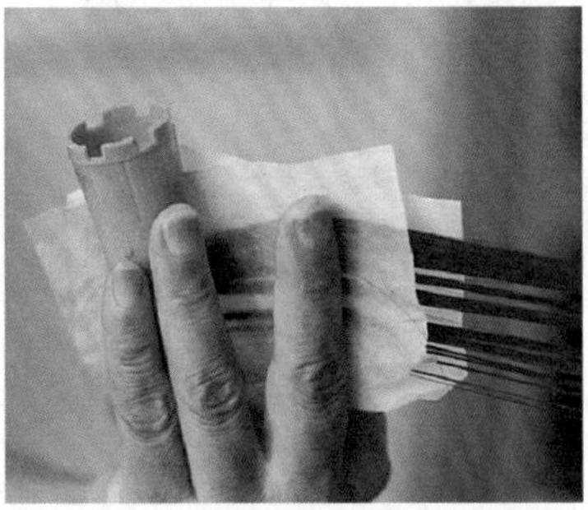

2. 将烫发杠与发片平行放在衬纸上

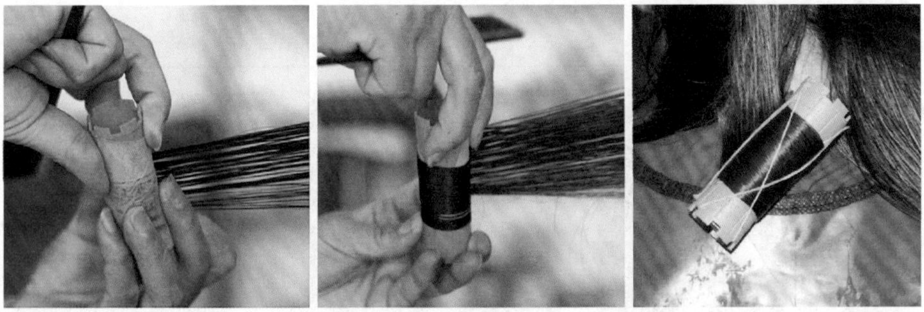

3. 将衬纸折下，开始卷发，如有碎发，需用尖尾梳将碎发卷入，至完成

技能 46　折叠裹纸法说明图解

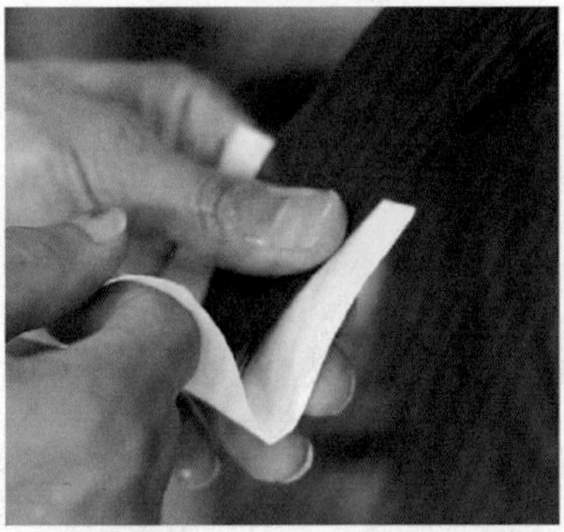
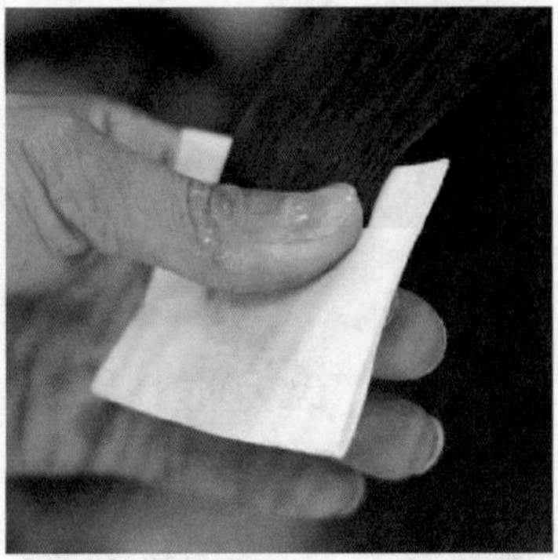

1. 将烫发衬纸展开，平坦贴在发片上，然后将衬纸对折，压住发片

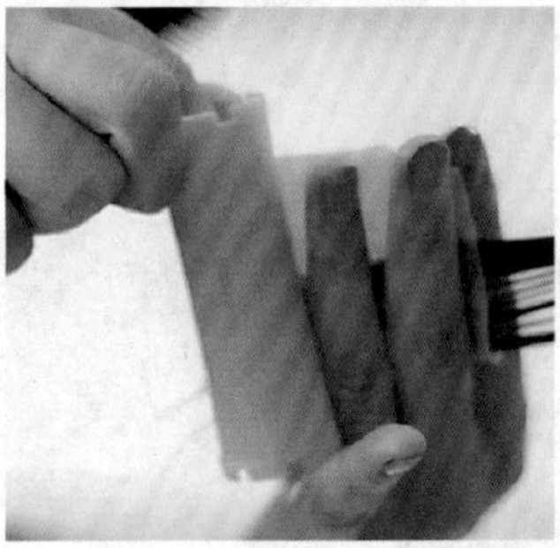

2. 将烫发杠与发片平行放在衬纸上

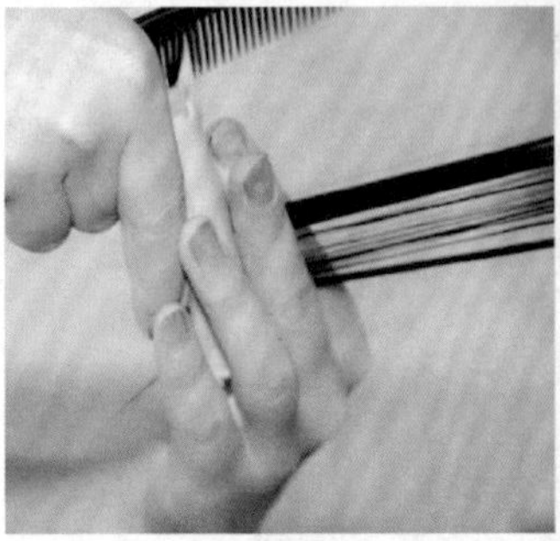
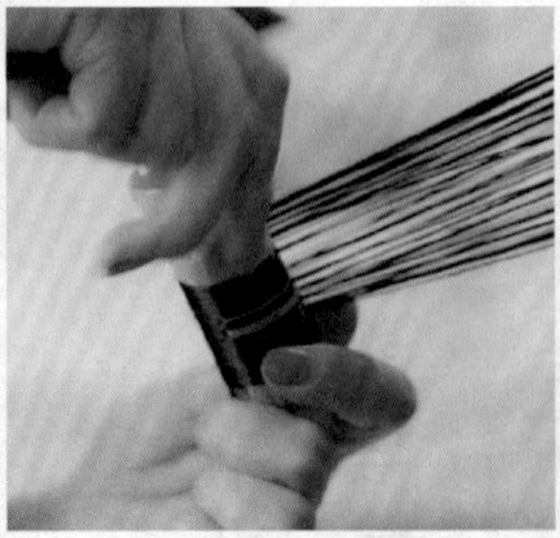
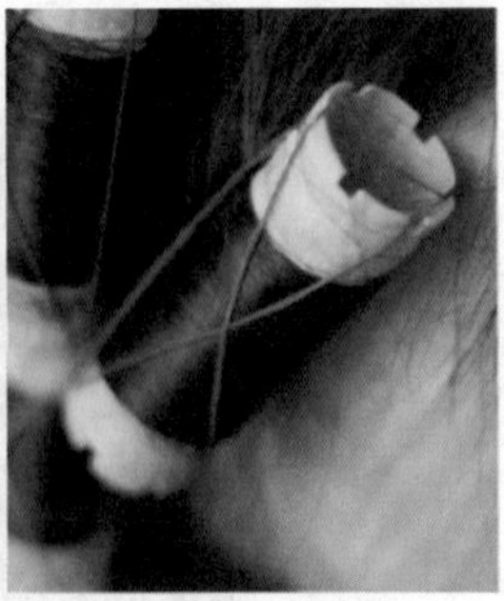

3. 将衬纸折下，开始卷发，如有碎发，需用尖尾梳将碎发卷入，至完成

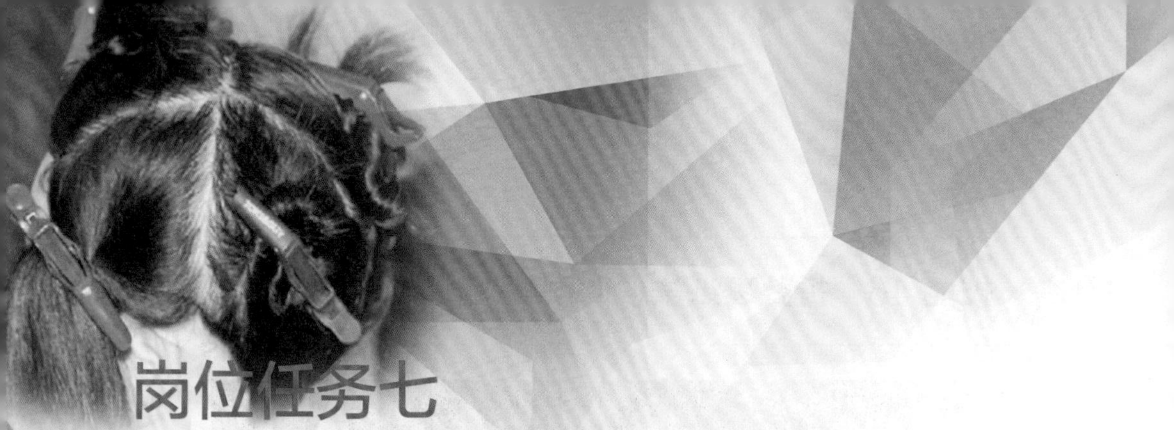

岗位任务七 卷杠方式说明

技能 47　长方形排卷说明图解

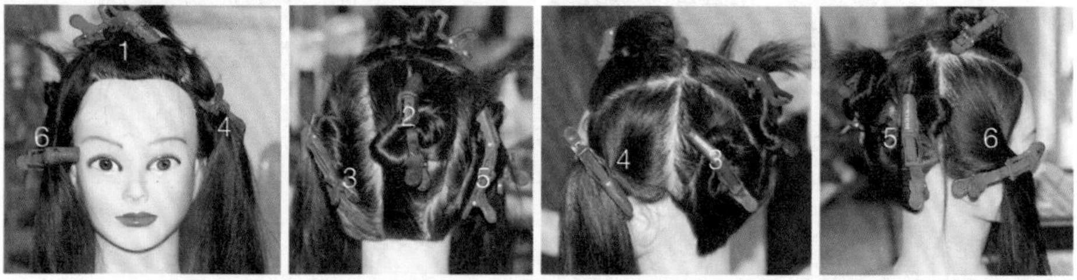

1. 以烫发杠长度为基准，将头发分为 6 个发区

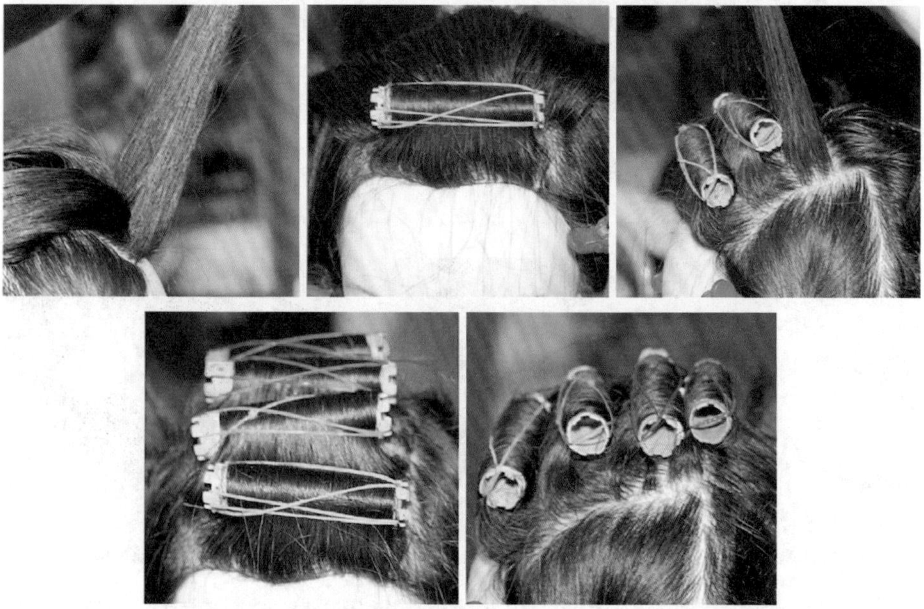

2. 从第 1 发区前端开始依次向头顶部，将头发提拉 90° 进行卷杠

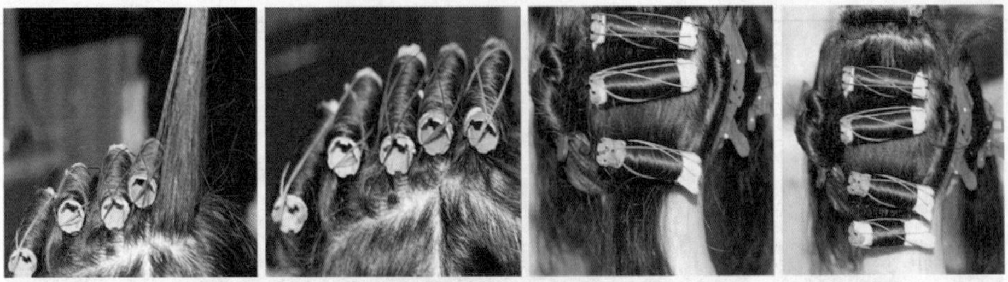

3. 从第 1 发区与第 2 发区的连接处开始向后颈部，将头发提拉 90° 进行卷杠

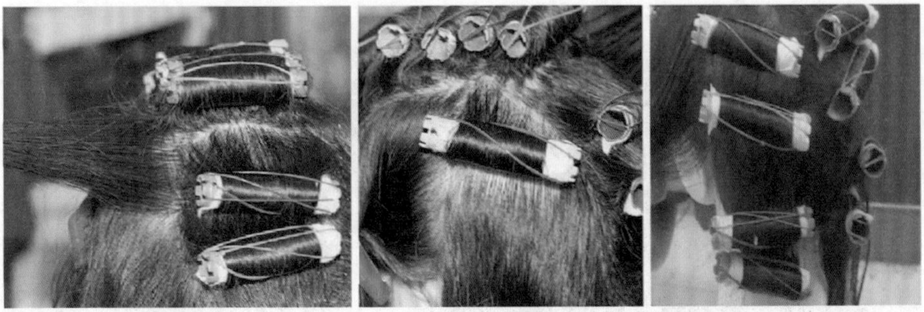

4. 将第 3 发区的头发水平分份，从上向下以后斜方式卷杠，使发卷平行整齐

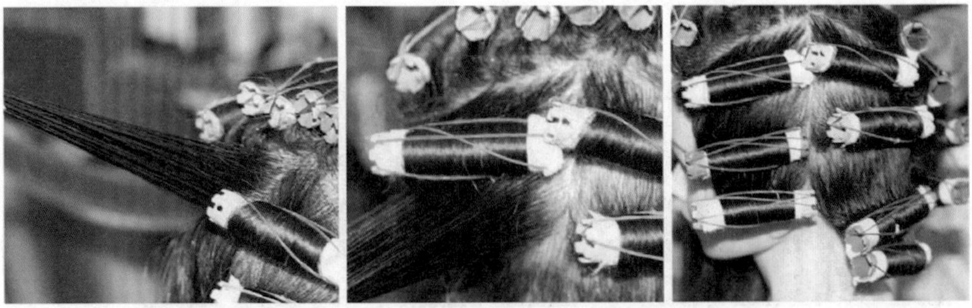

5. 将第 4 发区的头发水平分份，从上向下以前斜方式卷杠，使发卷平行整齐

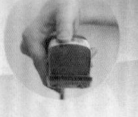

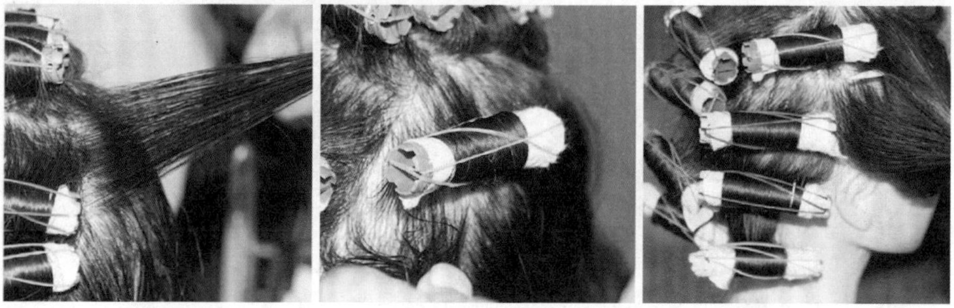

6. 将第 5 发区的头发水平分份，从上向下以后斜方式卷杠，使发卷平行整齐

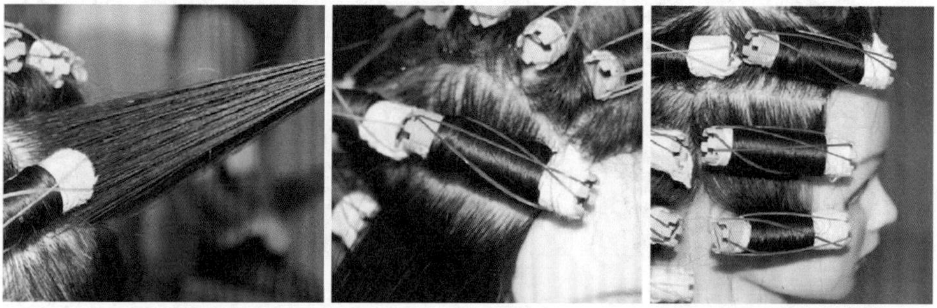

7. 将第 6 发区的头发水平分份，从上向下以前斜方式卷杠，使发卷平行整齐

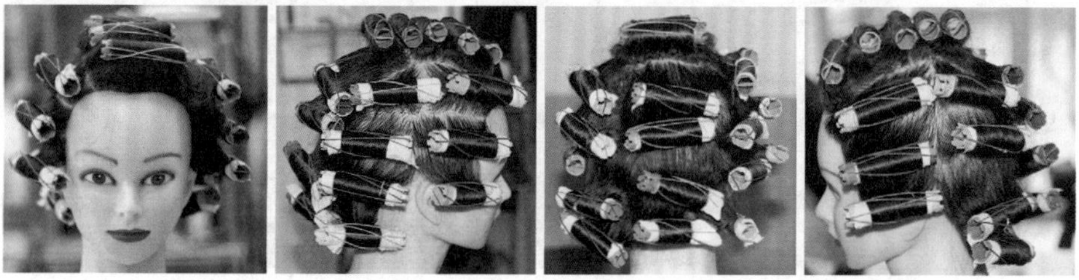

长方形排卷完成效果图

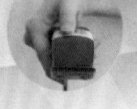

技能 48　扇形排卷说明图解

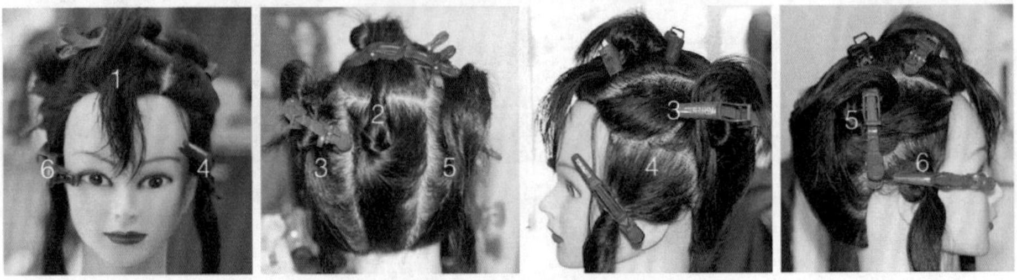

1. 以烫发杠长度为基准，将头发分为 6 个发区

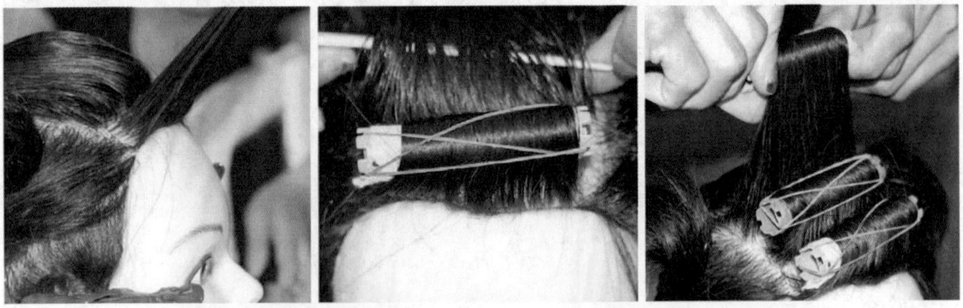

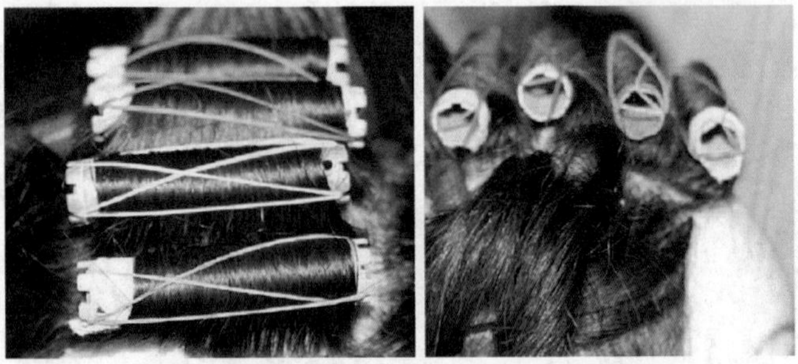

2. 从第 1 发区前端开始依次向头顶部，将头发提拉 90° 进行卷杠

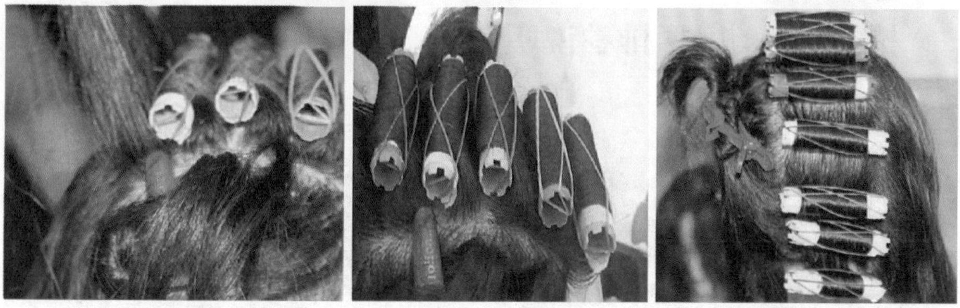

3. 从第 1 发区与第 2 发区的连接处开始向后颈部，将头发提拉 90° 进行卷杠

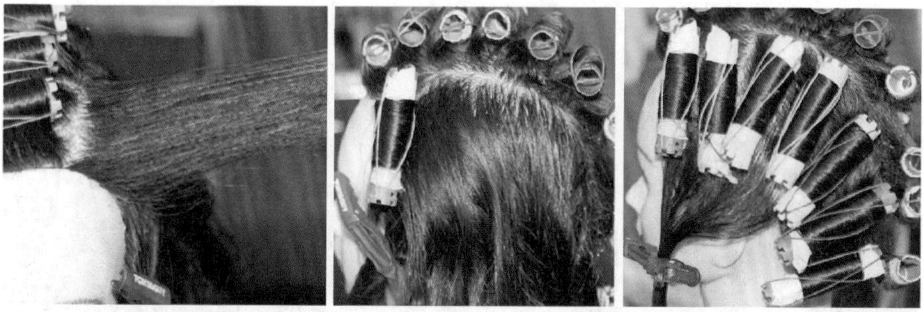

4. 从第 3 发区上部开始，倾斜分份，并将头发提拉 90° 向下部卷杠，使 3 发区发卷呈扇形排列

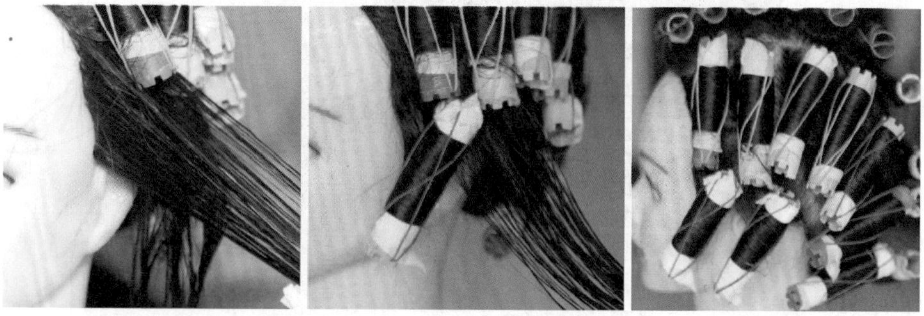

5. 从第 4 发区靠近前额处开始，倾斜分份，将发片提拉 90° 向下部卷杠，使 4 发区发卷呈扇形排列并与 3 发区发卷相连

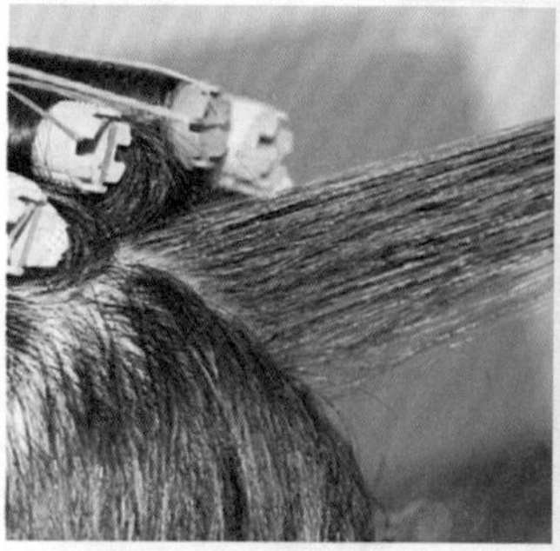
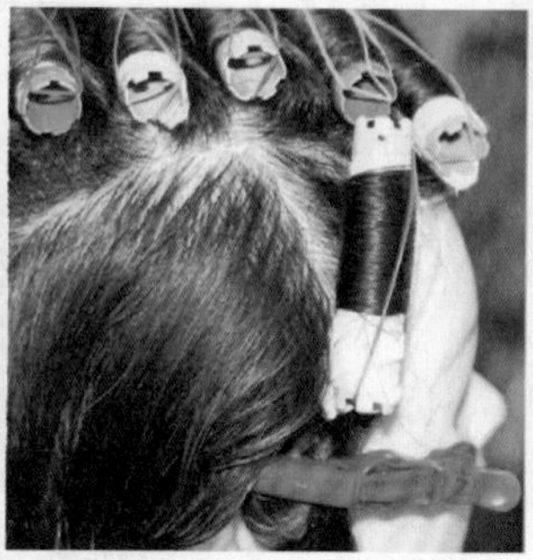
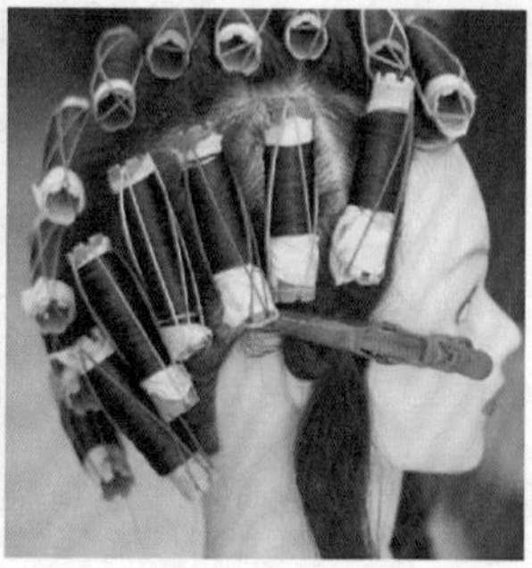

6. 从第 5 发区上部开始，倾斜分份，并将头发提拉 90° 向下部卷杠，使 5 发区发卷呈扇形排列

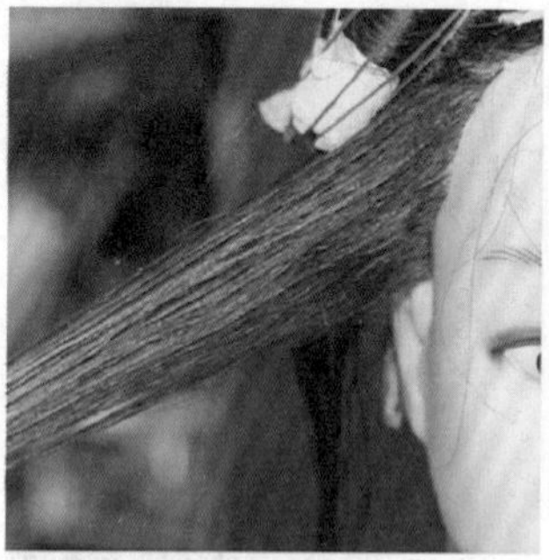
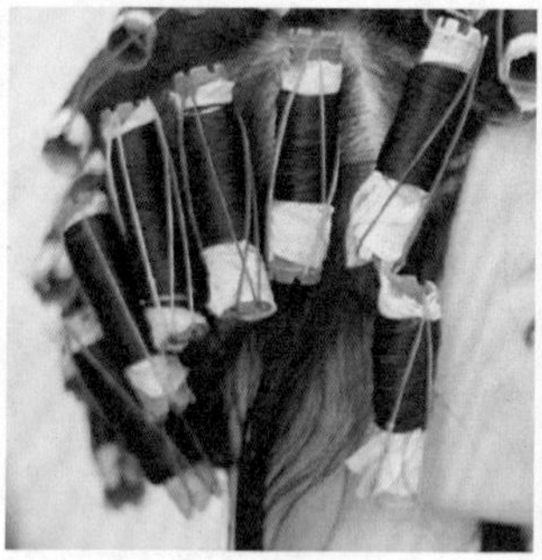
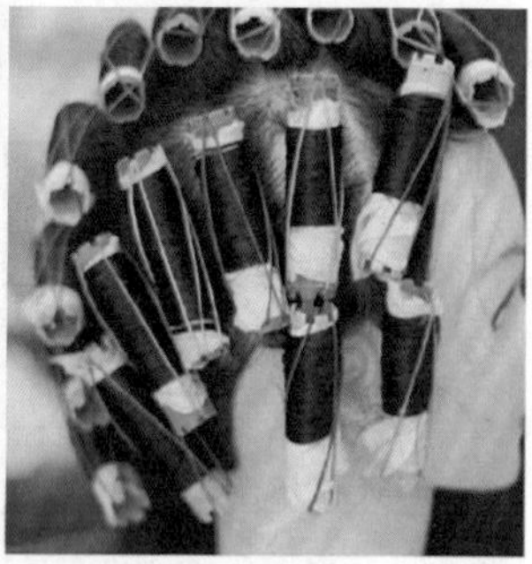

7. 从第 6 发区靠近前额处开始，倾斜分份，将发片提拉 90° 向下部卷杠，使 6 发区发卷呈扇形排列并与 5 发区发卷相连

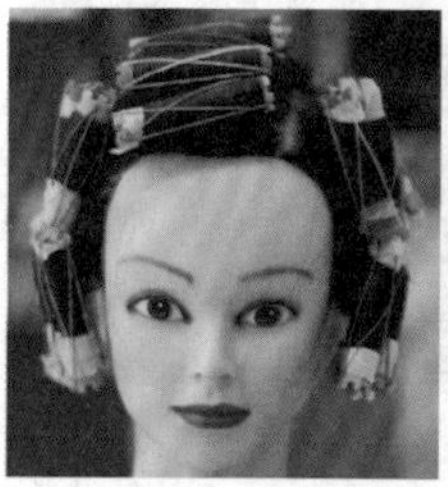
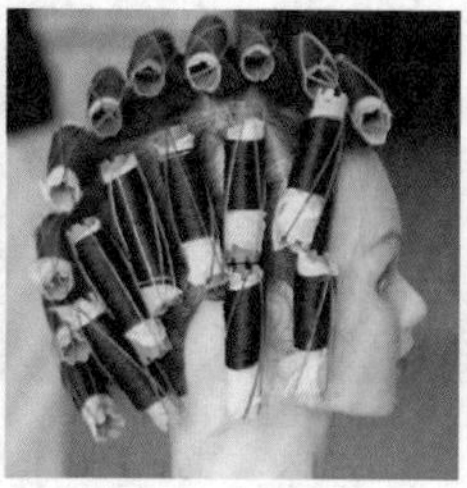
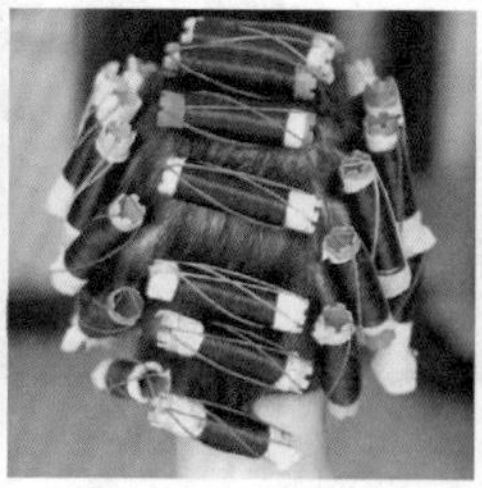
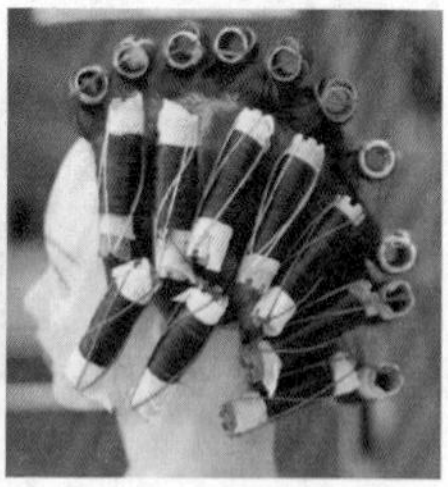

扇形排卷完成效果图

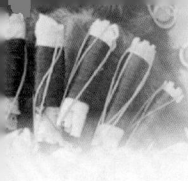

技能 49　椭圆形排卷说明图解

1. 将头发中分，分成左右两区

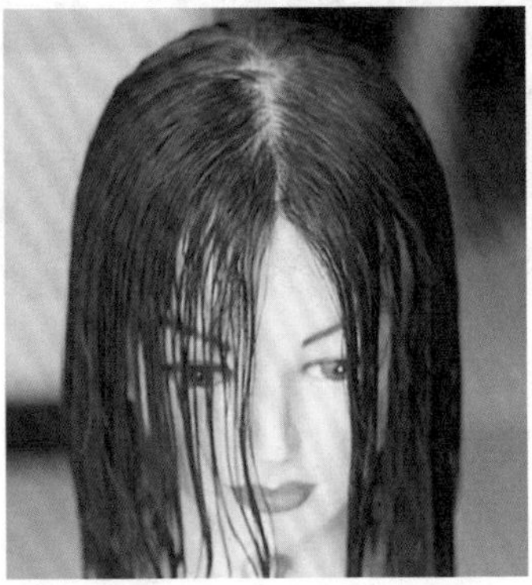

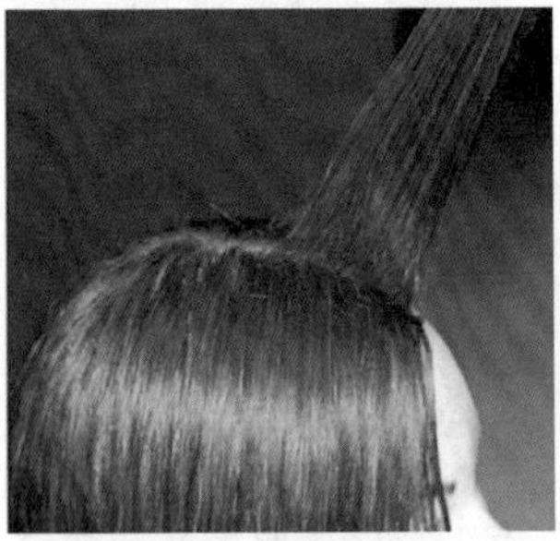

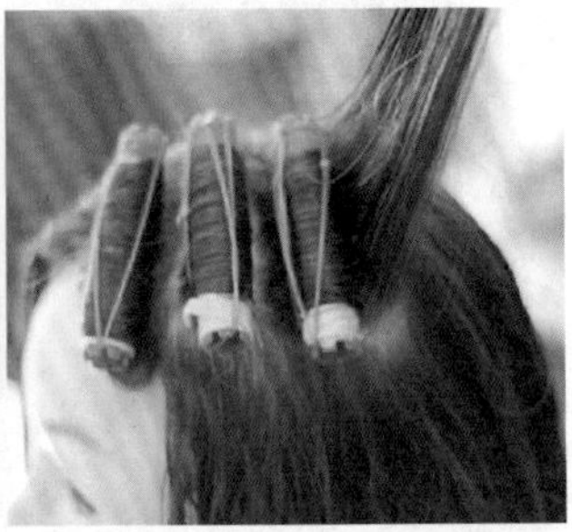

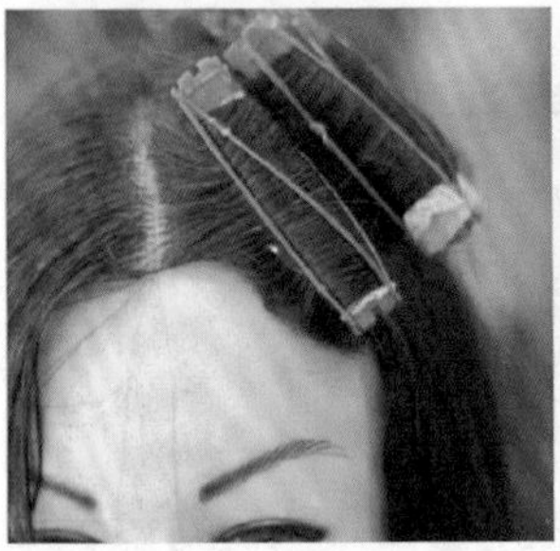

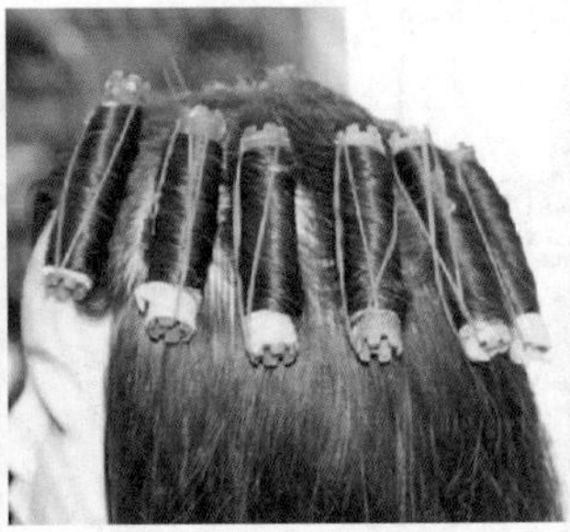

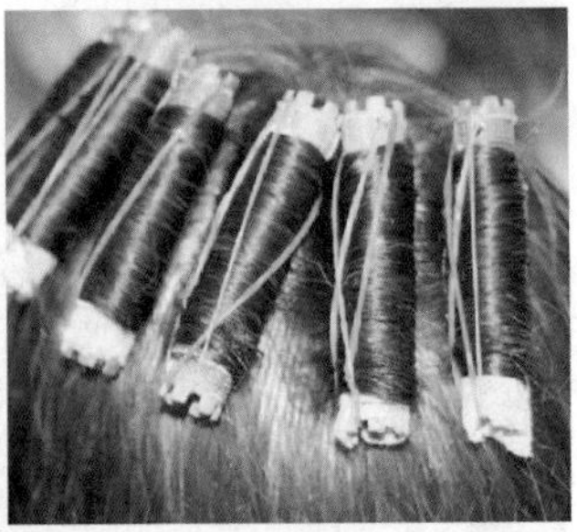

2. 从左侧前额端至脑后，以 45° 的角度划分基面，将头发提拉 90° 进行卷杠

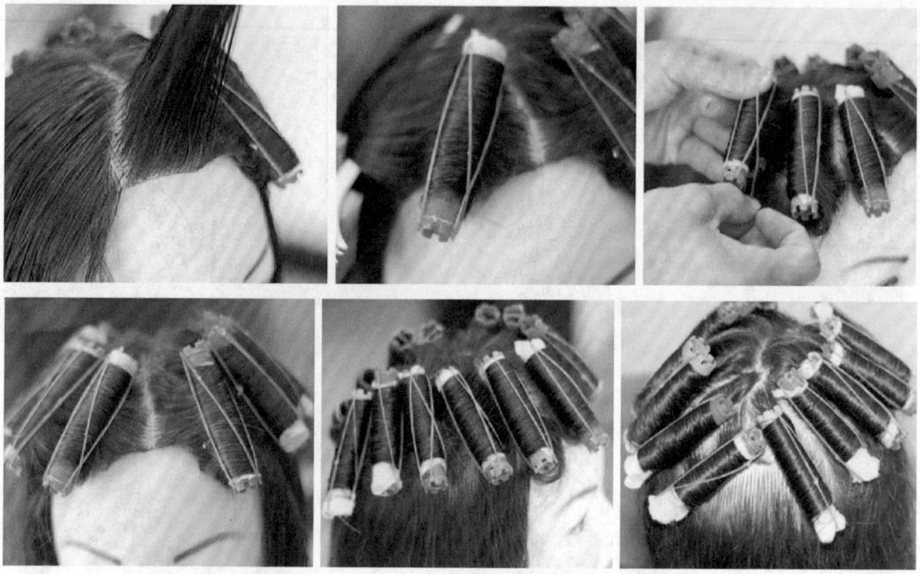

3. 从右侧前额端至脑后，以 45° 的角度划分基面，将头发提拉 90° 进行卷杠

4. 在左侧中部发区，从最前端依次向后，以 45° 的角度划分基面，使其与上层发卷基面角度呈 90°，然后将头发提拉 90° 进行卷杠

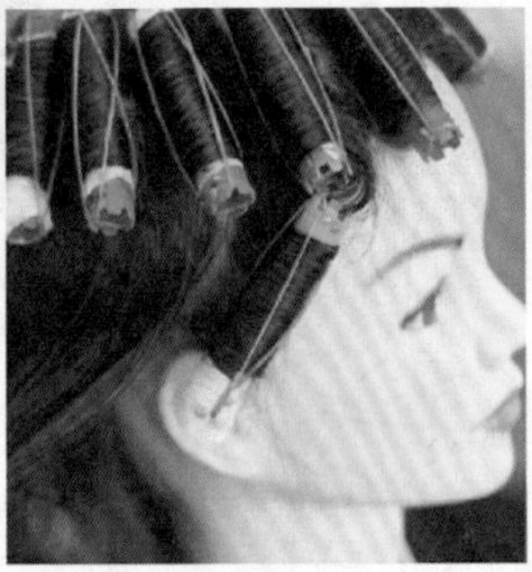

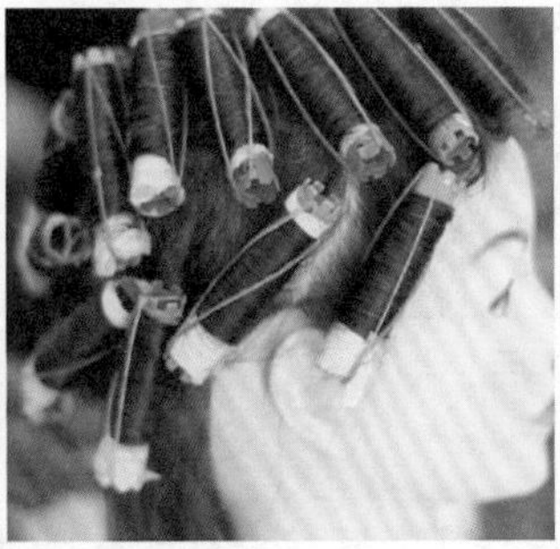

5. 在右侧中部发区，从最前端依次向后，以 45° 的角度划分基面，使其与上层发卷基面角度呈 90°，然后将头发提拉 90° 进行卷杠

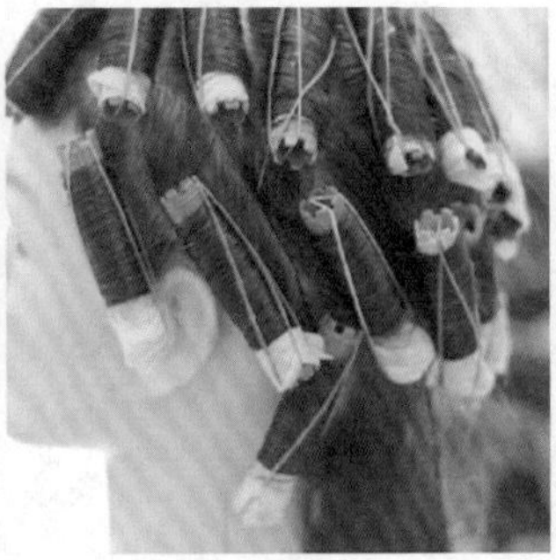

6. 在左侧下部发区，从前端依次向后，以 45° 的角度划分基面，使其与上层发卷基面角度呈 90°，然后将头发提拉 90° 进行卷杠

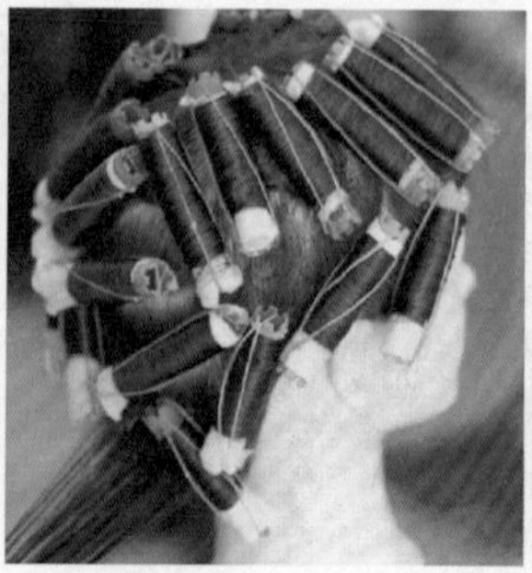
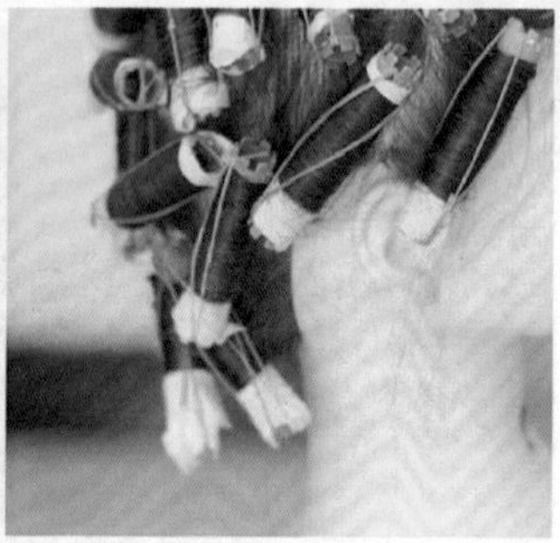

7. 在右侧下部发区，从前端依次向后，以 45° 的角度划分基面，使其与上层发卷基面角度呈 90°，然后将头发提拉 90° 进行卷杠

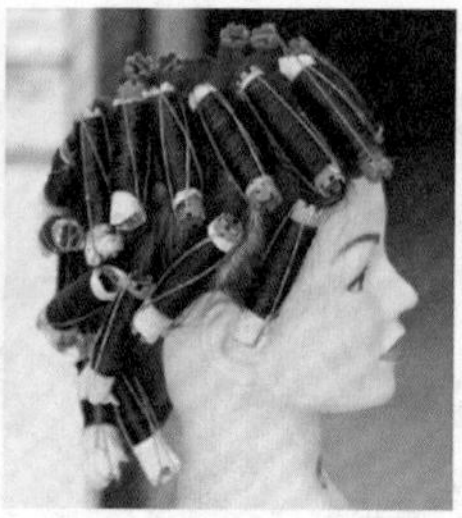

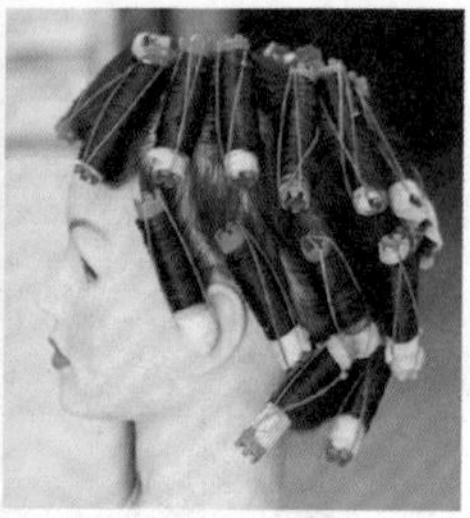

椭圆形排卷完成效果图

技能 50　砌砖排卷说明图解

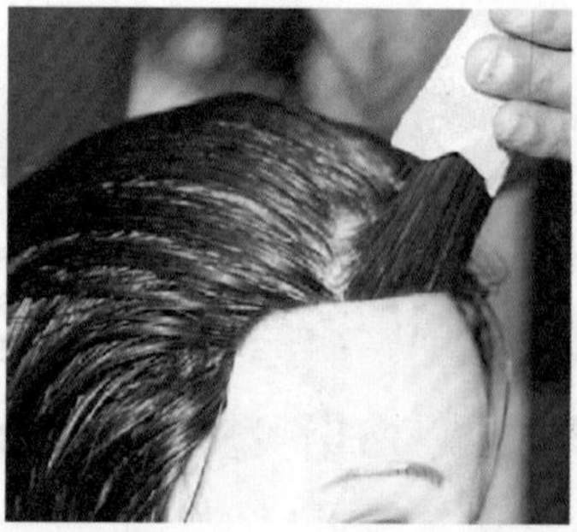
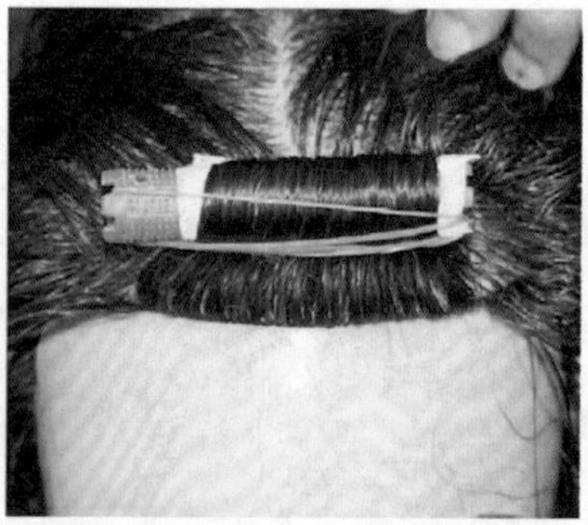

1. 在前额正中位置以烫发杠长度为基准，水平划分出基面，将头发提拉 90° 进行卷杠，作为整头卷发的基准杠

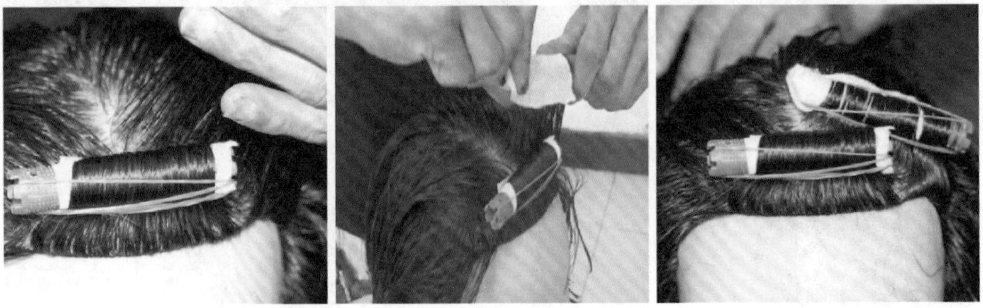

2. 在基准杠中间位置向左挑出同等宽度的倾斜发片，将头发提拉 90° 进行卷杠

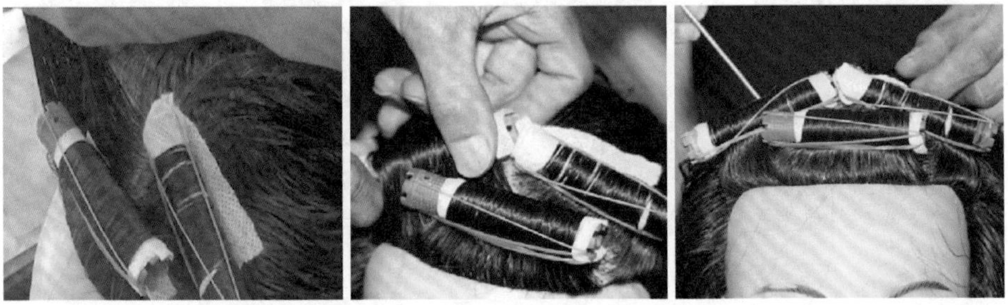

3. 在基准杠中间位置向右挑出同等宽度的倾斜发片，将头发提拉 90° 进行卷杠，使 3 个发卷呈三角形排列

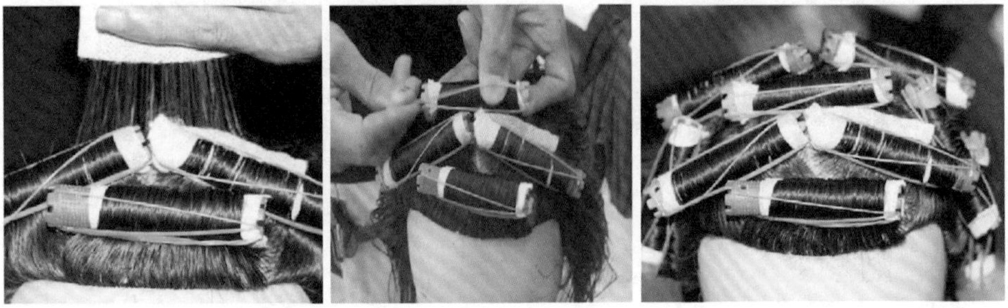

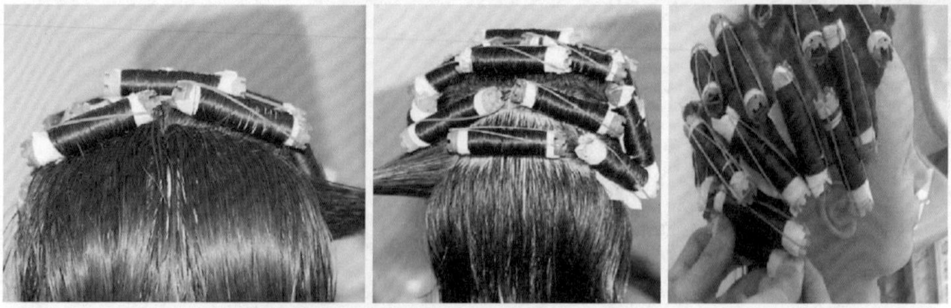

4. 重复 2、3 步骤，按“一加二”的模式完成整头头发卷杠

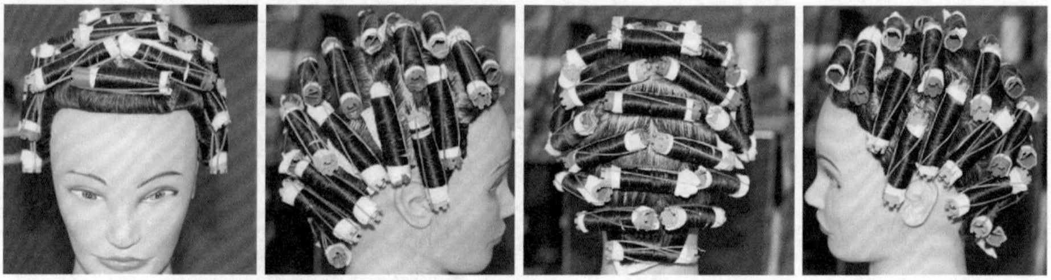

砌砖排卷完成效果图

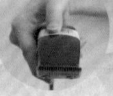

岗位任务八 烫发方法说明

技能 51　冷烫烫法说明图解

1. 将头发洗净

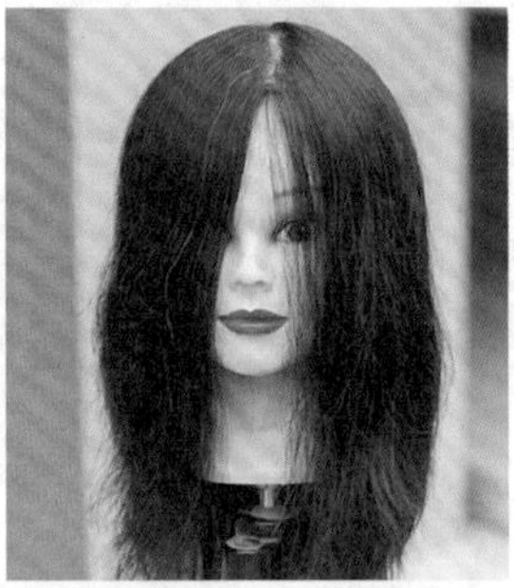

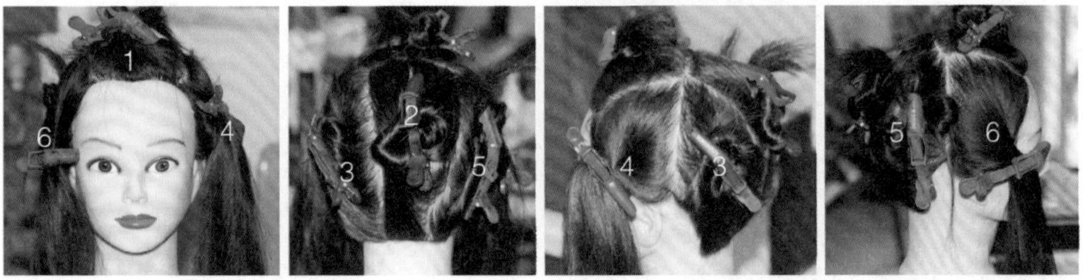

2. 将头发分为 6 个发区

（1）以烫发杠长度为标准，从前额至头顶分出一个长方形发区，为 1 发区

（2）以烫发杠长度为标准，从头顶至后颈部分出一个发区，为 2 发区

（3）左右延长 1、2 发区的分界线，将左后侧发区定位为 3 发区，左前侧发区定位为 4 发区，右后侧发区定位为 5 发区，右前侧发区定位为 6 发区

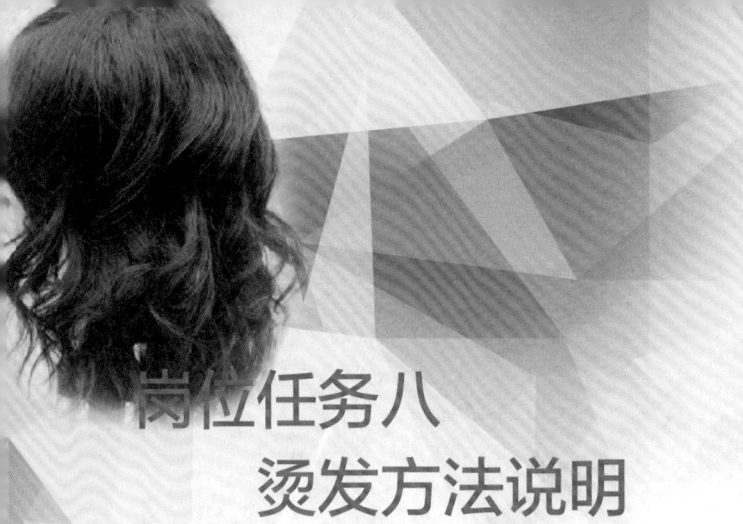

3. 以长方形排卷方法卷发

4. 将干毛巾沿发际线围在头上，并在颈部围上肩托

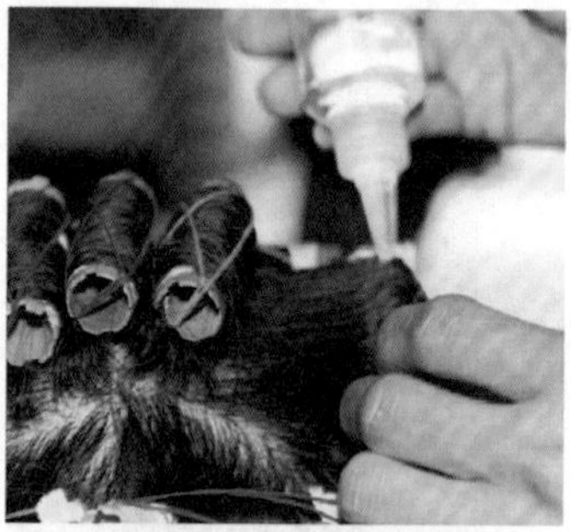

5. 将第一剂均匀涂在发卷上，涂两遍，使其充分浸透发卷区

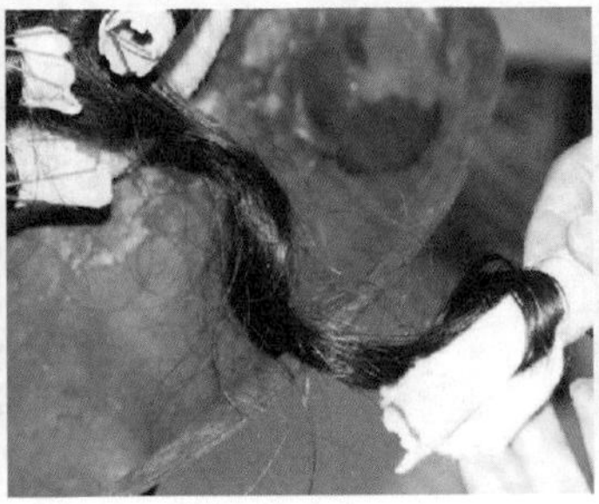
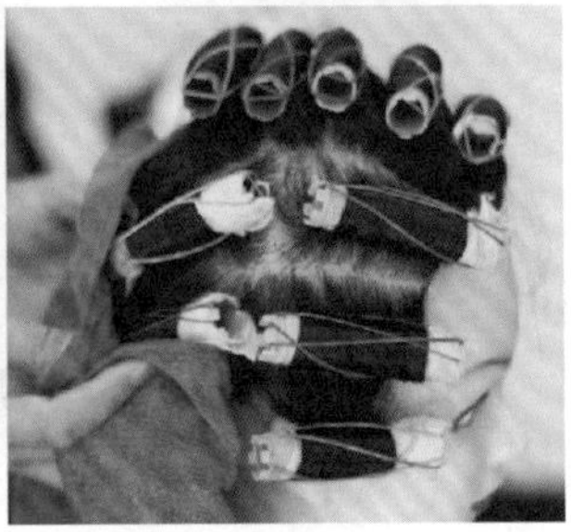

6. 等待 20～30 min 后，拆开 1～2 卷发卷，检查卷曲效果：如未达到要求，将发卷卷好，继续等待；如达到要求，用温水冲洗卷杠上的软化剂，并用干毛巾吸去残留的水分

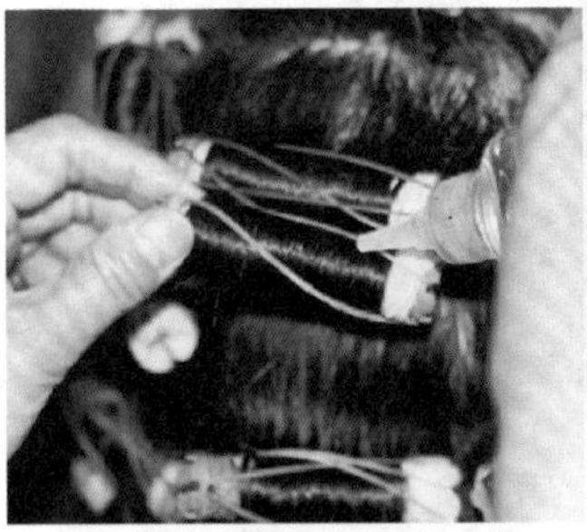
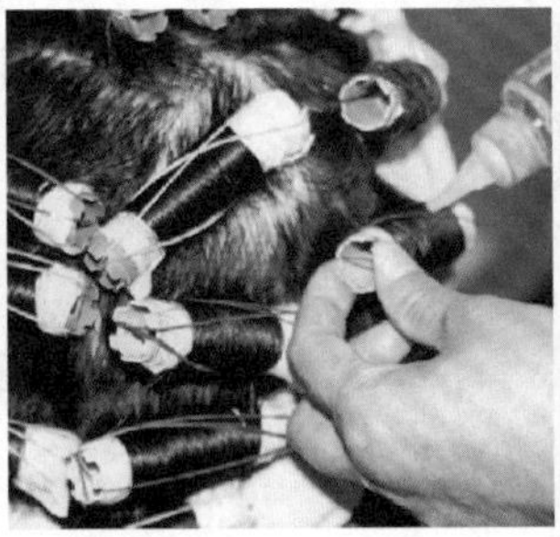
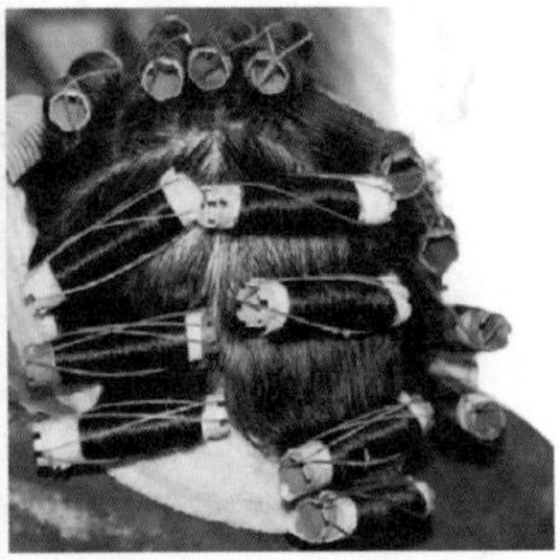

7. 从后颈部位开始向上及其他位置依次涂第二剂，等候 10 min 左右

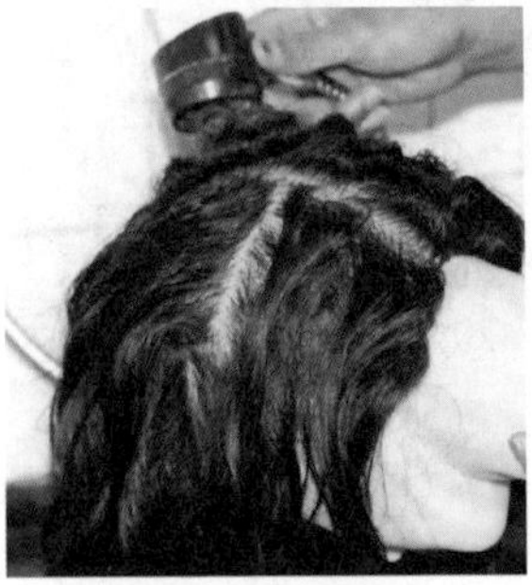

8. 拆开发卷，用清水将头发上的药水清洗干净，然后涂抹洗发液、护发素等并清洗干净

9. 整理定型

技能 52　离子烫烫法说明图解

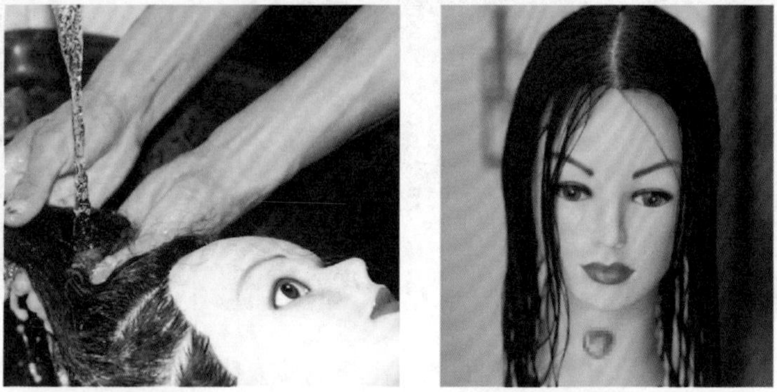

1. 将头发清洗干净，并用冷风将头发吹至七八成干

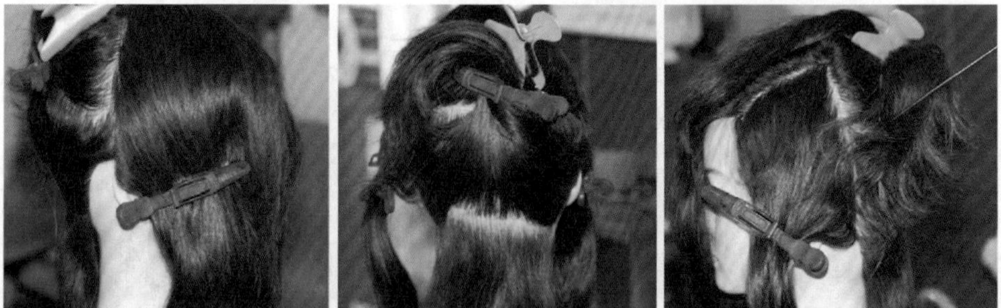

2. 用发夹将头发分区固定

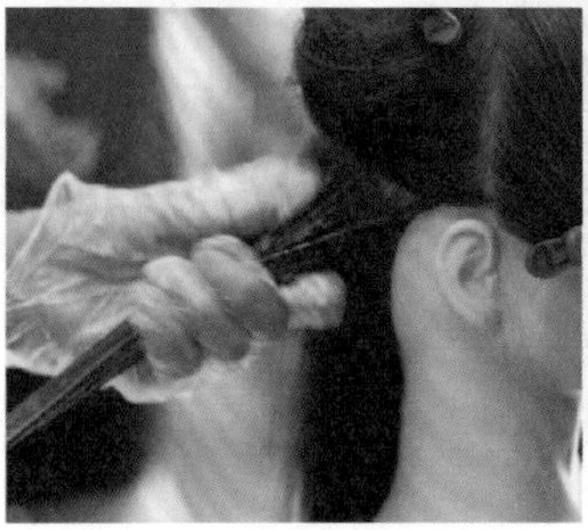
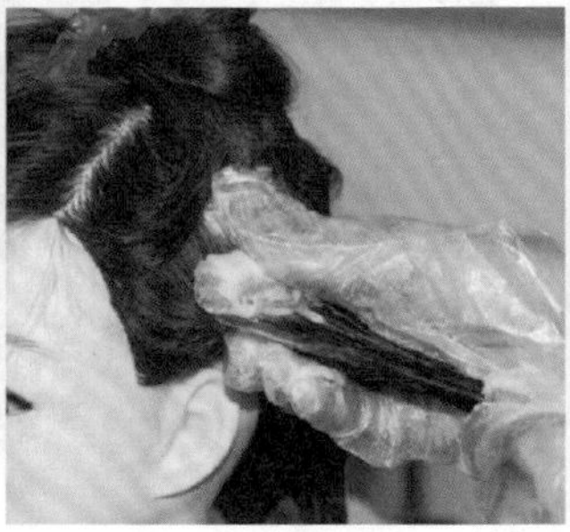
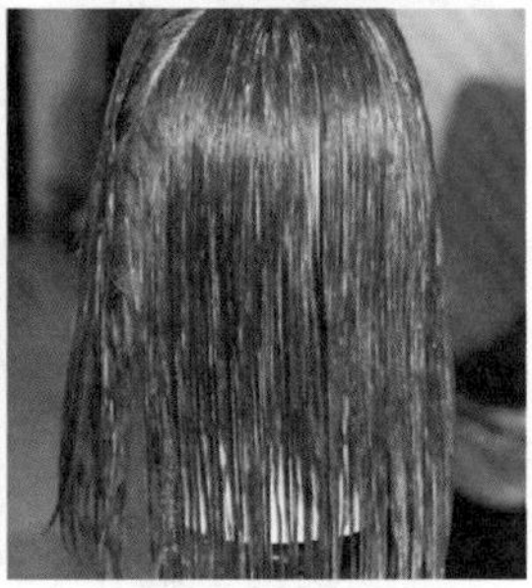

3. 从下向上依次将头发放下，并在距发根 1 cm 处向发梢方向涂第一剂

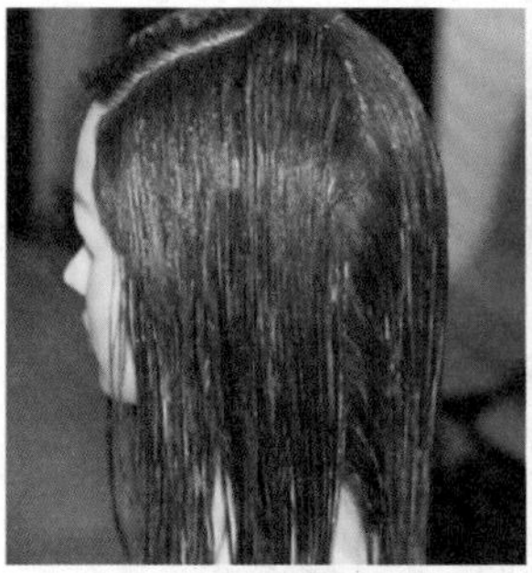
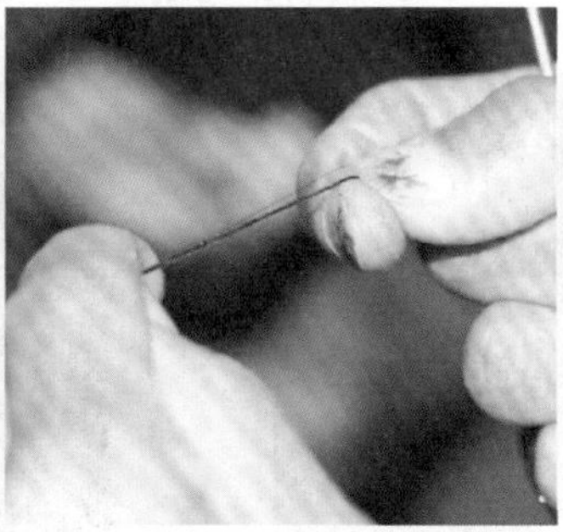
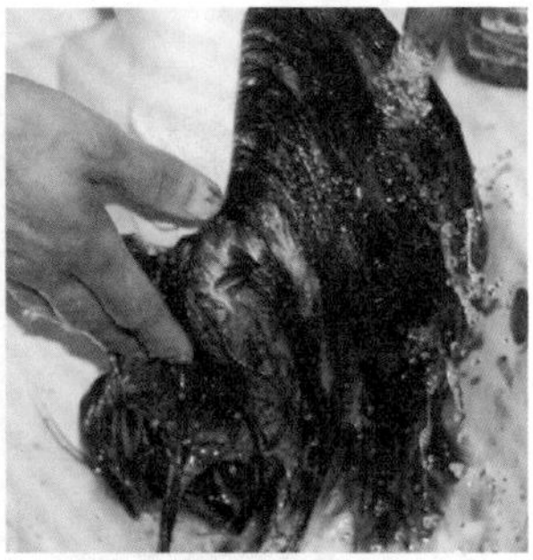

4. 等待 20 min，挑出若干根头发检查头发软化情况，如头发能够拉伸延长，则软化成功，接着清洗头发

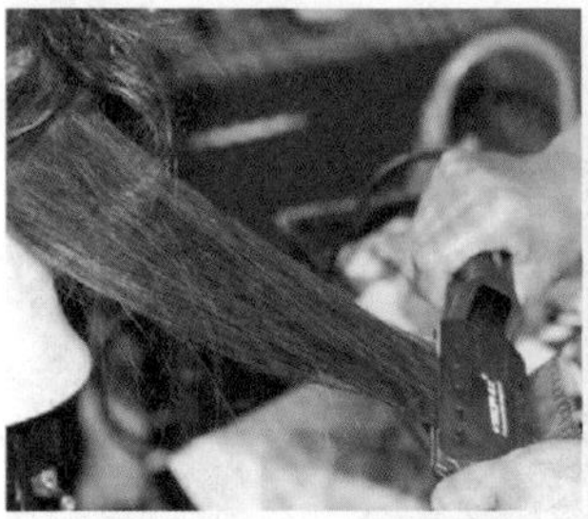
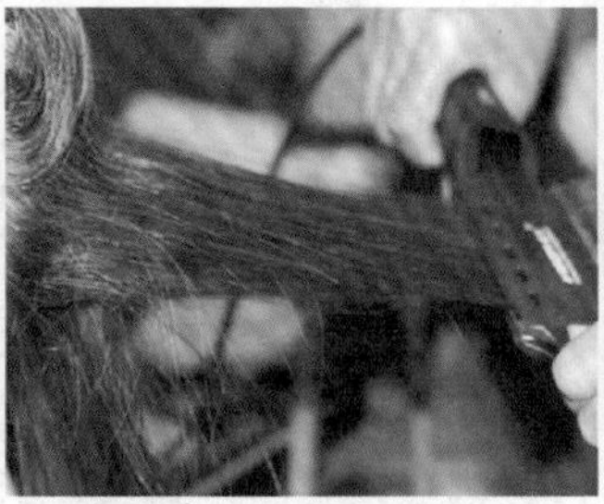
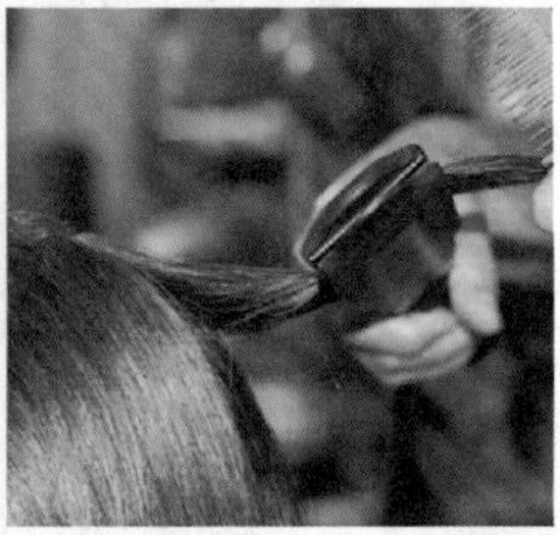

5. 用离子烫夹板由下向上逐层夹拉头发

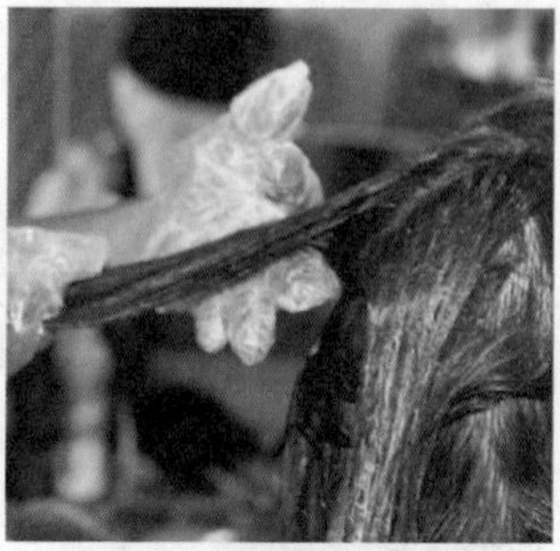
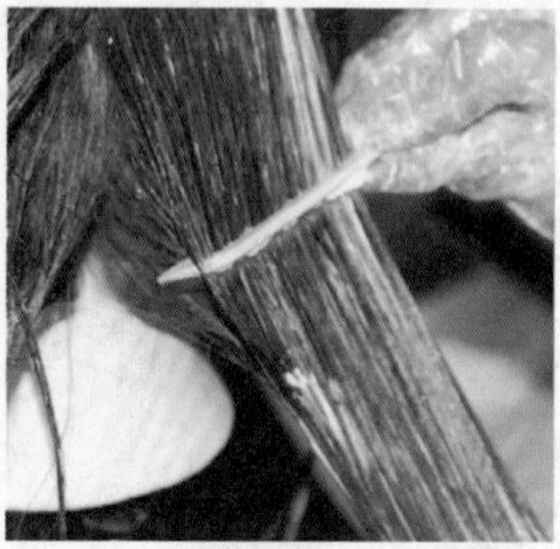

6. 将第二剂均匀涂在发丝上，并将头发梳直

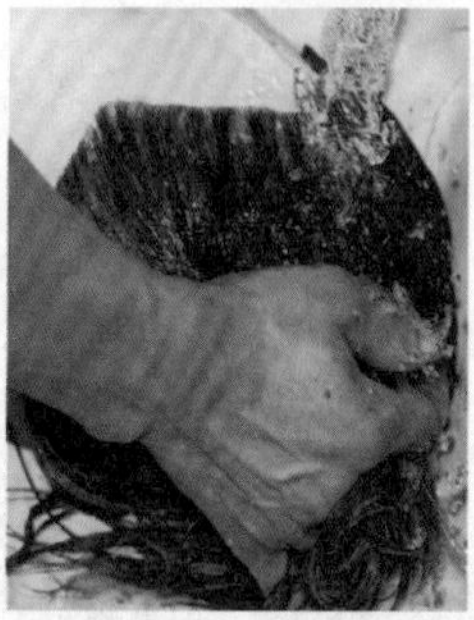

7. 等待 10 min 左右，用温水清洗头发，然后使用洗发液清洗头发并使用护发素滋养头发

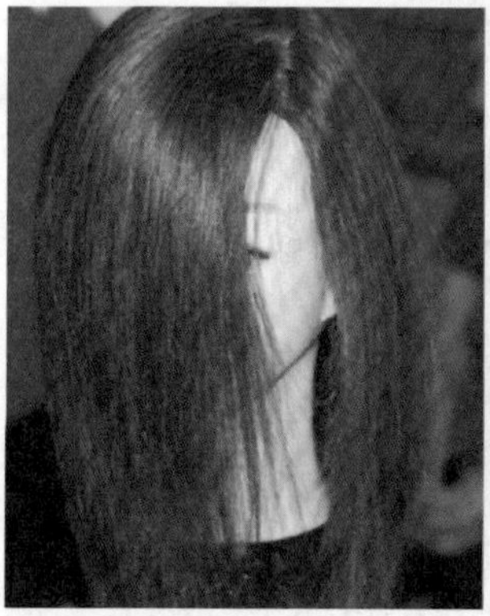
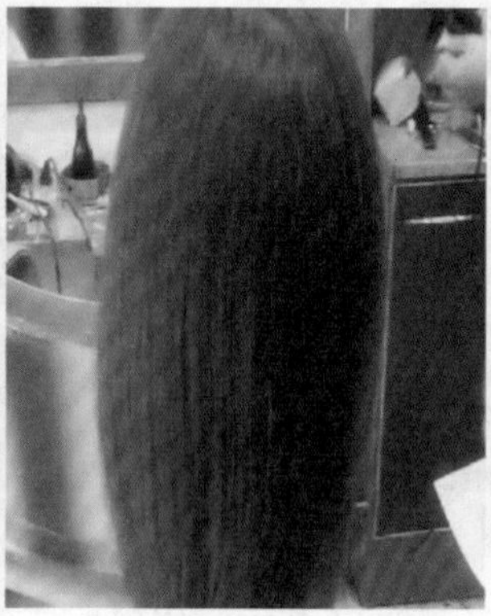
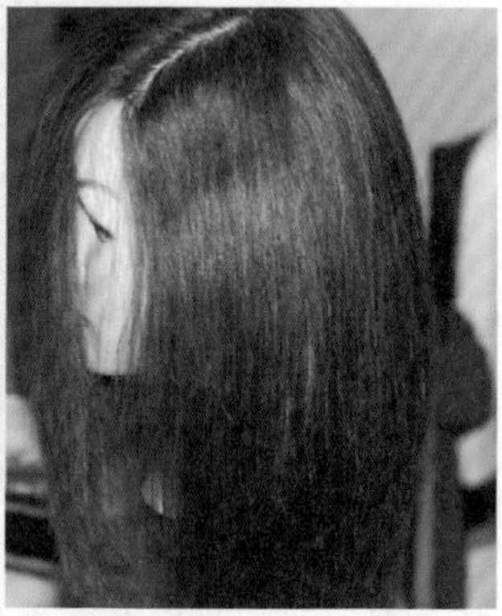

8. 整理定型

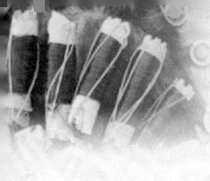

技能 53　数码烫烫法说明图解

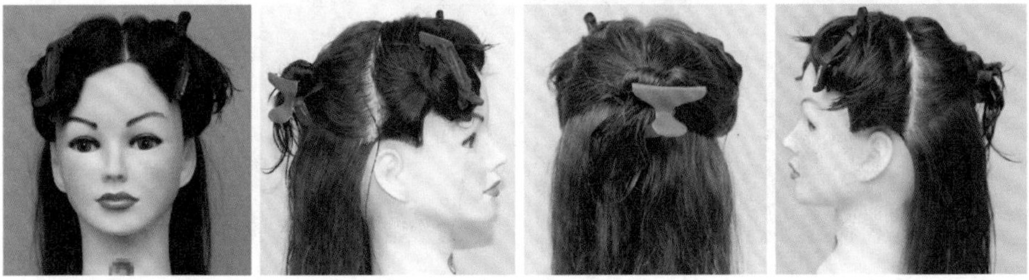

1. 将头发分区并固定

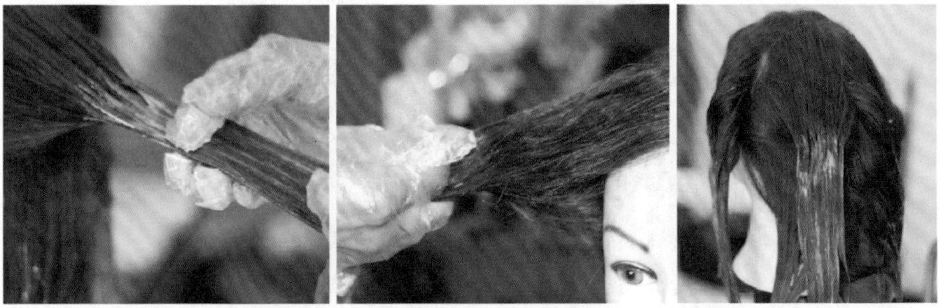

2. 确定卷发长度，并根据卷发长度将第一剂均匀涂在各发片上

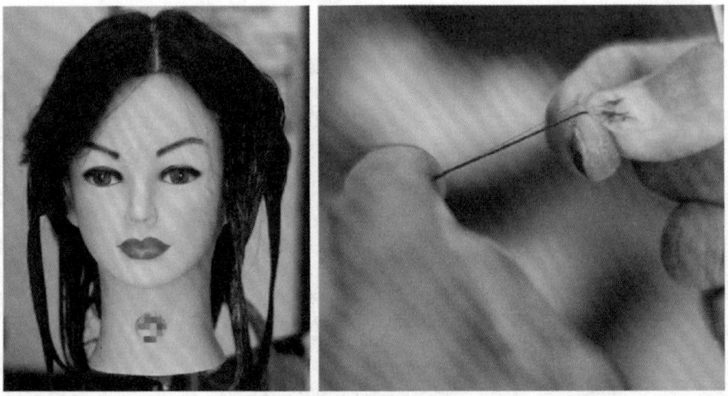

3. 等待 15 min（一般情况下，抗拒发质为 15～20 min，正常发质为 10～15 min，受损发质为 5～7 min）后，用尖尾梳尖端挑出约 10 根头发，擦去第一剂，检查头发的软化情况

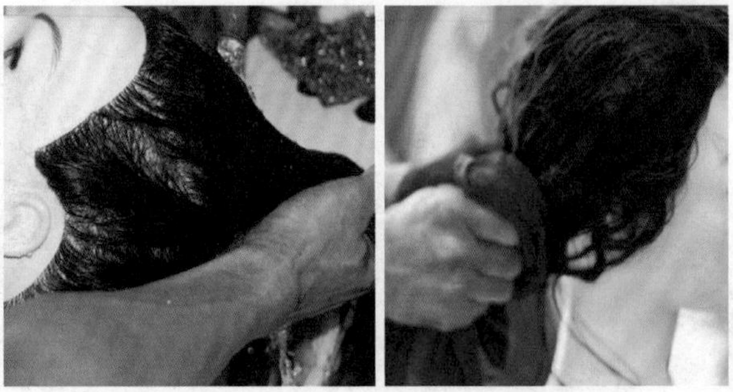

4. 软化成功后，用清水将头发上的第一剂冲洗干净，并用毛巾擦干至不滴水

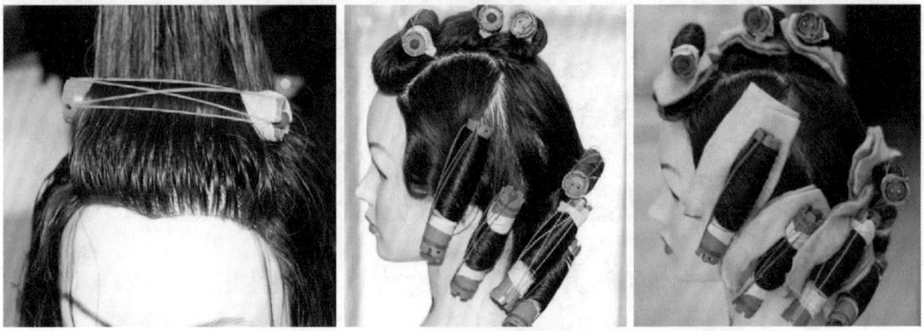

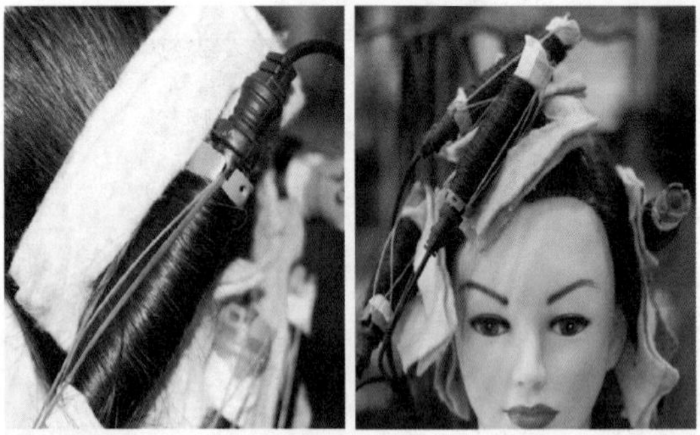

5. 使用烫发杠进行卷杠，并在发圈上垫上羊毛毡，然后连接数码烫烫发机的发杠线，连通陶瓷烫电源，加热 15 min

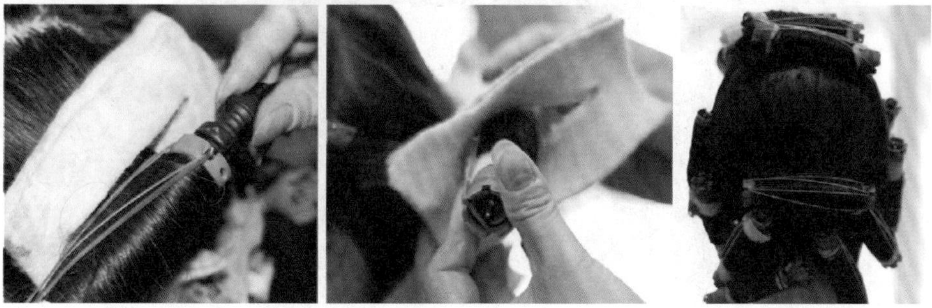

6. 关闭电源，待头发冷却后，拔下发杠线，并拆下羊毛毡

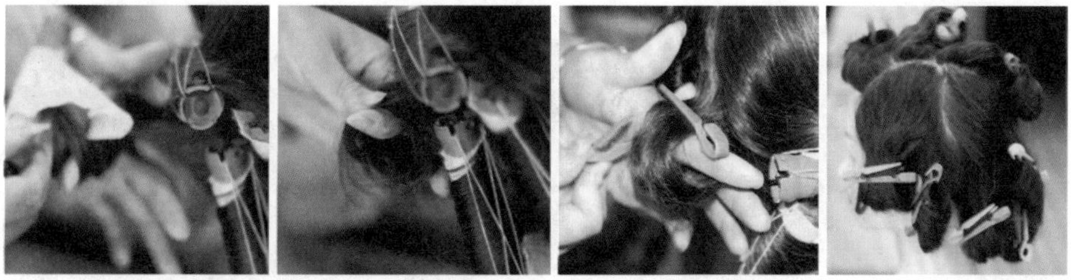

7. 顺着发卷方向拆下烫发杠，用手握住发卷，然后用定位夹固定发卷

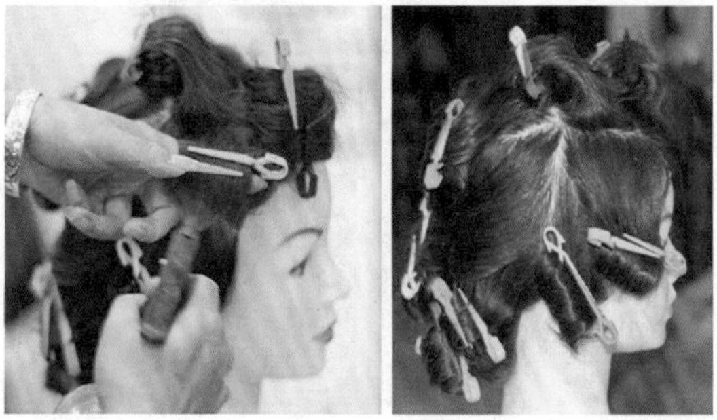

8. 将第二剂涂在发卷上，使其充分浸透，等待 15 min

9. 拆下夹子，清洗头发，将第二剂清洗干净

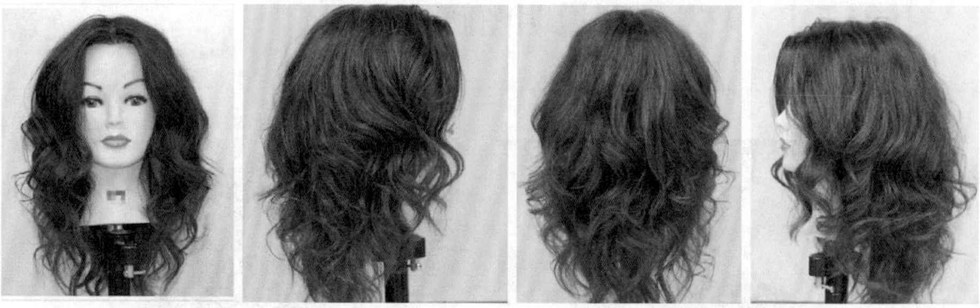

10. 整理定型

岗位任务九 染发操作

技能 54　染发护理说明图解

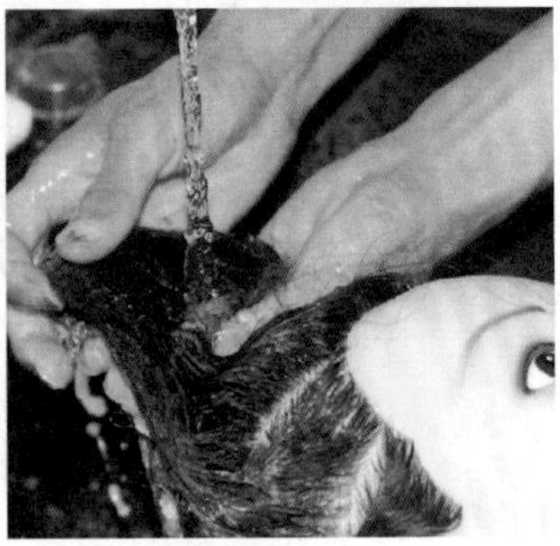

1. 深层清洗顾客头发，并将顾客头发擦干

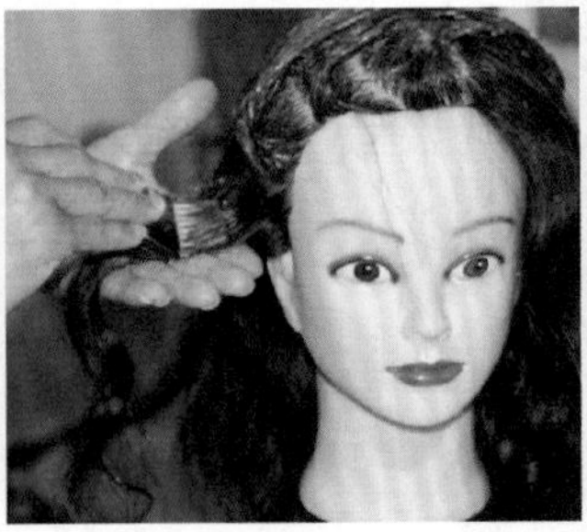

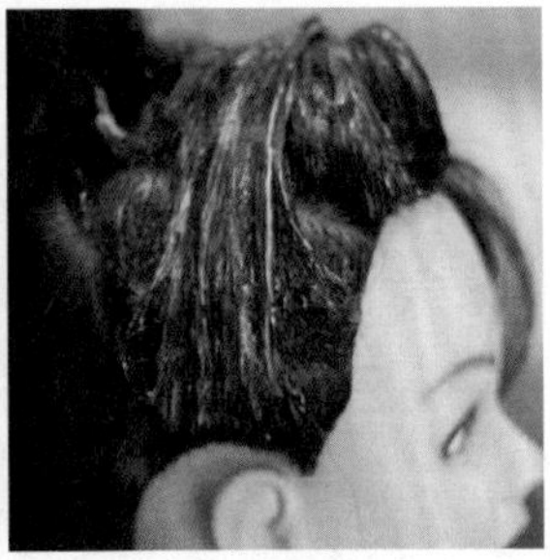

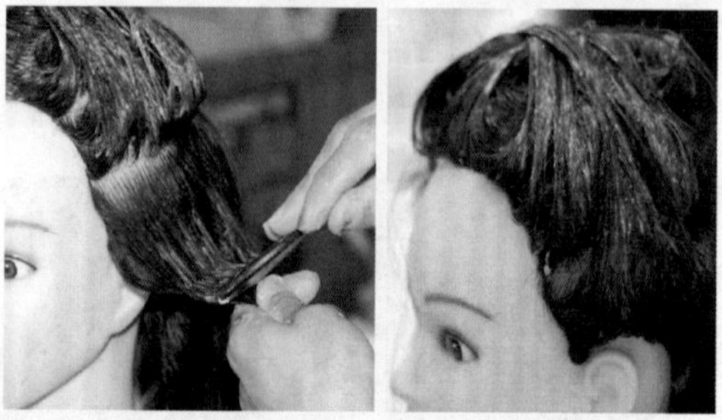

2. 从头顶正中间位置依次向两侧涂抹护理膏

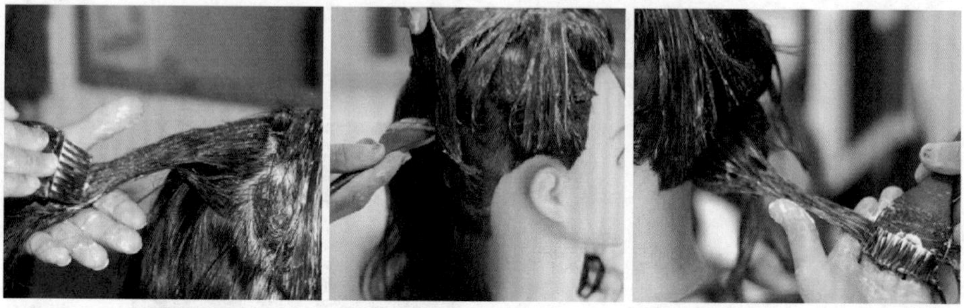

3. 从头顶向后颈部依次逐层涂抹护理膏

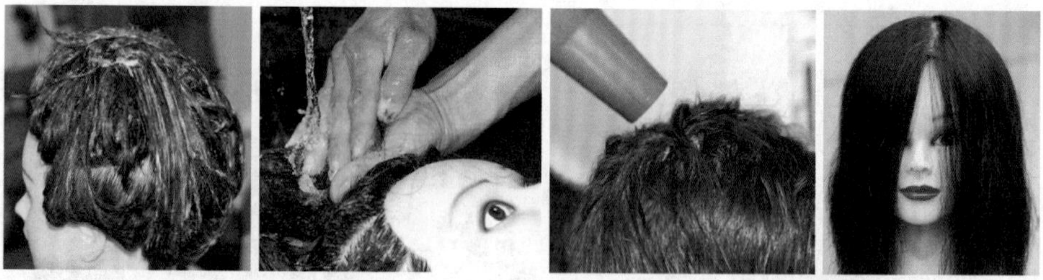

4. 将头发集中在顶部，等候 15 min，然后清洗头发，将护理膏清洗干净，并用吹风机吹干

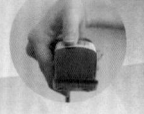

技能 55　挑染说明图解

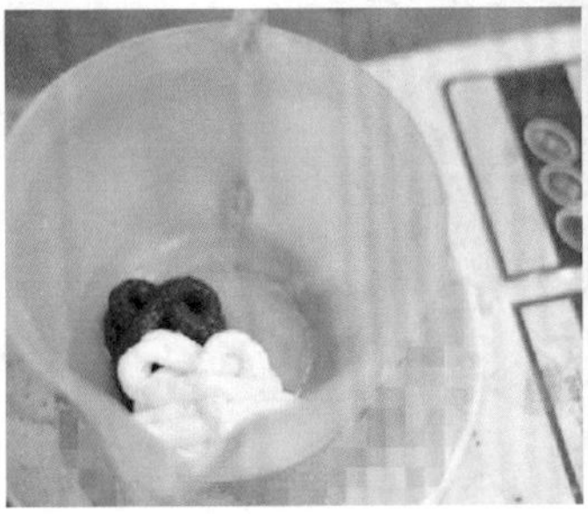

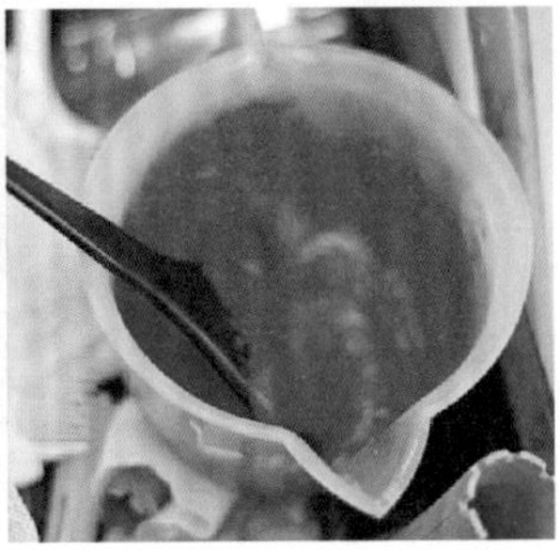

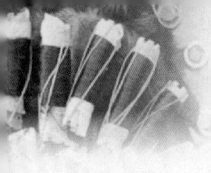

1. 根据顾客染色需要调配染发剂

2. 根据顾客染发需求分出待染发束

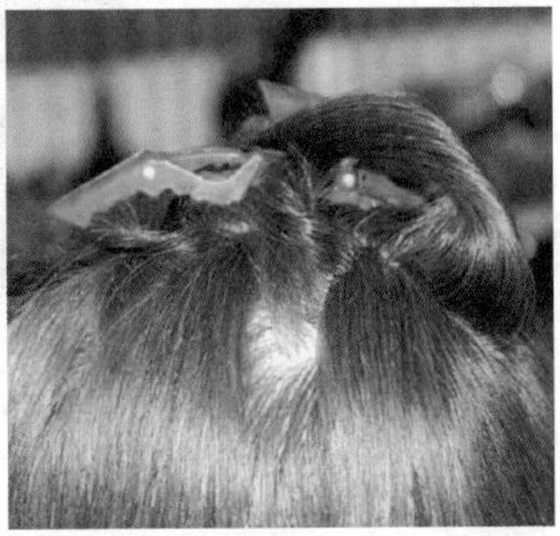

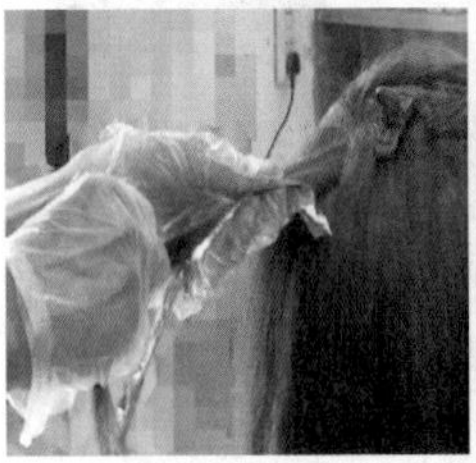

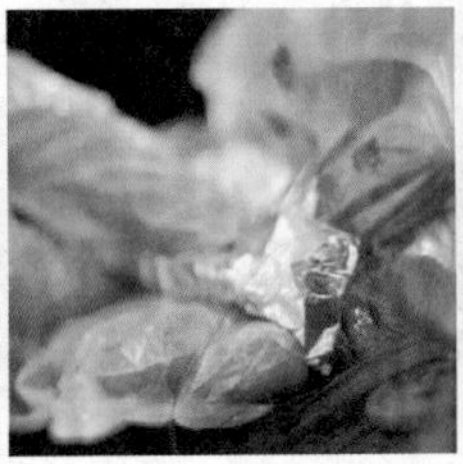

3. 取一束待染发束，将锡纸放在发束下，在距离发根 3 cm 处涂抹染发剂，然后将锡纸对折，并将两边收口压好

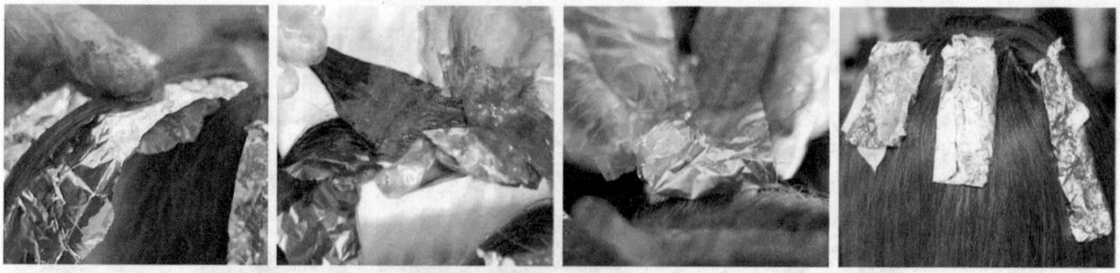

4. 重复步骤 3，完成其他待染发束的染色

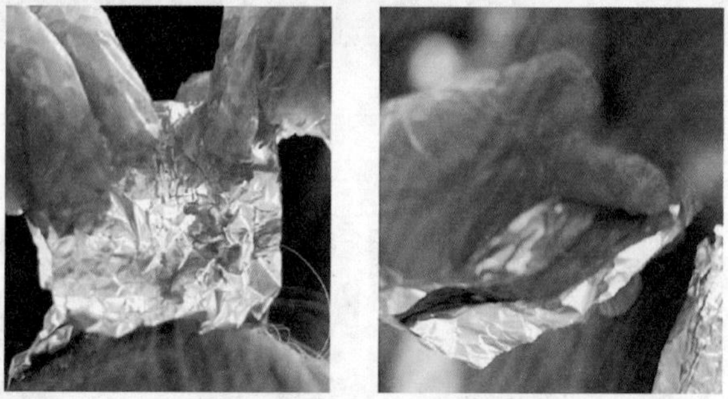

5. 在常温状态下等待 40 min，拆开锡纸，检查发束染色

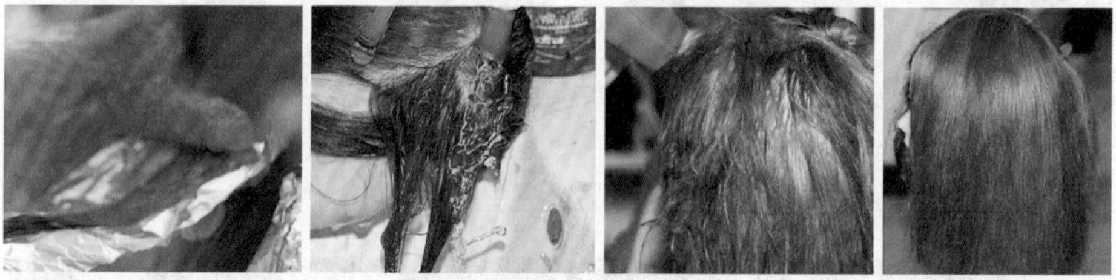

6. 染色成功后，拆开锡纸，冲洗头发，然后吹干定型

技能 56　层染说明图解

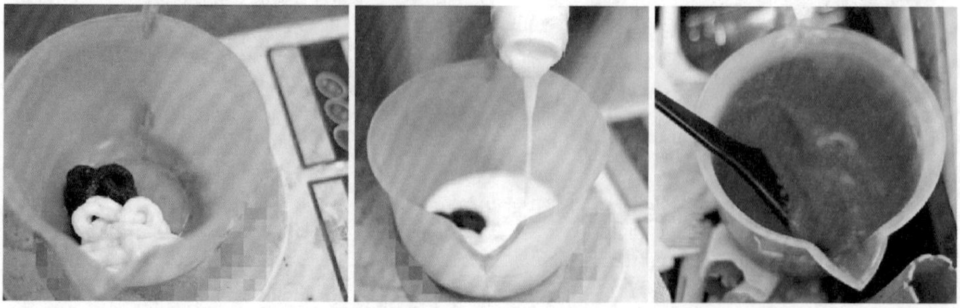

1. 根据顾客染发需要调配染发剂

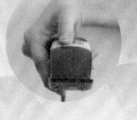

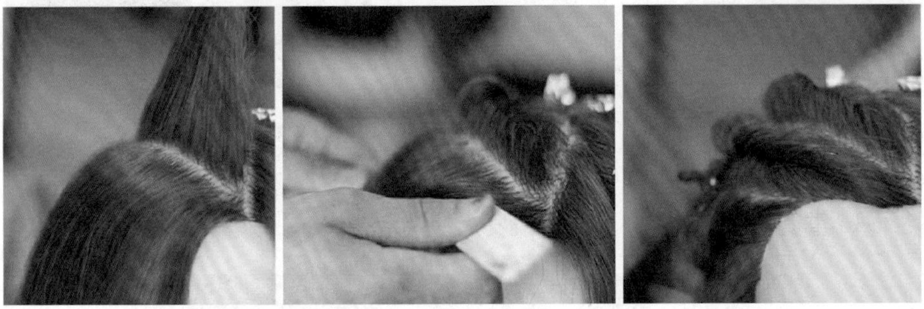

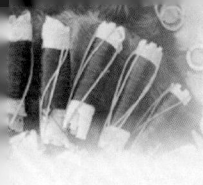

2. 根据顾客染发需要分出待染发层

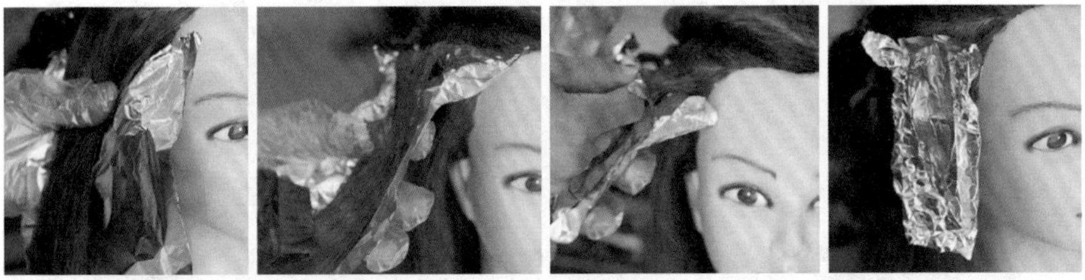

3. 取最下层的发片，将锡纸放在发片下面，涂抹染发剂，然后对折锡纸，并将锡纸两边收口压好

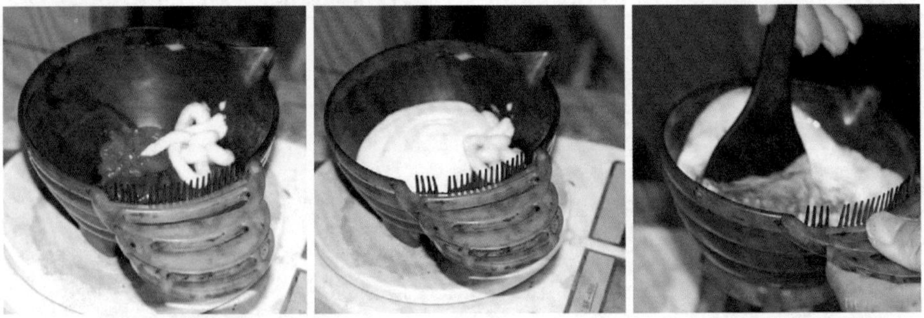

4. 根据顾客染发需要重新调配其他颜色的染发剂

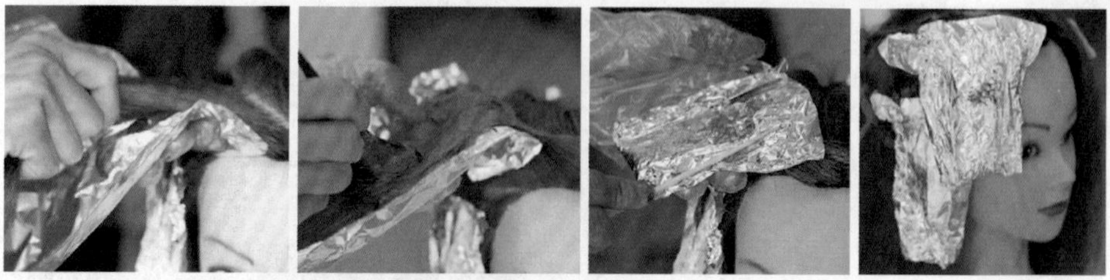

5. 取下中间层的发片，将锡纸放在发片下面，涂抹染发剂，涂抹完毕后将锡纸收口压好

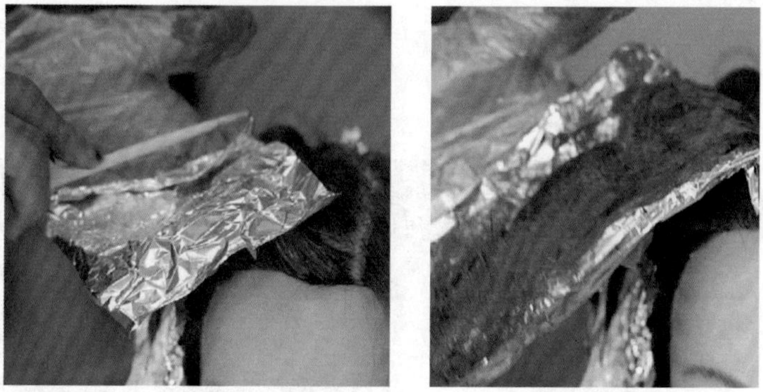

6. 在常温状态下等待 40 min，拆开锡纸，检查染色情况

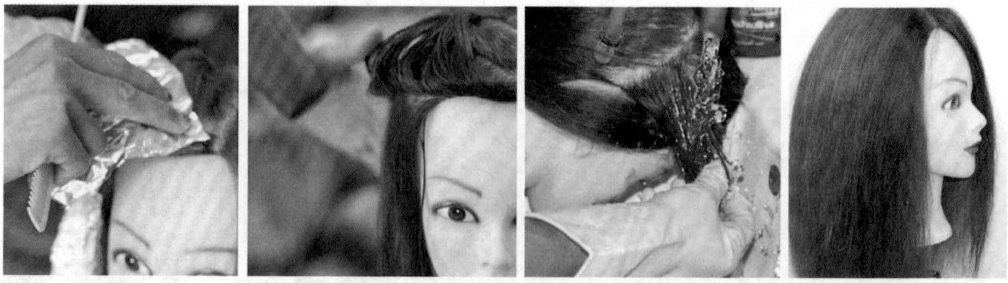

7. 染色成功后，拆开锡纸，冲洗头发，然后吹干定型

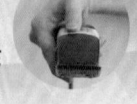

技能 57　全染说明图解

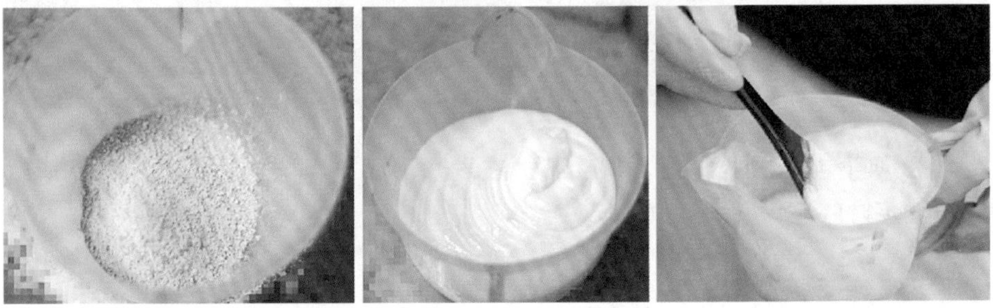

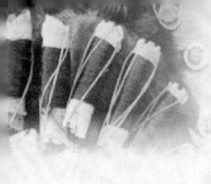

1. 根据顾客的染发需求按比例配制漂发剂

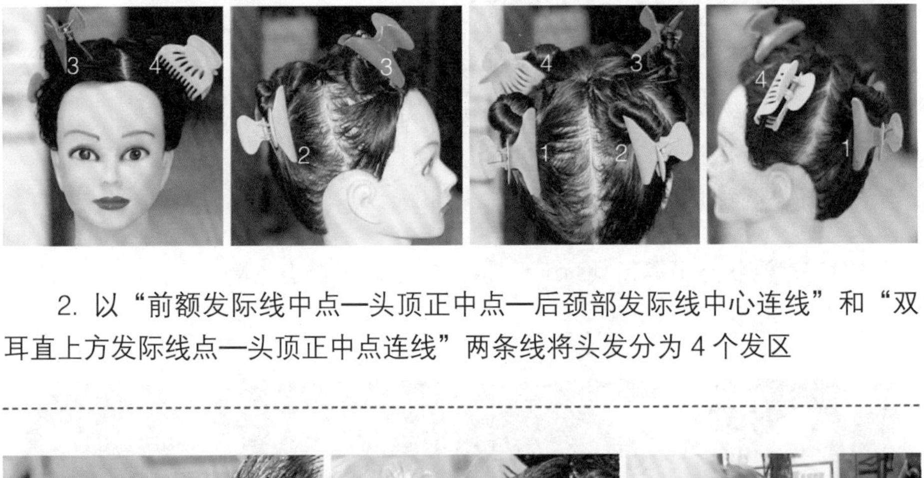

2. 以“前额发际线中点—头顶正中点—后颈部发际线中心连线”和“双耳直上方发际线点—头顶正中点连线”两条线将头发分为 4 个发区

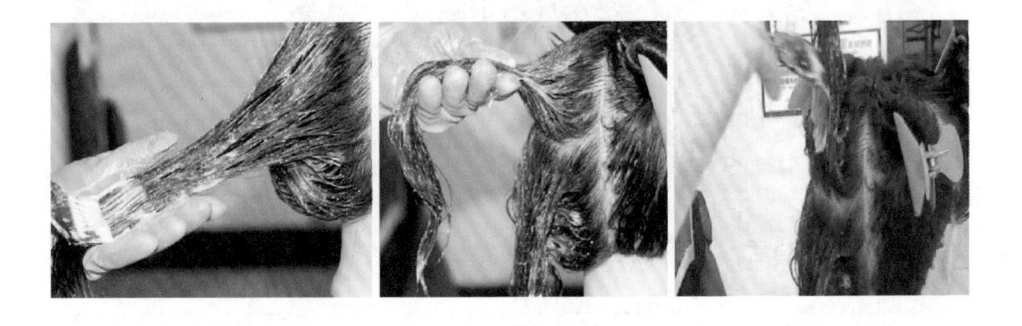

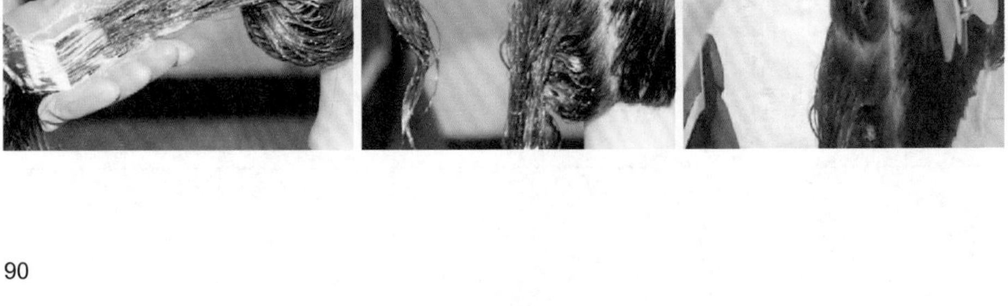

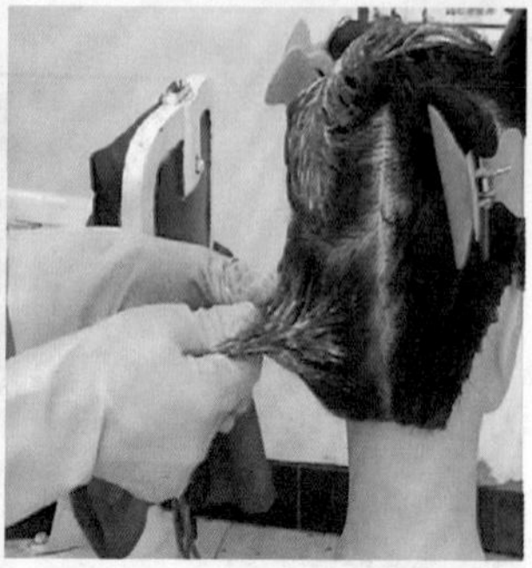

3. 取第一发区头发，将漂发剂均匀涂抹在头发上，然后在第一发区的中间位置分区，将第一发区分为上下两个发区，再分别在两个发区上涂抹漂发剂，使漂发剂涂抹均匀

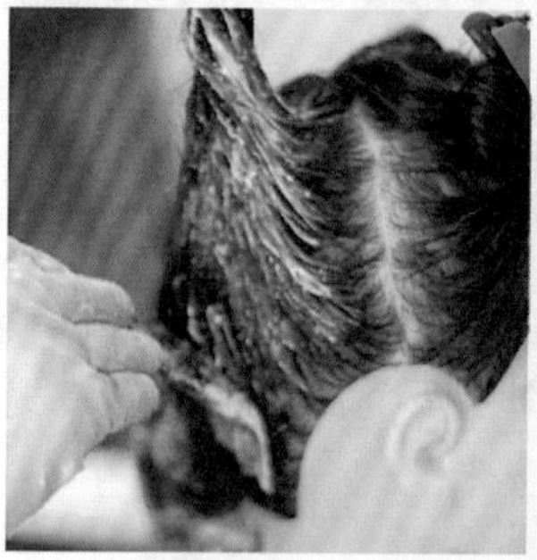
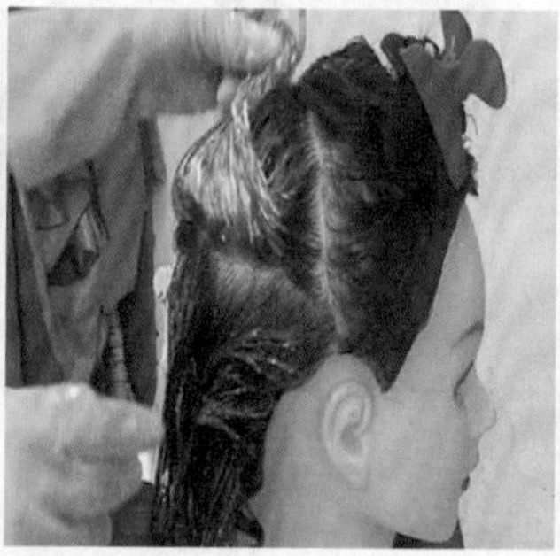
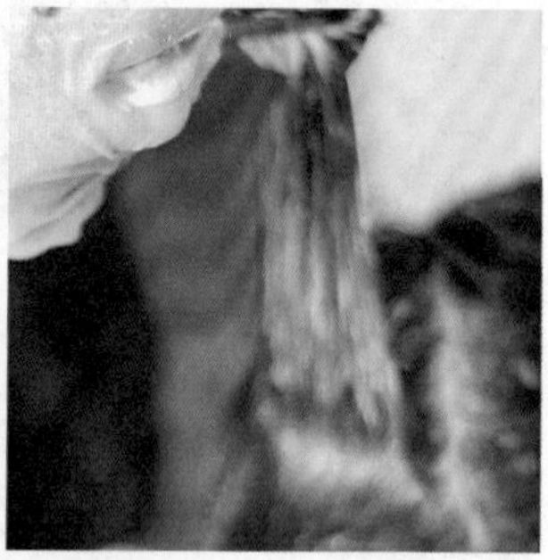

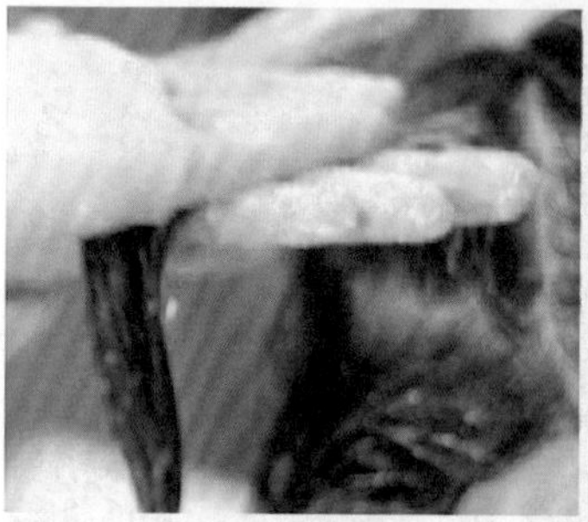
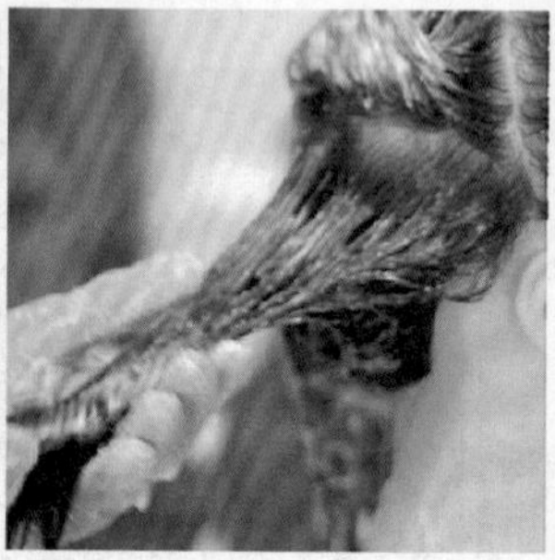
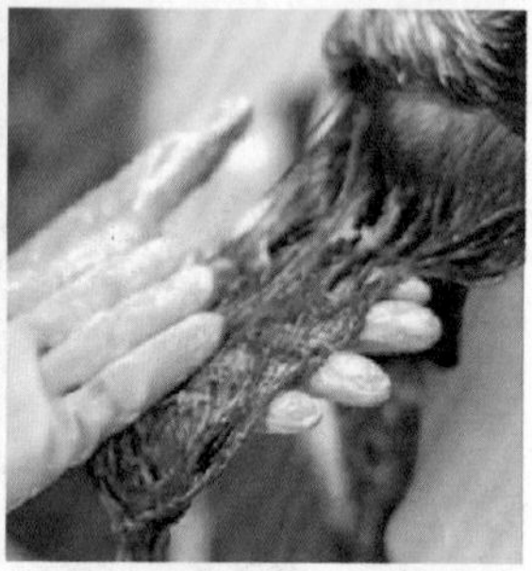

4. 取第二发区头发，将漂发剂均匀涂抹在头发上，然后在第二发区的中间位置分区，将第二发区分为上下两个发区，再分别在两个发区上涂抹漂发剂，使漂发剂涂抹均匀

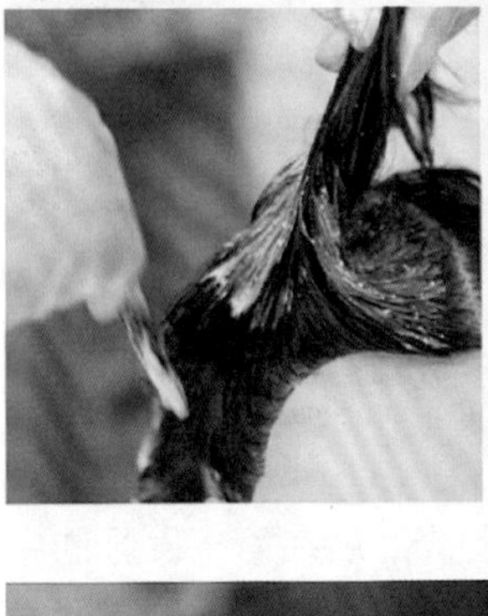

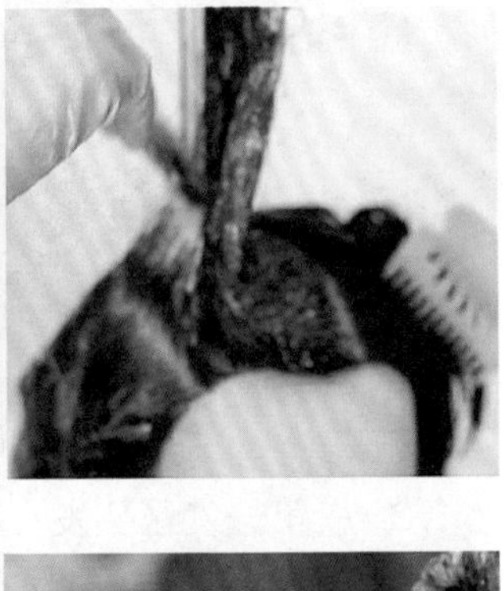

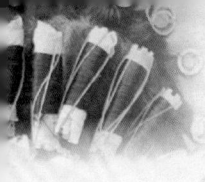

5. 取第三发区头发，将漂发剂均匀涂抹在头发上，然后在第三发区的中间位置分区，将第三发区分为上下两个发区，再分别在两个发区上涂抹漂发剂，使漂发剂涂抹均匀

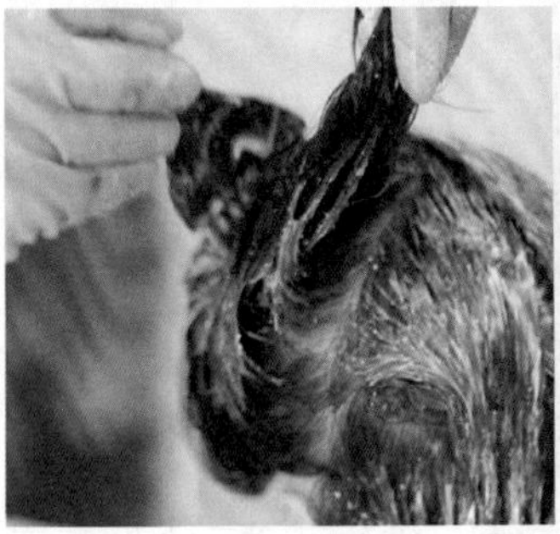
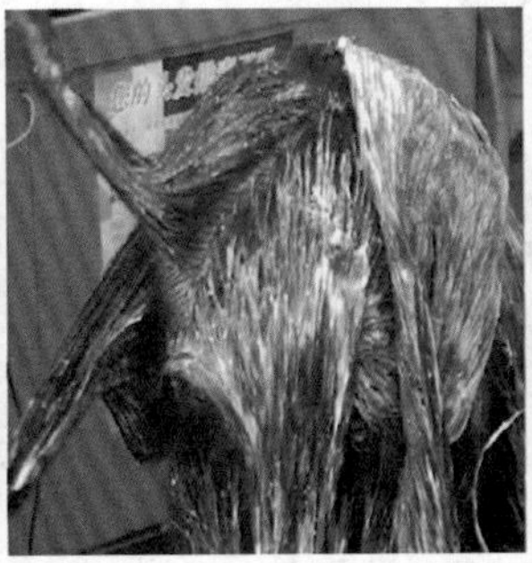
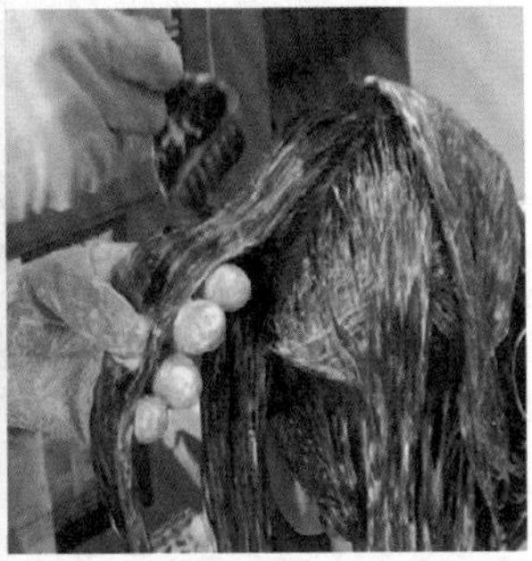

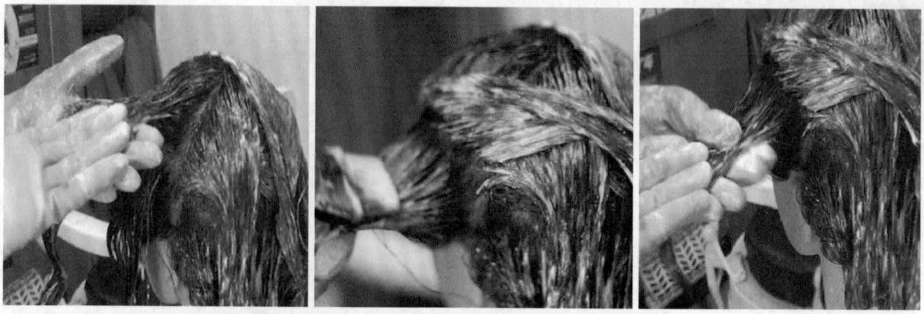

6. 取第四发区头发，将漂发剂均匀涂抹在头发上，然后在第四发区的中间位置分区，将第四发区分为上下两个发区，再分别在两个发区上涂抹漂发剂，使漂发剂涂抹均匀

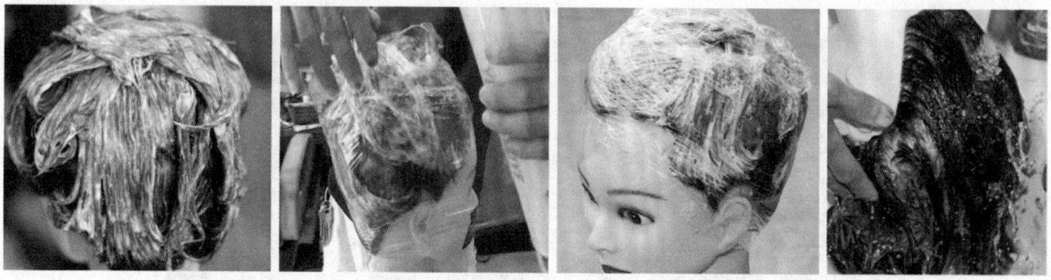

7. 将各区头发均聚集在头顶部，然后包上保鲜膜，在常温状态下等待60 min，检查头发褪浅情况，在褪浅成功后，使用专用染发洗护产品冲洗头发

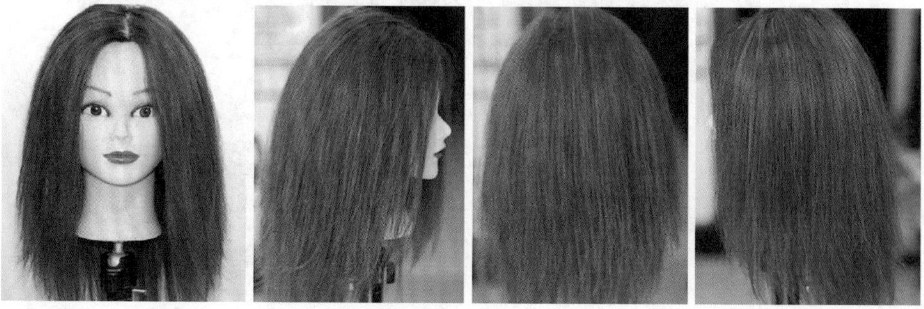

8. 整理定型

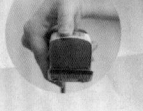

岗位任务十
接发

技能 58　接发操作说明图解

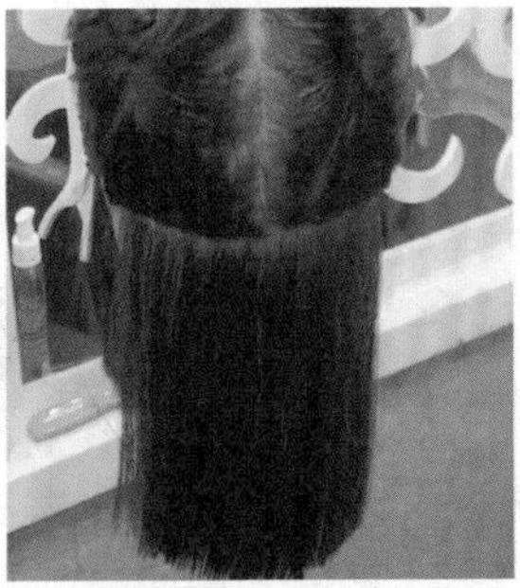
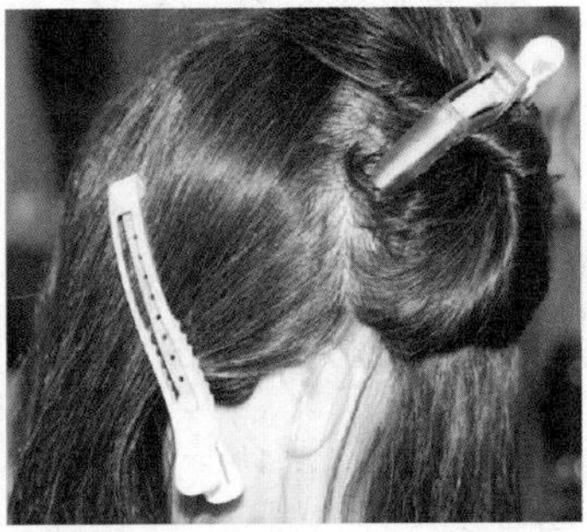

1. 用尖尾梳将头发分区，并将接发发区梳理整齐

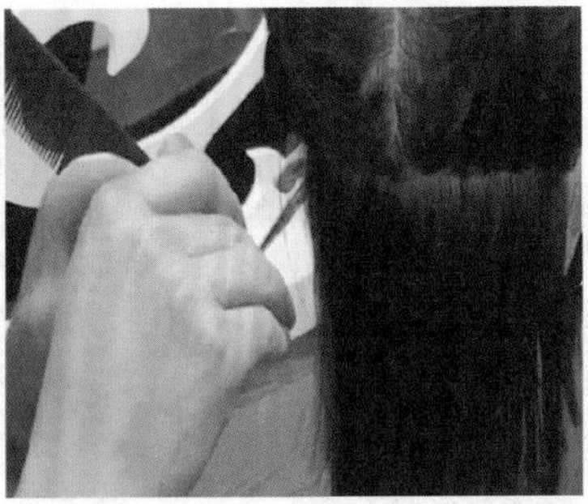
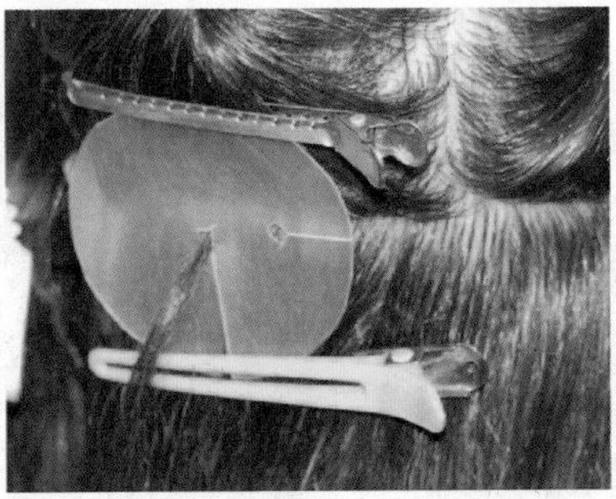

2. 用尖尾梳在接发发区的最上层左侧分出一束头发，用隔热片垫好，并用定位夹固定

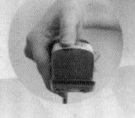

3. 取出与真发发束量相同的接发发束，将接发发束同真发发束放在一起，并在接发发束发根端预留出 2 cm 左右的头发

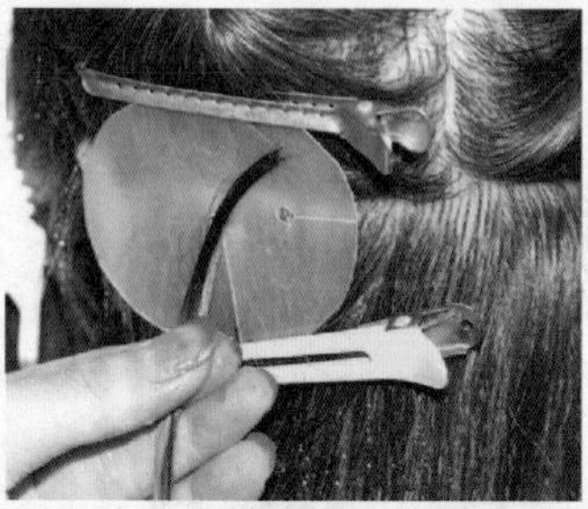

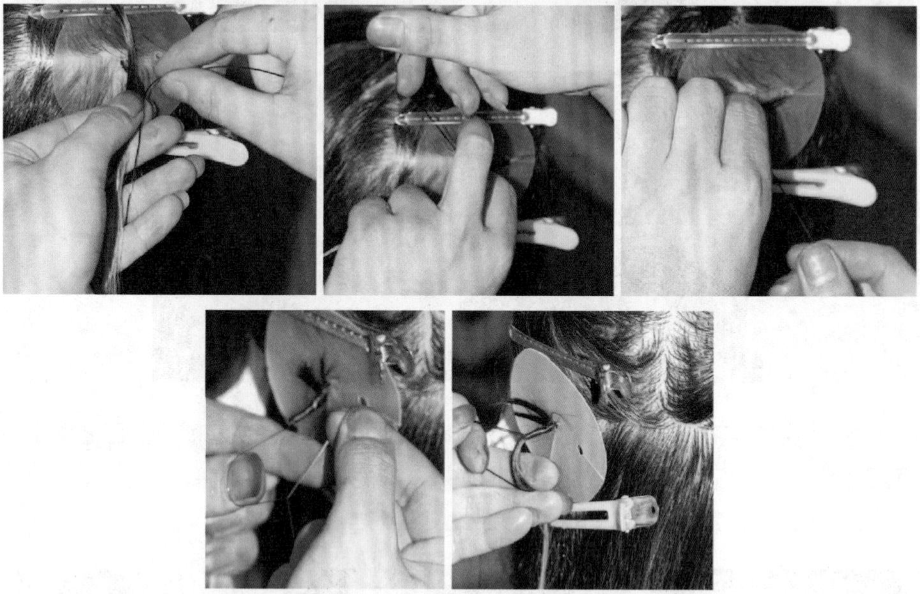

4. 将水晶丝线缠绕发束上，把真发发束与接发发束绑在一起，并在绕绳长度约为 1 cm 时，将水晶丝线系结固定

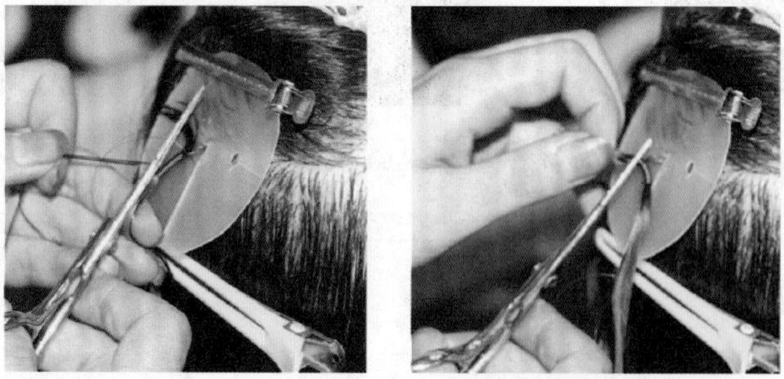

5. 将余出的水晶丝线剪去，然后比对水晶丝线的绕绳情况剪去接发发束发根端预留的头发

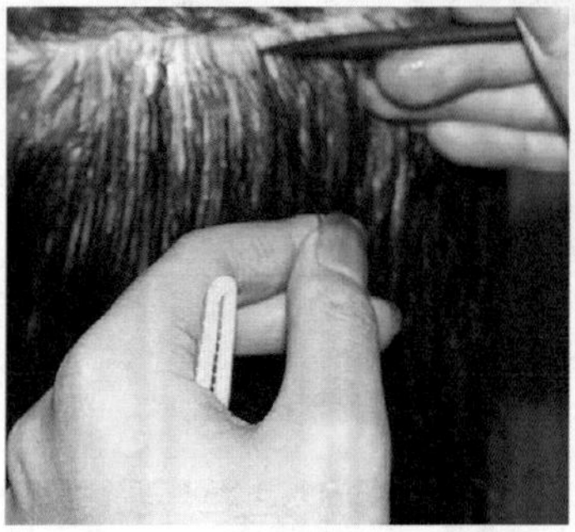
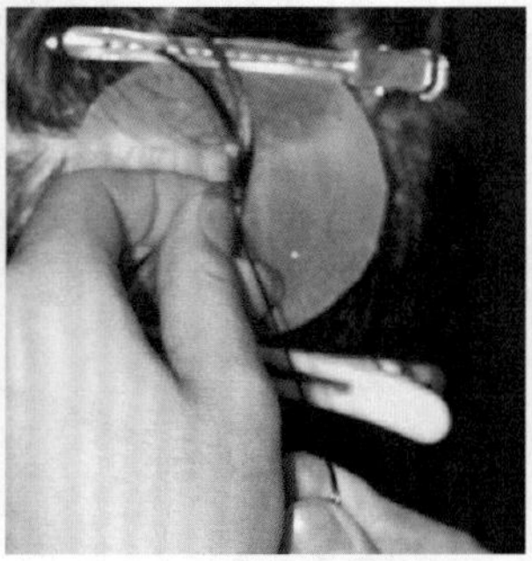
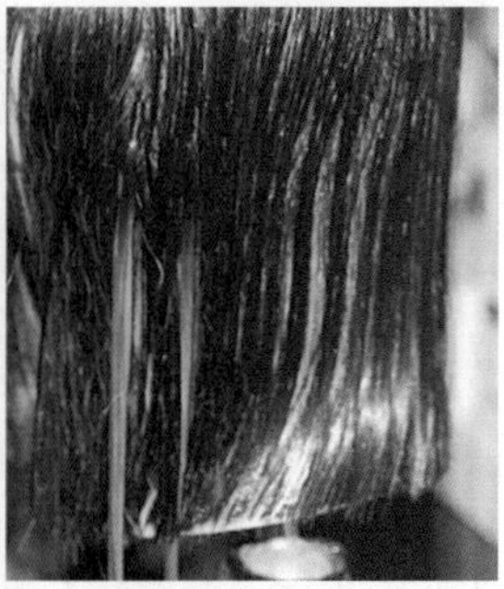

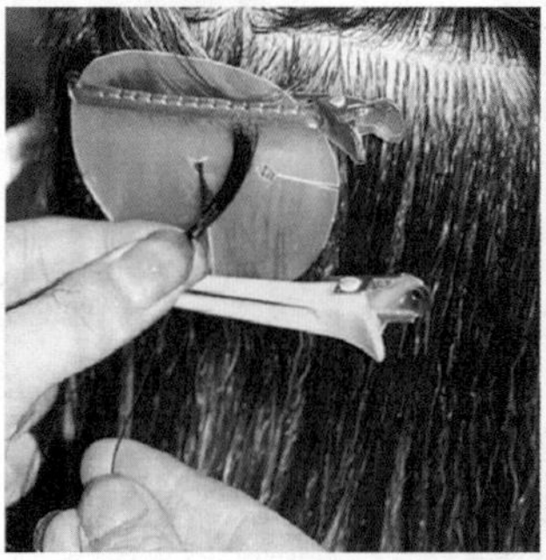
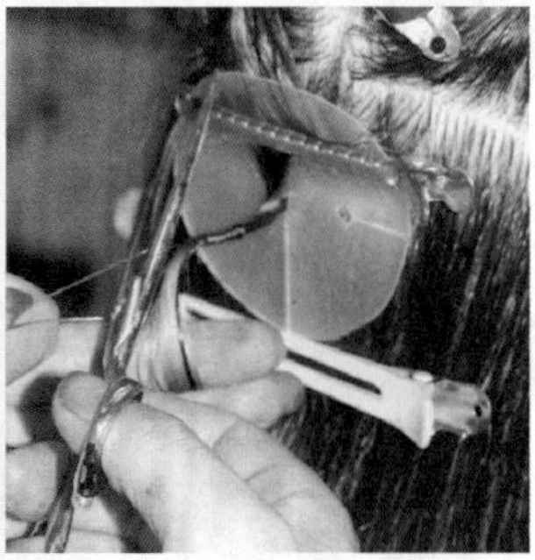

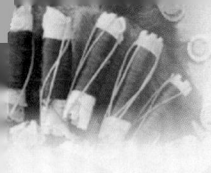

6. 用尖尾梳在距离接发发束 3 cm 处挑出同样发量的发束，然后重复步骤 2 至步骤 5，完成第二束发束接发，并依次完成第一层的接发

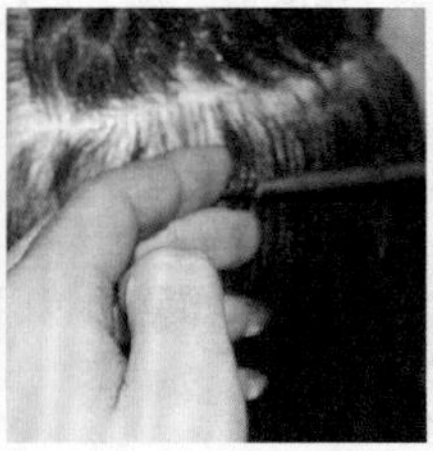
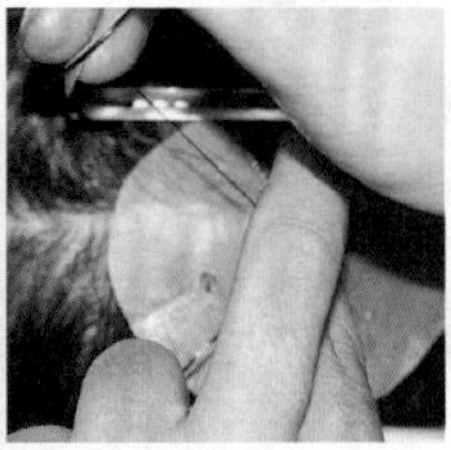
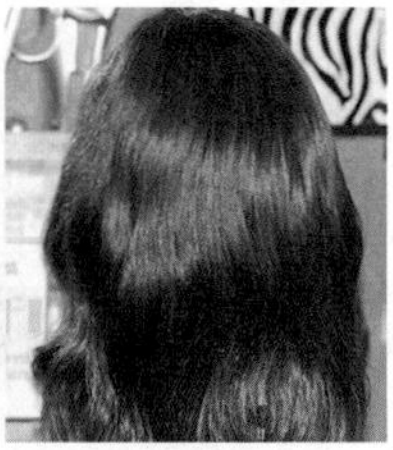

7. 逐层将上层的发片放下，重复步骤 2 至步骤 6，完成各层的接发

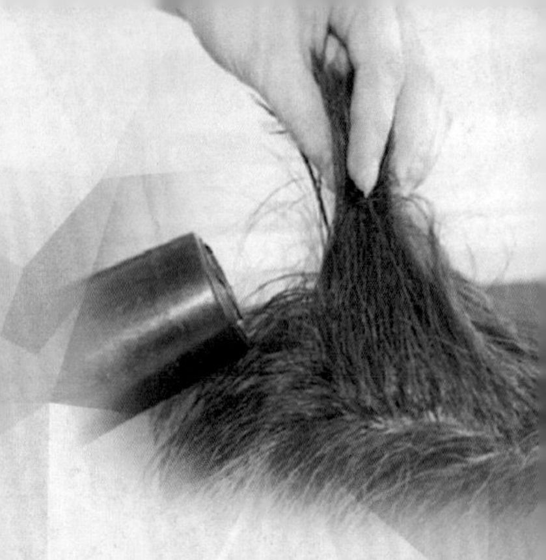

岗位任务十一 吹风造型

技能 59 吹风角度说明图解

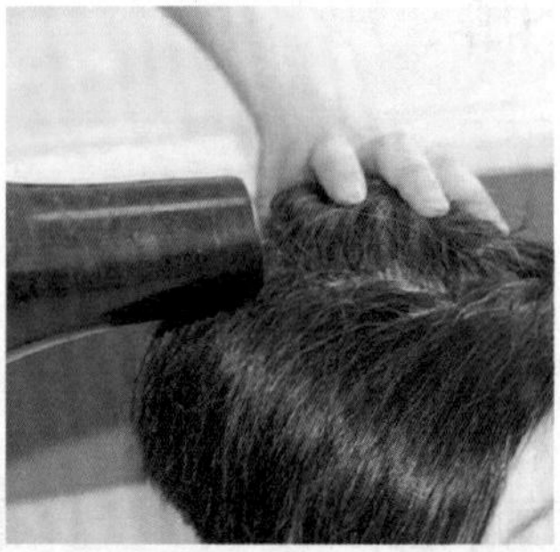

吹发根——平行头皮角度

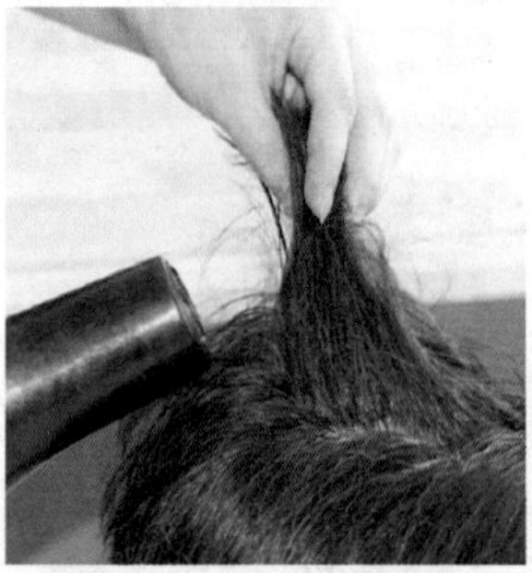

吹发中、发尾——大于头皮角度

技能 60 直发吹风技巧说明图解：翻

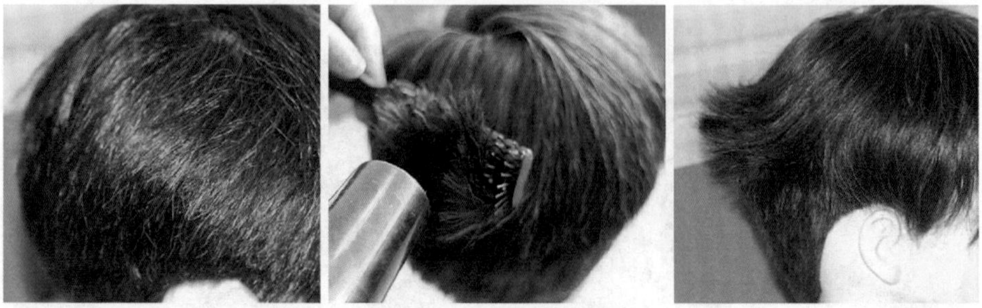

1. 外翻

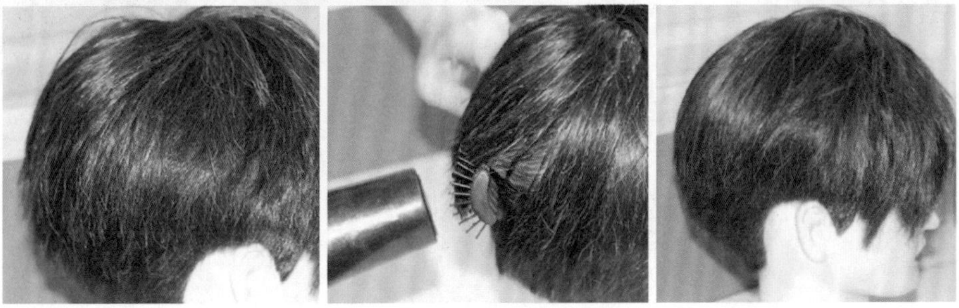

2. 内翻

技能 61　直发吹风技巧说明图解：压

1. 发梳压

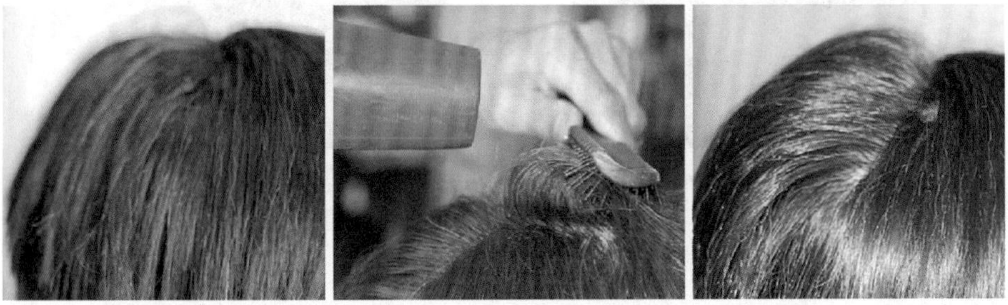

2. 手掌压

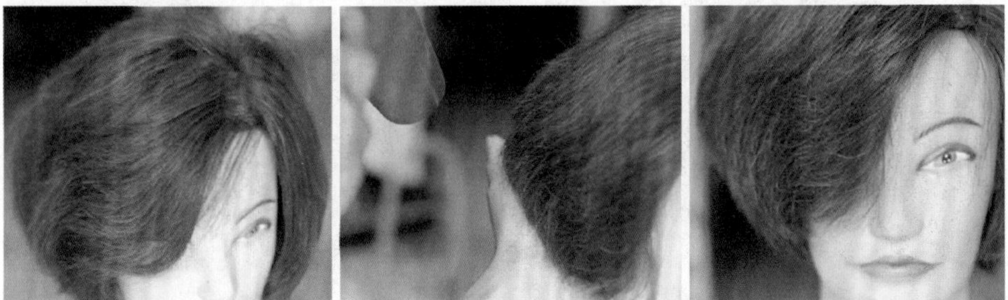

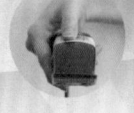

技能 62　直发吹风技巧说明图解：别

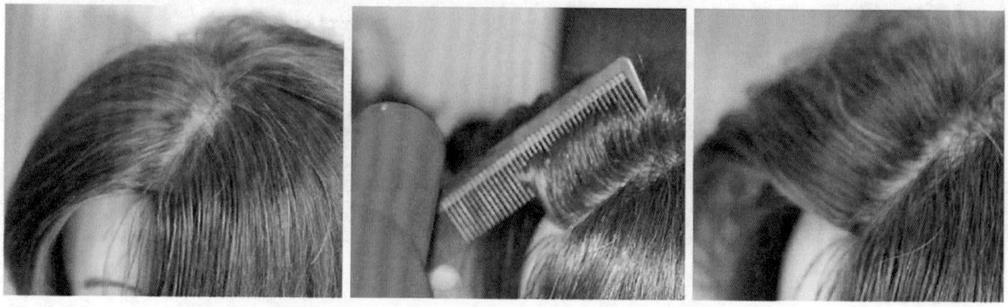

技能 63　直发吹风技巧说明图解：推

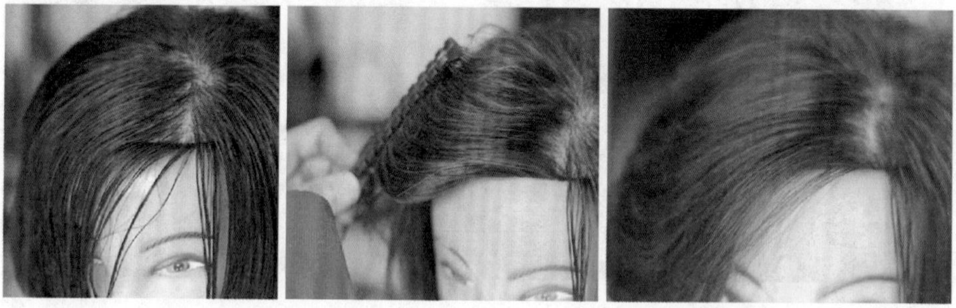

技能 64　直发吹风技巧说明图解：刷

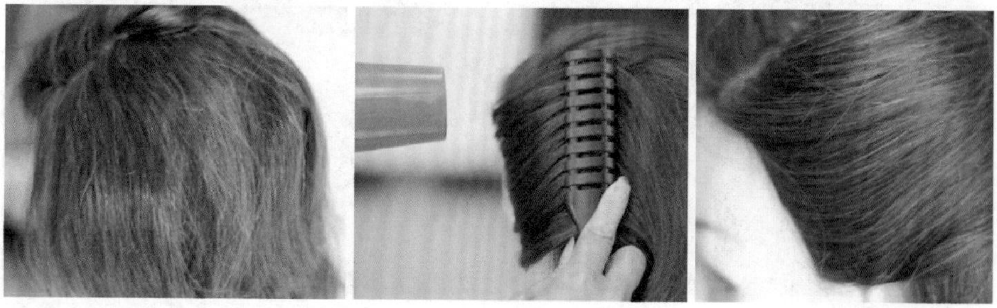

技能 65　直发吹风技巧说明图解：拉

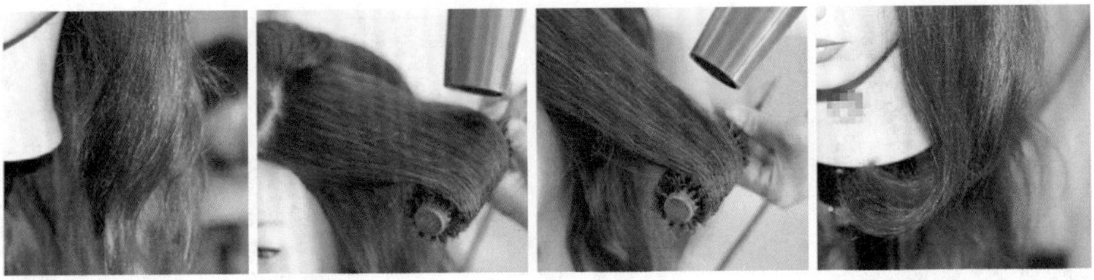

技能 66　卷发吹风技巧说明图解：滚梳水平运动

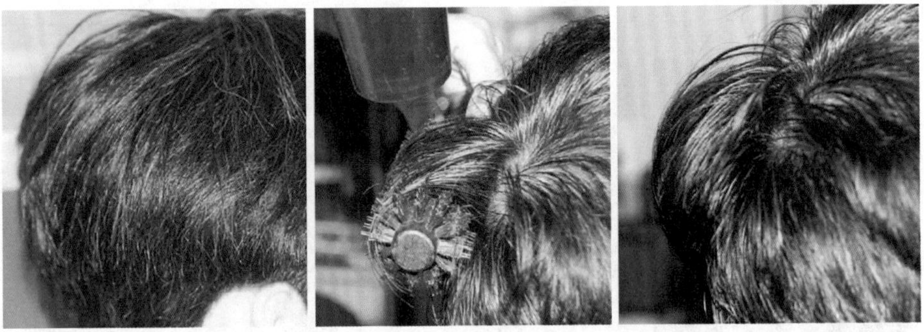

技能 67　卷发吹风技巧说明图解：滚梳垂直运动

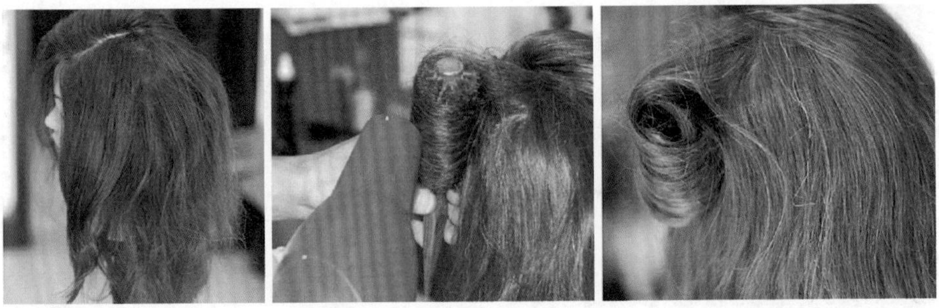

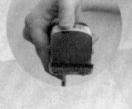

技能 68　卷发吹风技巧说明图解：滚梳斜向运动

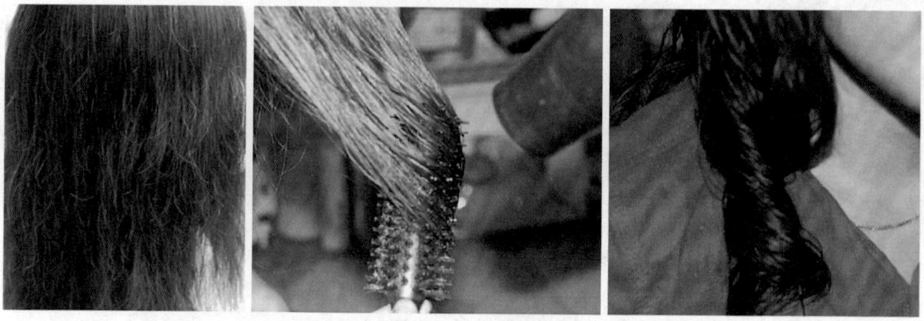

技能 69　卷发吹风技巧说明图解：滚梳旋转运动

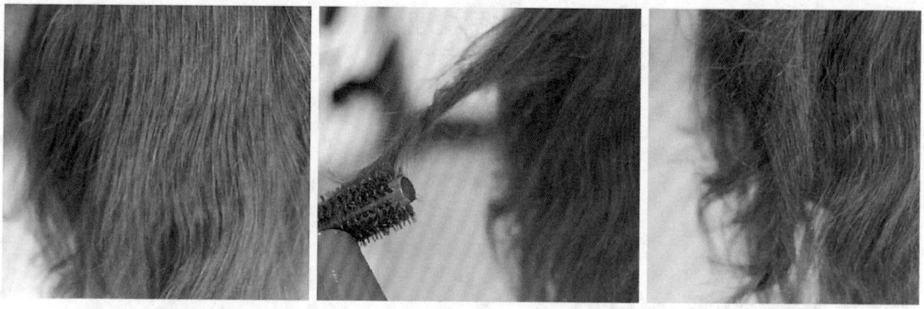

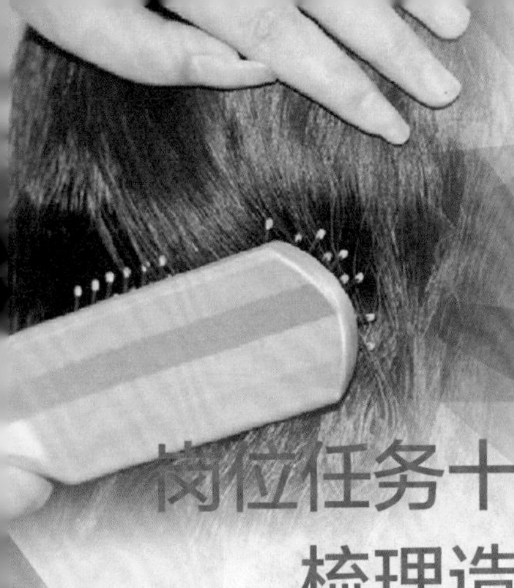

岗位任务十二 梳理造型

技能 70　顺梳造型操作说明图解

1. 直线梳理

水平梳理

垂直梳理

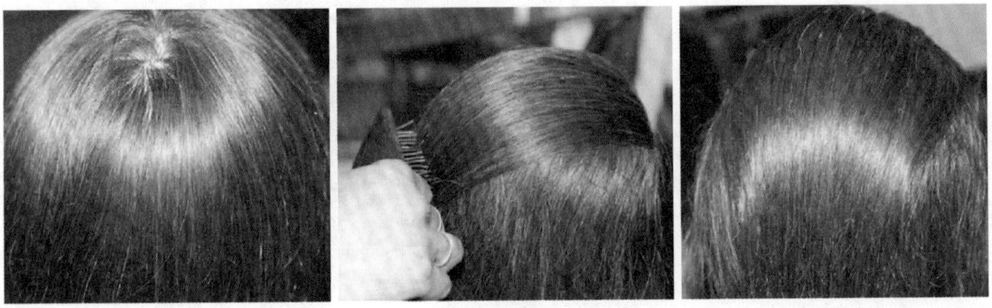

倾斜梳理

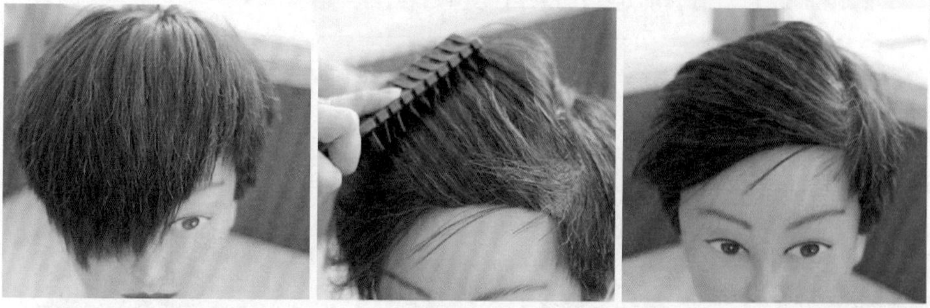

2. 曲线梳理

C 形梳理

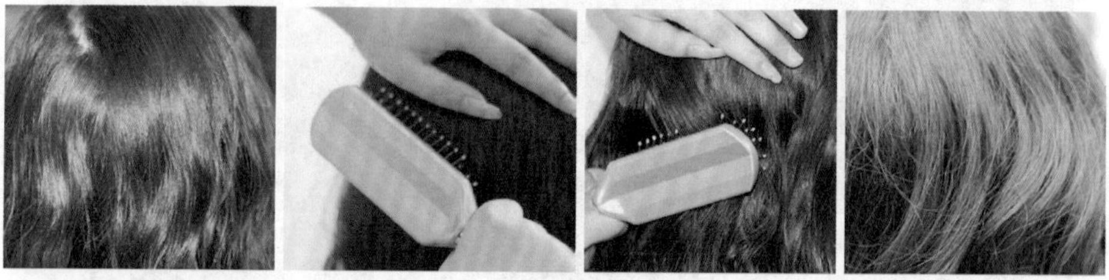

S 形梳理

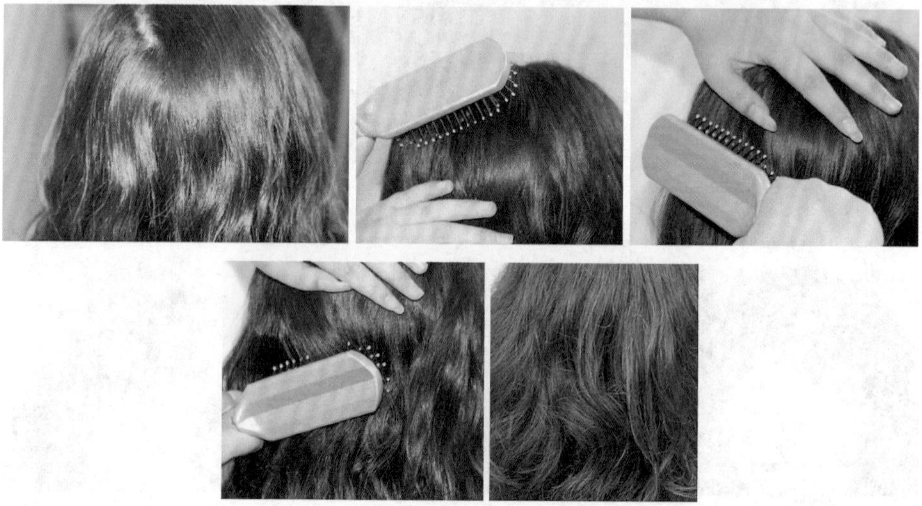

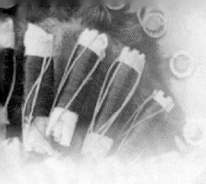

技能 71　倒梳造型操作说明图解

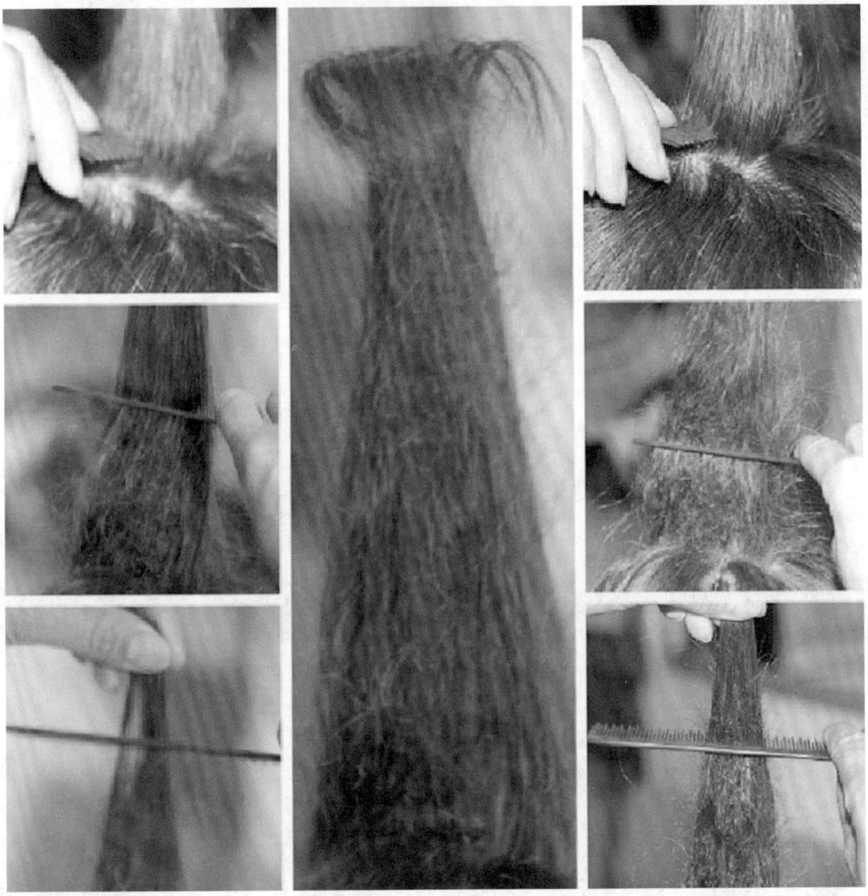

1. 均匀倒梳

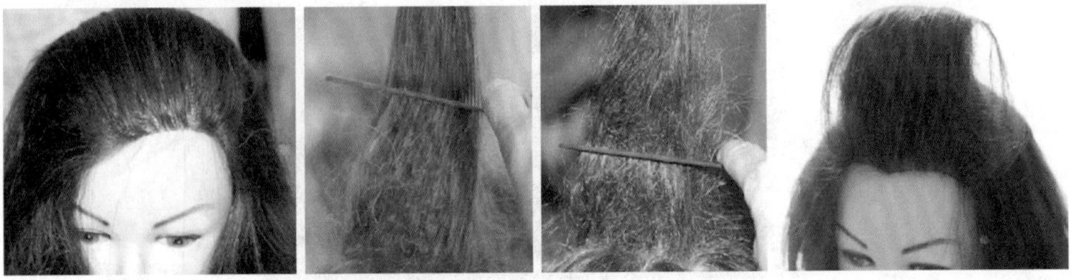

2. 局部梳理

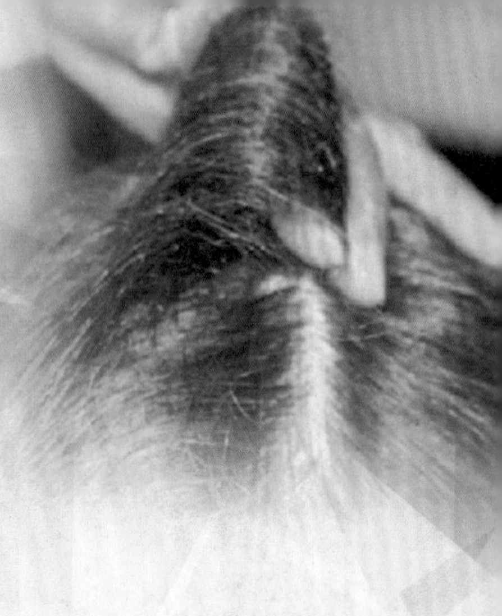

岗位任务十三 徒手造型

技能 72　手指造型手法操作说明图解

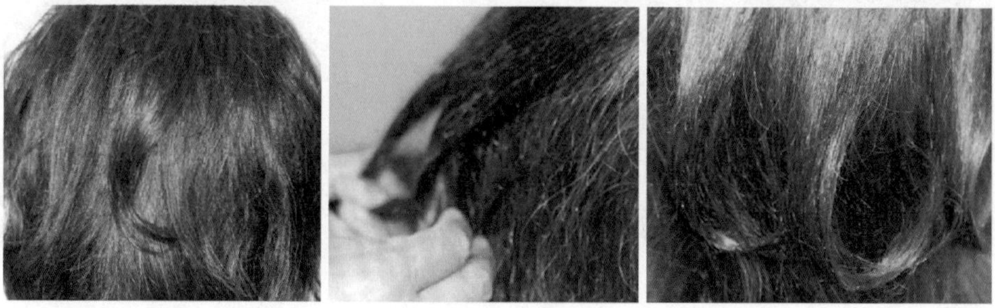

1. 梳理

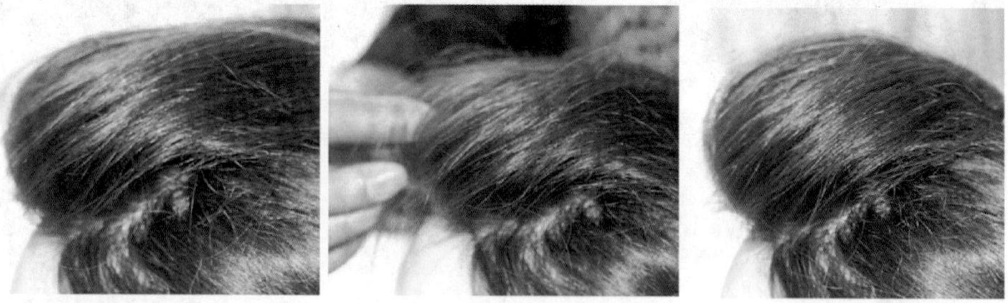

2. 拎

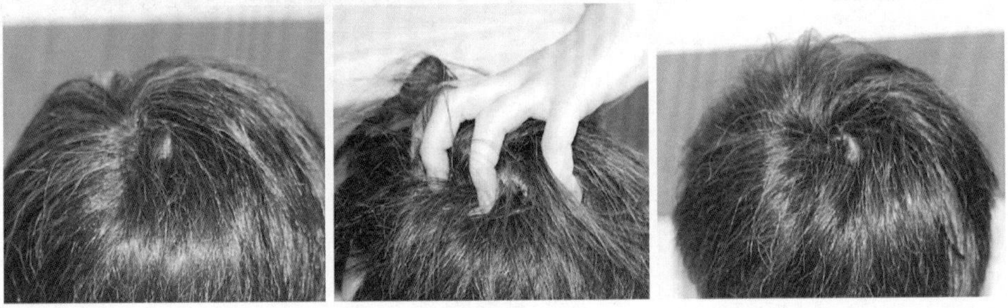

3. 揉

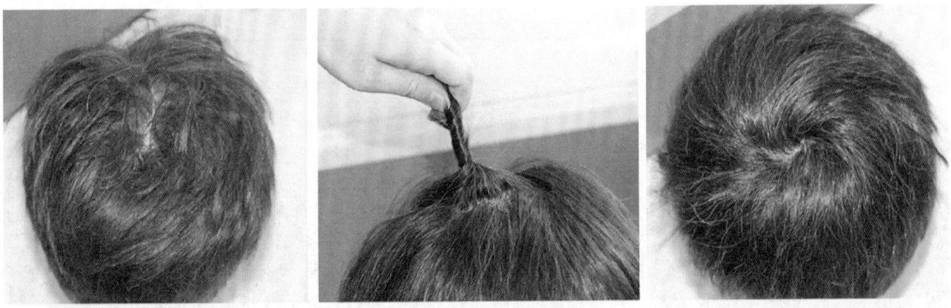

4. 拧

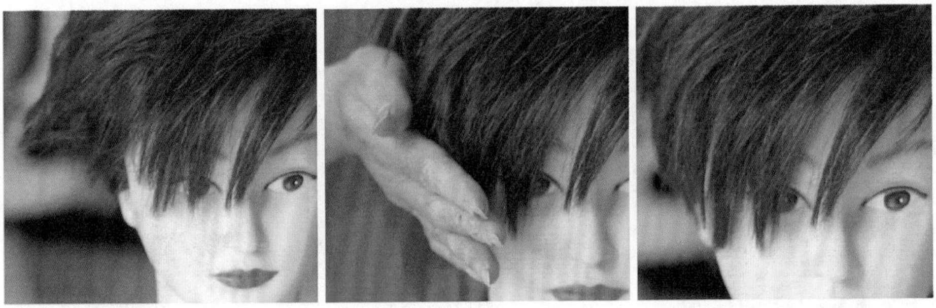

5. 压

6. 抓

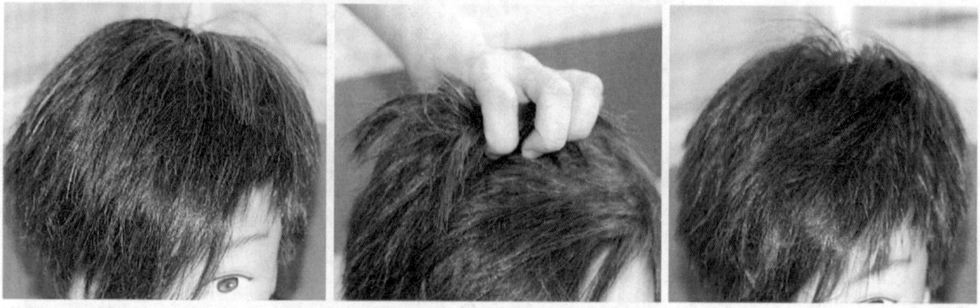

正抓

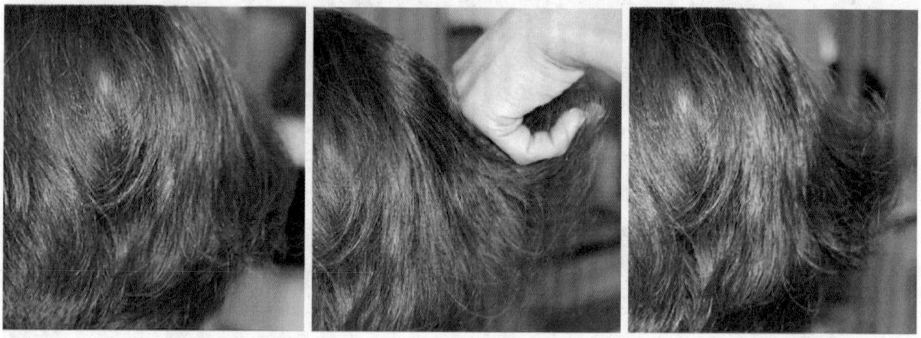

反抓

技能 73　盘卷手法说明图解

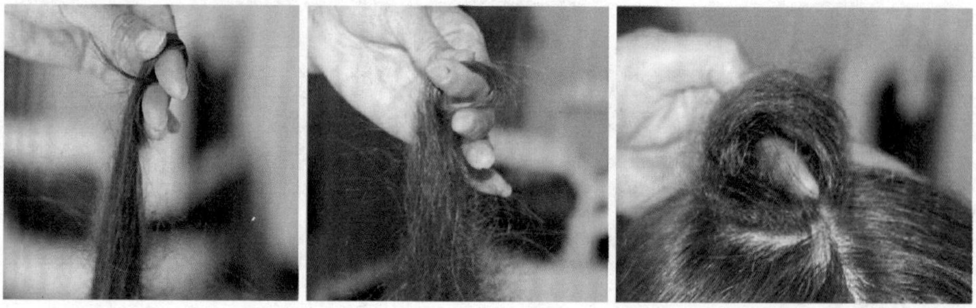

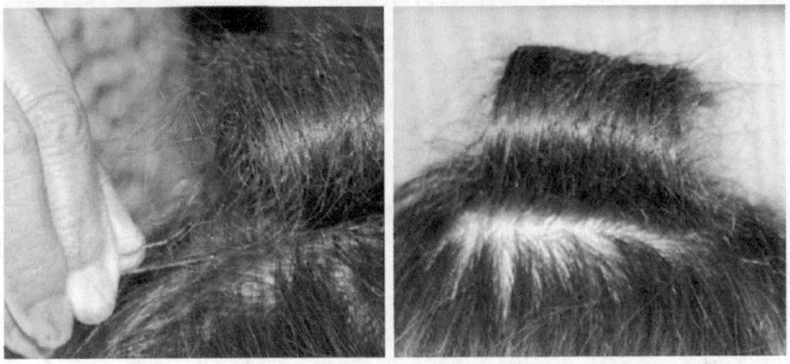

1. 平卷

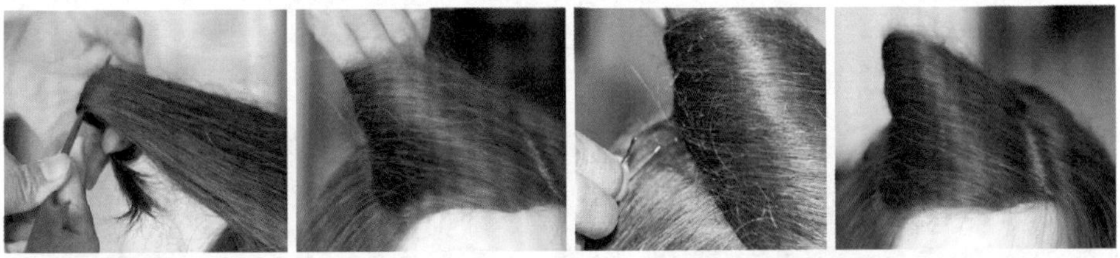

2. 立卷

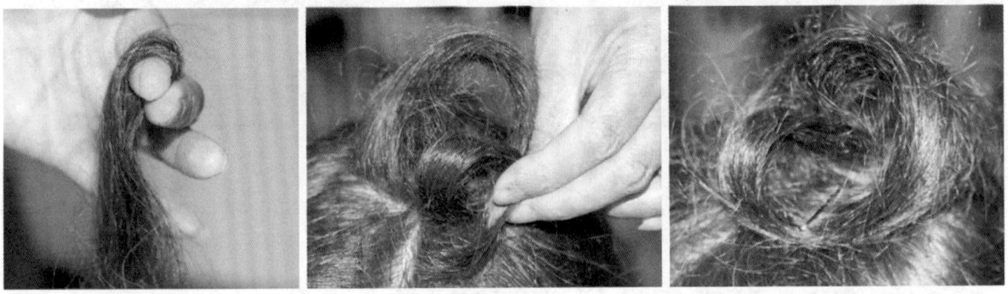

3. 层次卷

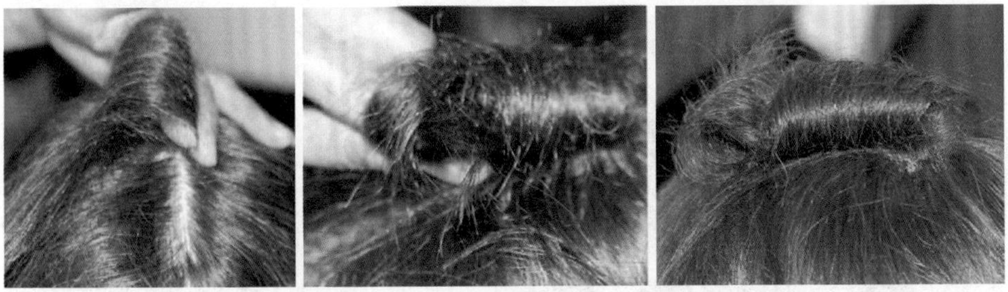

4. 双卷

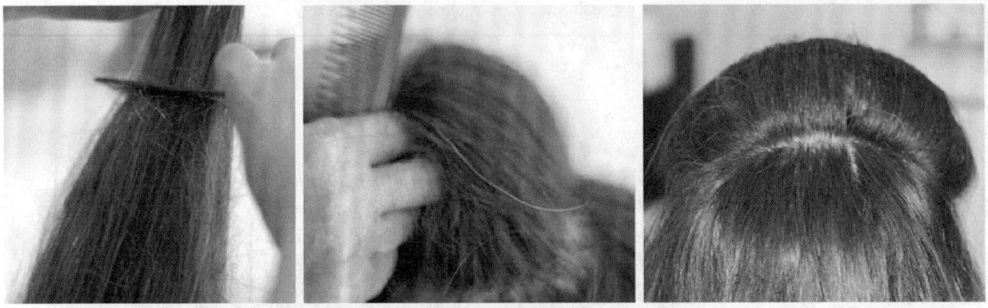

5. 拱形卷

技能 74　编发手法说明图解

1. 扭辫

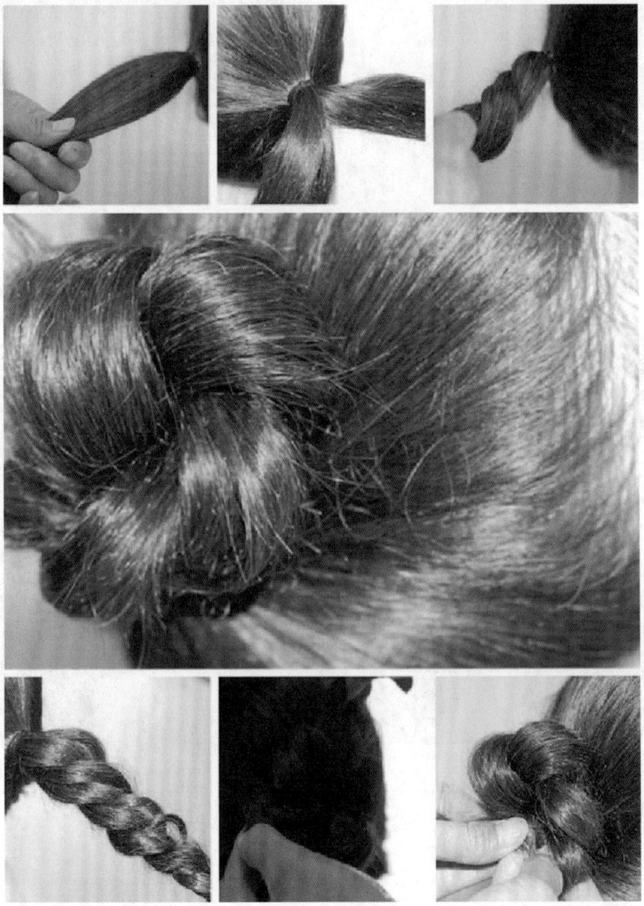

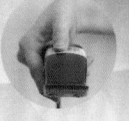

2. 拧辫

单拧

把一束头发拧转后造型

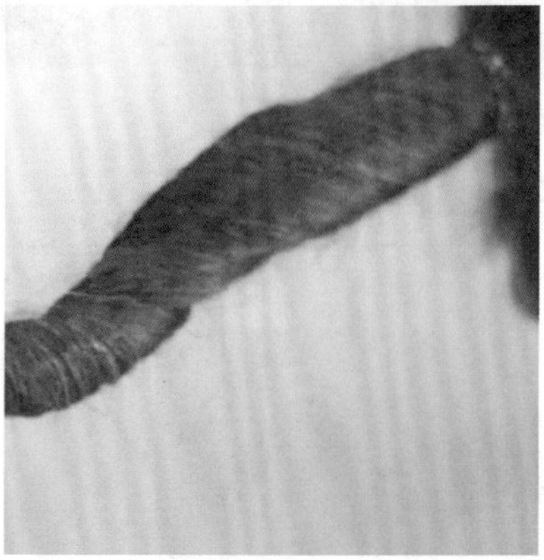

顺拧

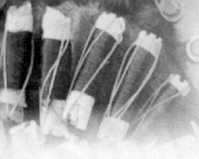

顺着设定好的区域进行扭转造型

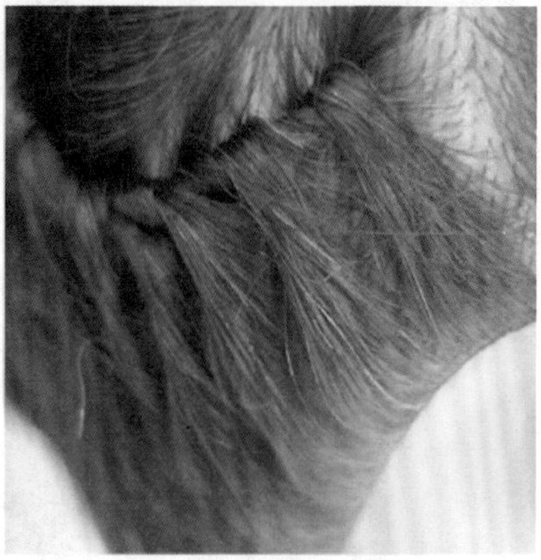

反拧

沿着设定好的区域进行反拧造型

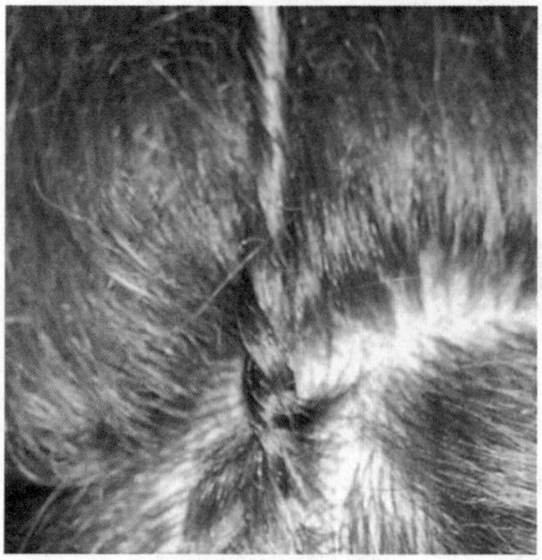

拧束

把一束头发拧转成束状造型

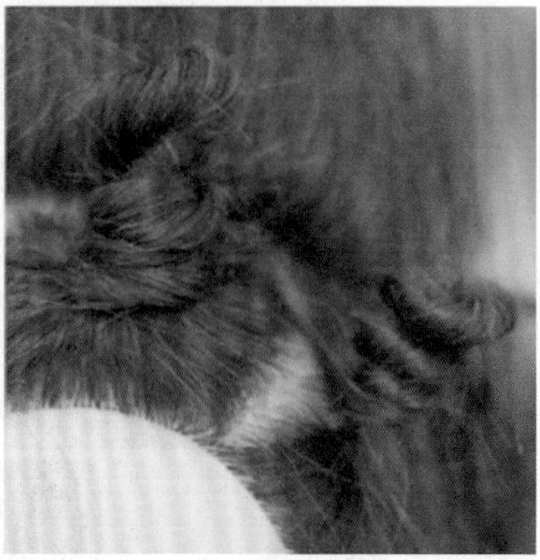

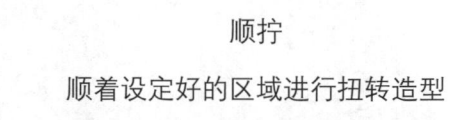

3. 编辫

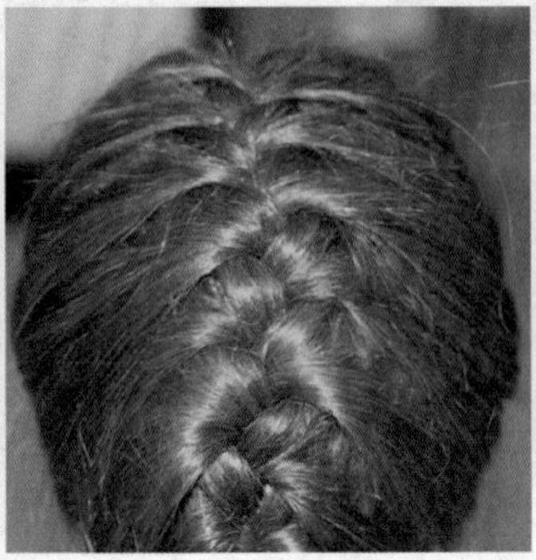

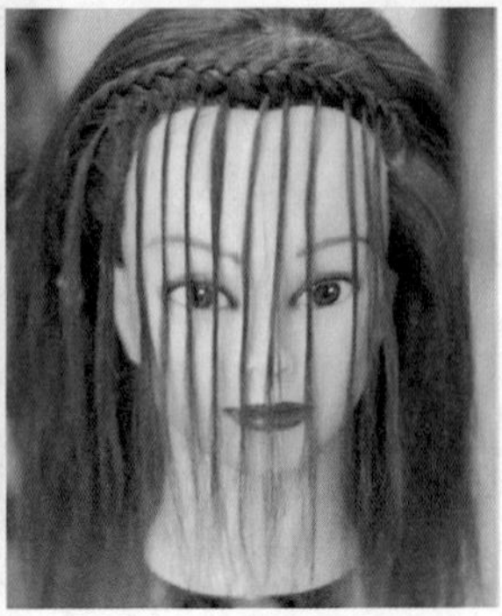

单编　　加编　　减编

固定编发发量　　边编边添加编发发量　　边编边减少编发发量

技能 75　盘发造型操作说明图解

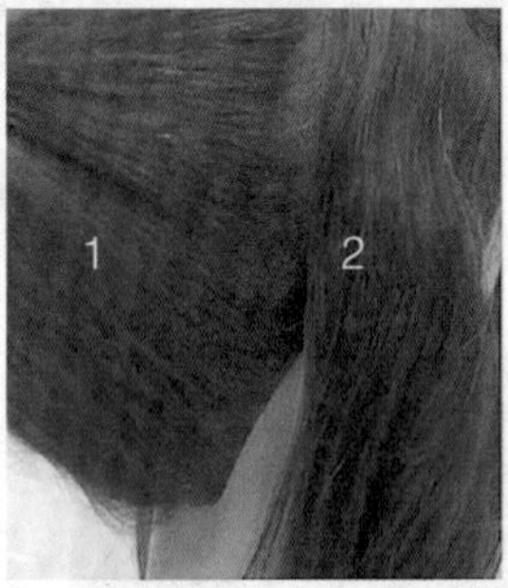

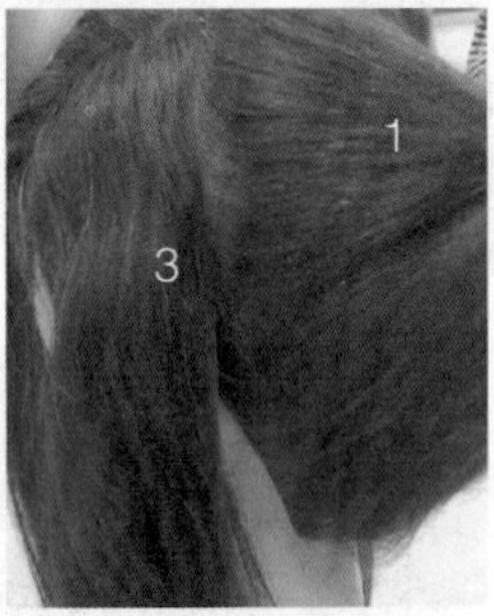

1. 将头发分为 3 个发区

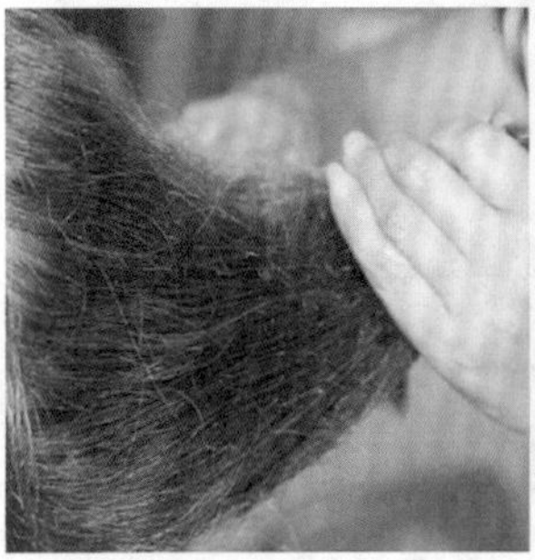

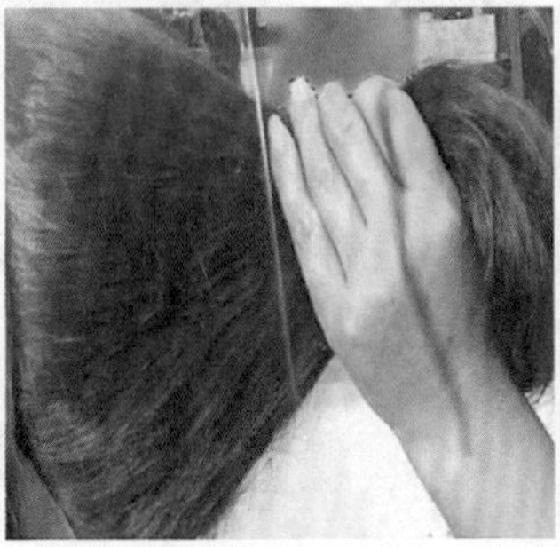

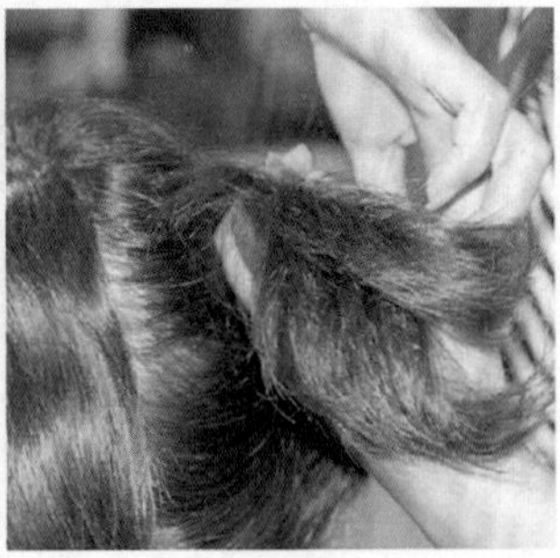

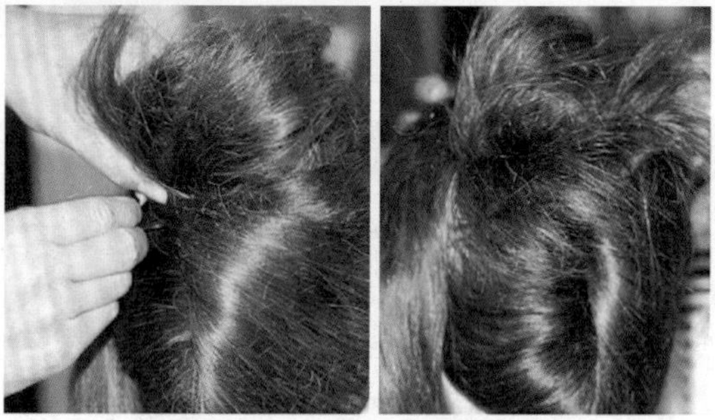

2. 将 1 发区头发用尖尾梳梳顺，然后以尖尾梳的梳柄竖直放置，并围绕尖尾梳梳柄将 1 发区头发进行立卷造型，再用钢丝夹固定

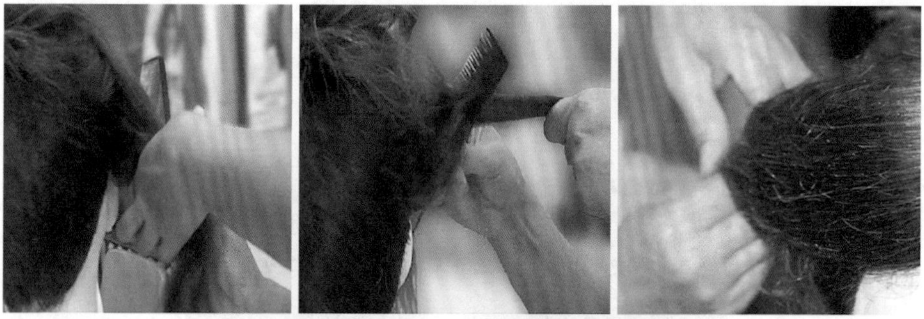

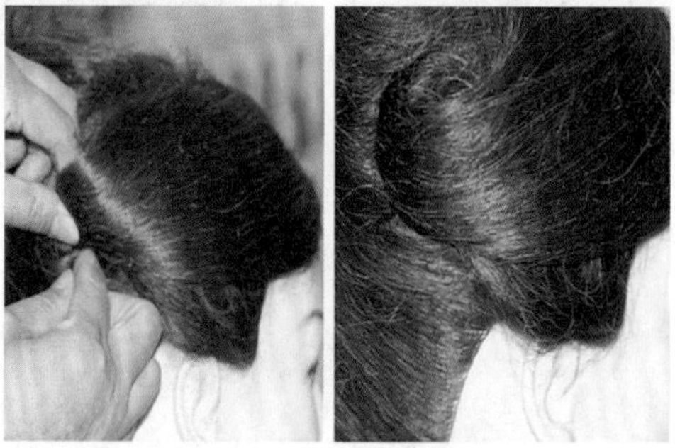

3. 将 2 发区的头发用尖尾梳梳顺，然后在中间位置至发根进行局部倒梳，再进行立卷造型，并用钢丝夹固定

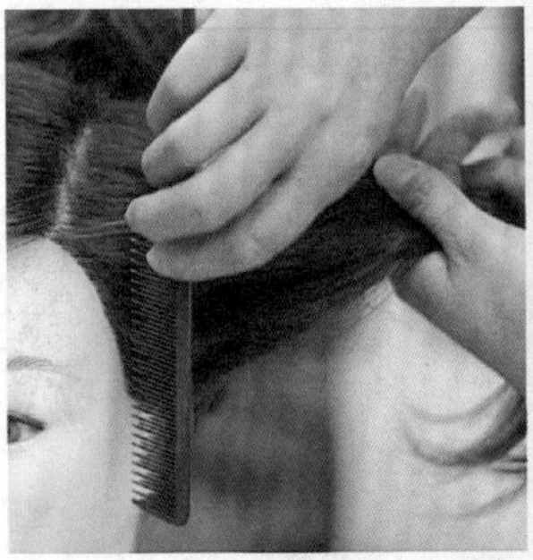
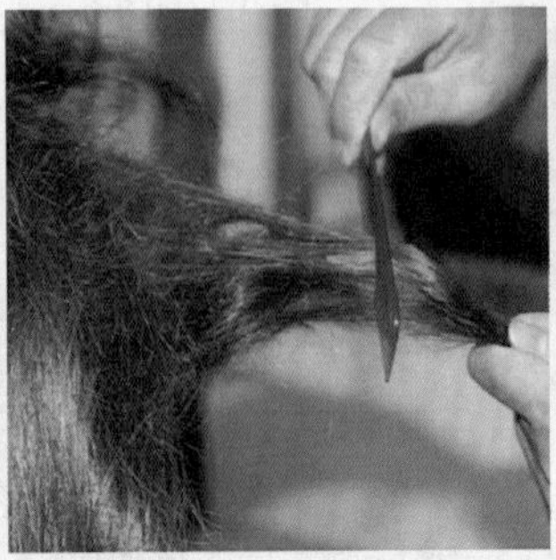
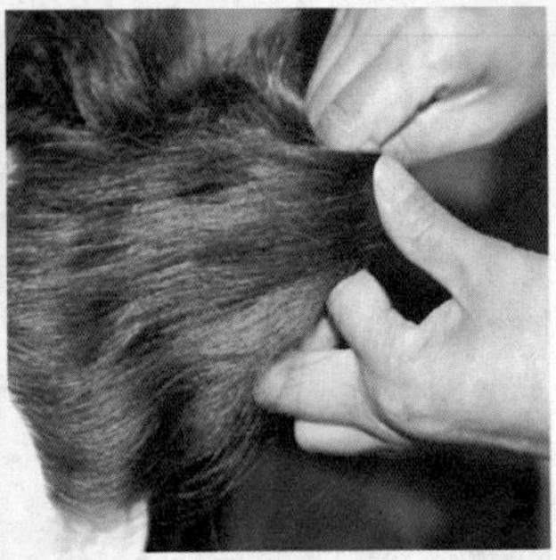

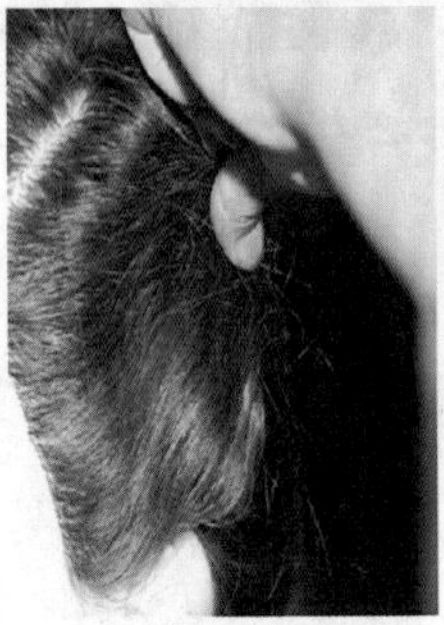
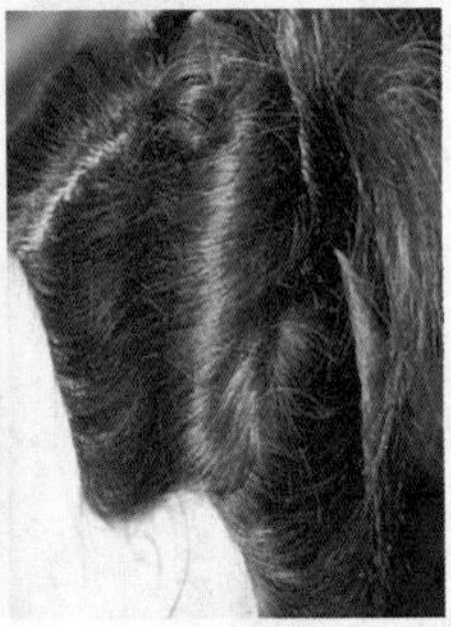

4. 将3发区的头发用尖尾梳梳顺，然后在中间位置至发根进行局部倒梳，再进行立卷造型，并用钢丝夹固定

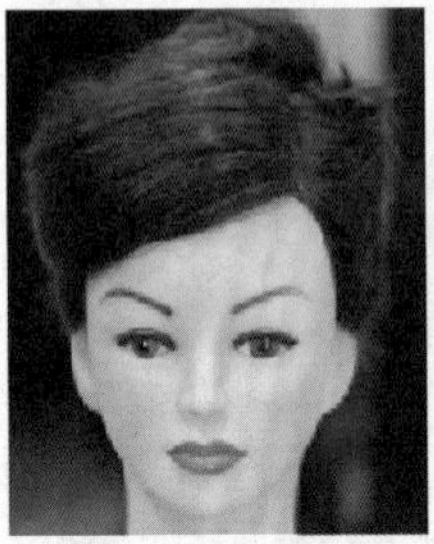
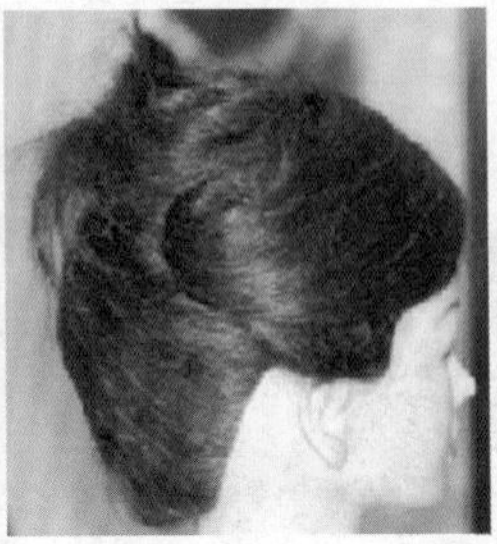
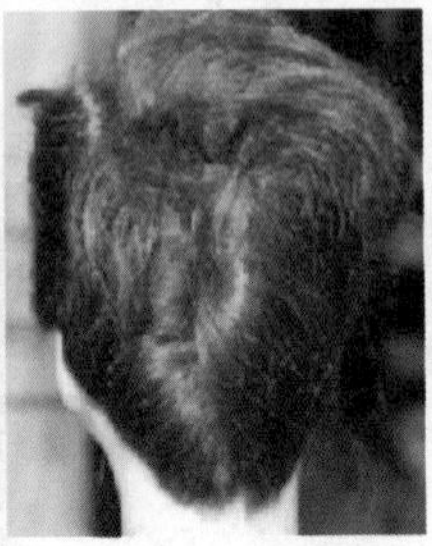
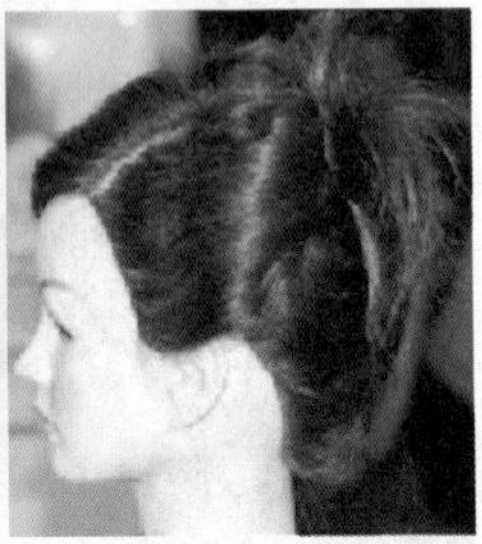

5. 整理定型

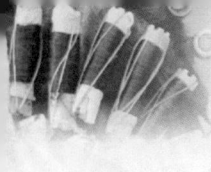

技能 76　编发造型操作说明图解

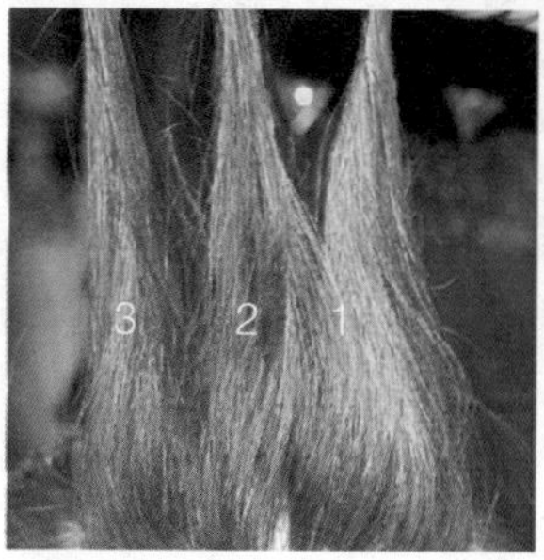

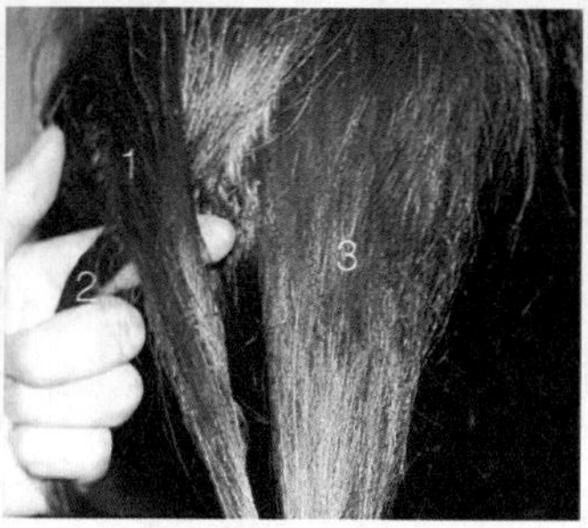

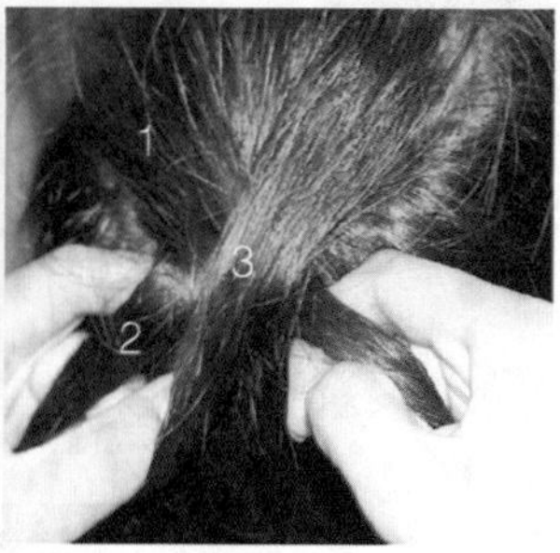

1. 在前额位置分出一片发片，将发片分成 3 束，并将 3 束头发进行一次单编

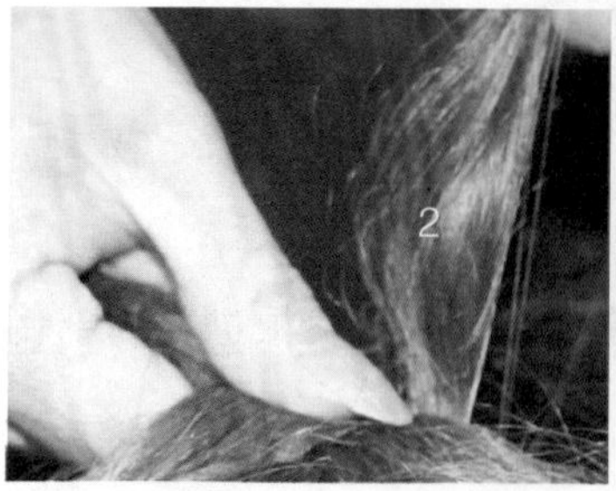

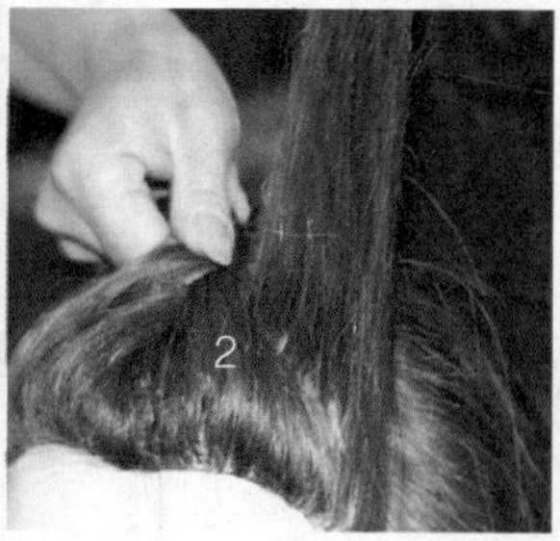

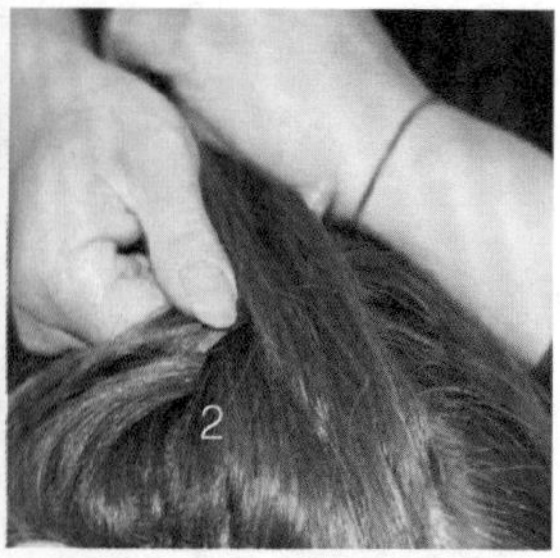

2. 将发束 2 编向头部右侧，然后在发束 2 的左侧发区另取一束发束并向右编，同发束 2 合并

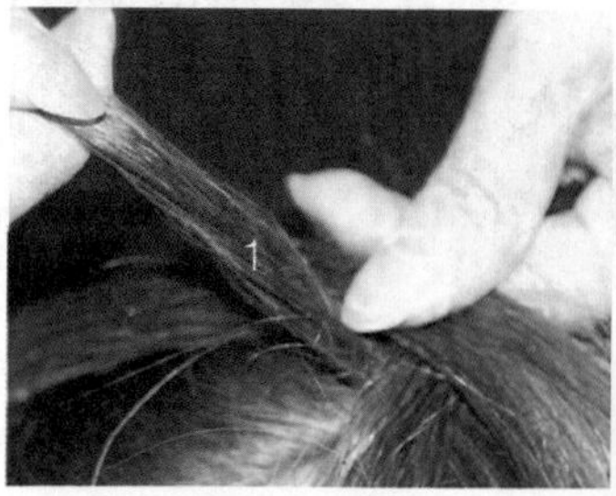

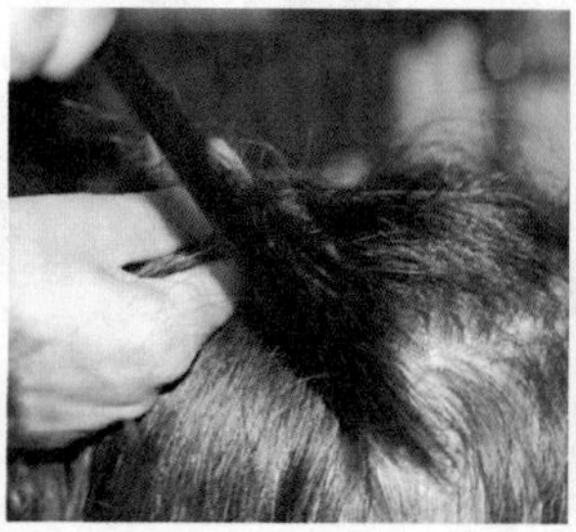
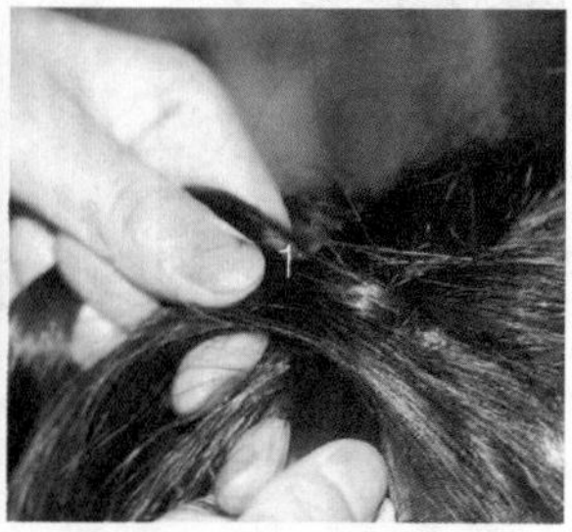

3. 将发束 1 编向头部左侧，压在合并后的发束 2 上，然后在发束 1 的右侧发区另取一束发束并向左编，同发束 1 合并

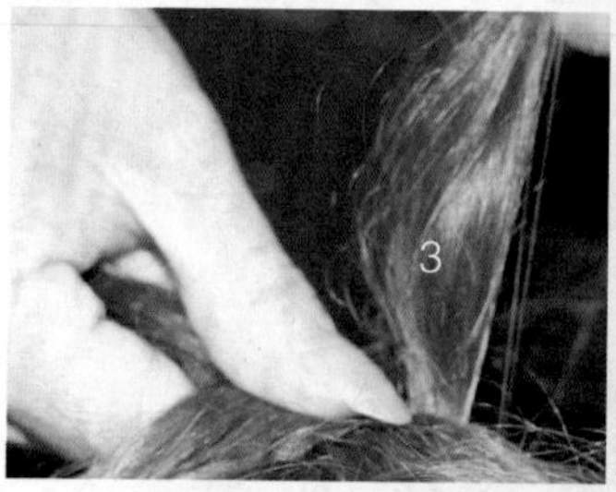

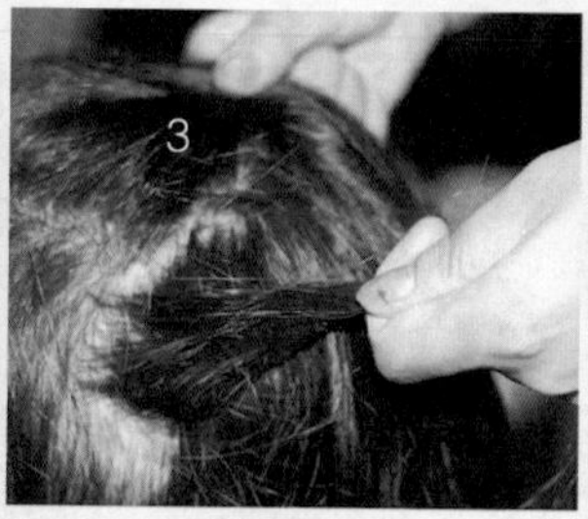

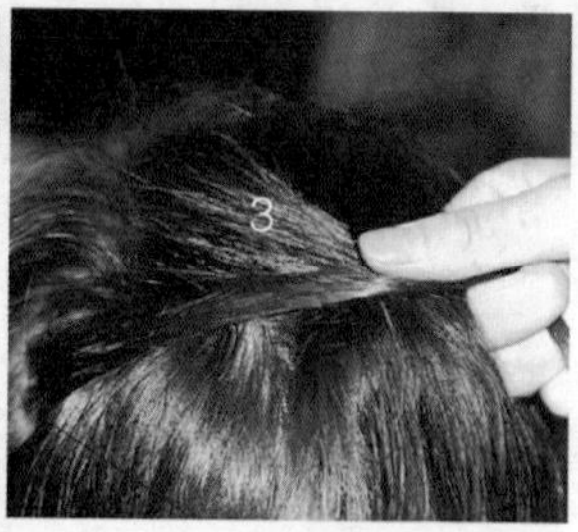

4. 将发束 3 编向头部右侧，压在合并后的发束 1 上，然后在发束 3 的左侧发区另取一束发束并向右编，同发束 3 合并

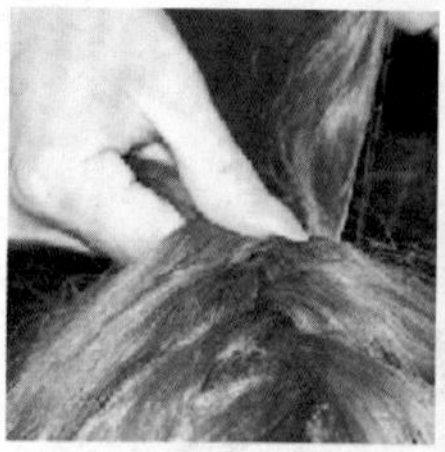
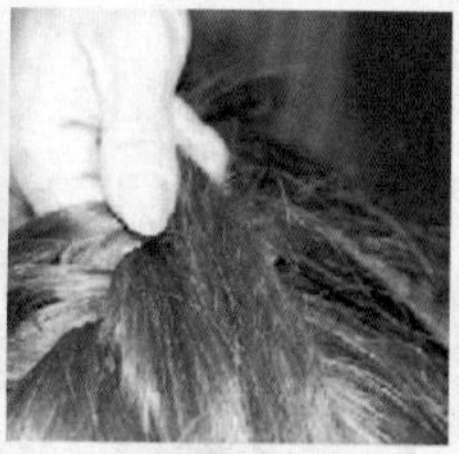
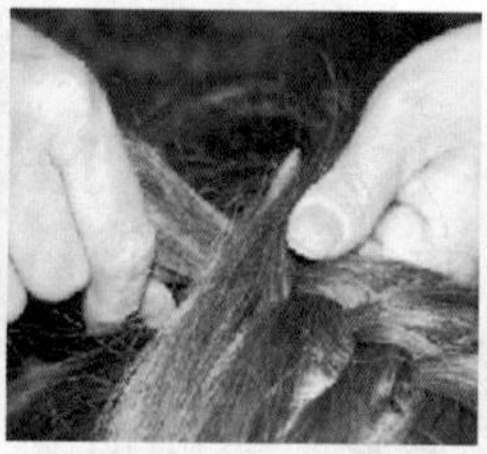
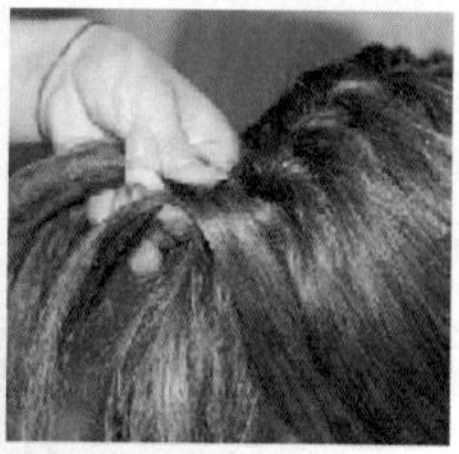

5. 重复步骤 2 至步骤 4 编发，完成两侧发区头发的加编编发

6. 将剩余的头发进行单编并固定

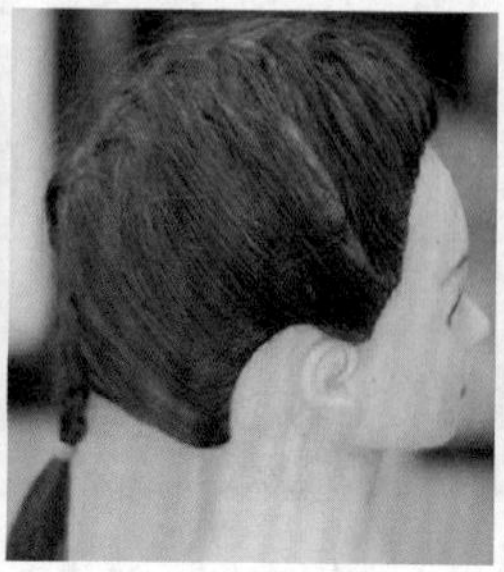
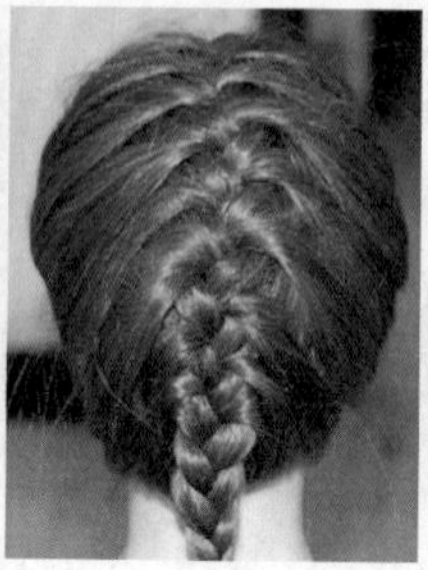
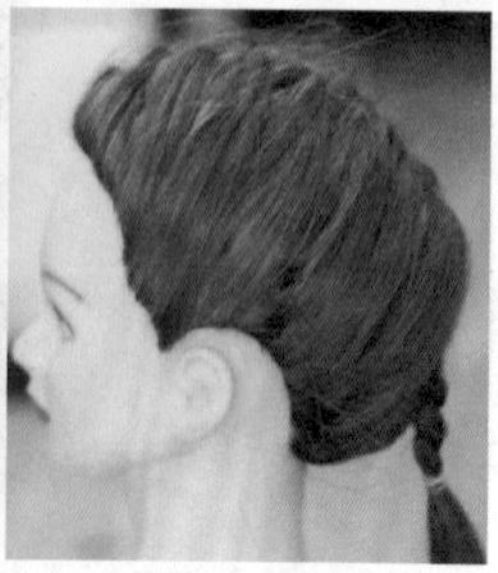

7. 整理定型

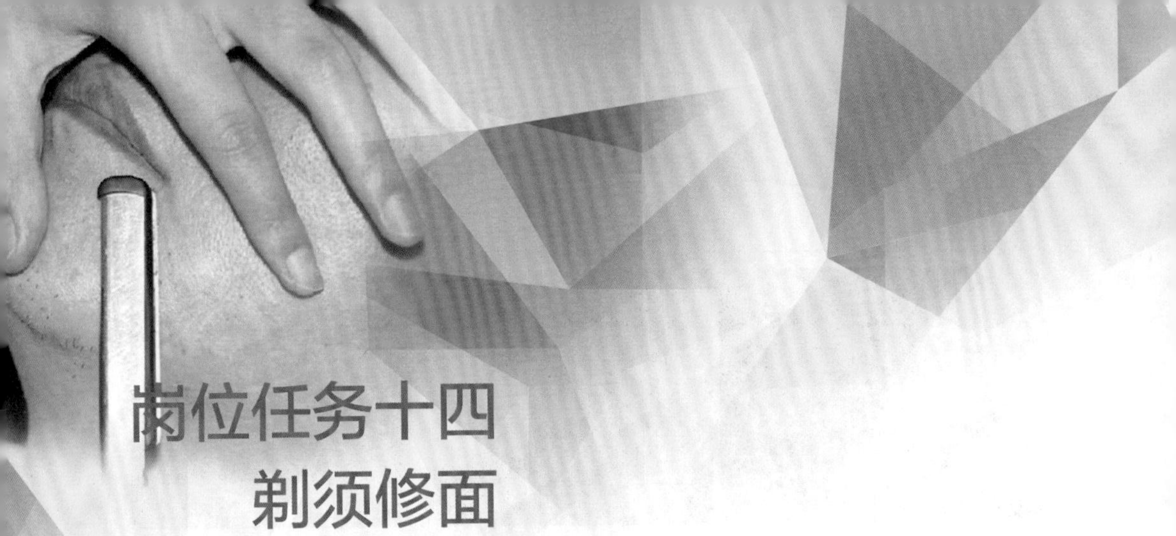

岗位任务十四 剃须修面

技能 77 毛巾敷面说明图解

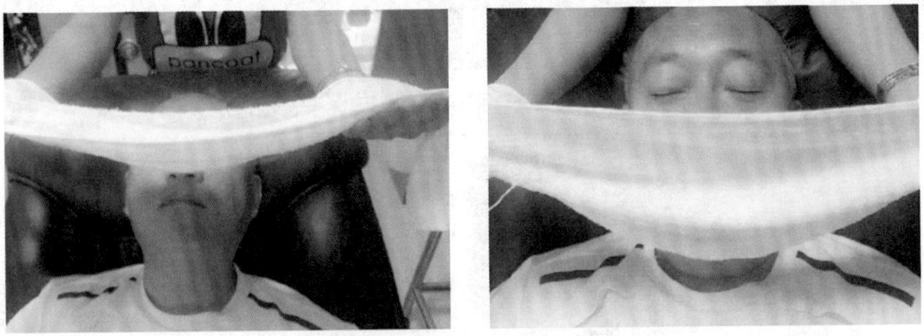

1. 双手托住毛巾两端，并将毛巾正中间位置正对顾客下巴位置

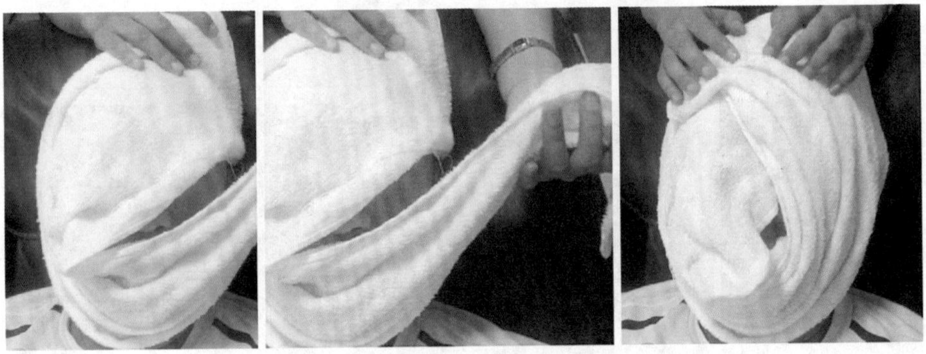

2. 将毛巾的两端分别向额头方向拉起，并搭在额头上

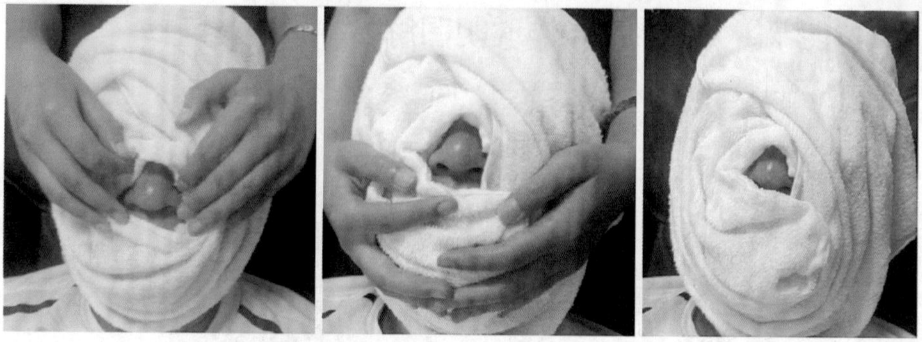

3. 整理毛巾，将鼻孔露出，然后用双手紧压长有胡须位置 20 s，并热 / 冷敷 1 min

技能 78　正手刀操作说明图解

正手刀握法

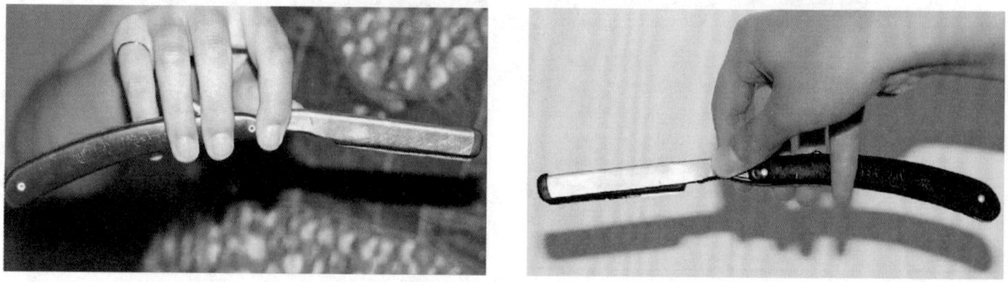

正手刀操作

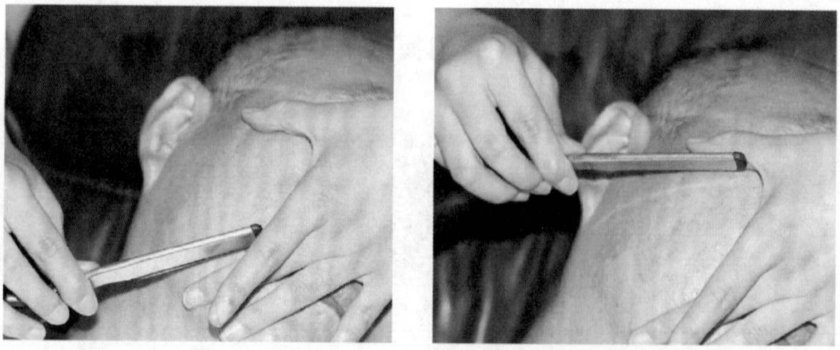

技能 79　反手刀操作说明图解

反手刀握法

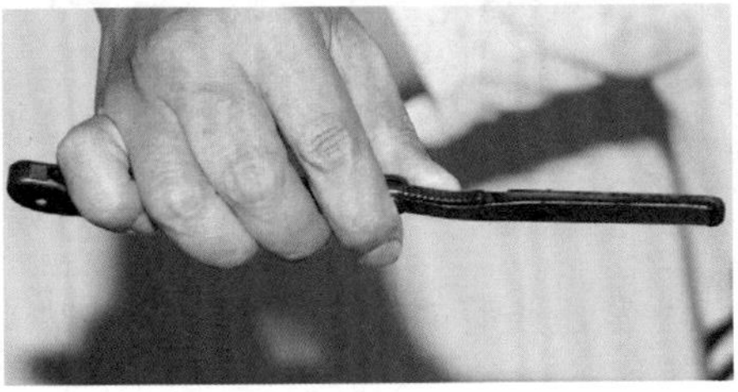
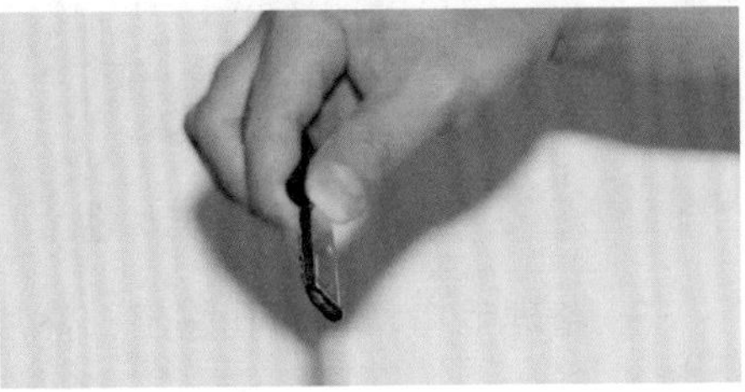

反手刀操作

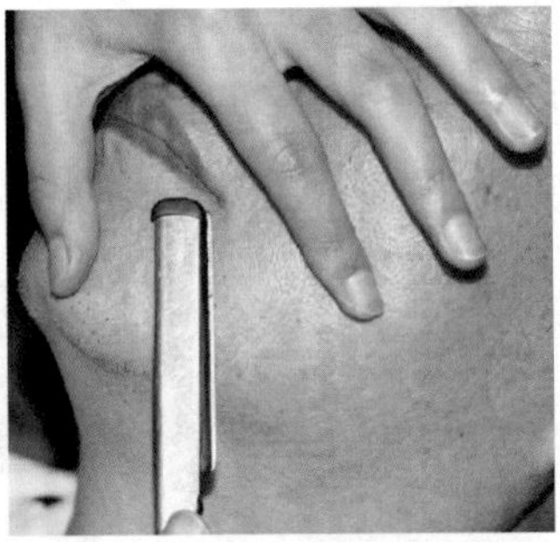
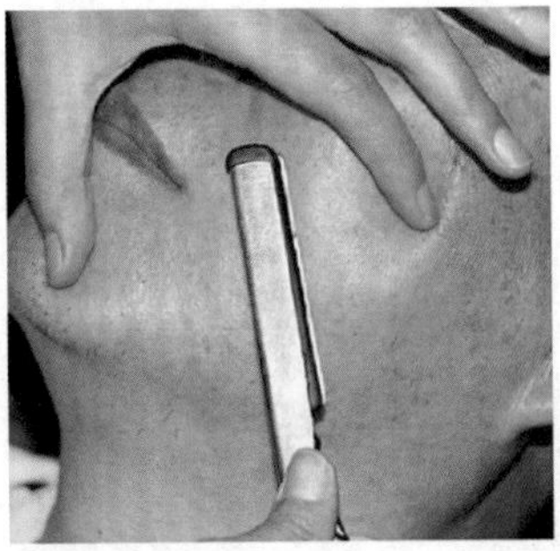

技能 80　推刀操作说明图解

推刀握法

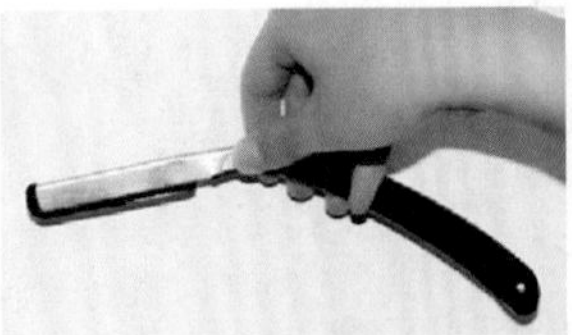
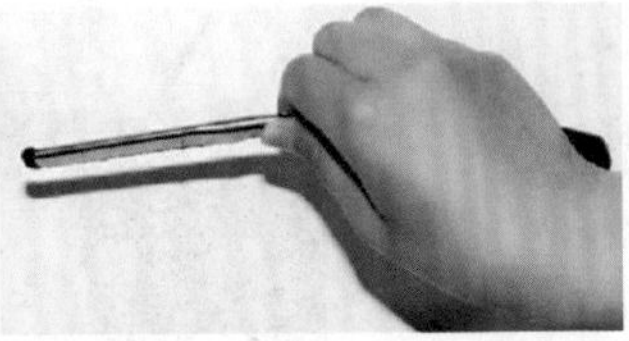
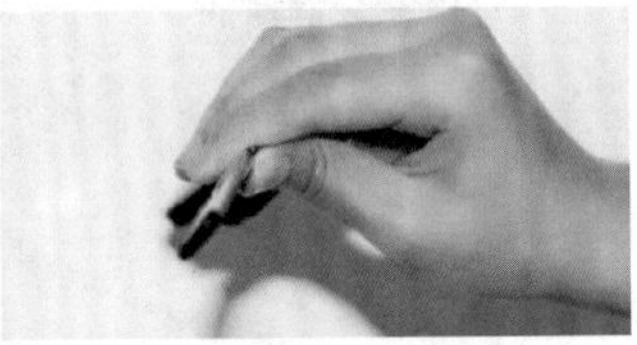

推刀操作

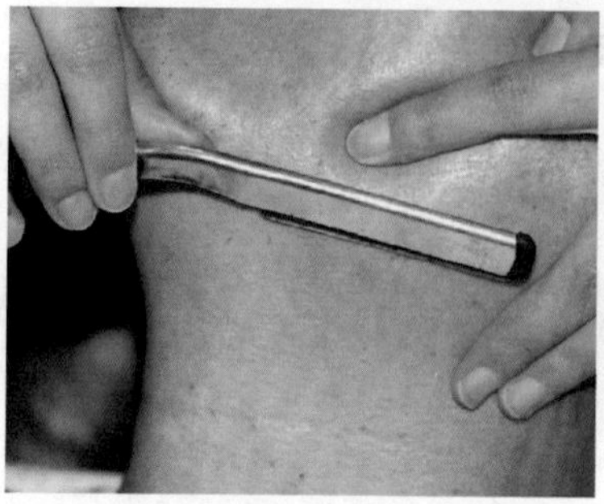

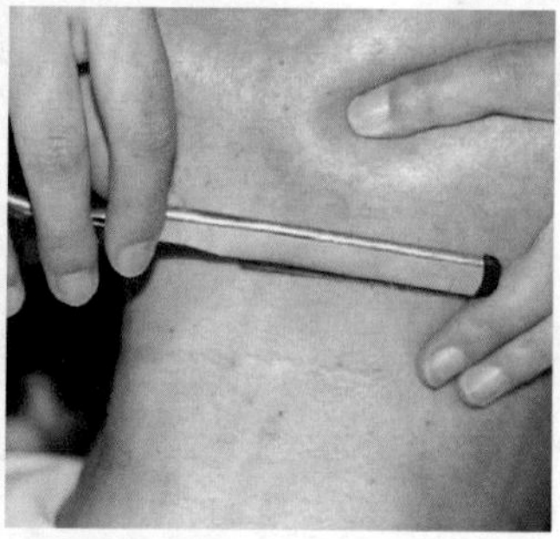

技能 81　削刀操作说明图解

削刀握法

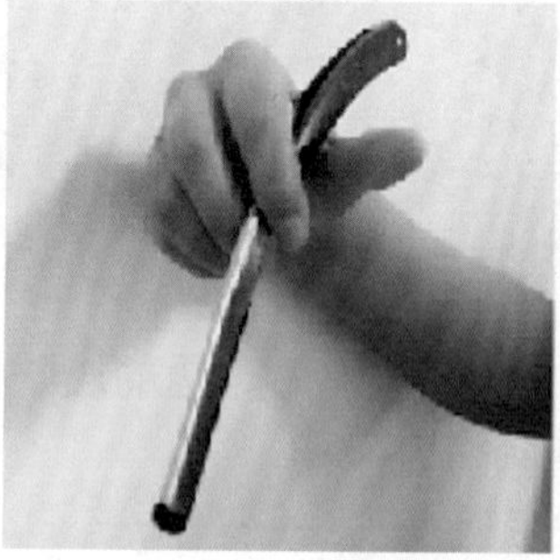

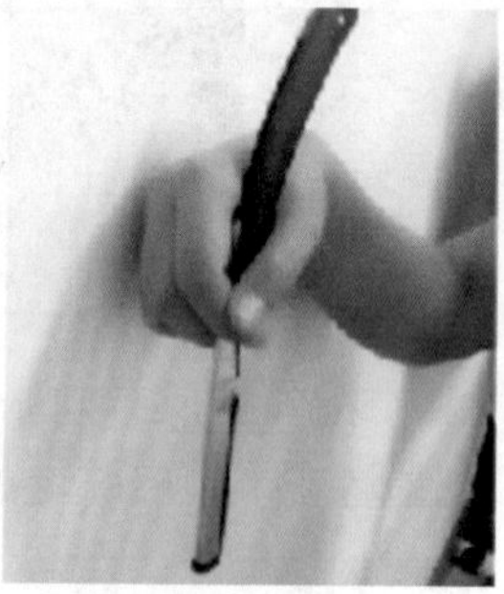

削刀操作

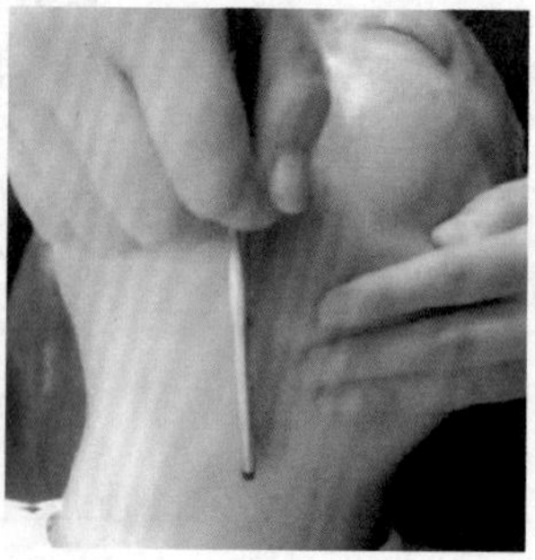

技能 82　上唇须修剃说明图解

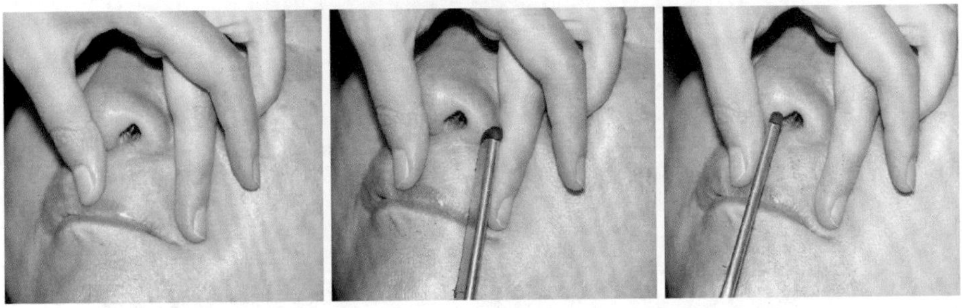

1. 将拇指和中指向相反方向张开，绷紧上唇左半边的皮肤，然后使用正手刀短刀法修剃上唇左半边皮肤上的胡须

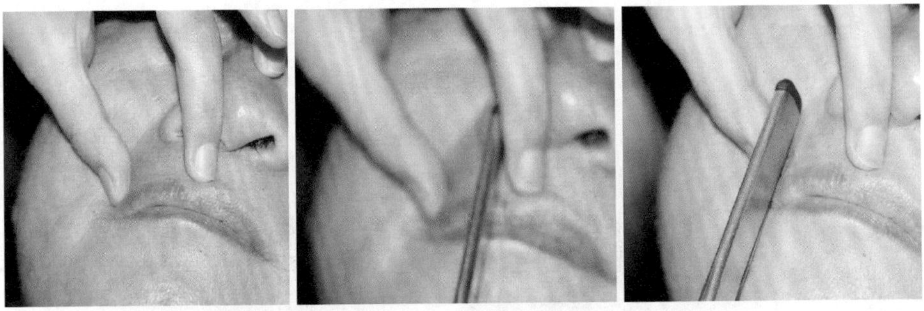

2. 将拇指和中指向相反方向张开，绷紧上唇右半边的皮肤，然后使用正手刀短刀法修剃上唇右半边皮肤上的胡须

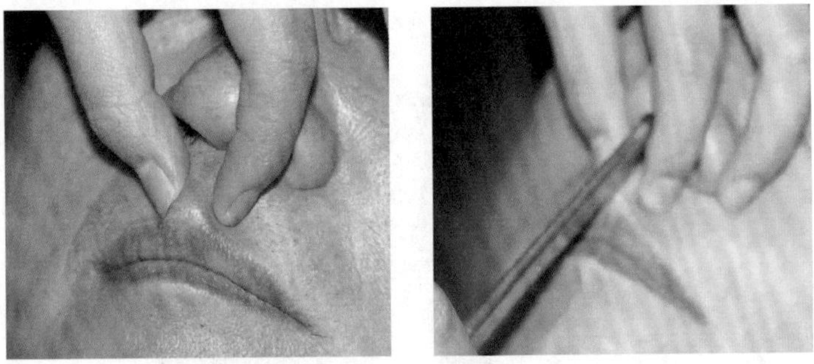

3. 用拇指和食指捏起人中部位的皮肤与肌肉，使人中部位的皮肤绷紧，然后使用正手刀短刀法修剃人中部位的胡须

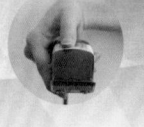

技能 83　唇下留须修剃说明图解

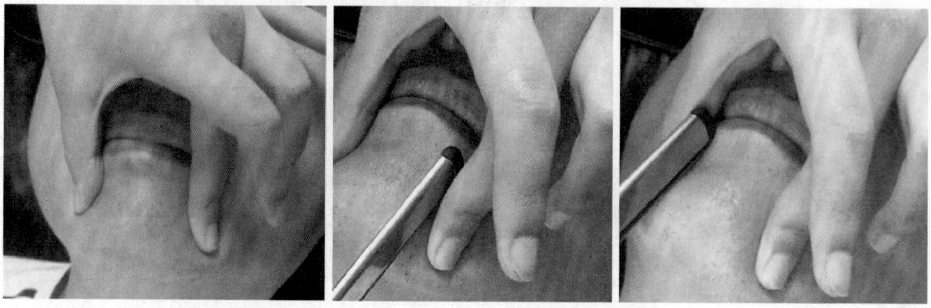

1. 用拇指和中指向相反方向张开，绷紧下巴的皮肤，然后使用正手刀短刀法修剃下巴部位的胡须

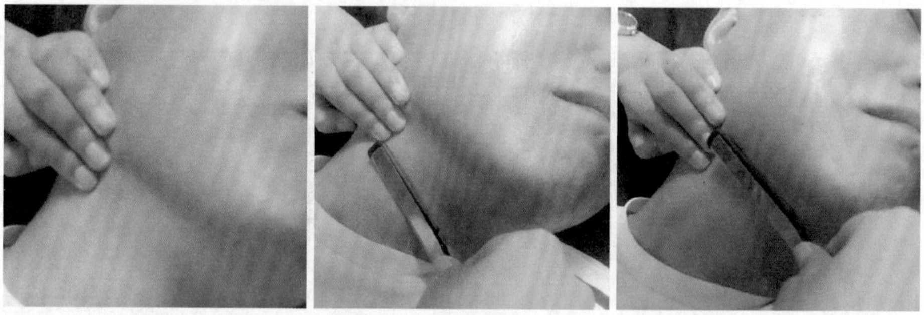

2. 用食指、中指、无名指及小指四指向上拉伸左下颌部位皮肤，使皮肤绷紧，然后使用反手刀长刀法修剃左下颌的胡须

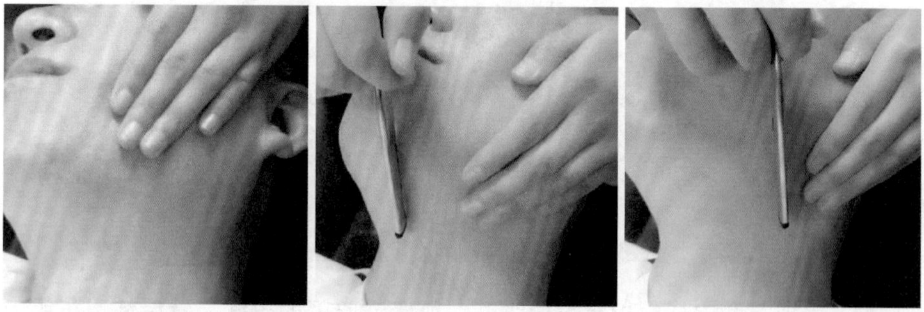

3. 用食指、中指、无名指及小指四指向斜下方拉伸右下颌部位皮肤，使皮肤绷紧，并使用削刀长刀法修剃右下颌的胡须

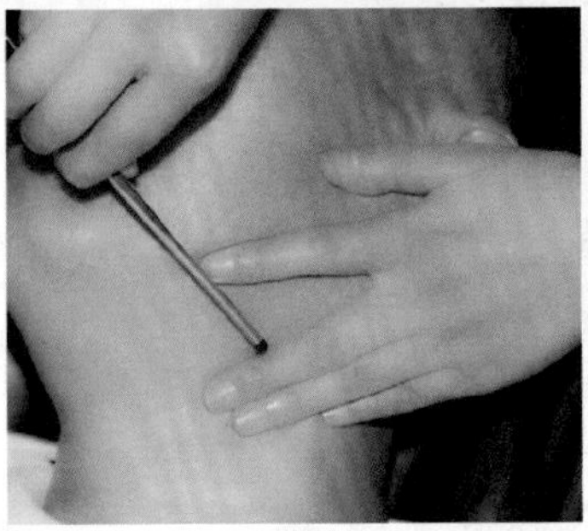
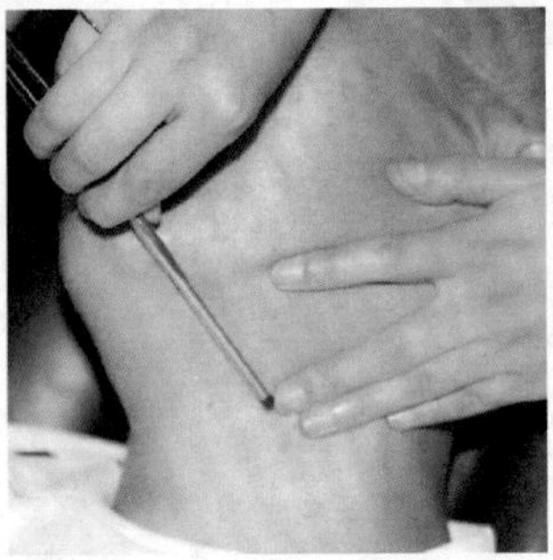

4. 用手轻抚修剃过的皮肤表面，用推刀短刀法修剃未修剃干净的胡须

技能 84　面部留须修剃说明图解

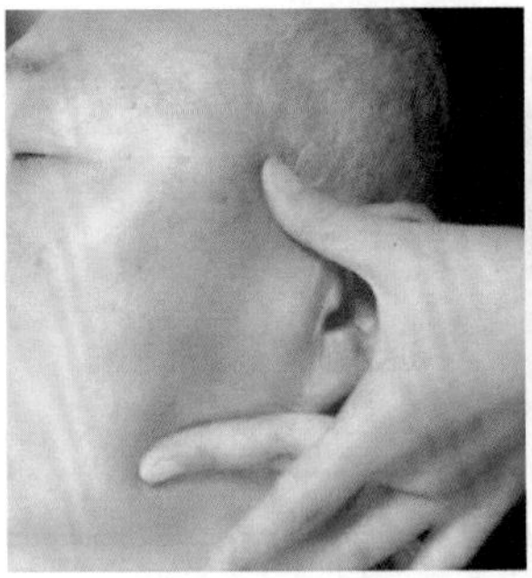
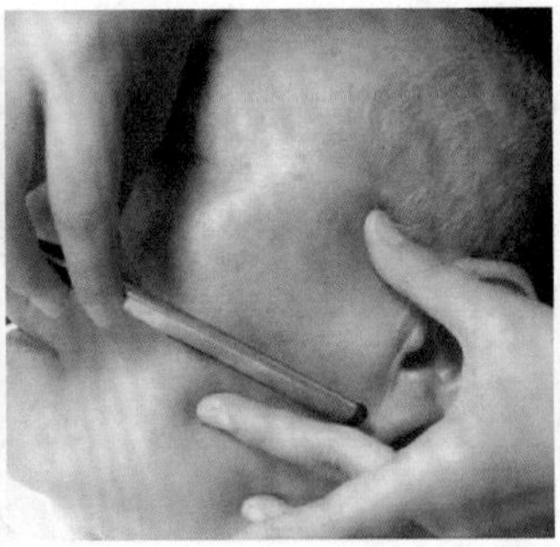
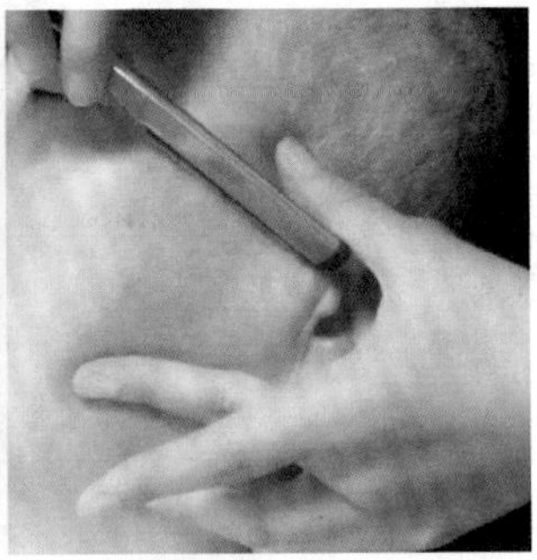
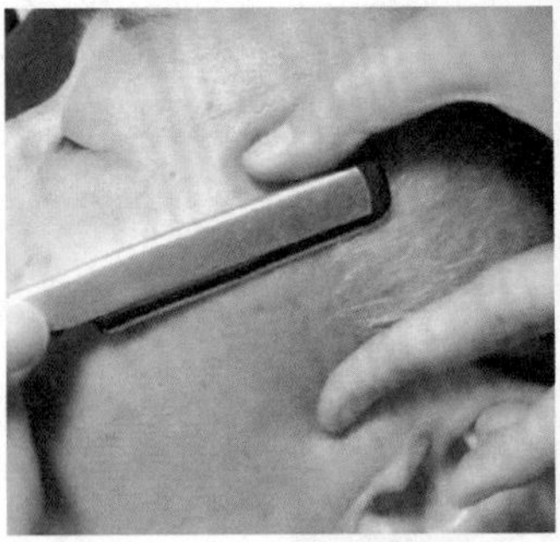
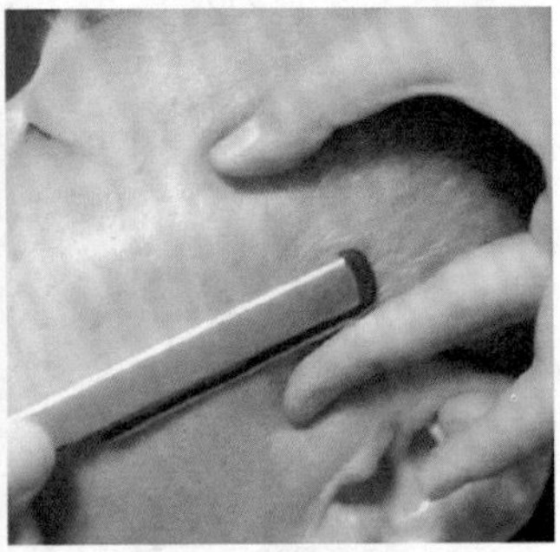

1. 用拇指和中指向相反方向张开，绷紧左脸颊的皮肤，然后使用正手刀长刀法修剃左脸颊的胡须，并用反手刀短刀法修剃左侧鬓角

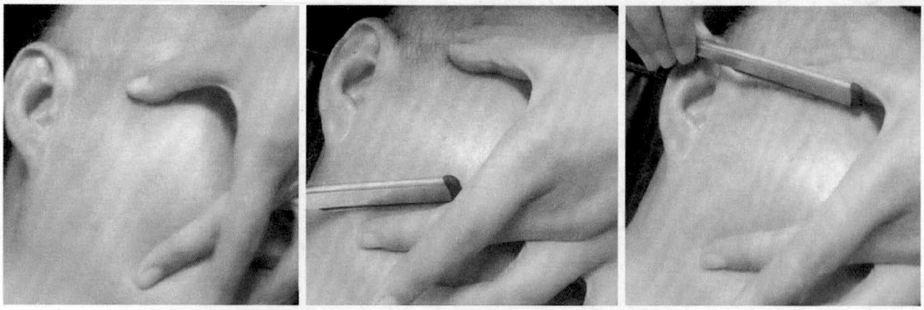

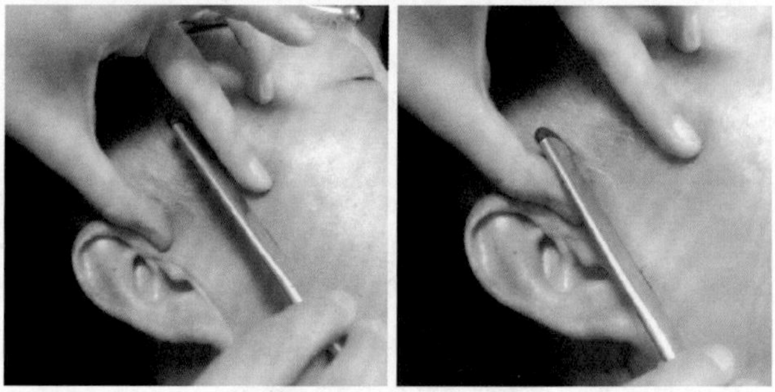

2. 用拇指和中指向相反方向张开，绷紧右脸颊的皮肤，然后使用正手刀长刀法修剃右脸颊的胡须，并用正手刀短刀法修剃右侧鬓角

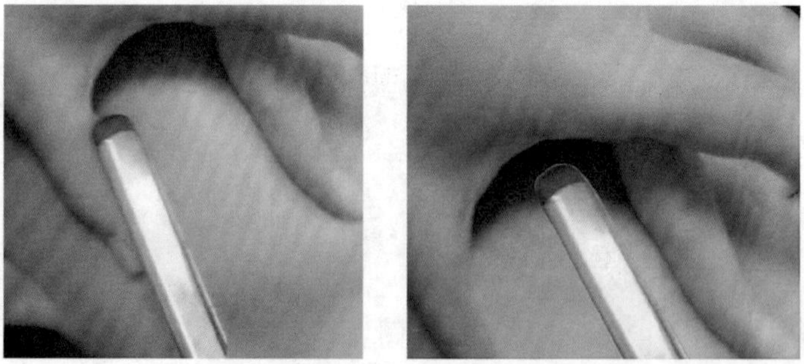

3. 用手轻抚修剃过的皮肤表面，用推刀短刀法修剃未修剃干净的胡须

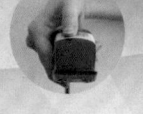

岗位任务十五 妆容设计

技能 85　基面妆化妆图解

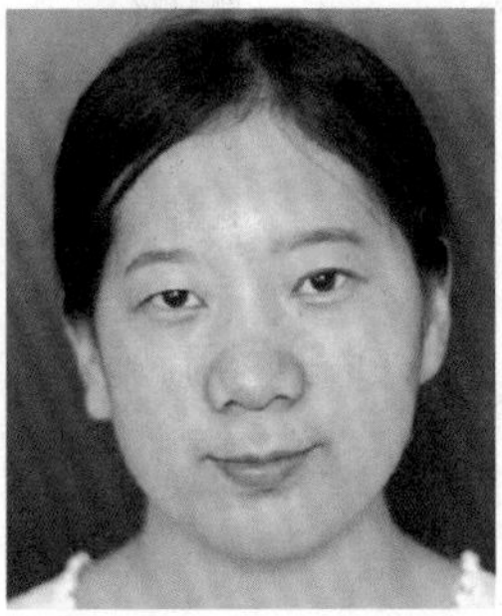

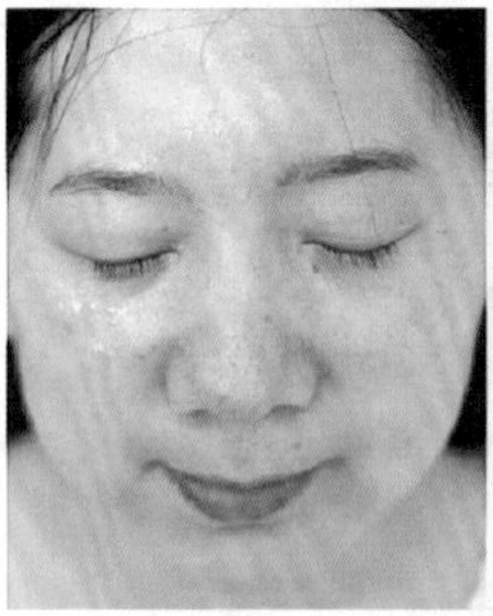

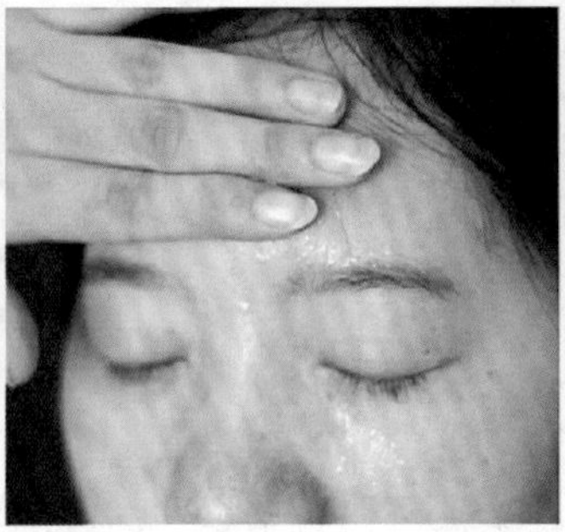

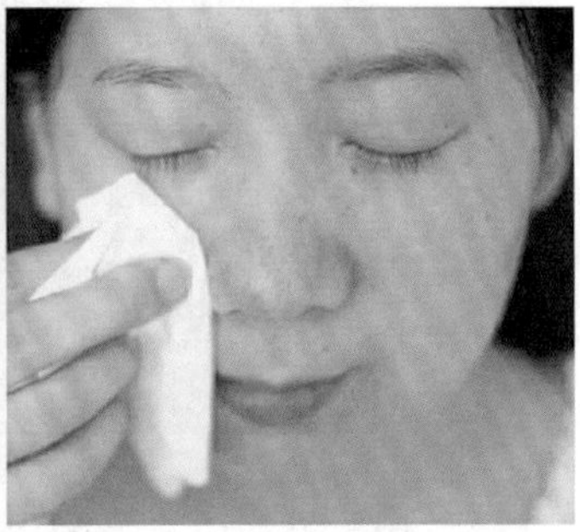

1. 用清水将面部润湿，然后将洁面产品均匀涂在面部，轻轻按摩，再用清水将洁面产品冲洗干净，并将面部的水分擦干

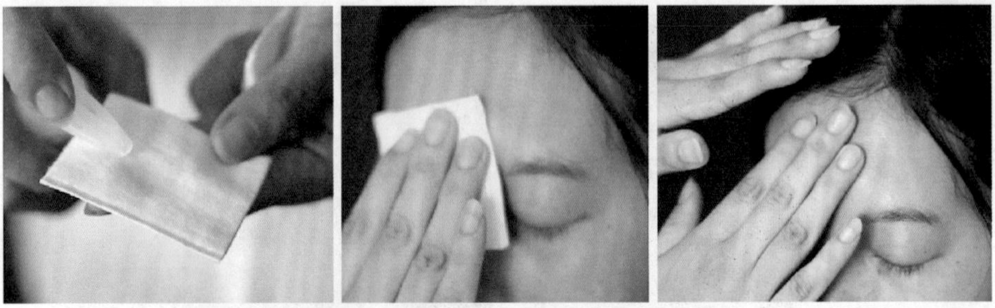

2. 将适量的护肤水倒在化妆棉上，并用化妆棉将护肤水轻轻涂抹在面部，然后用手轻拍面部，使护肤水被面部皮肤吸收

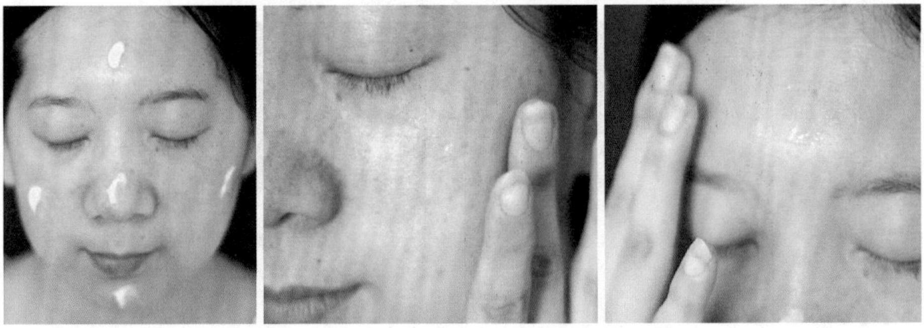

3. 用手将护肤霜涂在五点（额头、鼻头、脸颊两侧、下巴）位置上，然后顺着皮肤纹理将护肤霜涂抹均匀

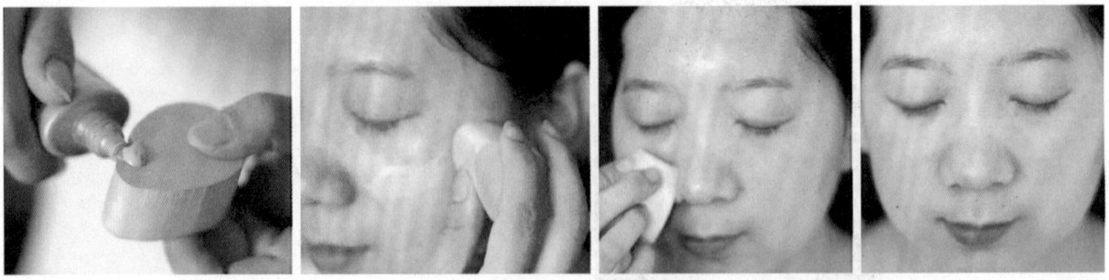

4. 将适量粉底液挤到化妆海绵上，然后用化妆海绵顺着面部皮肤纹理涂抹粉底

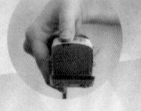

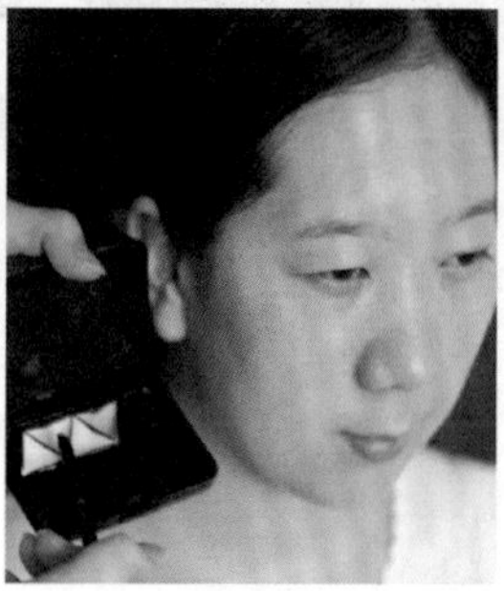
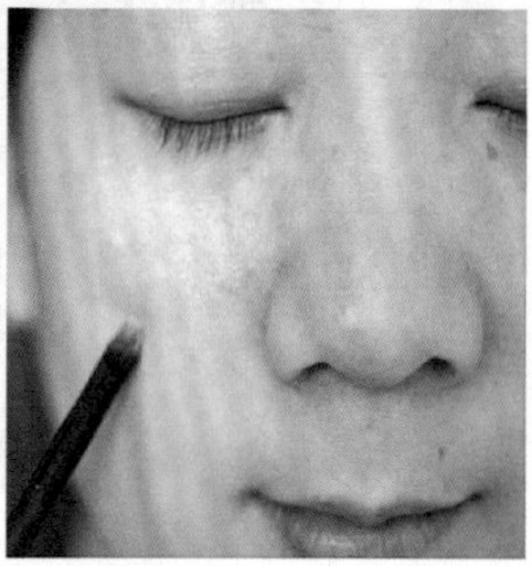

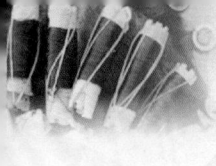

5. 用遮瑕刷蘸取与肤色相近颜色的遮瑕膏，涂抹在面部适宜位置

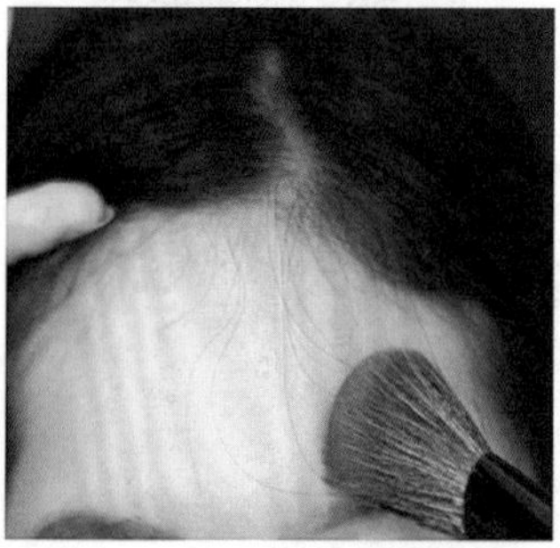
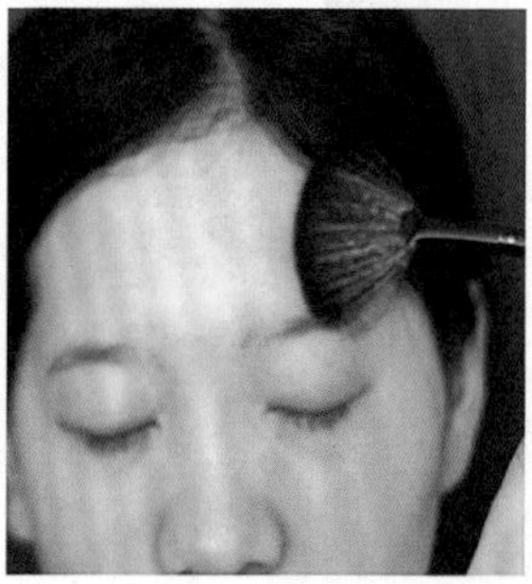

6. 用蜜粉刷涂抹蜜粉，然后使用余粉刷扫去浮在面部的蜜粉

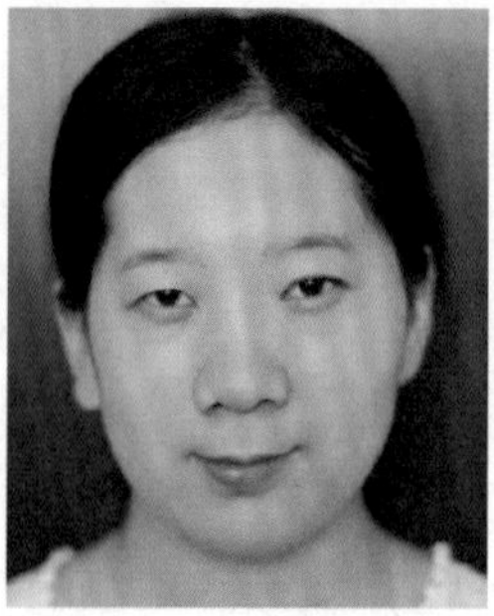

基面妆完成效果图

技能 86　职业妆化妆图解

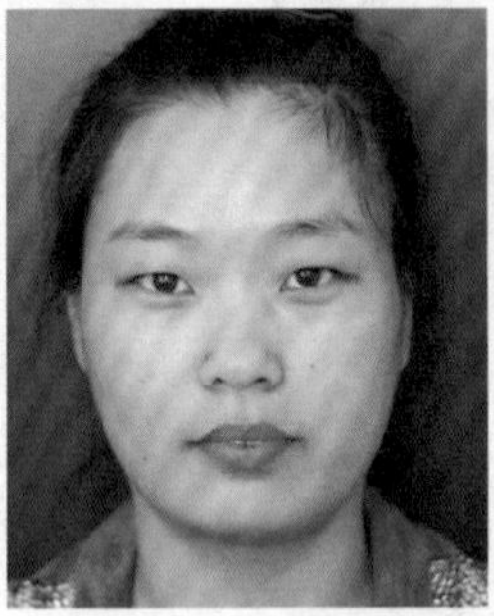

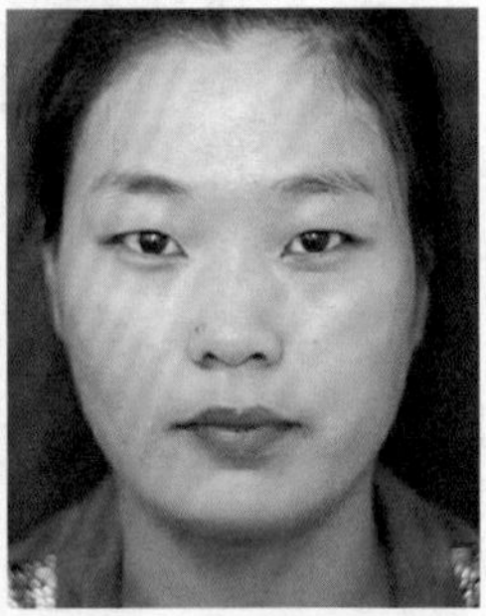

1. 根据化妆要求化好基面妆

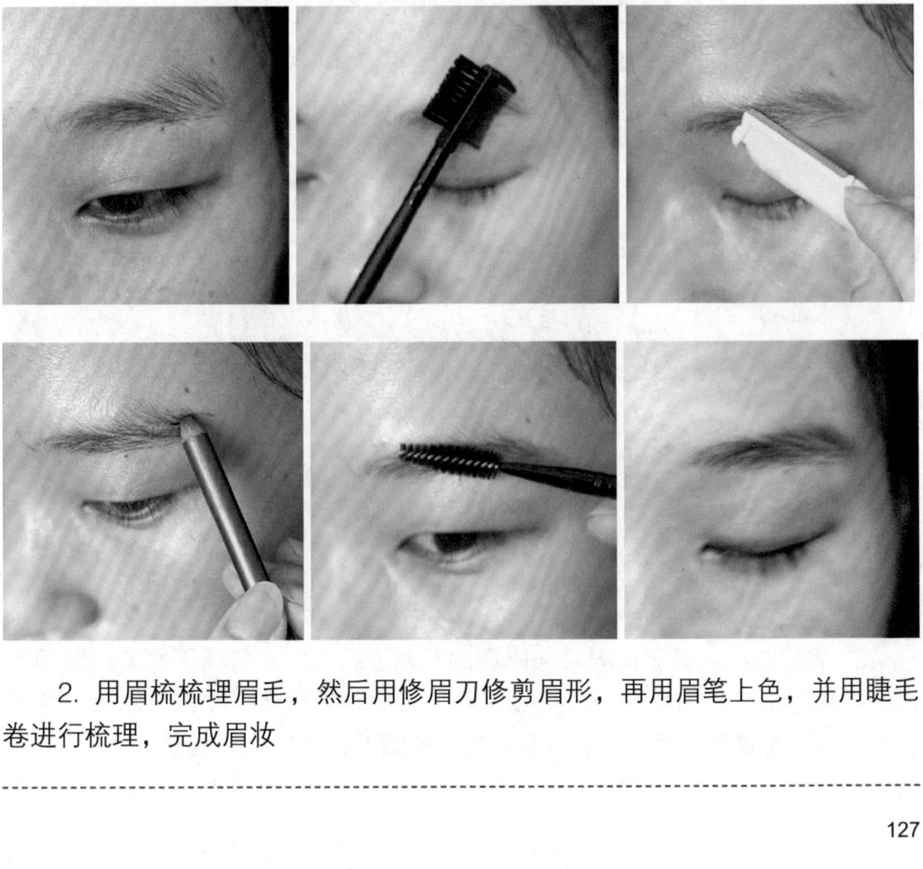

2. 用眉梳梳理眉毛，然后用修眉刀修剪眉形，再用眉笔上色，并用睫毛卷进行梳理，完成眉妆

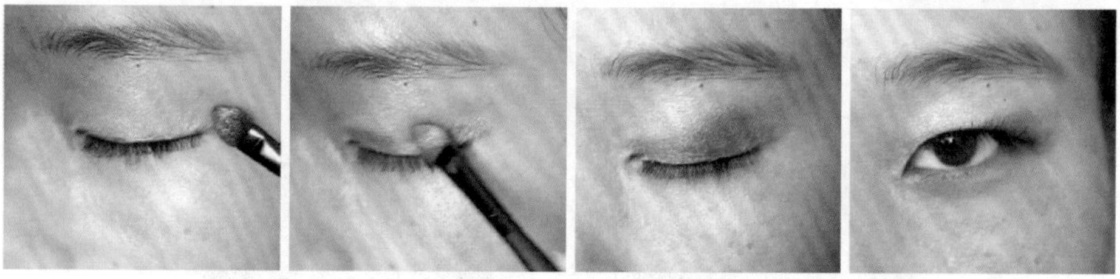

3. 选择渐层法画眼影

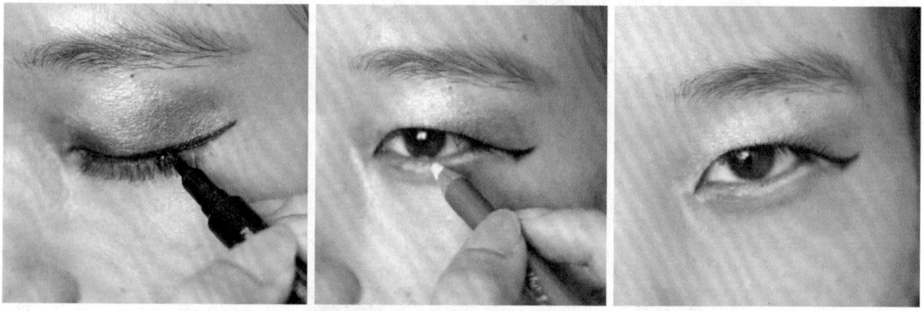

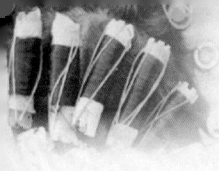

4. 使用眼线液从上眼睑内眼角沿睫毛根部外沿描至眼尾，完成上眼线，然后用眼线笔在下眼睑从 1/2 眼长处向眼尾方向画下眼线

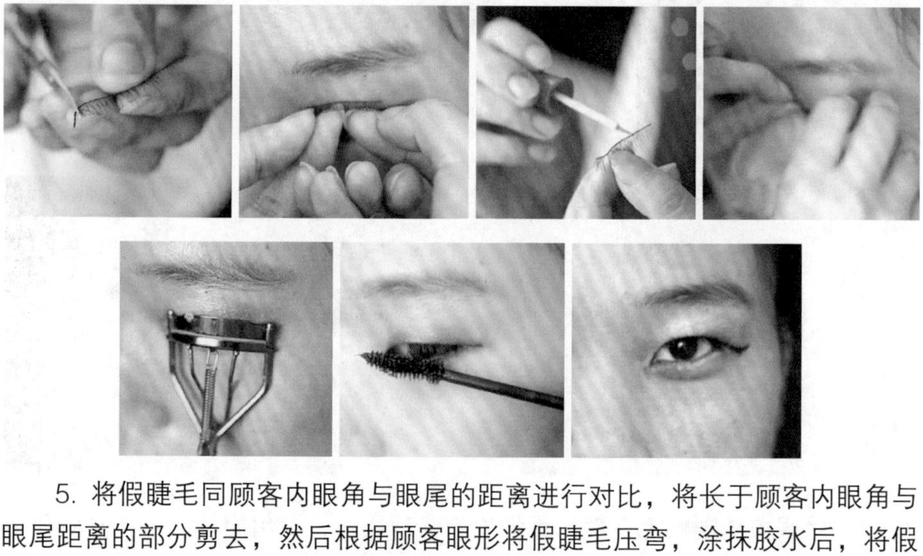

5. 将假睫毛同顾客内眼角与眼尾的距离进行对比，将长于顾客内眼角与眼尾距离的部分剪去，然后根据顾客眼形将假睫毛压弯，涂抹胶水后，将假睫毛粘在顾客睫毛根部，最后用睫毛夹夹翘睫毛，并涂抹睫毛膏

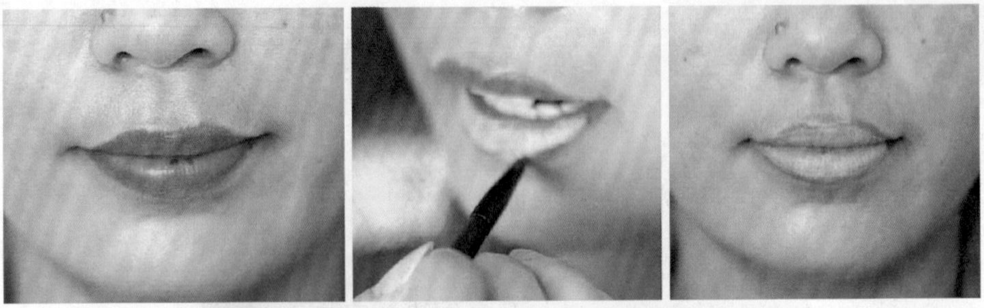

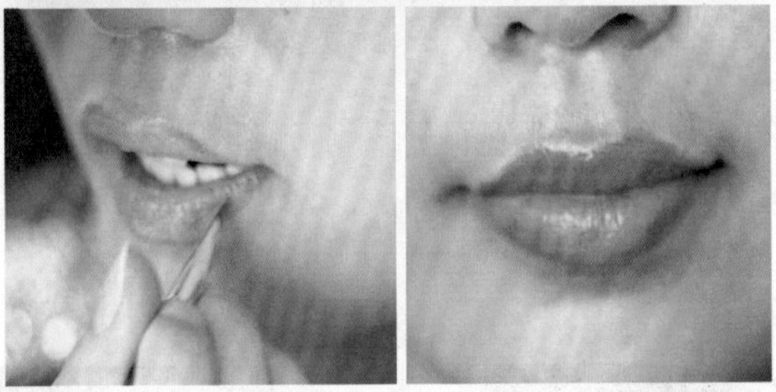

6. 使用唇刷将遮瑕膏均匀涂抹在唇部，掩盖唇部原有颜色，然后根据唇妆要求选择合适颜色的口红，并使用唇刷上色

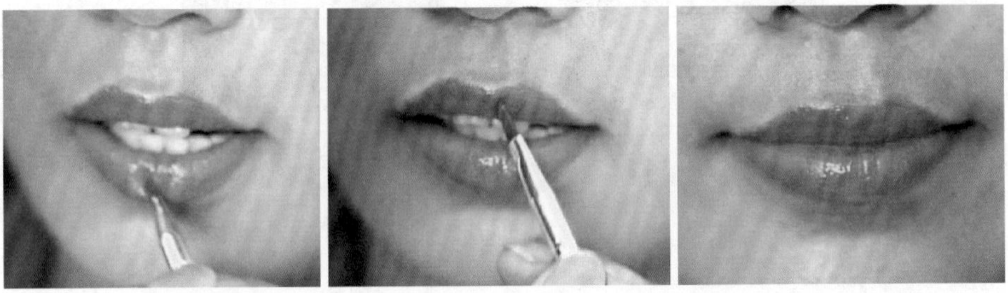

7. 使用唇刷在下唇中间位置及上唇唇珠两侧涂抹唇蜜，提亮唇色

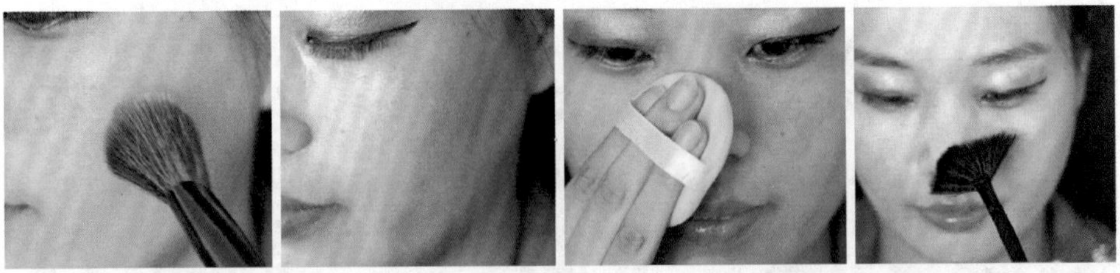

8. 根据妆面要求选择合适颜色的腮红，并根据顾客脸部特征选择合适的腮红涂抹方法，使用腮红刷涂抹在面颊处，然后选择合适的粉饼，使用粉扑均匀涂抹面部定妆，并用余粉刷扫去面部余粉

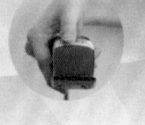

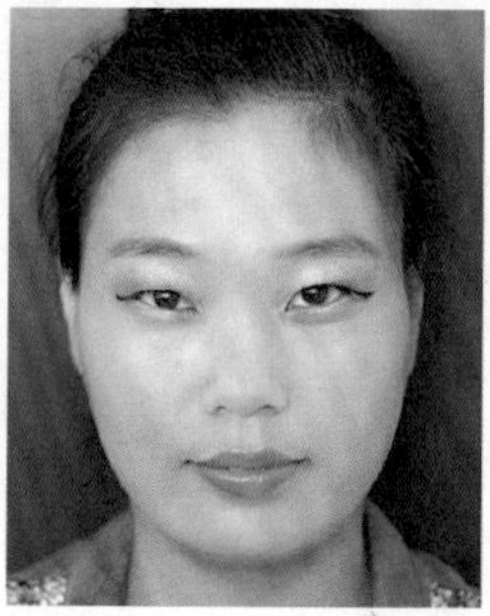

职业妆完成效果图

技能 87　生活妆化妆图解

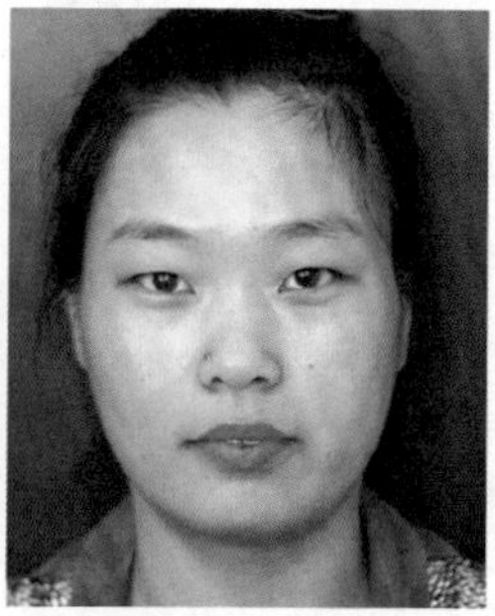

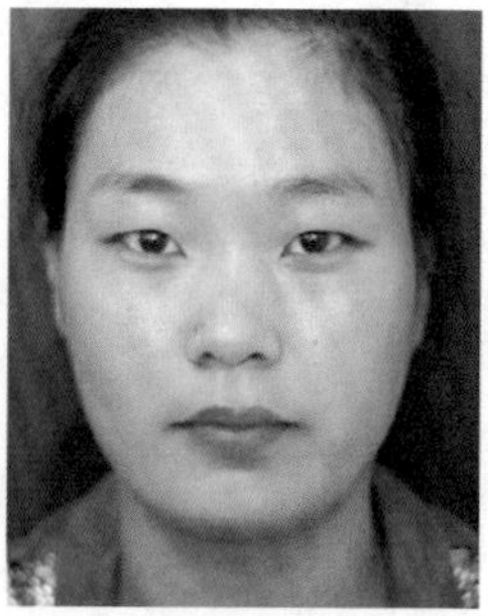

1. 根据化妆要求化好基面妆

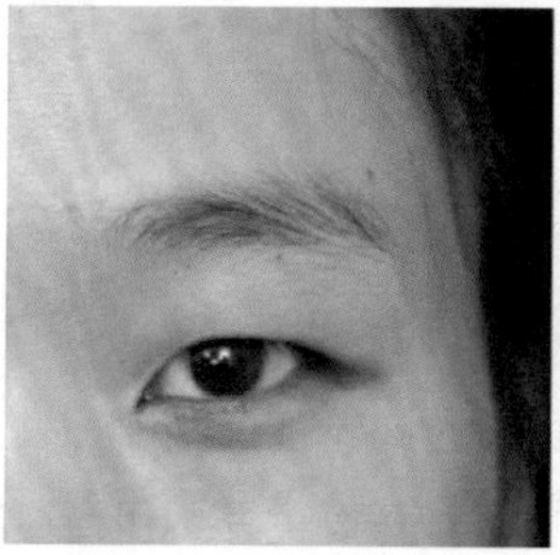

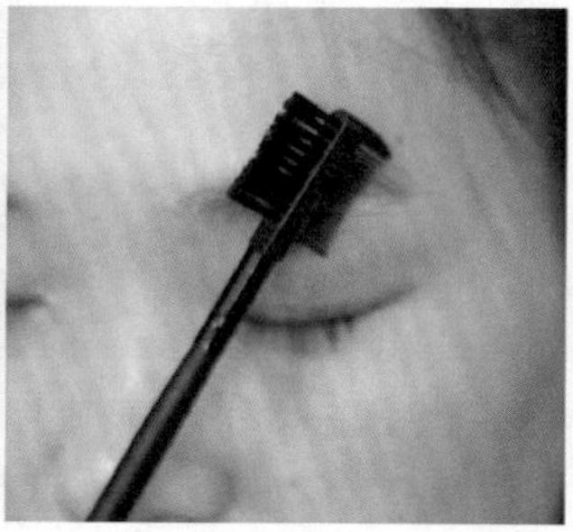

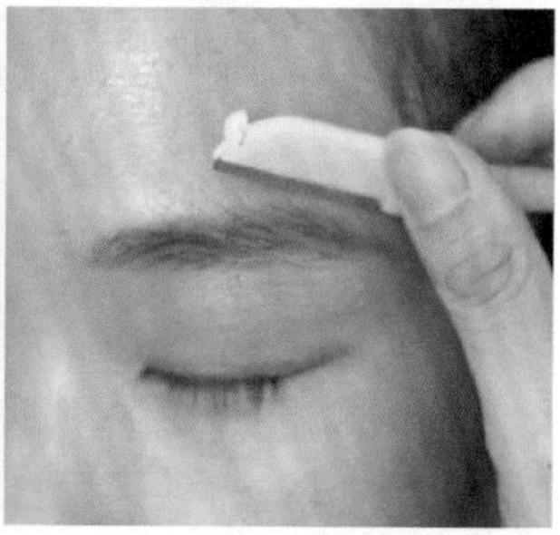

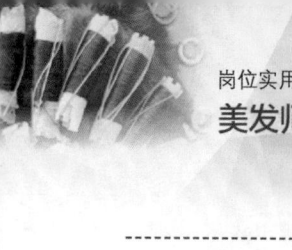

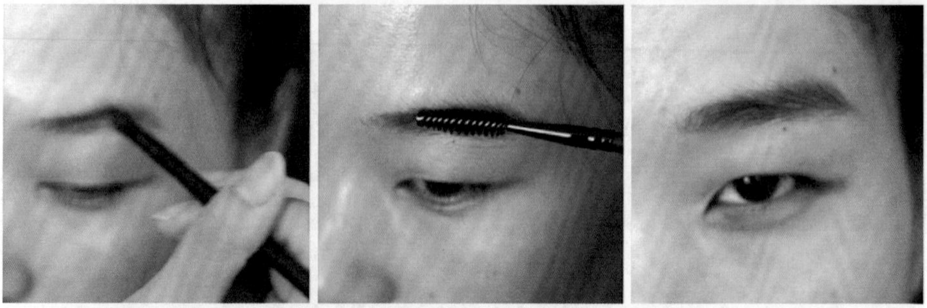

2. 首先用眉梳进行眉毛的梳理，然后用修眉刀修剪眉形，再选择合适颜色的眉粉用眉刷涂抹在眉毛上，并用睫毛卷进行梳理，使眉妆自然

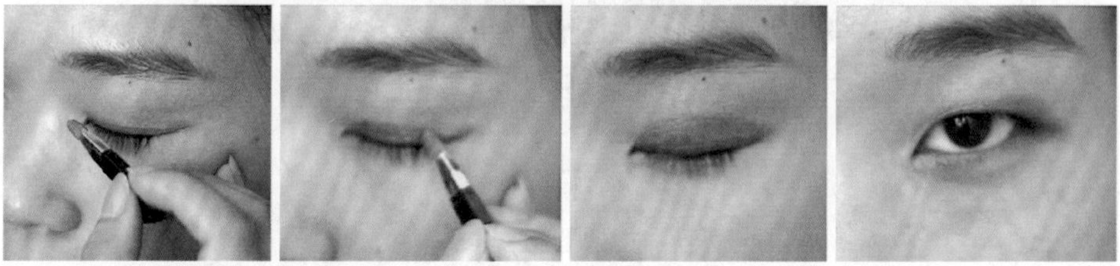

3. 选择平涂法画眼影

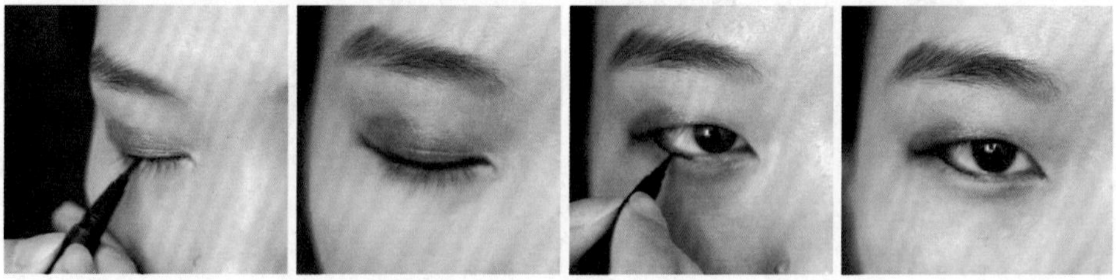

4. 使用眼线液从上眼睑内眼角沿睫毛根部外沿描至眼尾，完成上眼线，然后用眼线液在下眼睑从 1/2 眼长处向眼尾方向画下眼线

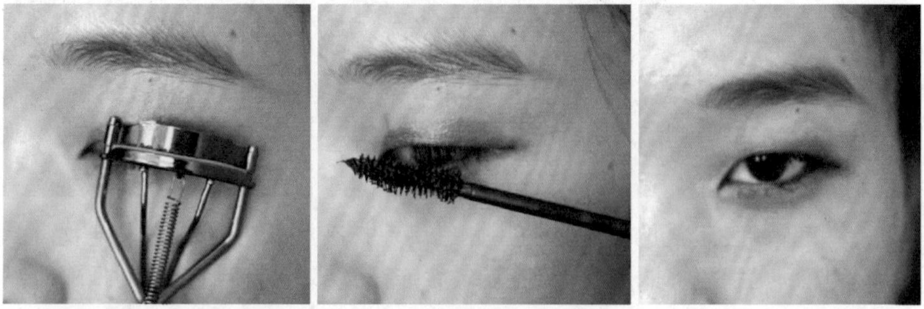

5. 使用睫毛夹将睫毛夹翘，然后涂抹睫毛膏

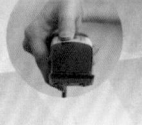

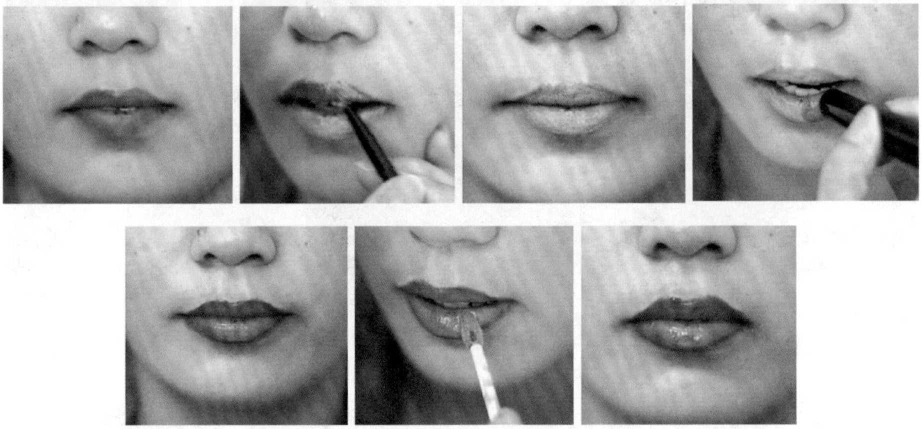

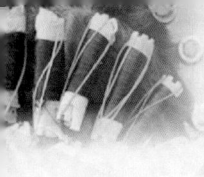

6. 使用唇刷涂抹唇部遮瑕膏，然后使用口红上色，再使用唇蜜提亮唇色

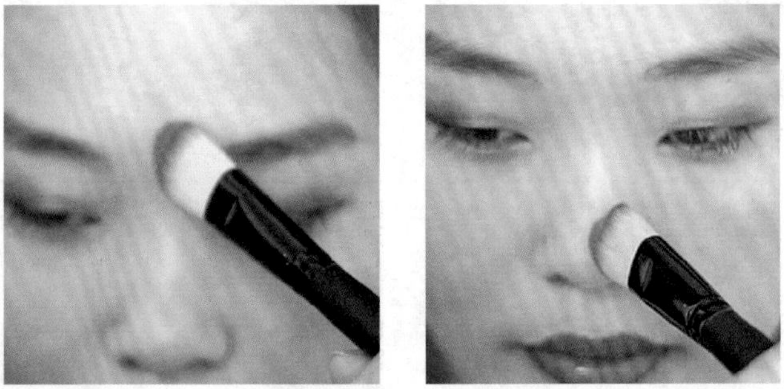

7. 选择浅色鼻影粉，并用粉底刷涂抹

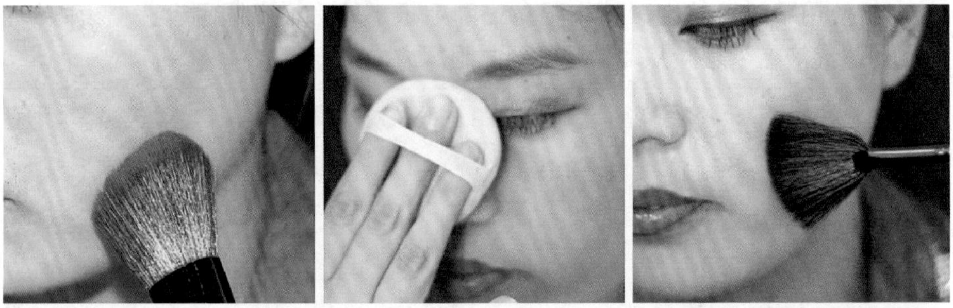

8. 选择颜色较浅的腮红，并用腮红刷涂抹在脸颊处，然后根据妆面要求选择适当颜色的粉饼，使用粉扑均匀涂抹在面部，再使用余粉刷扫除面部余粉

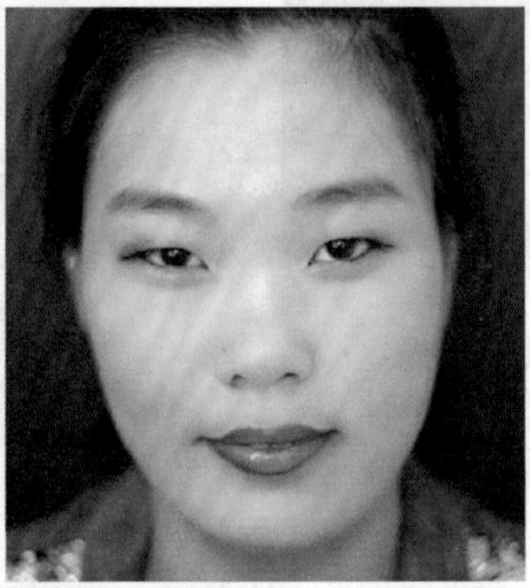

生活妆完成效果图

技能 88　宴会妆化妆图解

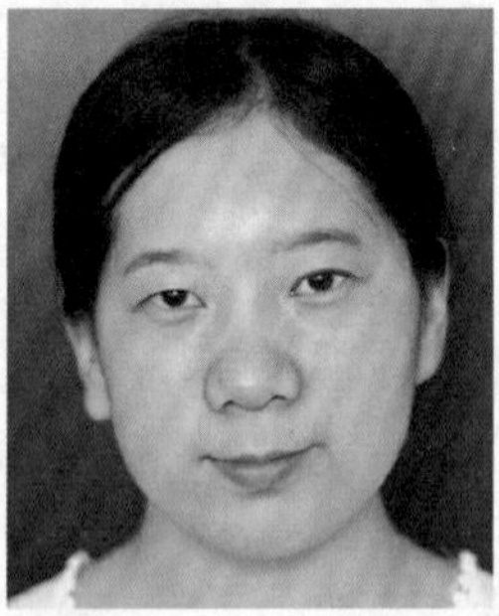

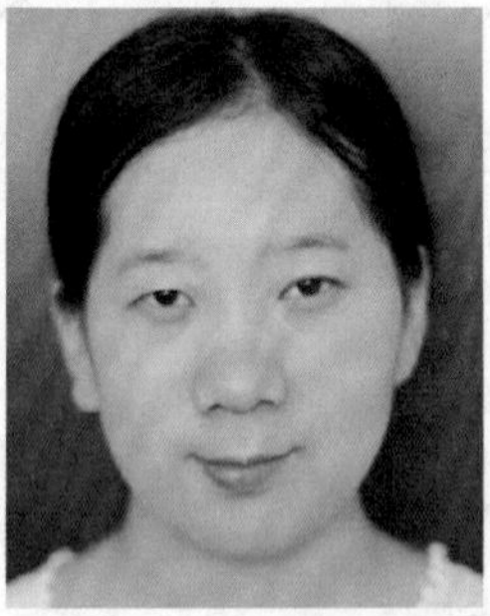

1. 根据化妆要求化好基面妆

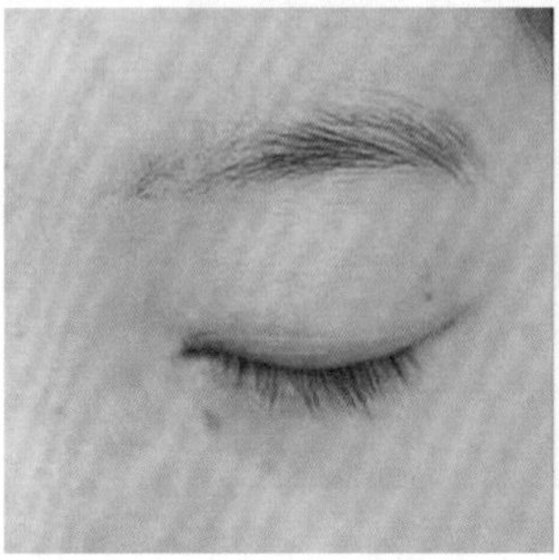

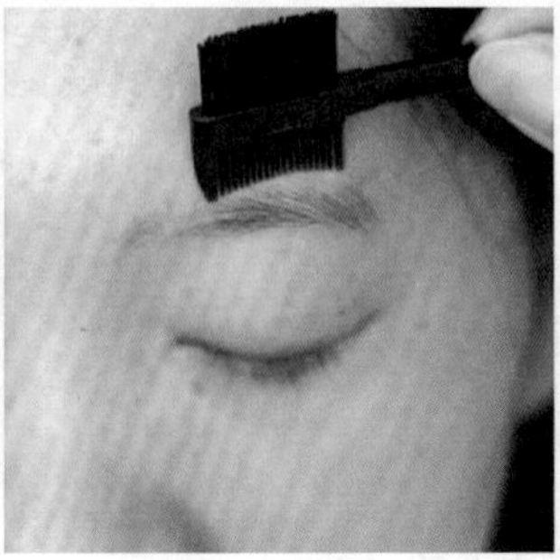

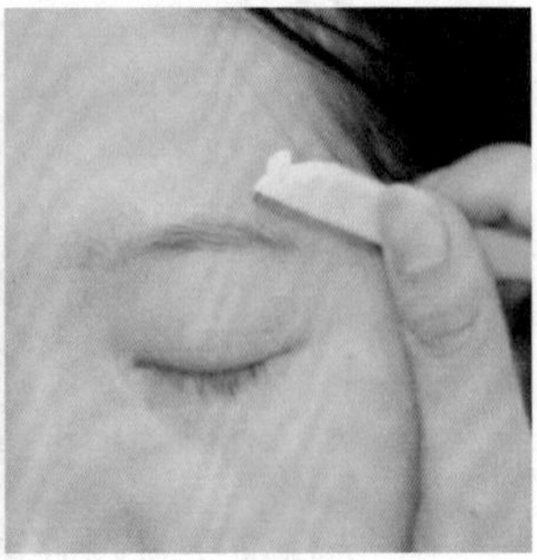

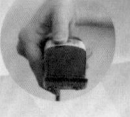

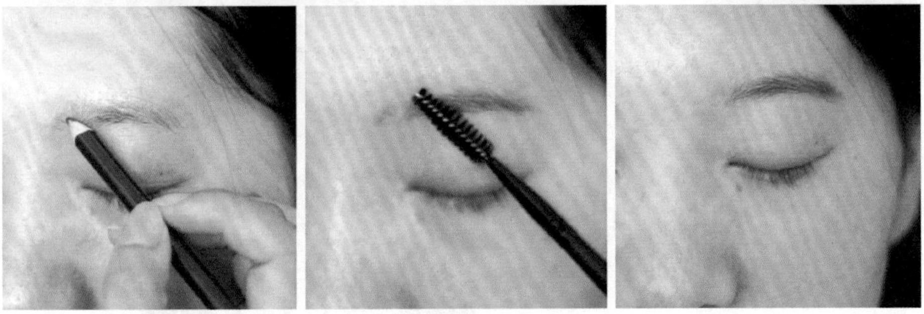

2. 用眉梳进行眉毛的梳理，然后用修眉刀修剪眉形，再用眉笔上色，并用睫毛卷进行梳理，完成眉妆

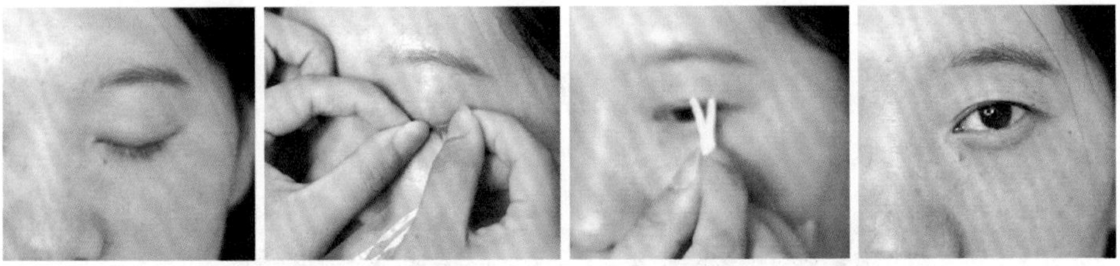

3. 让顾客闭上双眼，将双眼皮贴贴在眼皮褶线上，然后用定位夹在粘贴位置压出褶痕

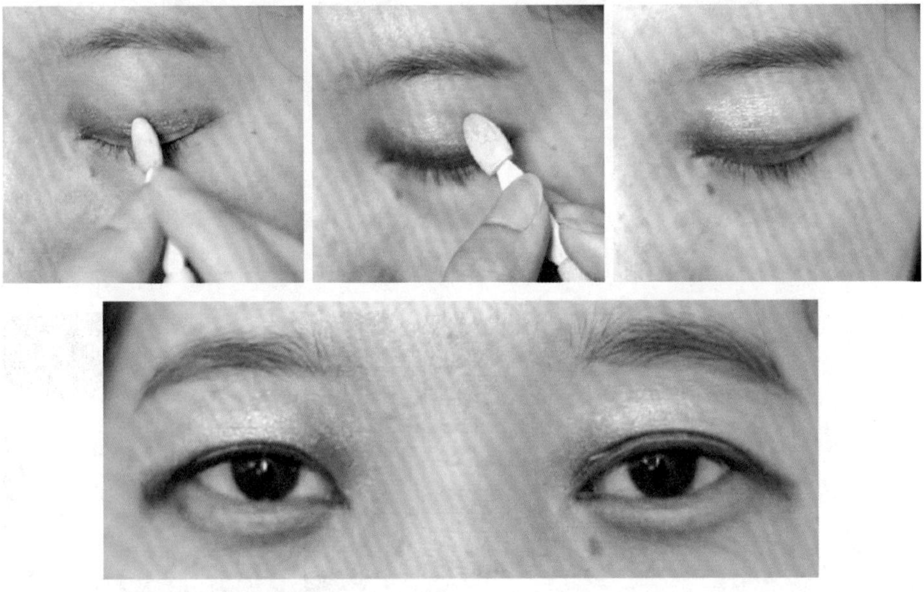

4. 选择渐层法画眼影

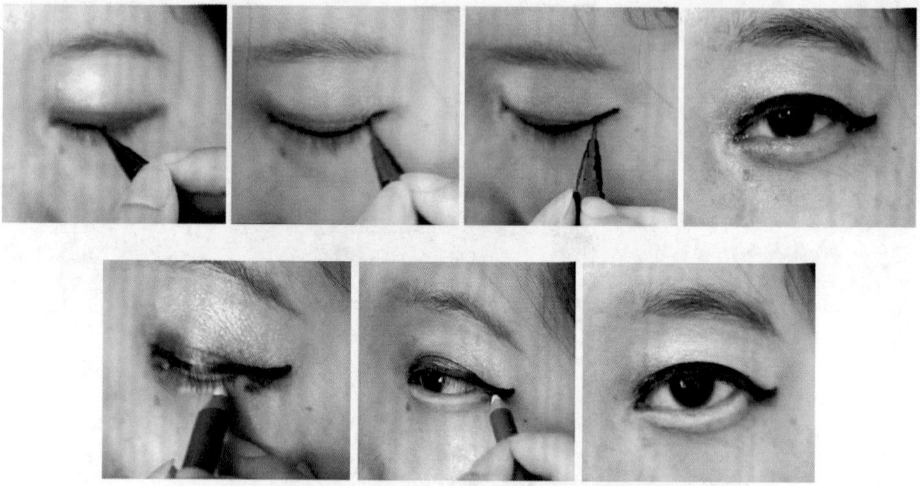

5. 使用眼线液从上眼睑眼睛内眼角沿睫毛根部外沿描至眼尾，并在眼尾处向下延伸，完成上眼线，然后选择银色的眼线笔从下眼睑内眼角端向眼尾方向画下眼线，并与上眼线的延伸部分相连

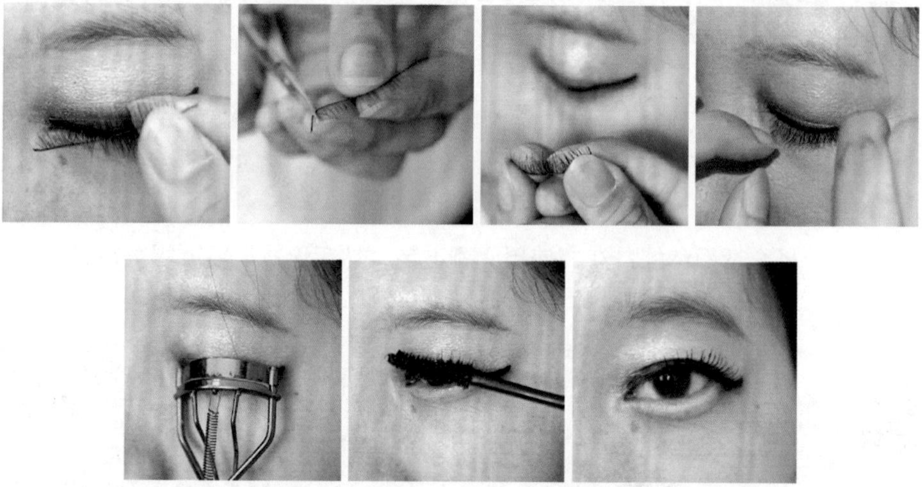

6. 将假睫毛同顾客内眼角与眼尾的距离进行对比，并将长于顾客内眼角与眼尾距离的部分剪去，然后根据顾客眼形将假睫毛压弯，涂抹胶水后，将假睫毛粘在顾客睫毛根部，最后用睫毛夹夹翘睫毛，并涂抹睫毛膏

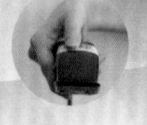

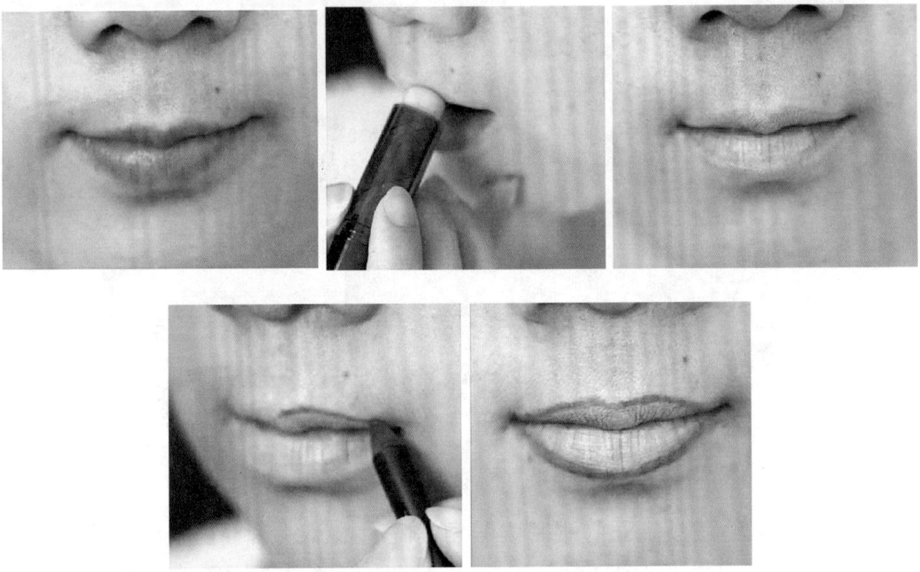

7. 用唇部遮瑕膏涂抹唇部，然后用唇线笔画出唇线

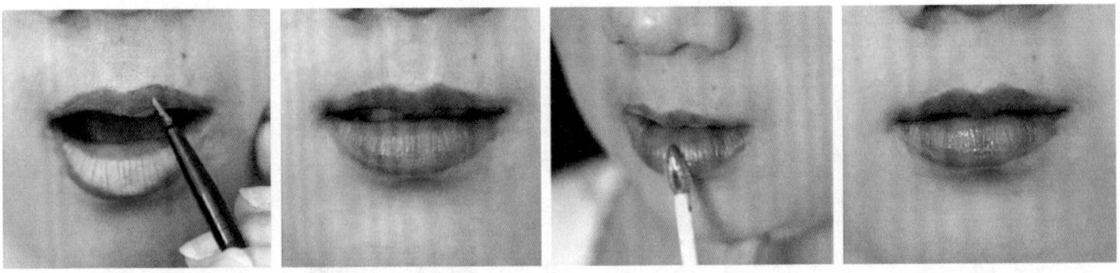

8. 选择合适颜色的口红，使用唇刷上色，然后涂抹唇蜜，提亮唇色

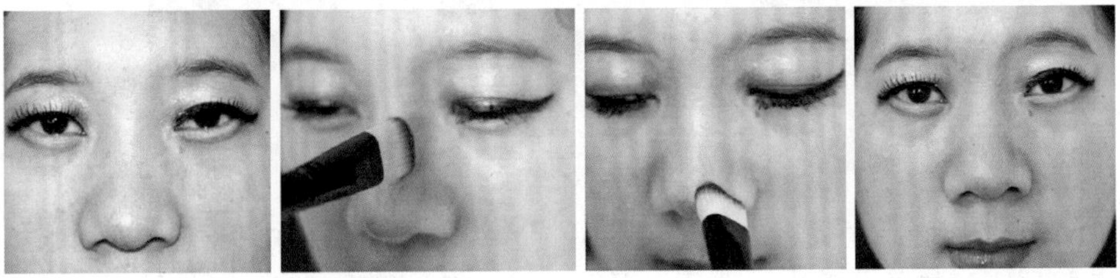

9. 使用粉底刷涂抹鼻影

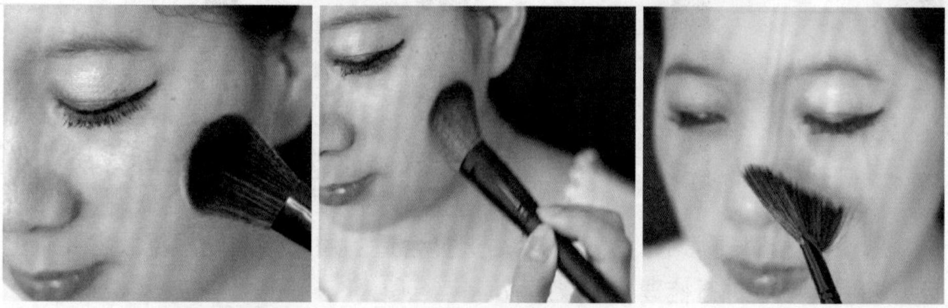

10. 选择合适颜色的腮红及涂抹方法，用腮红刷涂抹腮红，然后用腮红刷涂抹散粉，再用余粉刷扫除面部余粉

宴会妆完成效果图

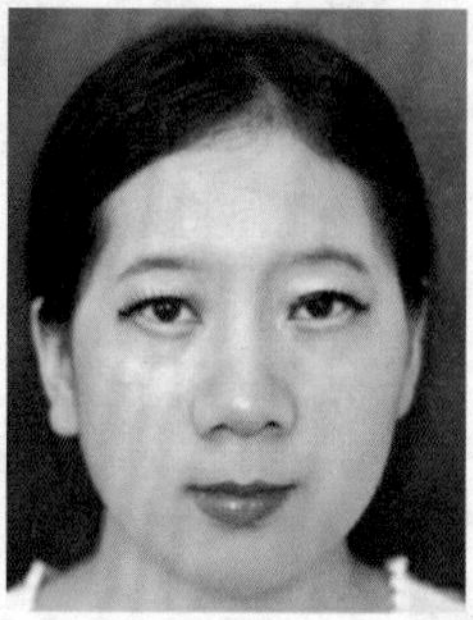

技能 89　舞台妆化妆图解

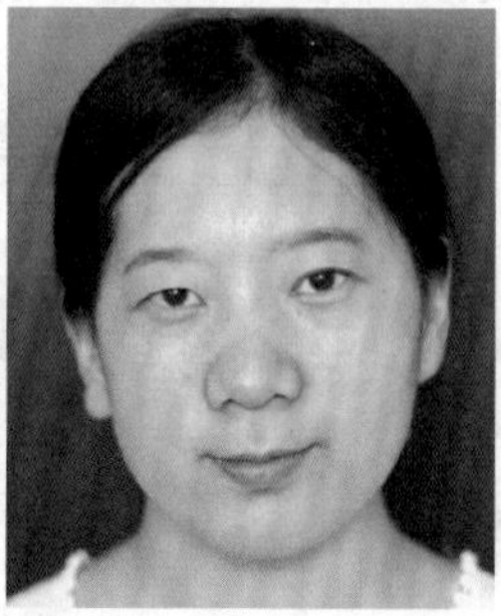

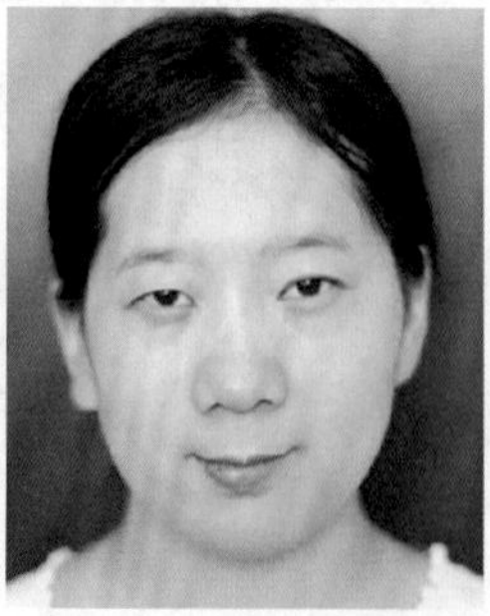

1. 根据化妆要求化好基面妆

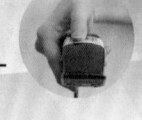

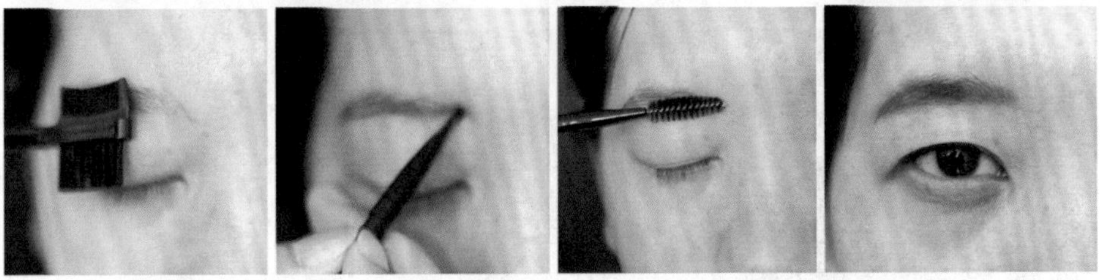

2. 用眉梳进行眉毛的梳理，然后选择合适的眉粉用眉刷根据妆容要求上色，并用睫毛卷进行梳理，完成眉妆

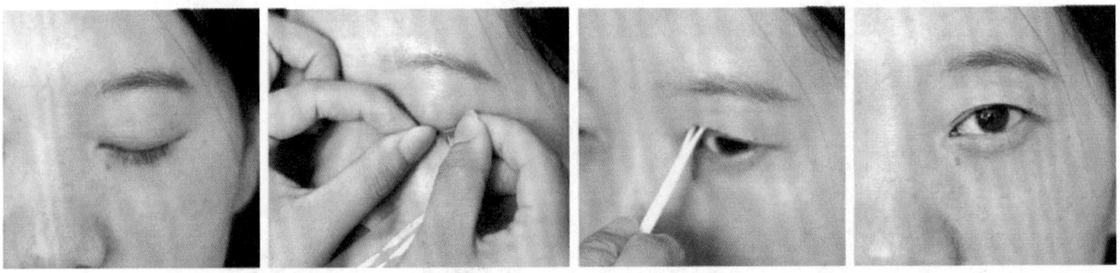

3. 让顾客闭上双眼，将双眼皮贴贴在眼皮褶线上，然后用定位夹在粘贴位置压出褶痕

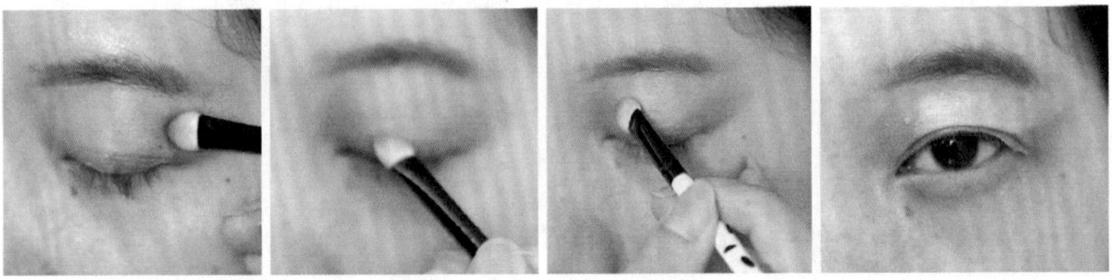

4. 选择立体晕染法画眼影

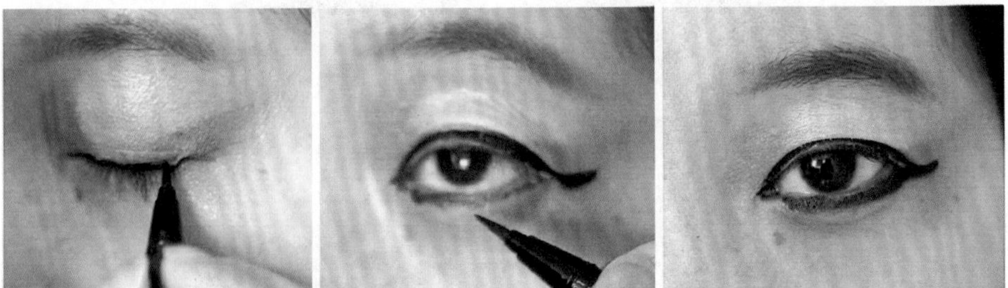

5. 使用眼线液在上眼睑从眼睛内眼角沿睫毛根部外沿描至眼尾，并在眼尾处向后延伸，完成上眼线，然后用眼线液在下眼睑距内眼角端距离为 1/5 眼长处向眼尾方向画下眼线，并与上眼线相连

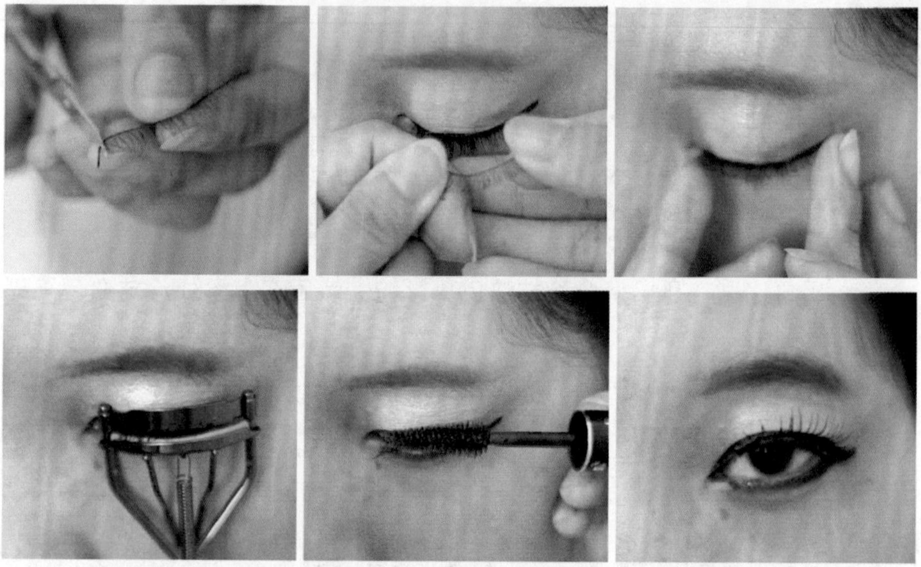

6. 将假睫毛同顾客内眼角与眼尾的距离进行对比，并将长于顾客内眼角与眼尾距离的部分剪去，然后根据顾客眼形将假睫毛压弯，涂抹胶水后，将假睫毛粘在顾客睫毛根部，最后用睫毛夹夹翘睫毛，并涂抹睫毛膏

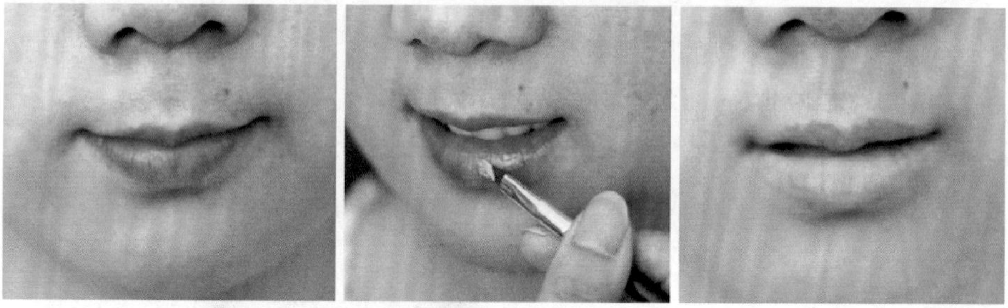

7. 用唇刷将唇部遮瑕膏涂抹在唇部

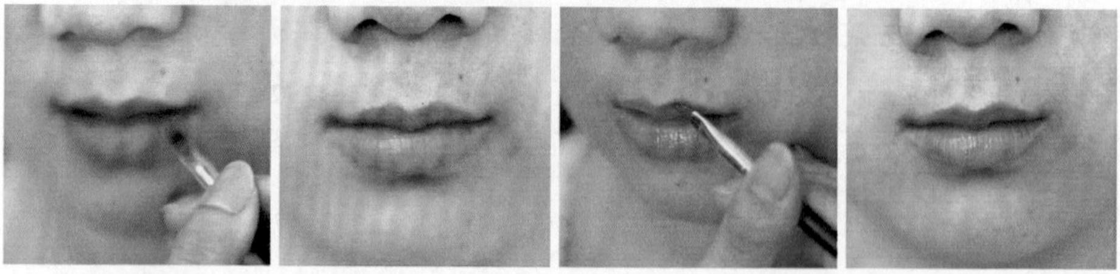

8. 根据妆容要求选择合适颜色的口红，然后使用唇刷涂抹上色，再使用唇刷涂抹唇蜜，提亮唇色

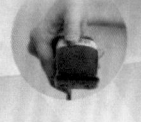

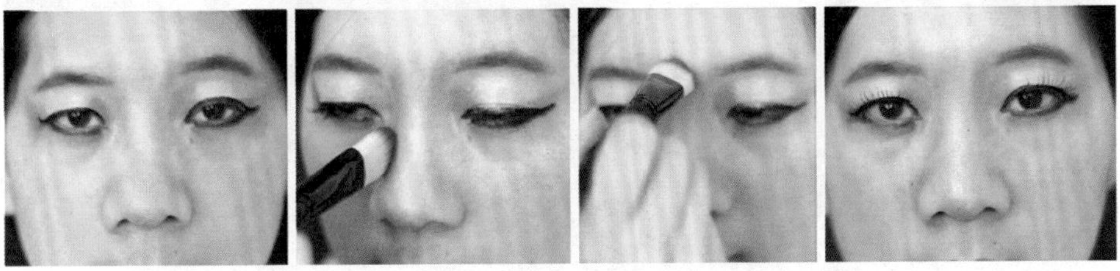

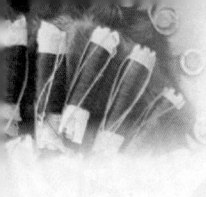

9. 用粉底刷在鼻梁两侧涂抹深色鼻影粉，然后在鼻梁处涂抹白色高光粉，完成鼻影

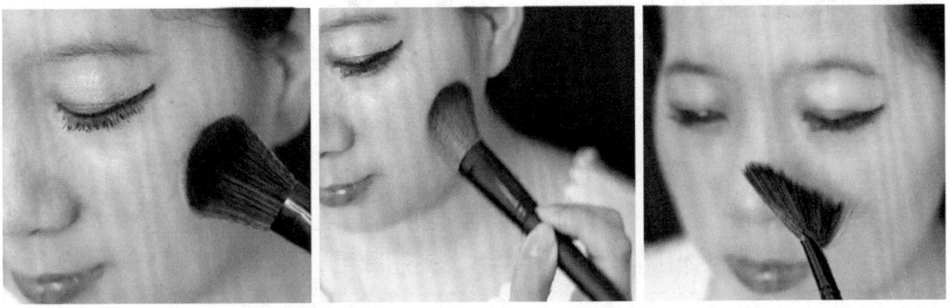

10. 选择合适颜色的腮红及涂抹方法，用腮红刷涂抹腮红，然后涂抹散粉，再用余粉刷扫除面部余粉

舞台妆完成效果图

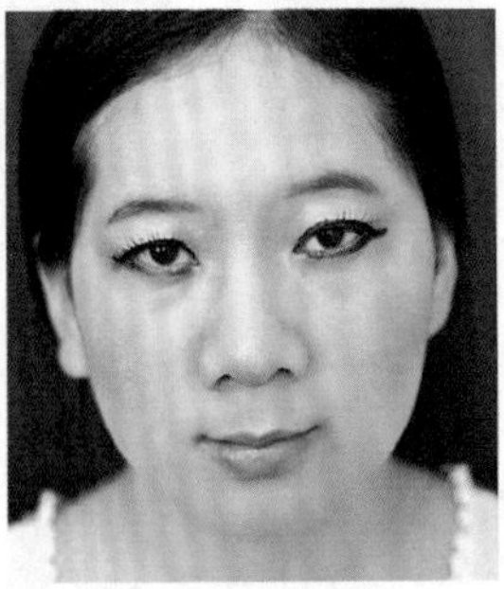